重点环境保护实用技术及示范工程汇编

2017

中国环境保护产业协会 编

U0230725

化学工业出版社

·北京·

本书是在各申报单位报送的技术文件的基础上，经必要的审核、编撰完成的，包括58项重点环境保护实用技术与47个示范工程，简明地介绍了各项实用技术及示范工程的适用范围、基本原理、工艺流程、技术指标及效益分析等内容。各项技术经济指标的真实性和准确性由申报单位负责。

本书可为各级环境保护行政主管部门及用户单位的污染减排工作提供技术支持。

图书在版编目（CIP）数据

重点环境保护实用技术及示范工程汇编.2017/中国环境保护产业协会编. —北京：化学工业出版社，2019.12

ISBN 978-7-122-33514-2

Ⅰ.①重… Ⅱ.①中… Ⅲ.①环境保护-技术-汇编-中国-2017 Ⅳ.①X505

中国版本图书馆CIP数据核字（2018）第277979号

责任编辑：满悦芝　　文字编辑：陈　雨
责任校对：杜杏然　　装帧设计：关　飞

出版发行：化学工业出版社（北京市东城区青年湖南街13号　邮政编码100011）
印　　装：北京虎彩文化传播有限公司
787mm×1092mm　1/16　印张29½　字数650千字　2019年12月北京第1版第1次印刷

购书咨询：010-64518888　　售后服务：010-64518899
网　　址：http://www.cip.com.cn
凡购买本书，如有缺损质量问题，本社销售中心负责调换。

定　　价：198.00元

前言

重点环境保护实用技术是指在一定时期内，同国家经济发展水平相适应的、先进适用的污染防治技术、资源综合利用技术、生态保护技术和清洁生产技术。为了促进科技成果推广应用，原国家环境保护总局从1991年开始，在全国范围内开展了国家环境保护最佳实用技术的征集、评审和推广工作。1999年，国家环境保护最佳实用技术更名为国家重点环境保护实用技术。

根据原国家环境保护总局《关于改变国家重点环境保护实用技术和示范工程管理方式的函》（环办函〔2003〕510号）的精神，中国环境保护产业协会负责国家重点环境保护实用技术及示范工程的征集、评审、推广工作。

重点环境保护实用技术和示范工程是一项年度推广计划，从1991年至今已积累了3000余项实用技术和示范工程，现已成为环境保护领域最具影响力的技术推广品牌，是各级环保部门和排污企业选用环境保护技术的重要途径。2017年共有58项实用技术和47项示范工程列入2017年重点环境保护实用技术及示范工程。这些技术先进、工艺成熟、运行可靠、经济合理。这些技术的广泛推广应用，将有利于促进我国环境保护产业的发展和环境质量的改善。

为便于重点环境保护实用技术直接与用户见面，同时为各级环境保护行政主管部门及用户单位的污染减排工作提供技术支持，我们编写了《重点环境保护实用技术及示范工程汇编2017》（以下简称《汇编》）。《汇编》简明地介绍了各项实用技术及示范工程的适用范围、基本原理、工艺流程、技术指标、效益分析及技术服务等内容。《汇编》是在各申报单位报送的技术文件的基础上，经必要的审核、编撰完成的。

由于编者业务水平有限，书中难免有不足之处，请读者及时指正，以便改进我们的工作。

编者

目录

2017年重点环境保护实用技术 /1

2017-1 BioComb一体化污水处理设备 …… 1
2017-2 BioDopp污水处理生化工艺 …… 7
2017-3 STCC碳系载体生物滤池技术 …… 15
2017-4 保温生物膜曝气生态处理工艺（TBO工艺） …… 24
2017-5 基于MAS-BSF的分散性生活污水智能一体化处理系统 …… 27
2017-6 中小城镇生活污水低动力、无人值守处理集成设备 …… 33
2017-7 多级复合移动床生物膜反应器（MC-MBBR）污水处理系统 …… 36
2017-8 厌氧-接触氧化生物膜法处理技术（ACM生物反应器） …… 42
2017-9 有机废水结合填料的MBR处理技术 …… 46
2017-10 电镀废水接近零排放及资源再回用工艺技术 …… 52
2017-11 络合重金属废水离子交换处理技术 …… 58
2017-12 选矿、冶炼行业重金属废水治理的短程膜分离处理工艺技术 …… 65
2017-13 纳米陶瓷膜污水处理技术 …… 69
2017-14 重金属废水生物制剂深度处理与回用技术 …… 72
2017-15 冷轧带钢高压水射流喷丸绿色除鳞成套技术 …… 77
2017-16 高含盐废水处理回用近零排放集成工艺 …… 82
2017-17 污水高级氧化深度处理技术及一体化装置 …… 84
2017-18 万吨级难处理有机废水催化氧化深度处理技术 …… 87
2017-19 垃圾渗沥液处理关键集成技术 …… 94
2017-20 高效节能磁悬浮离心鼓风机技术 …… 100
2017-21 河道多元生态平衡生物修复方法 …… 108
2017-22 城镇污水处理厂污泥压滤好氧中温发酵处理生产土地改良营养土技术 …… 111
2017-23 炭黑专用高性能过滤材料 …… 114
2017-24 超净电袋复合除尘技术 …… 118
2017-25 烧结脱硫湿烟气静电除雾深度净化技术 …… 122

2017-26　燃煤烟气氨法脱硫组合超低排放技术及装置 …… 129
2017-27　氨法脱硫协调声波凝并强化除雾技术 …… 138
2017-28　燃煤烟气干式超低排放技术及装置 …… 139
2017-29　镁法脱硫副产物回收硫酸镁技术 …… 143
2017-30　燃气锅炉超低氮燃烧技术 …… 148
2017-31　SWSR-2 硫黄回收技术 …… 153
2017-32　钠镁湿法催化裂化烟气脱硫技术 …… 156
2017-33　加油站埋地罐玻璃纤维增强塑料内衬防渗漏技术 …… 159
2017-34　餐饮业油烟净化消防一体化技术 …… 164
2017-35　城镇生活垃圾水洗分选资源化利用处理技术 …… 166
2017-36　畜禽养殖粪污异位微生物发酵床处理技术 …… 169
2017-37　含油污泥深度无害化处理技术 …… 172
2017-38　含氰地下水可渗透反应墙原位修复技术 …… 177
2017-39　污染地下水多相抽提（MPE）修复技术 …… 180
2017-40　六价铬化学还原稳定化修复技术 …… 186
2017-41　挥发性有机物在线监测系统技术 …… 191
2017-42　水质总磷在线监测技术 …… 195
2017-43　水质 COD_{Cr} 在线监测技术 …… 200
2017-44　水质氨氮在线监测技术 …… 203
2017-45　WY 钢铁发黑剂 …… 205
2017-46　新型四合一替磷剂 …… 206
2017-47　一种替代磷化液的环保型酸性水洗硅烷 …… 208
2017-48　无酸金属材料表面清洗（EPS）技术 …… 211
2017-49　旋转式蓄热燃烧净化技术 …… 216
2017-50　活性炭吸附-氮气脱附冷凝溶剂回收技术 …… 219
2017-51　固定式有机废气蓄热燃烧技术 …… 223
2017-52　双介质阻挡放电低温等离子恶臭气体治理技术 …… 226
2017-53　污水污泥处理处置过程恶臭异味生物处理技术 …… 231
2017-54　蓄热催化燃烧（RCO）技术 …… 237
2017-55　油品储运过程油气膜分离-吸附回收技术 …… 243
2017-56　蓄热催化燃烧（RCO）技术 …… 247
2017-57　吸附浓缩＋燃烧组合净化技术 …… 250
2017-58　防水卷材行业沥青废气吸收法处理技术 …… 254

2017 年重点环境保护实用技术示范工程 /257

2017-S-1　南宁市上林县镇圩瑶族乡 1200t/d 集镇生活污水处理工程 …… 257
2017-S-2　郁南县连滩镇生活污水处理厂工程 …… 262

2017-S-3　江西省会昌县污水处理厂二期工程 …… 265
2017-S-4　贵阳青山地下式污水处理及再生利用工程 …… 268
2017-S-5　300m^3/d 地埋一体化生活污水处理工程 …… 274
2017-S-6　1.85×10^4t/d 碳系载体生物滤池工艺罗田污水分散治理工程 …… 277
2017-S-7　长沙市坪塘污水处理厂工程 …… 286
2017-S-8　20000t/d 纳米陶瓷膜污水处理技术（NCMT）改造工程 …… 294
2017-S-9　20000m^3/d 曝气生物滤池脱氮工程 …… 298
2017-S-10　湖北黄州火车站经济开发区 10000m^3/d 废水处理工程 …… 301
2017-S-11　1000t/d 电镀废水近零排放工程 …… 303
2017-S-12　8000t/a 锂电池三元正极材料前驱体生产废水处理及氨氮废水资源化工程 …… 307
2017-S-13　200m^3/h 焦化生化出水深度处理及回用项目 …… 311
2017-S-14　武汉中原瑞德生物制品有限公司乙醇废水处理工程 …… 317
2017-S-15　颍上县城市生活垃圾处理项目垃圾渗滤液处理站工程 EPC 总承包 …… 319
2017-S-16　桓台县邢家人工湿地工程 …… 324
2017-S-17　神定河下游主河道水质净化工程 …… 329
2017-S-18　杏坛镇逢简水乡水环境修复系统工程 …… 332
2017-S-19　北滘镇村心涌、医灵涌、下涌水生态修复工程 …… 339
2017-S-20　毕家支河水生态综合治理项目 …… 341
2017-S-21　皖能铜陵发电有限公司 5 号 1000MW 机组配套湿式电除尘器超低排放改造工程 …… 344
2017-S-22　广东粤电大埔电厂 660MW 机组配套 EPM 电风拦截除尘除雾一体化工程 …… 348
2017-S-23　400m^2 烧结机烟气脱硫除尘工程 …… 352
2017-S-24　300MW 发电机组电-袋复合除尘器用三维非对称微孔结构氟醚复合滤料应用示范工程 …… 357
2017-S-25　燃煤电厂多种烟气净化装置协同脱汞工程 …… 360
2017-S-26　首创悦都新苑燃气锅炉低氮改造项目 …… 366
2017-S-27　常州东方特钢有限公司烧结烟气脱硫硫酸镁回收项目 …… 369
2017-S-28　热氮气活性炭再生集中脱附处理装置 …… 374
2017-S-29　红塔烟草（集团）有限责任公司大理卷烟厂环保综合治理工程 …… 378
2017-S-30　派河口藻水分离站恶臭废气治理工程 …… 385
2017-S-31　50t/d 生活垃圾水洗分选资源化利用工程 …… 390
2017-S-32　上海市固体废物处置有限公司二期填埋库工程 …… 392
2017-S-33　500t/d 生活垃圾焚烧发电烟气净化工程 …… 399
2017-S-34　昆明空港经济区 1000t/d 垃圾焚烧发电厂 …… 403
2017-S-35　2500t/d 全尾砂膏体充填系统工程 …… 410
2017-S-36　20 万吨含铜污泥危险固废综合利用工程 …… 414

2017-S-37　北京京能高安屯燃气热电有限责任公司 2×350MW 燃气联合循环供热机组噪声控制工程 …… 421
2017-S-38　北京西北热电中心京能燃气热电项目噪声控制工程 …… 423
2017-S-39　66 万汽机高压缸排气管高噪声综合治理工程 …… 434
2017-S-40　华能太原东山燃气热电联产工程空冷岛噪声控制工程 …… 436
2017-S-41　1920000m^3含重金属废渣原位稳定化固化治理工程 …… 439
2017-S-42　680m^3污染地下水多相抽提修复工程 …… 442
2017-S-43　牟定县渝滇化工厂历史遗留铬渣场污染土壤修复治理工程 …… 447
2017-S-44　太原市污染源在线监测系统建设及运营工程 …… 449
2017-S-45　东莞市环境保护局重金属在线监控试点建设项目 …… 454
2017-S-46　遵义机场高速公路 1 标段边坡生态防护工程 …… 458
2017-S-47　京沈铁路承德制梁（轨道板）场环保工程 …… 461

2017年重点环境保护实用技术

2017-1

技术名称

BioComb 一体化污水处理设备

申报单位

北京博汇特环保科技股份有限公司

推荐部门

北京市环境保护产业协会

适用范围

工业及市政污水处理领域。

主要技术内容

一、基本原理

分散式点源设备 BioComb，英文全称“Bioreactor-Clarifier Combo”，是一体化小型水处理装置，针对中小型污水处理规模开发设计，如人口在 4000 人以下的村庄、疗养院、度假村、大型基建工程等场所。该装置将整套污水处理装置集成到标准海运集装箱中，高度模块化，根据用户的需求，可以将污水处理达标排放，满足国家排放标准一级 A，或更高出水水质要求。

BioComb 一般集成在标准集装箱中，也可以采用水池的形式。北京博汇特环保科技股份有限公司提供土建以外的所有内部设备，如图 1 所示。

BioComb 系列产品技术来源于德国、美国和加拿大，采用多项专利技术和专有技术。该产品针对小型分散式点源污水治理项目，与大型市政污水厂不同，分散点源污

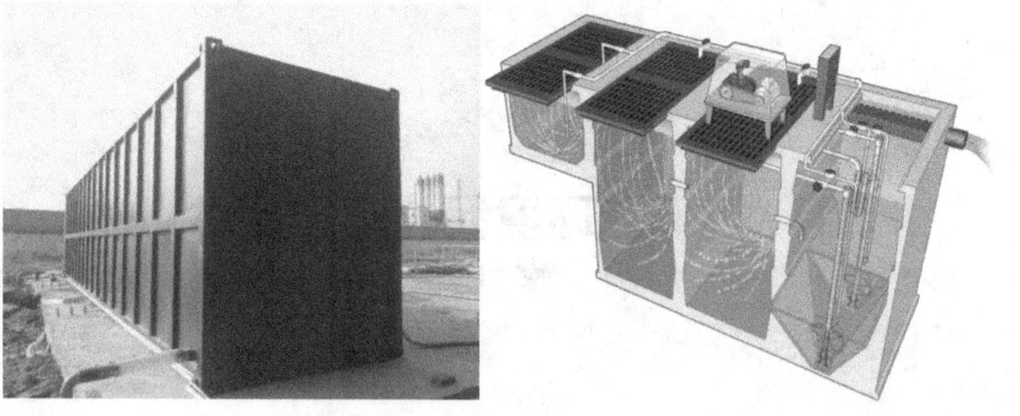

图 1　集装箱及内部设备图

染往往不具备管线条件，需要就地治理后排放，或者处理后进行回用。

BioComb 可以用于水量不高于 2000t/d 中等浓度生活污水的点源污水治理，或同等污染量的工业污水治理，并根据客户需求调整工艺，使出水达到排放或回用标准。

1. 除碳

BioComb 工艺去除 COD 的理论基础和传统的好氧活性污泥反应的理论基础基本相同，都是微生物群体利用水中的溶解氧，降解水中的有机物来提供自身能量并进行繁殖，从而使废水得到净化的过程。其反应动力学也符合莫诺模式，但工艺本身也对传统的好氧生物法进行了较大改进。

2. 脱氮

类似 T 型氧化沟原理，在 BioComb 一级反应池中溶解氧都被微生物降解有机物所消耗，溶解氧浓度最低，接近于 0mg/L，在池子后多半程，负荷逐渐开始下降，溶解氧也慢慢开始富余，BioComb 二级反应池控制好氧池内末端溶解氧在较低水平，比如 0.3～1.0mg/L，此工况为同步硝化反硝化提供了一个最佳条件。在 BioComb 工艺中，以短程硝化反硝化为主。

短程同步硝化反硝化生物脱氮过程，除了具备同步生物脱氮过程的一系列优点外，与全程硝化反硝化相比，还具备特有的一些优点：①具备较高的反硝化速率，NO_2^- 的反硝化速率通常比 NO_3^- 高 60%以上；②硝化阶段可减少 25%左右的供氧量，所以其生物脱氮过程比一般硝化反硝化反应进程较快，脱氮效率高。

3. 除磷

BioComb 工艺的生物除磷是靠污水中存在的一定量的某些细菌种群的生化作用来完成的。这些细菌包括不动杆菌属、假单胞菌属、气单胞菌属和棒杆菌属等，均属于异养性细菌，由于具有吸取磷的功能，统称为聚磷菌，聚磷菌交替地处于厌氧与好氧条件下。

BioComb 工艺的生物除磷机理为：在厌氧条件下（氧化还原电位 ORP 控制在 −300～−200mV），聚磷菌将其细胞内的有机态磷转化为无机态磷加以释放，并利用此过程中产生的能量吸收废水中的溶解性有机基质合成聚-β-羟基丁酸盐（PHB）颗粒，而在好氧条件下，聚磷菌则将 PHB 降解以提供其从废水中吸磷所需要的能量，从而完成聚磷的过程（图 2）。

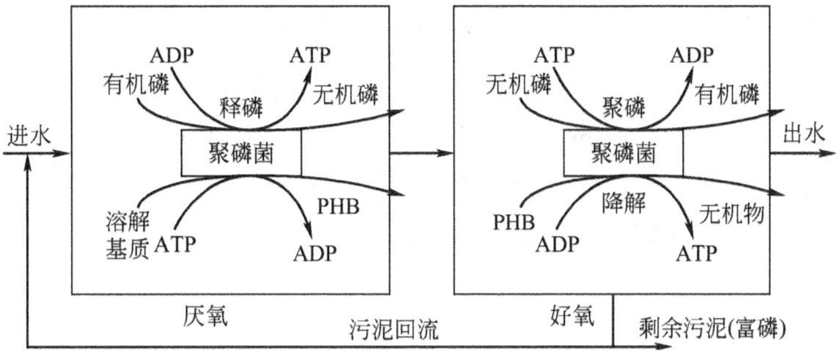

图 2　聚磷菌除磷过程

BioComb 反应池分为一级反应池（厌氧段）、二级反应池（好氧段），创造出一个好的厌氧-好氧-沉淀排放的循环过程，将污水中的磷随污泥排放，并且在厌氧和好氧状态下使活性污泥与污水充分混合，活性污泥始终处于悬浮状态，促使嗜磷菌的细胞与所要吸取的物质充分接触，以增加反应速率和加大吸取量。同时，曝气区良好的脱氮效果使得回流液中化合态氧（NO_3^- 或 NO_2^-）浓度很低，更促进磷的厌氧有效释放，进而大大提高好氧吸磷能力。

整个污水处理系统的工艺流程如图 3 所示。

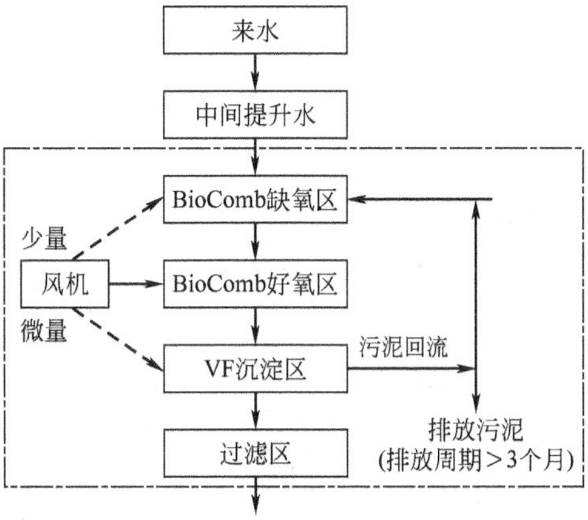

图 3　整个污水处理系统的工艺流程

二、技术关键

1. 设备运行稳定性

与大型污水处理厂不同，小型污水处理设施更注重设备的稳定性，因为小型设备中水流体与曝气比大型污水厂具有更多不稳定因素，而且小型设备中的电气设备在检修与维护方面达不到大型污水厂的管理水平。因此，小型设备在水池设计中要更注重细节，尽量减少电气设备数量。

2. 抗冲击负荷能力

小型污水处理设施需要具有很强的抗冲击负荷能力。一般来讲，越是大型的污水处理厂，负荷变化越小，大型市政污水厂的负荷变化小于10%，而小型污水装置在一天当中常常受到水量变化与水质冲击，冲击负荷经常在50%以上。因此，小型污水处理装置的生化处理单元需要具有更强的抗冲击负荷能力。

3. 运行维护情况

小型污水处理装置一般要求运行维护简便，往往体现在两个方面：电气设备维护与污泥排放。尤其是剩余污泥的处理工作，是分散点源污染的一个管理重点，因此小型设备要选择污泥产量低的技术，减少排泥，从而降低维护成本。

典型规模

单台处理规模为5～250m^3/d。

主要技术指标及条件

一、技术指标

(1) 吨水能耗0.1～0.2kW·h。

(2) 操作简单，管理便捷。

(3) 设备使用寿命可达10年以上。

(4) 反应在微氧条件下进行，DO为0.5～0.8mg/L，可实现同步硝化反硝化。

(5) 技术参数

COD容积负荷：1.0～1.2kg/(m^3·d)。

污泥浓度：5～8g/L。

COD污泥负荷：0.3～0.5kg/(kg·d)。

氨氮容积负荷（以氨氮计）：0.15kg/(m^3·d)。

反硝化速率（以总氮计）：0.2kg/(m^3·d)。

进出水指标：

处理单元	COD_{Cr} /(mg/L)	BOD_5 /(mg/L)	NH_3-N /(mg/L)	TN /(mg/L)	TP /(mg/L)	SS /(mg/L)	pH值
进水	350	200	45	55	4	200	6～9
出水	50	10	5	15	0.5	10	6～9
处理效率	85.71%	95.00%	88.89%	72.73%	87.50%	95.00%	

二、条件要求

(1) 可适应低温条件，最低温度可到6～10℃；

(2) 抗冲击负荷能力强，水质波动可承受30%以内；

(3) 进水水质需保持中性，pH 6～9；

(4) 水质TDS≤8000mg/L。

主要设备及运行管理

一、主要设备

BioComb 一体化污水处理装置。

二、运行管理

（1）调节池格栅前的杂物每周打捞一次，运行时应盖好井盖板，避免石块等物落入堵塞甚至烧坏水泵。

（2）避免机械油及含表面活性剂的物质混入污水中，导致生物膜死亡。

（3）污水流量不得超过设定值，如流量小于设定值时应采用手动操作，避免风机、水泵频繁启动而缩短其使用寿命。

（4）应经常观察电流、电压表，如果电流过大应关机对电机进行检查，如电压明显偏离 380V 也应暂关机。

（5）定期检测出水水质，避免超标排放。

（6）采用自动方式，应在调试结束运行正常后使用。

（7）水泵、风机修理后应注意转向，严禁反转。

（8）风机必须定期检查、加油（油应以油标中心线为准）。如发现风机漏油、螺钉松动应及时解决，如发现声音异常应立即关机。具体保养知识详见说明书。

投资效益分析（以文昌市月亮湾起步区分散化污水处理项目为例）

一、投资情况

总投资：830.98 万元。

其中，设备投资 606 万元。

主体设备寿命：BioComb 一体化污水处理装置使用寿命≥10 年。

运行费用：0.19 元/(t·d)（含人工及污泥处置费用）。

二、经济效益分析

规模：$2000m^3/d$。

投资情况：830.98 万元。

运行费用核算：0.19 元/(t·d)。

直接经济净效益：95.63 万元/年。

投资回收年限：8.69 年。

三、环境效益分析

污水处理站投入运行后，可将污水中的污染物浓度大大削减，使水质提高，有利于提高周边环境质量，节省水源，改善企业社会形象。

技术成果鉴定与鉴定意见

一、组织鉴定单位

北京市科学技术委员会

二、鉴定时间

2015年12月

三、鉴定意见

北京市新技术、新产品。

推广情况及用户意见

一、推广情况

“十三五”以来，农村污水行业迅速发展。针对中国农村污水的特性，博汇特研发出了BioComb一体化污水处理装置，运用特有的曝气及空气提推技术，将能耗降至0.1～0.2kW·h。创新性的风光互补模块和远程数据操控系统，成功实现了白天零能耗和无人值守的运营状态，大幅增强了系统稳定性，降低了运营成本。

同时，目前在浙江、河北、山东、辽宁、北京、海南、广东、湖南、四川、江苏等地的农村、小区生活区、大型项目施工工地、高速服务区、地铁、别墅区等有应用。

二、用户意见

北京博汇特环保科技股份有限公司提供的一体化污水处理设备处理效果良好，出水均达到设计标准，而且管理维护简单，节约能耗。

技术服务与联系方式

一、技术服务方式

北京博汇特环保科技股份有限公司提供方案设计、技术服务、支持及咨询、技术培训、生化系统调试、设备供货及指导安装。

二、联系方式

联系单位：北京博汇特环保科技股份有限公司

联系人：郗立强

地址：北京市朝阳区望京北路望京科技园E座302A

邮政编码：100102

电话：010-64135028

传真：010-64135029

E-mail：xilq@bht-tech.com

主要用户名录

文昌市住房和城乡规划建设局、北京华帆科技集团有限公司、北方生态环境市政工程技术有限公司、浙江桃花源环保科技有限公司、北京合金盛世文化发展有限公司。

技术名称

BioDopp污水处理生化工艺

申报单位

北京博汇特环保科技股份有限公司

推荐部门

北京市环境保护产业协会

适用范围

工业及市政污水处理领域。

主要技术内容

一、基本原理

BioDopp工艺是结合了氧化沟的混合液内回流及一体化结构的设计理念，利用A^2/O不同功能分区的形式，借助CASS工艺前置选择区的模式，以创新的空气提推技术作为源动力，将不同功能单元结合在一起的生化处理工艺。该工艺具备占地少、能耗低、投资少及运营管理简便等优点，针对高浓度、难降解工业废水有较大的优势。

二、技术关键

1. AAOC一体化结构

BioDopp工艺将水解酸化、生物选择区、除碳、脱氮、沉淀甚至除磷等多个单元设置成一个组合单元，有效节省了占地面积，缩短了工艺流程，使得传统流程中不同单元能够有机组合，并充分利用一次提升势能完成了污水在整个系统内的输送，降低了污水提升的能耗，减少了土建及管道投资，并且也大大缩短了巡检路线，便于建成后运营管理。BioDopp AAOC一体化结构见图1。

2. 空气提推技术

空气提推器（airlift device）的工作原理是由容积式鼓风机产生的压缩空气作为动力源，通过均匀布气系统来改变局部水体的密度，在特殊的池体结构下提高充气区液面来推动水体的运动。通过布气系统的通气量可以直接影响混合液的回流比，进而实现整个池内大流量水流的能动调节。

水体中的污染物随着水流循环，逐步被微生物吸附或降解，到池体末端时，有机物含量基本接近出水水平。这种泥水混合物通过空气提推与来水混合完成对进水的高倍稀释，可迅速将进水浓度降到相对很低的水平，这样保证了池内的低浓度梯度差，从而为微生物创造了较为安逸稳衡的生长环境。

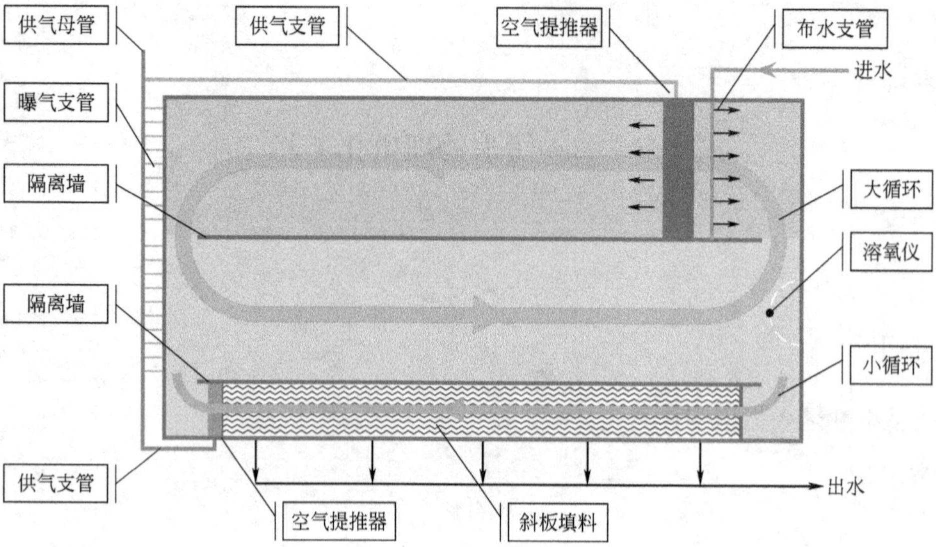

图 1　BioDopp AAOC 一体化结构

3. 高回流比技术

高回流比是通过空气提推技术来实现的，其最大的好处在于瞬间稀释进水，使得整个生物池内浓度梯度负荷最小化，并能有效地抵抗负荷冲击。

对于市政污水，BioDopp 工艺一般控制回流比在 15～20 左右。对于工业水，通常会根据其来水浓度将回流比控制在几十至几百，但其动力源来自低扬程、大断面的空气提推器。BioDopp 工艺的高回流比技术见图 2。

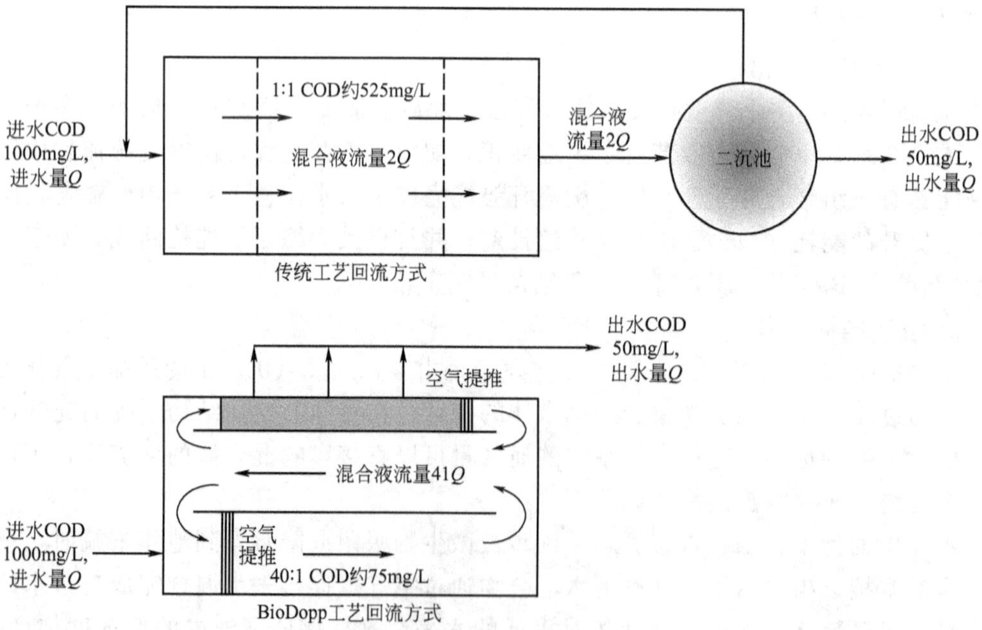

图 2　BioDopp 工艺的高回流比技术

4. 工程菌驯化技术

我们与国内多家科研院所合作，对特征污染物有矿化能力的微生物群体进行培养、筛选与分离，同时结合多年的污水生物池调试经验，共同开发了一套完整的菌种筛选驯化工程化方案。通过对活性污泥生理生化试验及电镜试验，控制特殊的工况条件，驯化出所需的高效优势菌种，纯化出个体较小的细菌，使其比表面积增大，提高其吸附能力和氧传质效率，大大缩短了生化系统的启动时间，并提高了处理特征污染物的效率。

通过分段进水、生物选择及生物富集等技术，控制溶解氧在 0.5mg/L 以下，将微生物控制在内源呼吸期临界点，对优势菌株进行生理生化分析，相应投加一定的微量元素，并在生物池内设置污泥筛选区，使得泥水混合物以紊流状态进入，然后瞬间释放，这样经过一个缓冲区，沉降性能较好的活性污泥就会被气提带回曝气区，而沉降性能相对较差的污泥则被选择性地随水流当作剩余污泥排走，直至保持高污泥浓度 8～12g/L，最大限度地截留并富集优势工程菌。

BioDopp 工艺活性污泥的驯化，主要遵循一项原则和两个基本点：

原则：空气提推技术确保池内高回流比，完成对进水瞬间稀释，确保整个流程内浓度梯度负荷最小化，创造贴近自然态的生长环境。

基本点一：控制污泥比增长速率，使活性污泥浓度尽量高，生长尽量慢，寿命尽量长。

基本点二：控制池内溶解氧不超过 0.5mg/L，溶解氧浓度通过溶氧仪连接变频风机 PLC 自控单元来控制。

该溶氧控制环境其实就是微氧环境的一种体现，追求水体溶解氧充分却不必多余。传统工艺控制较高的溶解氧，是因为微生物在接触有机物的同时，又要防止自身的老化，体表会很快形成一层胞外蛋白酶薄膜，这样便把微生物体与氧气分子隔离开，对氧气在水中往细胞内的传输形成了阻力。为了保障氧气的传质效率，必须扩大微生物体内及水中溶氧梯度差，提高传输动力，因此，传统工艺一般会把曝气池溶氧控制在 2.5mg/L 以上。但在 BioDopp 工艺里，由于特殊的驯化手段，微生物个体较小，活性相对较弱，不易在体表形成包裹的蛋白酶薄膜，所以细胞体直接与溶解氧接触，大大降低了溶解氧的传质阻力，因此 BioDopp 工艺一般把池内溶解氧控制在 0.5mg/L 以下。BioDopp 生化系统内污泥性质与传统工艺的对比见图 3。

针对国内部分地区的工业污水处理站冬季运行环境温度极低，生化效果波动较大的特点，重点研究了耐冷菌在低温条件下对污染物的生物降解作用及低温微生物的生态分布，并研究了温度对其代谢机理、溶质转运、蛋白酶合成的影响规律，驯化出了耐冷复合菌，这种复合菌种具备很好的协同作用，比单一菌具有更高的有机物去除率，并且其抗冲击负荷的能力也增强了。

GEM-P 耐冷菌筛选所用的培养基非常特殊，重点根据其生理特性，按一定配方补充了一些微量元素。共筛选出三种耐冷菌，命名为 GEM-PY、GEM-PL 及 GEM-PS。通过显微镜观察，三种菌株形态清晰，光滑圆润。GEM-PY 呈短杆状，为革兰氏阴性菌；GEM-PL 呈球状，为革兰氏阴性菌；GEM-PS 呈杆状，为革兰氏阳性菌。电镜图片显示，三种菌株大小各异，GEM-PY 直径不足 0.002μm，GEM-PS 长度为

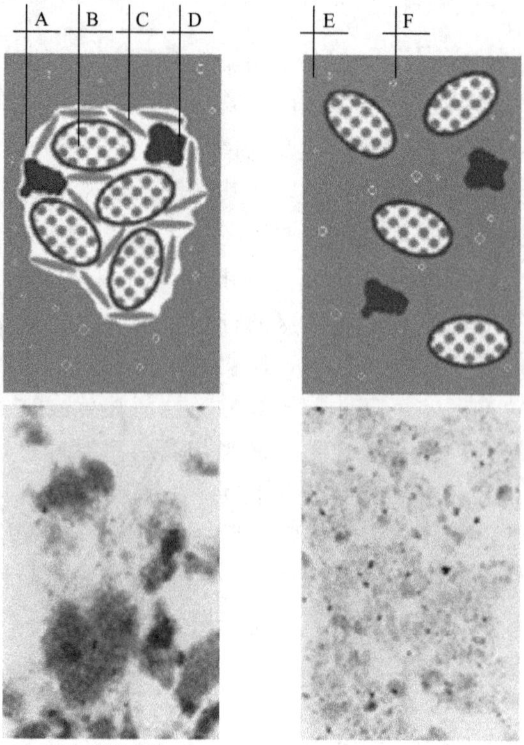

(a) 传统工艺　　(b) BioDopp

图 3　BioDopp 生化系统内污泥性质与传统工艺的对比

A—保护荚膜；B—微生物；C—有机污染物；D—无机污染物；E—水；F—溶解氧

0.001μm，GEM-PL 相对较大，长度为 0.02μm。该菌株在低温仍处于分裂状态，低温条件下仍具备一定的外源代谢能力。在低于 15℃时，其对水中氨氮去除率在 85% 以上；在低于 6℃时，其氨氮去除率仍在 70%左右。

耐冷菌技术可以植入到 BioDopp 工艺实际工程中，以扩大 BioDopp 工艺对温度的适用范围。

5. 曝气控制技术

BioDopp 工艺专有的曝气控制技术旨在为微生物创造贴近稳衡的生存环境，在曝气方式上，逆传统曝气之道而行之，追求尽量降低其通气量，延长气泡在水体中的滞留时间，进而提高氧利用率。降低其通气量主要是因为特殊的曝气管，其壁厚只有 0.4～0.7mm，出气阻力损失只有 1500Pa 左右，这样确保了低通气量 [$\leqslant 0.8m^3/(m \cdot h)$] 便可正常曝气。高密度均布方式与打孔技术使鼓出的气泡更为均匀，其直径更小，有效增大了氧转移效率。除此之外，曝气管采取可提升方式，使曝气管的检修与维护更加简单，易操作。

6. 速澄系统

速澄系统分为顺向流、逆向流和侧向流三种形式。其中，逆向流最为常见，沉降和抗干扰能力最好；顺向流的最大优势是节省占地，自清洗能力强，填料不易堵塞；侧向流适用于特殊场地要求的污水处理厂。其实现原理在于控制填料底部过道的流速，使其整个流程跨度内污泥未来得及沉降便被水流带走，保证通道内不积泥，泥水两相分离装置主要通过组合填料来实现。改良型 A^2O（BioDopp）工艺的速澄系统中填料布置见图 4。

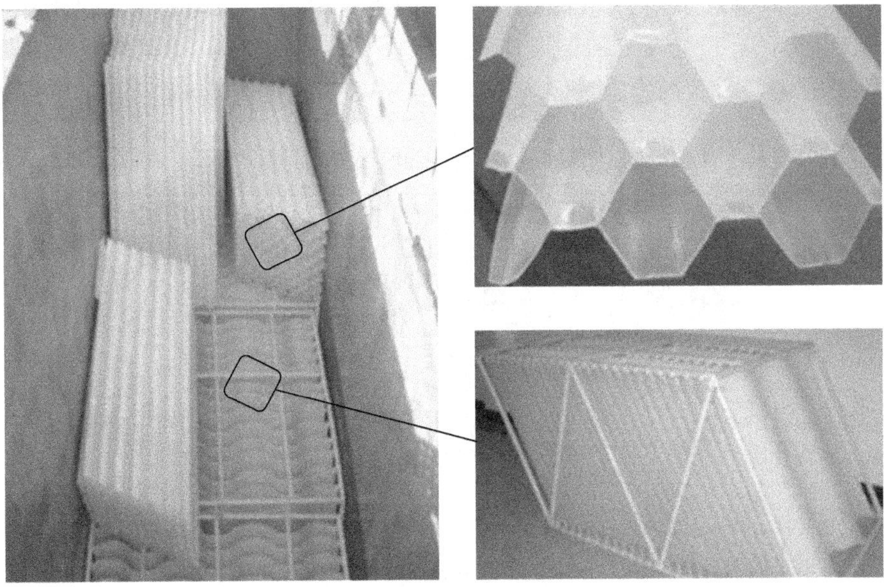

图 4　改良型 A^2O（BioDopp）工艺的速澄系统中填料布置

对于大水量的市政污水也可采用边进边出矩形二沉池，其工作原理见图 5。

图 5　矩形二沉池的工作原理

7. BioDopp SAS系统

BioDopp SAS（smart anti-impact system）系统为智能抗冲击系统的简称。SAS系统主要由在线DO仪、PLC自控系统、变频器、风机、空气提推器及曝气设备组成。整个SAS系统不需人工控制，能在无人值守的情况下自动化解来水负荷冲击，赋予生化系统更好的运行稳定性能。BioDopp SAS系统见图6。

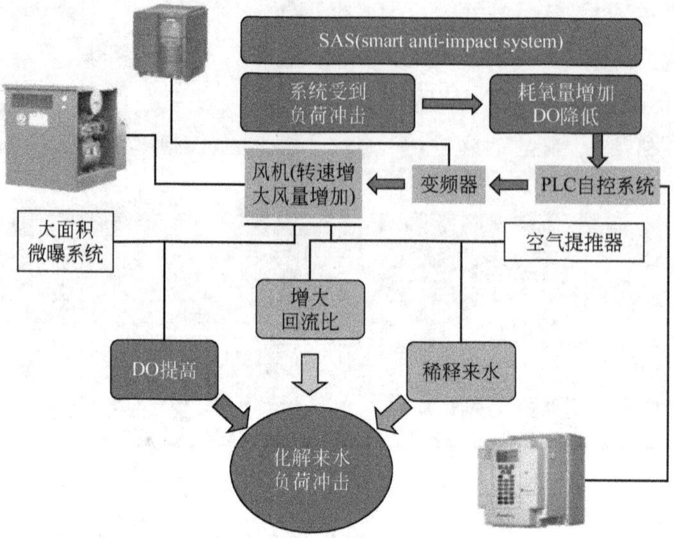

图6 BioDopp SAS系统

SAS系统采用的溶氧仪是当前灵敏度最高、步长最短的溶氧仪之一，其溶解氧探测精度为0.01mg/L，并具有自清洁功能，适合长时间在环境复杂的生物池内运行。

典型规模

处理规模为10000～50000m^3/d。

主要技术指标及条件

一、技术指标

（1）氧利用率40%，吨水能耗0.1～0.3kW·h。

（2）操作简单，常规10000t/d的污水处理厂，每个班次只需要2～3个操作工。

（3）设备使用寿命可达10年以上。

（4）可不停车检修。

（5）适应性强，能适用于生活污水以及各种工业废水。

（6）反应在微氧条件下进行，DO 0.5～0.8mg/L，可实现同步硝化反硝化。

（7）市政污水应用

COD容积负荷：1.0～1.2kg/(m^3·d)。

污泥浓度：5～8g/L。

COD污泥负荷：0.3～0.5kg/(kg·d)。

氨氮容积负荷（以氨氮计）：0.15kg/(m^3·d)。

反硝化速率（以总氮计）：0.2kg/(m^3·d)。

进出水指标：

处理单元	COD_{Cr} /(mg/L)	BOD_5 /(mg/L)	NH_3-N /(mg/L)	TN /(mg/L)	TP /(mg/L)	SS /(mg/L)	pH 值
进水	350～500	200	45	55	4	200	6～9
出水	50	10	5	15	0.5	10	6～9
处理效率	88.89%	95.00%	88.89%	72.73%	87.50%	95.00%	

(8) 工业污水应用

COD 容积负荷：0.8～1.0kg/(m^3·d)。

污泥浓度：5～8g/L。

COD 污泥负荷 0.15～0.25kg/(kg·d)。

进水 COD 可耐受 10000～50000mg/L，TDS 可耐受 10000mg/L 以内。

二、条件要求

(1) 可适应低温条件，最低温度可到 6～10℃；

(2) 抗冲击负荷能力强，水质波动可承受 30%以内；

(3) 进水水质需保持中性，pH 6～9；

(4) 水质 TDS≤10000mg/L；

(5) 含油、含有毒成分等废水需进行预处理；

(6) 一些特殊水质可跟其他物化工艺配套。

主要设备及运行管理

一、主要设备

(1) 曝气软管；

(2) 空气提推装置；

(3) 空气分布管；

(4) 压稳滚轴及稳衡装置；

(5) 吸刮泥机；

(6) SAS 控制系统。

二、运行管理

(1) 运行采用 24h 连续运转制度。

(2) 定时巡视生产现场，发现问题及时处理并做好记录。

(3) 根据进水水质、水量变化，及时调整运行条件，保存记录完整的各项资料。

(4) 及时整理汇总、分析运行记录，建立运行技术档案。

(5) 及时清理和运送污泥，减小对环境的影响。

(6) 建立处理构筑物和设备、设施的维护保养工作及维护记录的存档。

(7) 建立信息系统，定期总结运行经验。

投资效益分析（以陕西凤翔县污水处理厂10000t/d扩建项目为例）

一、投资情况

总投资：419.26万元。其中，设备投资215.16万元。

主体设备寿命：

主体设备名称	使用寿命/a
曝气软管	≥10
空气提推器	≥10
稳衡装置及压稳滚轴	≥10
空气分布管	≥10
吸刮泥机	≥10

总运行成本（含电费、药剂费、人工费、污泥脱水及处置费）为0.31元/(t·d)。

二、经济效益分析

规模/(m^3/d)	10000
投资情况/元	4192600
运行费用核算/[元/(t·d)]	0.31
直接经济净效益/(元/年)	693500
投资回收年限/a	6.04

三、环境效益分析

污水处理站投入运行后，可将污水中的污染物大大削减，提高处理水质，有利于提高周边环境质量，节省水源，改善企业社会形象。

推广情况及用户意见

一、推广情况

已连续为中石油、中石化、大唐能化公司、河南煤化工、平煤集团、神雾环保、山东高速、中冶集团、中金环境、华电集团等公司及地方性水务公司提供技术及工程整改服务。

二、用户意见

四川省乐至县污水处理厂客户评价：

我厂于2014年初完成二期建设，并通过环保部门达标验收，污水处理能力为20000m^3/d，形成污染减排能力。北京博汇特环保科技股份有限公司具有良好的技术实力，较强的施工能力。

经过三年多的运营管理，我厂污水处理设施运行稳定、出水水质优良、减排效果明显。北京博汇特环保科技股份有限公司提供的良好污水处理设备以及先进的生化工艺，使得我公司污水处理厂的运行操作简便，节省成本，减排效果明显。

获奖情况

BioDopp 生化工艺技术创新（升级）贡献奖

技术服务与联系方式

一、技术服务方式

北京博汇特环保科技股份有限公司提供方案设计，BioDopp 生化工艺导图设计，技术服务、支持及咨询，技术培训，生化系统调试，以及设备供货及指导安装。

二、联系方式

联系单位：北京博汇特环保科技股份有限公司

联系人：郤立强

地址：北京市朝阳区望京北路望京科技园 E 座 302A

邮政编码：100102

电话：010-64135028

传真：010-64135029

E-mail：xilq@bht-tech.com

主要用户名录

秦皇岛排水有限责任公司、高青润盈水务有限公司、中冶京城工程技术有限公司、神雾环保技术（新疆）有限公司、博天环境工程有限公司。

2017-3

技术名称

STCC 碳系载体生物滤池技术

申报单位

武汉新天达美环境科技股份有限公司

推荐部门

湖北省环境保护产业协会

适用范围

城镇生活污水处理、工业废水处理、湖泊河流水体修复、一体化污水处理设施、污水处理厂升级改造。

主要技术内容

一、基本原理

公司在国内率先引进德国曝气生物滤池工艺，并结合日本著名的“四万十川方式”水处理技术，模仿大自然原生态物质的循环自净功能的原理，采用天然材料和废弃材料，结合中国国情研发出具有自净功能的“不饱和炭”“脱氮材料”和“除磷材料”等多种介质填料，净化后出水优于国家《城镇污水处理厂污染物排放标准》(GB 18918—2002)一级A标准。STCC碳系载体生物滤池技术的原理见图1。

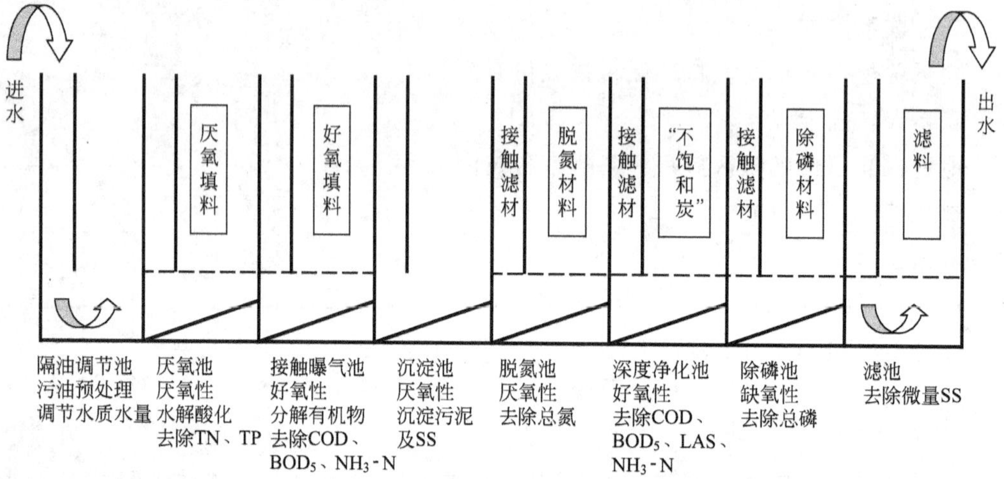

图1 STCC碳系载体生物滤池技术的原理

二、技术关键

1. “不饱和炭”

“不饱和炭”通过对木炭的高科技物理改性，使木炭表面的负电荷全部屏蔽，不仅有很好的硬度、不易破碎，且与微生物保持良好的相容性，加上多氨基葡萄糖等高分子材料的浸透，更有利于微生物进入木炭的毛细孔，见图2。

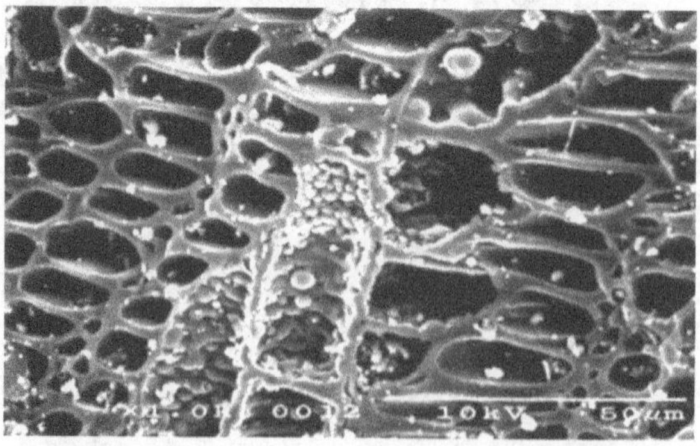

图2 “不饱和炭”

由于高孔隙率给大量微生物膜提供了独特的立体结构，可使污水较方便地进入其孔隙内发挥微生物摄食降解作用，同时也使正常脱落的生物膜从孔隙内随水流出，减少了材料堵塞饱和的可能。

在日本类似材料已有23年不堵塞、不饱和、不更换的工程应用历史。

2. 脱氮材料

脱氮材料（图3）利用分解不完全有机堆肥与自然土壤中发生的缺氮原理，由碳氮比高的碳系材料组成，为微生物提供载体，同时也为深度净化提供“碳”源，可实现厌氧氨氧化。

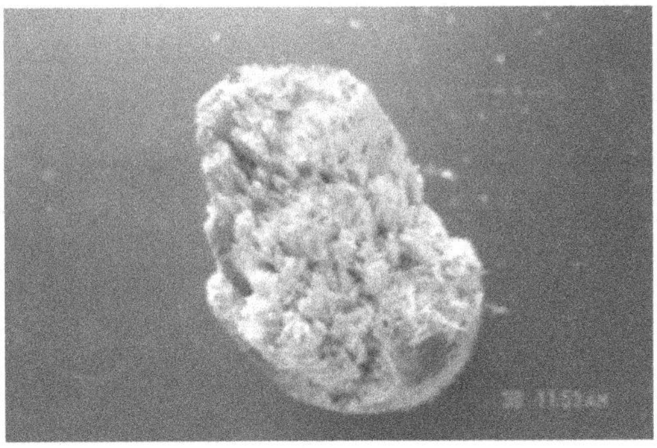

图3 脱氮材料

3. 除磷材料

除磷材料用铁屑、钢渣、石灰石、木炭等按一定比例进行热加工成型，具有很大的比表面积和通透性，能够释放 Fe^{3+}、Ca^{2+}，对磷的去除率可高达90%以上。除磷机理总体上归于“化学除磷”的范畴，由于加强了孔径的控制，兼顾了生物除磷功能，因此，克服了一般铁系除磷材料表面钝化的问题。

将该除磷材料置于厌氧环境中，当污水由下而上流经除磷材料滤床时，磷酸盐离子在滤料的表面和孔隙内形成沉淀。同时，“聚磷菌”的摄食作用既实现了污泥的聚集，又还原了材料的除磷能力。经过一段时间的沉积后，通过反冲洗和提泥，将“聚磷菌”新陈代谢的污泥沉淀提出，从而达到彻底除磷的目的。

典型规模

一、城镇污水处理厂

1. 分散型污水处理设施

（1）东湖碧波宾馆污水处理设施　东湖碧波宾馆位于东湖湖畔，其尾水直接排放至东湖，该污水处理设施规模为240t/d，2008年建成使用，设计出水标准达到国家《城镇污水处理厂污染物排放标准》（GB 18918—2002）一级A标准。

（2）湖北中医药大学　湖北中医药大学位于黄家湖大学城，其废水来源于学院医院预处理废水、中医药科学实验中心预处理废水、学生公寓及食堂的生活污水。该处理站2005年建成使用，规模为2000t/d，处理后的主要指标达到国家《地表水环境质量标准》（GB 3838—2002）的Ⅳ类，全部中水回用。

2. 尾水直排湖泊的城市污水处理厂

（1）荆州市石首城北污水处理厂　总规模 20000t/d，一期 11000t/d，2009 年年底建成通水，设计出水标准达到国家《城镇污水处理厂污染物排放标准》（GB 18918—2002）一级 A 标准，一直达标运行，尾水受纳水体为“山底湖”。

（2）武汉市黄金口污水处理厂　总规模 60000t/d，一期 15000t/d，2010 年年底建成，设计出水标准达到国家《城镇污水处理厂污染物排放标准》（GB 18918—2002）一级 A 标准，已达标，商业试运行中，受纳水体为“龙阳湖”。

（3）武汉市黄陵污水处理厂　总规模 50000t/d，2012 年年底建成，项目位于高压线走廊下，池顶太阳能板全覆盖，出水标准优于《城镇污水处理厂污染物排放标准》（GB 18918—2002）一级 A 标准，尾水受纳水体为“东荆河”。

（4）奉节县“两城一园”污水处理项目　重庆奉节县污水处理项目包含：兴隆旅游新城污水处理工程，规模 2500t/d，处理城镇污水，2016 年 1 月竣工验收；朱衣污水处理工程，规模 15000t/d，处理城镇污水，2016 年 1 月竣工验收；草堂移民生态园区污水处理工程，5000t/d，处理工业园区污水，2016 年 1 月竣工验收。项目设计出水标准达到国家《城镇污水处理厂污染物排放标准》（GB 18918—2002）一级 A 标准。

二、湖泊河流水质净化与生态修复项目

1. 武汉市东湖宾馆百花湖

百花湖储水量约为 90000m^3，与大东湖一堤之隔，严重富营养化，湖水净化及生态修复设施规模 1200t/d，2006 年建成，设计出水标准为国家《地表水环境质量标准》（GB 3838—2002）Ⅲ类。投入运行后，完全解决了水体富营养化问题。

2. 无锡市尚贤湖

无锡市尚贤湖是一座人工湖，湖水净化及生态修复设施规模 5000t/d，2010 年年初建成，设计出水标准达到国家《地表水环境质量标准》（GB 3838—2002）Ⅲ类。投入运行后，不仅解决了初期雨水污染和水体富营养化问题，而且营造了健康完善的自然水生态系统。

3. 第十届中国（武汉）国际园林博览会楚水净化工程

“楚水”是一个封闭型水体，自净能力较差，湖体易出现藻类水华甚至变黑变臭。为让水体澄清，采取“梯田式”的建设方式，通过水泵将人工湖湖水抽至高处，重力自流，逐级流经各级处理单元，通过 STCC 技术的碳吸附原理充分去除湖水中的污染物质，净化后的水返流入人工湖。处理后主要出水指标中 BOD_5、NH_3-N 达到《地表水环境质量标准》（GB 3838—2002）Ⅲ类标准，使园区的水环境得到了有效改善。

三、中水回用示范项目

武汉花山生态新城污水处理项目：污水处理规模一期 20000t/d，处理后的出水直接排湖，出水水质达到《城镇污水处理厂污染物排放标准》（GB 18918—2002）一级 A 标准；回用的中水主要用于园林灌溉、道路保洁、城市景观、生态补水等方面；整体工程完工后，实现污水 55%回用率。

四、国家水专项

公司承担了国家“十一五”水专项，包括合肥市滨湖新区低影响开发与水环境整治技术研究及工程示范、常州市大学新村景观河水、常州市东桥浜水质改善工程。公司承担了国家“十二五”水专项，包括无锡映月湖水质净化与生态修复、苏州市同里古镇水质改善工程、昆明草海水质净化工程。

1. 常州市东桥浜水质改善工程

该工程于2011年完工，处理规模为300t/d，处理排放出水水质的主要指标达到《城镇污水再生利用 景观环境用水水质》（GB/T 18921—2002）观赏性环境景观用水标准。

2. 常州市大学新村景观河水

该工程于2011年完工，处理规模分别为300t/d、500t/d，设计出水水质为《城镇污水再生利用 景观环境用水水质》（GB/T 18921—2002）观赏性环境景观用水标准。

主要技术指标及条件

一、技术指标

STCC污水处理及深度净化技术具备以下特点：

（1）先进的污水原水“培菌”工艺，不投放任何菌种或菌泥，既提高了本土菌强劲的自我繁殖、生存、修复能力，保证了出水的生物活性和生态安全，又避免了臭气污染。

（2）以核心专利“碳系净化材料”为载体，培育并构建微生物、原生动物、后生动物自然完整的食物链，最大限度发挥微生物对污染有机物的降解能力，同时食物链高层对低层的摄食作用使剩余污泥被大量消解。因此，在高效净化污水的同时污泥量极少，既保证了“好氧净化材料载体”的不堵塞，又减少或避免了“厌氧净化材料载体”的消耗。

（3）自流式净化处理方式加上极少污泥量，不需动力推流、投药、搅拌、吸泥等大型设备，长期运行管理费用极低。

（4）净化池体全覆盖，无臭气、噪声等污染，可根据周围景观协调处理。一次性解决污水处理、环境景观和二次污染等问题，完全改变了常规污水处理厂全开敞式带来的臭气、噪声等污染和冬季低温状态下处理能力降低等综合性问题。

（5）标准化模块式的运行管理使日常维护管理更加简便，故障率极低，有效保证长期稳定高效的达标运行。

（6）出水标准一次性达到国家《城镇污水处理厂污染物排放标准》一级A标准以上，还可根据要求进行深度净化，主要指标可达国家《地表水环境质量标准》Ⅳ类。STCC碳系生态修复系统可以将劣Ⅴ类或微污染水体净化到Ⅲ类，同时完善修复水体生态系统。

其主要指标如下：

① 进水：COD≤500mg/L，BOD_5≤300mg/L，TN≤60mg/L，TP≤6mg/L，SS

≤400mg/L；出水：COD≤50mg/L，BOD_5≤10mg/L，TN≤15mg/L，TP≤0.5mg/L，SS≤10mg/L，优于国家《城镇污水处理厂污染物排放标准》（GB 18918—2002）的一级A标准，可以达到国家《地表水环境质量标准》（GB 3838—2002）的Ⅳ类标准。

② 产泥量约为污水日处理量的0.02%，仅为传统工艺产泥量的4%。

③ 曝气量设计0.1m^3/(m^2·min)，高效防堵塞穿孔曝气。

④“不饱和炭”表面积>100m^2/g，总孔体积0.28mL/g，松散密度335g/L，石墨状态密度2250g/L。

⑤ 占地面积小，吨水占地面积约0.2m^2。

二、条件要求

进水BOD_5/COD需大于0.3，具有可生化性。

主要设备及运行管理

一、主要设备（材料）

主要设备有细格栅、粗格栅、污水泵、鼓风机、污泥泵、污泥压滤机、“不饱和炭”、钙体系材料、不锈钢网、石灰石、塑料球、电脑控制柜、中控系统、消毒设备、过滤设备等。

二、运行管理

标准化模块式的运行管理使日常维护管理更加简便，故障率极低，有效保证设备长期稳定高效地达标运行。无人值守式运行，降低技术操作风险，节约人力成本。

投资效益分析

一、经济效益分析

本项目的应用示范工程计划总投资为11463.66万元，其中静态投资11055.45万元，动态投资389.24万元，铺底流动资金18.97万元。

固定资产折旧：综合折旧系数为4.8%，折旧年限为20年，残值率为4%。

摊销年限：10年。

修理维护费率：2.0%。

电费：正常年份年电费为219.12万元。

药剂费：正常年份年药剂费为61.74万元。

泥饼处置费：正常年份年费用为7.3万元。

工资福利费：年均工资福利24000元/人，人员编制12人，年工资福利费28.8万元。

管理费及其他：按生产因素的10%计取。

工程正常年份污水处理厂年处理水量730万立方米，年电耗264万千瓦·时。单位水量处理总成本1.141元/m^3，单位经营成本0.678元/m^3。按建议水价1.3元/t计算，年销售收入可达949万元，预计年交税额为72.8万元。

二、环境效益分析

(1) 由于本技术高效的净化能力，使出水可以得到回用，一方面节约大量有限的水资源，缓和城市自来水供需矛盾，带来可观经济效益，另一方面减少城市排水系统负担，控制了水污染，保护了生态环境。

（2）由于本技术处理后出水水质好，使受纳水体免受富营养化的困扰，不易滋生蓝藻。

（3）厂界噪声值可控制在55dB以下，如有特殊要求还可控制在45dB以下。

（4）粪大肠菌群出水一般在3000个/L之内，没有特殊要求，可不用消毒。

（5）没有臭气和蚊蝇滋扰。

技术成果鉴定与鉴定意见

一、组织鉴定单位

武汉市科学技术局

二、鉴定时间

2006年8月30日

三、鉴定意见

（1）将木炭与壳聚糖结合，改性制成“不饱和炭”，并用作污水处理填料。

（2）集成厌氧生物膜法、好氧生物膜法、“不饱和炭”、木炭填料床、石灰石除磷等方法，形成污水处理组合工艺。

（3）该工艺可满足更严格的污水排放标准，优于城镇污水处理厂污染物排放标准（GB 18918—2002）的一级A标准。因此，该成果具有很好的环境效益。

综上所述，专家组成员一致同意该项目通过鉴定，并认为在生活污水处理及深度净化方面，该工艺的处理效果达到国内领先水平。

四、科技查新

STCC碳系载体生物滤池技术于2015年2月6日进行了科技查新，查新单位为武汉市科学技术情报研究所查新检索中心，查新结果为未见其他与STCC碳系载体生物滤池技术特征相同的专利、成果及非专利文献报道。

推广情况及用户意见

一、推广情况

目前，“STCC碳系载体生物滤池技术”已经成功应用于湖北、山西、广西、河北、重庆、四川、江苏、安徽、广东、宁夏等多个省、自治区、直辖市的城镇污水处理、传统污水处理厂升级改造、湖泊水体修复、河道水质净化等不同类型和不同规模的污水处理工程。

按照目前运营的百余个项目，总计每天处理100余万吨污水的产泥量计算，使用该技术处理污水后，每年减少COD排放量约18250000kg，年减少BOD排放量约3650000kg，节约工程费用约2.6亿元，减少工程用地约3750亩（1亩≈666.7m^2），不仅为中国水污染治理做出贡献，同时也节约了土地，减少了固体废物和废气的排放，为当地的社会环境和经济可持续发展带来了显著的社会效益和经济效益，真正做到了节能减排与环境友好相得益彰，被专家们誉为“未来概念型污水处理厂”。

武汉新天达美环境科技有限公司在全国推广“STCC 碳系载体生物滤池技术”的过程中，多次得到了国家部委、省、市等各级领导的肯定和鼓励。

① 2008 年被国家外国专家局授予“国家引智成果示范单位”。

② 2009 年 STCC 污水处理及深度净化技术一体化设备实现产业化。

③ 2010 年 STCC 技术纳入国家发改委、环保部（现生态环境部，下同）《当前国家鼓励发展的环保产业设备（产品）目录》。

④ 2008～2012 年连续五年获国家引智成果示范单位（国家外国专家局）。

⑤ 2008 年国家环境保护重点实用技术（原环保部）。

⑥ 2009 年全国建设行业科技成果推广项目（住房和城乡建设部）。

⑦ 2009 年湖北省百项重点高新技术产品推广计划项目库项目（湖北省发展和改革委员会、湖北省科学技术厅）。

⑧ 2009～2015 年连续六年获得住房和城乡建设部“全国建设行业科技成果推广项目”。

⑨ 2012 年 STCC 技术入选科技部《科技惠民计划先进科技成果目录指南》。

⑩ 2013 年被评选为“2012 年度武汉市先进创业企业”。

⑪ 2013 年 STCC 技术入选湖北省重点新产品新工艺研究开发项目。

⑫ 2013 年，公司被评选为“2012 年度武汉市先进创业企业”。

⑬ 2013 年，公司 STCC 技术入选湖北省科技厅重点新产品新工艺研究开发项目。

⑭ 2014 年，公司技术总工胡细全博士“新农村生活污水资源化处理技术研究与示范”项目荣获武汉市科技进步奖一等奖。

⑮ 2014 年，公司被认定为“国家高新技术企业”。

⑯ 2012～2014 年，公司连续三年被东湖新技术开发区认定为“瞪羚企业”。

⑰ 2015 年，公司被武汉市科协授予“武汉市科普助推都市农业示范企业”。

⑱ 2016 年，公司荣获湖北省科普示范企业。

⑲ 2016 年，公司获得 3 项实用新型专利。

二、用户意见

1. 湖北中医药大学评价

委托武汉新天达美环境科技有限公司设计建设的污水处理工程，处理规模为 2000t/d，使用技术为 STCC 碳系载体生物滤池技术，处理排放达国家《地表水环境质量标准》（GB 3838—2002）第Ⅳ类标准。该工程于 2005 年 8 月底竣工投入试运行，运行至今十分稳定，工程建筑设计布局合理，占地面积小，景观效果佳，操作方便，管理规范，其出水清澈，得到了各方面的好评，获得了良好的社会、经济效益。

2. 汉阳黄金口污水处理一期工程评价

由武汉新天达美环境科技有限公司设计建设污水深度处理工程，处理规模为 15000t/d，使用技术为 STCC 碳系载体生物滤池技术，处理排放达到了《城镇污水处理厂污染物排放标准》（GB 18918—2002）的一级 A 标准。该工程已于 2010 年完工并投入运行，工程深度处理占地面积小、出水清澈、工艺简单、运行管理方便、运营费用很低。该深度处理工程建成后有效地减轻了黄金口地区的环境污染程度，对改善黄金口地区的生态环境起到了一定的作用。

3. 花山生态新城污水处理厂一期工程评价

由武汉新天达美环境科技有限公司设计建设污水深度处理工程，处理规模为20000t/d，使用技术为STCC碳系载体生物滤池技术，处理排放达到了《城镇污水处理厂污染物排放标准》（GB 18918—2002）的一级A标准。一期工程于2014年已经全部完工，污水处理厂尾水全部用于中水回用，每日可利用中水2万吨，实现40%的回收利用率，超过发达国家25%的平均利用率。中水回用系统的实施，一方面节约大量有限的水资源，缓和城市自来水供需矛盾，带来可观经济效益，另一方面减少城市排水系统负担，控制了水污染，保护了生态环境，与两型社会的核心思想不谋而合，不仅带来巨大的生态效益，而且获得了良好的社会效益。花山生态新城的污水得到全面治理，大大削减了有机物及氮磷等污染物质排入水体，改善了花山生态新城水环境，促进了武汉新区水体修复及水景观工程建设，同时为生态新城区提供更多的发展机遇，吸引更多的企业或居民入住新城区，为该地区的经济的可持续发展提供良好的发展环境，对武汉市两型社会的建设有着深远的意义。

获奖情况

① 2014国家重点新产品；
② 2012国家重点环境保护实用技术；
③ 2012年全国建设行业科技成果推广项目；
④ 2008湖北省重大科学技术成果；
⑤ 2008湖北省科技进步奖；
⑥ 2007武汉市科技进步奖；
⑦ 2006首届中国民营科技企业新技术新产品博览会金奖。

技术服务与联系方式

一、技术服务方式

为城镇污水处理、湖泊水质净化与生态修复、河流水生态保护、污水处理厂升级改造等水资源化利用提供技术解决方案、工程建设、装置设备和技术服务。

二、联系方式

联系单位：武汉新天达美环境科技股份有限公司
联系人：王毅君
地址：武汉市江夏区文化路399号联投大厦12楼
邮政编码：430223
电话：027-84529091
传真：027-84529091
E-mail：2608955118@qq.com

技术名称

保温生物膜曝气生态处理工艺（TBO 工艺）

申报单位

安徽美自然环境科技有限公司

推荐部门

六安市环保局

适用范围

乡镇生活污水处理厂，以城市污水处理厂的排放水为原水建设运营中水回用厂，高速公路服务区污水处理回用工程的改造及运营，城市污水处理厂的提标升级改造。

主要技术内容

一、基本原理

TBO 工艺的基本原理是污水经过预处理后通过管网投配到 TBO 池体，使污水在填料层中横向和竖向移动，污染物被吸附在不同功能结构层的填料上的微生物截留、吸附，并最终通过微生物分解转化，达到污水净化的目的。

二、技术关键

(1) 传统污水处理工艺全部是将填料浸入水体，本 TBO 工艺采用新型填料，为非浸入污水式。

(2) 传统工艺全部是对污水水体曝气，而 TBO 工艺是对非浸入式的生物膜载体填料进行曝气。该办法节约了大量的能耗，对水体进行曝气的能耗 80%是用来克服水的阻力，氧气的利用率很低，而对生物膜载体填料对行曝气便节约了此种浪费的能耗。

(3) 传统工艺在冬季全部有一个无法解决的难题，就是微生物的活性下降，进而使污水处理效果下降，在北方结冰期甚至失效。要保持微生物的相对活性，其生长环境至少在 10℃以上，而对水体进行加热保温到 10℃以上是不可能完成的任务。TBO 工艺只对非浸入式填料进行曝气，对空气加热成为可能，并且能耗较低，热空气对微生物起到加热保温的效果。

(4) TBO 工艺采用模块化的形式来安装，可以按照未来的水处理量进行一次规划，分成若干期来逐步实施，可以让污水处理产能一直处于饱和的状态。

典型规模

本项目为六安市金寨县茶谷响洪甸污水处理站施工一体化项目，生活污水处理量

为 $500m^3/d$。经 TBO 工艺处理后，出水水质达到《城镇污水处理厂污染物排放标准》（GB 18918—2012）中一级 B 标准，其中 COD 和 NH_3-N 达到《地表水环境质量标准》（GB 3838—2002）中Ⅳ类标准。

主要技术指标及条件

（1）TBO 系统日处理 1t 污水占地面积约 $2.0m^2$，地表可规划为花园绿地等。

（2）出水的各项指标（SS、COD、BOD、氨氮、总氮等）完全达到《城镇污水处理厂污染物排放标准》（GB 18918—2002）一级 B 类标准限值要求。

（3）可以在冬季低温条件下正常运行。TBO 污水处理技术利用自然与系统内置调温装置，根据环境温度自动对曝气空气进行温度调节，从而使得系统在冬季中高效运转。

主要设备及运行管理

一、主要设备

TBO 生物反应器。

二、运行管理

系统利用自然及系统内置调温系统装置，根据环境温度自动对曝气空气进行温度调节，保证系统出水全年稳定达标，且可进行远程 4G 无线网络监控，日常运转由全自动控制系统自动调节，不需专人操作，系统维护项目仅涉及格栅垃圾的定期清理一项。

投资效益分析（以六安市裕安区分路口镇农村环境连片整治生活污水处理站项目为例）

一、投资情况

总投资：255 万元。其中，设备投资 114.75 万元。

主体设备寿命：30 年。

运行费用：2.19 万元/年。

二、经济效益分析

（1）日处理 300t 及以上系统投资单价约为 3000 元/t。日处理量 300t 以下投资单价略有上升。

（2）处理每吨水耗电约 0.1kW·h，春、夏、秋三季约 0.06 元/t，冬季约 0.1 元/t。

（3）根据“十三五”规划，2016～2020 年间中国将新增 13 万座镇村污水处理厂，本项目预计占到市场份额的 1%，年均收入可达 13000 万元，利税 2500 万元。

三、环境效益分析

TBO 污水处理技术的研发成功将可以：克服污水生物处理及其衍生技术运行成

本高、管理维护复杂的缺点；克服人工湿地技术占地面积大、运行易受气候条件限制且容易滋生蚊虫的缺点。TBO 技术无剩余污泥，不会对环境造成二次污染，可以保障小规模污水处理设施的建设和持续正常运行，解决农村污水处理难题。

推广情况及用户意见

一、推广情况

TBO 污水处理技术主要适用于乡镇生活污水处理厂、以城市污水处理厂的排放水为原水建设运营中水回用厂、高速公路服务区污水处理回用工程的改造及运营、城市污水处理厂的提标升级改造。TBO 污水处理技术推广情况好。

二、用户意见

采用 TBO 污水处理工艺的污水处理站在投入运营期间，污水各项参数均达标排放。

获奖情况

① 2015 年 8 月，公司凭借 TBO 污水处理技术获得中国创新创业大赛安徽省赛区企业组优秀奖。

② 2016 年 11 月，公司获得安徽省科技厅颁发的科学技术研究成果证书。

技术服务与联系方式

一、技术服务方式

电话咨询服务及上门服务。

二、联系方式

联系单位：安徽美自然环境科技有限公司

联系人：陆云

地址：安徽省六安市经济开发区横二路

邮政编码：237000

电话：0564-3377186

传真：0564-3377186

E-mail：1799514198@163.com

主要用户名录

（1）河北省饶阳县第二污水处理厂 15000m^3/d（前段氧化沟工艺，后段 TBO 工艺深化处理）；

（2）安徽省阜阳市阜南县王家坝污水处理厂 1000m^3/d；

（3）安徽省六安市金寨县天堂寨污水处理工程 500m^3/d。

技术名称

基于MAS-BSF的分散性生活污水智能一体化处理系统

申报单位

重庆梅安森科技股份有限公司

推荐部门

重庆市环境保护产业协会

适用范围

村镇生活污水处理、分散性乡村生活污水处理、农村环境综合整治、高速公路服务区污水处理。

主要技术内容

一、基本原理

BSF（活性污泥生物过滤）污水处理系统是在预处理（格栅拦截或筛网过滤、水质水量均衡等）基础上，进一步对污水进行缺氧区、好氧区、过滤澄清区、消毒区处理，借助于过滤澄清区的特殊结构，好氧区混合液在澄清池中部构建出“污泥层”，利用污泥层生物絮凝和生物过滤作用，对好氧池出水进行沉淀和深度处理，从而使经过该工艺处理后的出水水质优于传统二级生化处理工艺处理后的出水。

BSF工艺主要由缺氧池、好氧池以及澄清过滤池组成。来水首先进入缺氧池，与过滤池的回流污泥混合后进行反硝化反应；缺氧池出水直接进入好氧池；在好氧池内完成有机物及氨氮等的氧化反应；好氧池下端沉积污泥通过污泥泵提升进入污泥池，其出水通过过滤池下端进水口以上向流方式进入过滤池。过滤池设置成漏斗形，形成底部流速大、上部流速小的流态，在运行初期定时向过滤池投加一种特殊的菌种，最终在过滤池中间部位“营造”出一定厚度的污泥层，污泥层中的部分污泥通过污泥泵提升返回缺氧池，污泥层不仅提高了泥水分离的效果，提升了出水水质，而且系统运行更稳定、处理效果更佳、抗冲击能力更强、运行维护更方便快捷。

二、技术关键

技术关键内容包括：

① “营造”过滤污泥层的设备结构：布水系统设计、澄清池与好氧池之间隔板设计、出水系统布置；

② 污泥层稳定系统：污泥回流装置设计、回流量控制及进水孔位置等；

③ 剩余污泥排放装置及控制系统设计。

典型规模

智能一体化污水处理装置的典型污水处理量为：$10m^3/d$、$20m^3/d$、$30m^3/d$、$50m^3/d$、$100m^3/d$。

主要技术指标及条件

一、技术指标

(1) 占地面积小于 $0.8m^2/(m^3 \cdot d)$；

(2) 能耗小于 $0.7kW \cdot h/(m^3 \cdot d)$；

(3) 氨氮去除率大于98%；

(4) COD_{Cr}去除率大于96%。

二、条件要求

进水为生活污水，且满足要求：$COD_{Cr} \leqslant 350mg/L$、$BOD_5 \leqslant 200mg/L$、$SS \leqslant 300mg/L$、$NH_3\text{-}N \leqslant 35mg/L$、$TN \leqslant 50mg/L$、$TP \leqslant 4mg/L$。

主要设备及运行管理

一、主要设备

序号	名称	主要材质	数　量
1	回转风机	叶轮铸铁	1台
2	紫外消毒器	过水部件304不锈钢	1套

二、运行管理

(1) 回转风机

开机检查事项：

① 检查油箱润滑油位，应处于油尺上下限之间。

② 通知变电所向本机供电。

③ 检查机上控制柜，应无报警显示，如有报警，查明原因后消除。

④ 选择“手动”状态（用手指触“手动”键）。

⑤ 检查泄压阀是否处于打开位置（泄压阀打开，绿灯亮）。

⑥ 检查扩压器应置于最小开度（扩压器开度最小，绿灯亮）。

⑦ 以上检查，确认风机可启动后，按启动键，鼓风机进入启动程序：

a. 辅助油泵进行预润滑1min（辅助油泵运转，绿灯亮）。

b. 鼓风机可开始运转（鼓风机运转，绿灯亮）。

c. 泄压阀缓慢关闭（泄压阀打开，绿灯灭，2min后泄压阀关闭，绿灯亮）。

d. 辅助油泵停止运转（辅助油泵运转，绿灯灭；辅助油泵停止，红灯亮）。至此，鼓风机启动成功，可投入正式运行。

e. 如按下启动键后，鼓风机未能如期起动，则1min后油压过低，报警，红灯亮，整个启动过程停止。必须查明原因解决后，消除报警重新启动。

运行维护的主要内容：

① 风机启动后可根据生产需要缓慢调整扩压器开度，用扩压器“开启”键和“关闭”键控制，以保证必要的风量。

② 风机运行时，必须经常对风机进行监视，注意风机的电流、油温、油压、进风真空度声音、温度、振动等情况。按时做好记录，如有异常，要及时查明原因后排除，并向生产科汇报，必要时可采取紧急停车的措施（谨慎使用）。

（2）紫外线消毒器

安全使用注意事项：

① 本产品使用紫外线杀菌的方式，设备在出厂时已安装好石英套管。安装设备时轻拿轻放，避免套管破碎。

② 消毒器不要装置在过于潮湿和冲击振动大的地方，湿度大容易引起电器元件损坏，冲击振动过大会引起灯管和石英管的损坏。

③ 设备安装完成后把设备随机配带的灯管安装到设备套管内。

④ 在设备通电前请检查使用电压与设备上标示的电压（额定电压标示于电源插头处）是否相符，如不符请勿使用。

⑤ 本设备因为必须要可靠接地，如没有可靠接地请勿使用。

⑥ 采用紫外线消毒对人体有一定伤害，在使用设备时避免紫外线直接照射人体。

⑦ 设备开启时，要先保障设备内通水，再打开设备电源。

⑧ 石英套管定期擦洗时应先关闭电源，取下消毒器两侧防尘罩，取出灯管，卸下两端压盖，取出“O”形胶圈，再慢慢抽出石英管。清洗套管时使用酒精作擦洗液。清洗完成后，操作人员不要直接用手接触石英管表面，以免弄脏而影响透明度。将石英管对正两端水封孔位，插入石英管，两端余量要相等，套入“O”形胶圈，慢慢均匀拧紧压盖，力度不能过大，以免造成石英管破裂，然后做通水试验，如有漏水可再轻轻拧紧压盖，至不漏水为止，最后装上灯管即可运行。

投资效益分析（以河北省馆陶县农村生活污水处理 PPP 项目为例）

本项目采用政府和社会资本合作（public-private partnership，PPP）模式建设。河北省馆陶县农村污水处理范围为全县共 4 乡 4 镇，下辖 277 个自然村的生活污水收集管网干管及污水处理设施工程设计（不包括馆陶城区、化工园区、工业企业等污废水的收集与处理）。排水管网按分流制设计，全县农村地区污水收集管网干管建设规模为 1200km，污水处理设施均采用标准化、智能化程度高的一体化污水处理设施，按照设计原则，污水处理设施总规模为 $14600m^3/d$。

污水处理设施推荐采用改进型梅安森 BSF 工艺，出水水质达到河北省《农村生活污水排放标准》（DB 13/2171—2015）一级 A（部分指标一级 B）标准后排放，污泥经干化后运往附近的垃圾填埋场进行卫生填埋。污水处理设施主要构（建）筑物包括调节池、一体化污水处理设备等。

一、投资情况

总投资：17900万元。其中，设备投资8000万元。

主体设备寿命：大于50年。

运行费用：1.44元/t。

二、经济效益分析

1. 总运行费用

(1) 人工费用　本方案中一体化污水处理设备不需加药，污泥量少，污泥消化池30天排泥1次，同时设置了设备运行工况在线监测系统和自动化控制系统，可实现设备的远程自动化管理，自动化程度高，因而劳动量小，每个设备维护人员维护20台设备，需要操作人员14名，其中运营中心设置4名专职技术人员，管理中心设置1名机动技术人员。假设其操作人员工资为3000元/月，技术人员工资为5000元/月，则人工费为：(3000×14+5×5000)/(30×14600)=0.15元/t。

(2) 电费　假设每千瓦·时电电费为0.8元，所有设备总功率为3kW，则所有污水处理设备一天运行费用为0.8×3×18×277/14600=0.82元/t。

(3) 设备维修费　含设备维修、易耗品、备品备件等费用，折算到吨水维修费用为0.28元/t。

(4) 管理费用　污水处理设施日常管理采用本项目运营管理平台。平台运行需考虑工况在线监测、设备自动化控制信息通信传输费用（网络费用）。污水处理设施运营管理系统产生的费用主要为：信息通信费用，年费用约55.4万元，平台管理费用10万元/年，其他费用（含分析测试中心、工程中心运行费，动力费，房租等）35万元/年，合计每年100.4万元，单位运行费为0.19元/t。

(5) 总运行费用　总运行费用为1.44元/t。

2. 全县总的排水量

馆陶县农村地区生活用水用量按河北《用水定额　第3部分：生活用水》(DB 13T 1161.3—2009) 规定，全县农村平均排水量为14600m^3/d。

3. 污水处理量和污水处理服务费

馆陶县住房和城乡规划建设局公布的采购价：污水处理量≤14600m^3/d时，污水处理服务费为3.50元/m^3。

4. 直接经济净效益

每年经济净效益=总污水处理服务费－总运行费用

=14600m^3/d×365d×(3.5元/m^3－1.44元/m^3)

=1097.77万元

三、环境效益分析

河北省馆陶县过去农村环境保护工作基础薄弱，农村生活污水收集和处理率均较低，因此，馆陶县规划在全县全面推进农村生活污水治理工程，并计划采用政府和社会资本合作模式实现农村生活污水的长期有效治理。馆陶县农村生活污水处理项目的建设将在全县全面实现农村生活污水的收集和处理，大大削减污染物的排放量，改善农村人居环境，改善地表水及地下水、土壤环境质量，对全县美丽乡村建设有积极的作用。

本技术主要使用在农村环境综合整治等分散式生活污水处理的场合。通过本技术的应用，可带来的环境效益有：

（1）减少污染物排放。通过本技术的应用，可大幅削减污水中的 COD、NH_3-N、TN、TP 等污染物的排放量，有利于水污染防治。

（2）减少环境风险。本技术中集成了大量智能感知和自动化控制设备，可通过平台及运维人员精准控制设备运行，大幅减少设备因非正常运行而导致的事故排放，以减少环境风险。

（3）提高环境管理部门的管理水平。本产品中包含设施运营管理平台，平台可实时向管理部门推送污水处理设施运行状态数据，便于管理部门及时掌握污水处理的情况，以便做出管理决策。

（4）提高农村地区生态价值。当前许多农村地区都在发展生态农业、绿色食品、乡村旅游等高附加值的产业，农村环境综合整治可大幅改善农村脏乱差环境，提高区域生态价值，实现农业供给侧改革。

（5）开展水污染防治行动，推进农业面源污染综合整治，强化农村生活环境综合整治，改善水环境质量，保障水安全的需要。直接促进农村生态文明建设，加强农村环境保护，减轻了环境排放压力和污染治理压力。

技术成果鉴定与鉴定意见

一、组织鉴定单位

重庆科技成果转化促进会

二、鉴定时间

2017 年 6 月 14 日

三、鉴定意见

2017 年 6 月 14 日，在重庆科技成果转化促进会组织下，有关专家对重庆梅安森科技股份有限公司完成的“基于 MAS-BSF 的分散性生活污水智能一体化处理系统”进行成果评价。专家组仔细听取了项目负责人的成果汇报，审阅了相关材料，对成果的创新性、先进性、成熟度、经济效益和社会效益等方面进行了质询、讨论，并按照科技成果评价工作的具体要求形成以下成果评价意见：

（1）该成果以 MAS-BSF 污水处理工艺为基础，加载物联感知技术、自动控制和网络智能传输技术，采用模块化、标准化设计，形成 MAS-BSF 的分散性生活污水智能一体化处理系统。系统实时获取污水处理设施的生产数据、工况数据、运维数据、视频数据，并能对包括污水处理量、能耗、药剂、故障及维修数据在内的相关数据进行统计分析关联，实现可视化集中管理、智能运维的污水运营管理。

（2）该成果已经申请 2 项发明专利，获得 2 项实用新型专利、5 项软件著作权，取得中国环境保护产品认证证书（编号：CCAEPI-EP-2017-322）。经国内检测机构检测，运行状态（参数）符合相关标准要求。

（3）项目成果评价资料齐全，符合评价要求，同意通过技术成果评价。

推广情况及用户意见

一、推广情况

目前，重庆梅安森科技股份有限公司自主研发的集污水处理工艺单元和设备运行智能感知智能控制单元于一体的智能一体化污水处理装置已获得专利，在实际工程中得以应用、验证，并根据应用情况做了升级优化；配套的水务运营管理信息云平台已获得软件著作权，并在乡村污水处理设施运营管理、重庆环投乡镇污水处理厂运营管理及中国节能环保集团公司污水处理厂运营管理中得以应用、验证，产品处于迅速迭代更新过程中。

重庆梅安森科技股份有限公司目前已在重庆、河北、山东、安徽、陕西、甘肃、青海等地承担了多个乡村污水处理项目（含部分村庄、景区试点项目）。其中，目前承担的河北省馆陶县乡村污水处理及运营管理特许经营项目是国内较早开展的以行政区为单位全域整体推进、以政府与社会资本合作（PPP）方式建设运营的乡村污水处理的项目之一，该项目总投资1.79亿元，污水处理设施全部采用重庆梅安森科技股份有限公司智能一体化污水处理装置，产生直接经济价值6000万元；设备运行一年多以来，出水水质稳定达标，满足河北省《农村生活污水排放标准》要求。

同时，重庆梅安森科技股份有限公司近年正在加大力度推广智能一体化污水处理装置，结合当前国家有关水污染防治、农村人居环境改善和美丽乡村建设等政策要求，积极开拓市场。除已承担项目外，目前还有大量潜在市场和用户处于持续跟踪过程中，预计近年在智能一体化污水处理装置将实现2亿～3亿元/年的销售收入。

二、用户意见

（1）2016年11月13日，河北馆陶县环境监测站提供的评价意见：馆陶县寿东村生活污水20t/d、50t/d的治理项目，采用改进型A/O（即MAS-BSF）处理工艺，设计处理水量为20t/d、50t/d，出水满足标准要求，具有以下优势：①出水清澈、能见度高；②占地面积小；③处理单元少、操作简单等。

（2）山东聊城市冠县范寨乡孔里庄村民委员会污水处理使用单位评价意见：本技术具有以下优势：①出水清澈、能见度高；②占地面积小；③处理单元少、操作简单等。项目至实施以来，工艺运行效果良好，出水水质均满足《城镇污水处理厂污染物排放标准》（GB 18918—2002）中一级A标准要求。

获奖情况

2016年12月31日，梅安森公司因为本技术的应用推广效果优秀，荣获重庆市（2016年）物联网产业优秀应用单位称号。

2017年4月24日，本项目技术获得重庆市（2017年）“互联网＋”试点项目。

联系方式

联系单位：重庆梅安森科技股份有限公司

联系人：李健

地址：重庆市九龙坡区福园路 28 号
邮政编码：400039
电话：023-68460703
传真：023-68467855
E-mail：lijian@mas300275. com

主要用户名录

河北馆陶县住房和城乡规划建设局、甘肃公航旅集团有限公司、山东聊城市冠县范寨乡里庄村民委员会、山东聊城市冠县兰沃乡韩路村民委员会、凤阳县大庙镇高陈村、青海帝玛尔藏药药业有限公司、重庆市长寿区环境保护局、重庆天下通物流有限公司。

2017-6

技术名称

中小城镇生活污水低动力、无人值守处理集成设备

申报单位

山东国辰实业集团有限公司

推荐部门

山东省环境保护产业协会

适用范围

中小城镇生活污水处理。

主要技术内容

一、基本原理

农村及小城镇产生的生活污水通过新的污水处理设备，首先经过调节池，调节水量、水质，然后泵送厌氧池，通过厌氧微生物将污水中的固体、大分子和不易生物降解的有机物降解为易于生物降解的小分子有机物，提高废水的可生化性，使得污水在后续的好氧单元内以较少的能耗和较短的停留时间得到处理，出水进入微动力填料流动床池内，通过池内的曝气机提供的空气供给好氧微生物氧气，降解污水中的有机污染物，同时通过填料层的过滤吸附作用，实现泥水分离的作用，在池内设置电解除磷装置，以去除污水中的磷，同时配置在线监测总氮、总磷设备，确保总氮、总磷参数达标，出水进入消毒池，通过紫外线消毒后，达标排放或回用。新设备采用玻璃钢或碳钢防腐材料，寿命长达 30 年；设备占地面积小，能耗低，运行费用少。同时，配

置远程监控系统，从公司和环保部门就可以远程控制新设备的系统运行、监测设备运行状态等，不需要配置运行技术人员进行设备操作，可保证污水处理系统长期稳定运行。

二、技术关键

① 微动力，低能耗，生物填料采用新型填料，多级厌氧区，能耗更低。

② 采用专利电解除磷设备，不需人工操作投加药剂。

③ 实现无人值守，配置远程监控系统，在公司和环保部门就可以远程监控现场新设备的运行状态。

典型规模

污水处理量 $50m^3/d$、$100m^3/d$、$200m^3/d$、$300m^3/d$。

主要技术指标及条件

一、技术指标

项目完成时达到的技术性能指标如下：

① 生活污水进水水质为：$COD_{Cr}\leqslant450mg/L$，$BOD_5\leqslant200mg/L$，$SS\leqslant200mg/L$，氨氮$\leqslant35mg/L$，总磷$\leqslant45mg/L$。通过新设备处理后，出水水质可达到《城镇污水处理厂污染物排放标准》（GB 18918—2002）中一级 B 标准，即 $COD_{Cr}\leqslant60mg/L$，$BOD_5\leqslant20mg/L$，$SS\leqslant20mg/L$，氨氮$\leqslant8mg/L$，总磷$\leqslant1mg/L$，粪大肠菌群数$\leqslant10^4$个/L。如需达到一级 A 标准，再加反洗过滤器。

② 结合农村实际情况，设备动力源可采用 220V 电压运行，污水处理运行费用小于 0.30 元/($m^3\cdot d$)。

③ 占地面积小，新设备产业化后，生产适合不同处理规模的新设备，节省土地使用成本。

④ 山东国辰实业集团有限公司已完成新设备——中小城镇生活污水低能耗、无人值守处理集成设备的研制和开发，技术成熟，准备完成新设备的产业化，针对不同农村及中小城镇水质水量规模的新设备开发和研制，批量生产适合不同处理规模的这种新设备，帮助更多的农村和中小城镇居民改善环境，满足环保要求。

二、条件要求

生活污水。

主要设备及运行管理

一、主要设备

山东国辰实业集团有限公司山东省环境保护产品“一体化无人值守电解除磷中水处理设备”。

二、运行管理

工程所属单位实行环境工程专业化管理，确保设备高质量、稳定可靠运行，做到让用户满意。

投资效益分析（以临清市2013年度农村环境连片整治示范项目生活污水处理站设计施工一体化工程为例）

一、投资情况

总投资：258.58万元。其中，设备投资182.3万元。

主体设备寿命：15年。

运行费用：0.35元/d。

二、经济效益分析

以200m^3/d污水站为例，运行费用为0.30元/(m^3·d)，主体设备寿命为15年以上。

三、环境效益分析

该技术投入生产后，出水水质达标，减少了污染物的排放，使周围环境得到极大的改善。

推广情况及用户意见

一、推广情况

集团拥有设施较完善的技术研发中心，在长清区五峰街道办事处有生产基地，为设备的研发与推广奠定了良好的基础。集团在聊城、临沂、肥城等地设有推广分部，负责业务拓展和技术服务，该项目产品的推广取得了较好的销售业绩，开创了在省内重点城市应用推广的局面。

二、用户意见

设备推广于山东省内各区域，使用用户较多，出水水质达标，反映良好。

获奖情况

2014年6月获得科学技术部科技型中小企业技术创新基金管理中心授予的“科技型中小企业创新项目”；2016年5月获得山东省环境保护产业协会授予的“山东省环境保护产品”；2016年9月获得山东省环境保护产业协会授予的“2016年山东省环境保护重点实用技术”荣誉。

技术服务与联系方式

一、技术服务方式

咨询服务：有专业的高级工程师为客户服务；

上门服务：专业维修工程师到现场为客户解决问题，并做相应的培训；

在线技术支持：公司设有专用QQ，可通过即时问答解决客户问题。

二、联系方式

联系单位：山东国辰实业集团有限公司

联系人：路雅婷
地址：济南市长清区五峰山旅游度假区
邮政编码：250300
电话：0531-87218508
传真：0531-87218596
E-mail：guochenhuanjing@163.com

主要用户名录

济南市槐荫区环境保护局、肥城市桃园镇人民政府、单县环境保护局、冠县住房和城乡建设局、济南市长清区五凤街道办事处、德州市环保局等。

2017-7

技术名称

多级复合移动床生物膜反应器（MC-MBBR）污水处理系统

申报单位

广西益江环保科技股份有限公司

推荐部门

广西环境保护产业协会

适用范围

小城镇、农村地区、景区、服务站等分散型生活污水处理。

主要技术内容

一、基本原理

多级复合移动床生物膜反应器（MC-MBBR）生活污水处理系统在充分发挥生物接触氧化法优点的基础上，从优化设备结构、优选悬浮型仿水草生物填料、添加优势菌种以强化微生物代谢功能、提高活性污泥凝聚沉淀性能入手，具有同步硝化反硝化功能，在降解有机污染物的同时实现了良好的脱氮除磷效果。设备技术原理见图1。

通过在曝气区内投加比表面积巨大的悬浮型仿水草生物填料，并接种硝化菌、反硝化菌和其他生物菌群，通过间歇曝气，在曝气区营造好氧、兼氧和厌氧环境，不同的微生物菌群在悬浮型仿水草生物填料和活性污泥中生长繁殖，曝气时悬浮生物填料呈流化态在反应器内无序状翻滚流动，气、液、固三相充分接触，污水中的污染物作为生物菌群的营养源，在其生长繁殖过程中被消化吸收。

二、技术关键

多级复合移动床生物膜反应器（MC-MBBR）污水处理技术属于地埋式微动力污

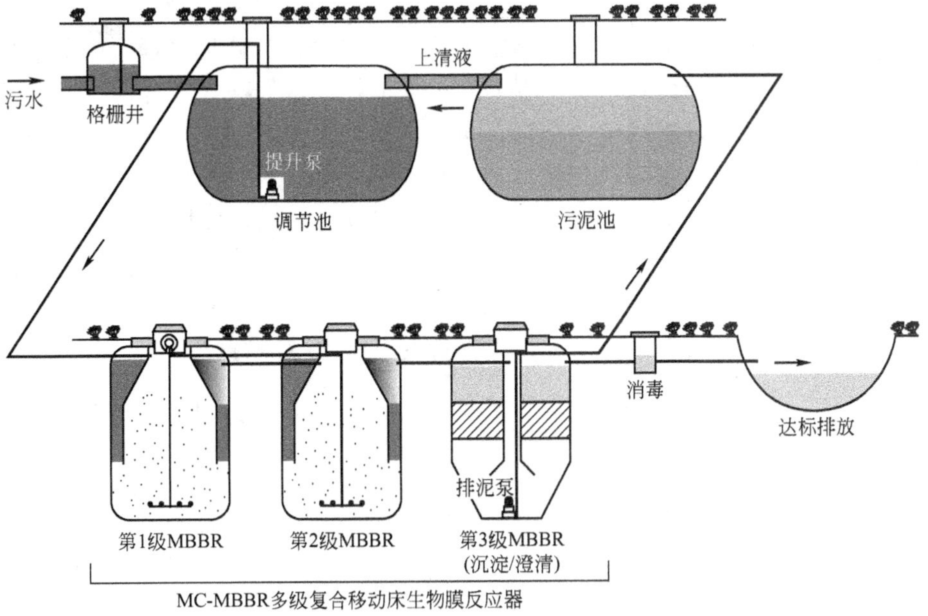

图 1 多级复合移动床生物膜反应器（MC-MBBR）原理

水处理一体化设备，以悬浮填料移动床生物膜反应器为核心构件，集成悬浮填料技术、移动床生物膜技术和脱氮除磷技术等技术。由多级大高径比移动床生物膜反应器并联组成的多级多单元污水处理一体化设备，生活污水经处理系统处理后，污水得到净化，出水水质能够稳定达标排放。

典型规模

本技术适用小城镇、农村地区生活污水处理规模：10～5000t/d。

主要技术指标及条件

一、技术指标

主要减排指标有：COD_{Cr}、SS、BOD_5、NH_3-N。出水水质主要污染物指标达到《城镇污水处理厂污染物排放标准》一级 B 标准。

二、条件要求

进水水质：$COD_{Cr}\leqslant 250$mg/L、SS$\leqslant 110$mg/L、$BOD_5\leqslant 110$mg/L、NH_3-N$\leqslant 25$mg/L。

主要设备及运行管理

一、主要设备

多级复合移动床生物膜反应器（MC-MBBR）污水处理系统技术的主要设备为多级复合移动床生物膜反应器（MC-MBBR）。

二、运行管理

多级复合移动床生物膜反应器（MC-MBBR）污水处理系统主要的运行管理是对

多级移动床生物膜反应器一体化污水处理设备的运行管理和维护。

（1）一体化设备运行为自动化控制，不需专业技术人员驻地管理，只需定期对设施的电气设备进行日常检修、维护、保养，确保电气设备的正常运转。

（2）定期清除系统进水格栅的杂物，防止进水系统的堵塞，防止污水中有大块固体物质进入设备，以免堵塞管道与孔口和损坏水泵。

（3）设备风机每运行 6 个月需要换一次机油，以延长风机使用寿命。

（4）定期对曝气装置进行清洗，防止曝气孔堵塞，影响曝气量和曝气的均匀性，进而影响设备整体的运行效果。

（5）定期对产生的污泥进行清理，以保持良好的设备运行状态。

投资效益分析（以南宁市上林县镇圩瑶族乡集镇生活污水处理工程为例）

一、投资情况

（1）总投资：334.4 万元。其中，设备投资 210 万元。

（2）主体设备寿命：30 年。

（3）运行费用：0.2 元/t。

运行费用及运行成本核算：

① 工程运行物耗。工程运行不需添加药剂，物耗为零。

② 电费。上林县镇圩乡污水处理厂设置 4 套独立的 MC-MBBR 污水处理单元，每个单元处理规模为 200～300t/d，每个单元（模块）配备一台曝气机（2.2kW）、一台污泥回流泵（0.75kW），一台污水提升泵（0.75kW）。本项目启动一套设备（单元）时间约 9 个月，运行两套设备（单元）约 3 个月，运行一套设备时每天进水量约 250t，运行两套设备时每天进水量约 400t。曝气机每天运行 10h，回流泵每天运行 10h，污水回流比 100%，当地电费平均为 0.8 元/(kW・h)，则每年能耗及电费如下：

曝气机能耗：(2.2kW×10h/d×270d＋2×2.2kW×10h/d×90d)×0.8 元/(kW・h)＝7920 元；

提升泵能耗：0.75kW×(250t/d×270d＋400t/d×90d)÷15t/h×0.8 元/(kW・h)＝4140 元；

回流泵能耗：0.75kW×(250t/d×270d＋400t/d×90d)÷15t/h×100%×0.8 元/(kW・h)＝4140 元；

紫外消毒：0.01 元/t×(250t/d×270d＋400t/d×90d)＝1035 元；

则每年运行电费：7920 元＋4140 元＋4140 元＋1035 元＝17235 元；

单位废水运行电费：17235 元÷103500t＝0.167 元/t。

③ 人员工资及维修管理费用。不需专业人员驻场管理，当地乡镇政府自行安排村民值守做安保工作及简单维护，费用为零。

二、经济效益分析

（1）多级复合移动床生物膜反应器一体化污水处理设备运行电费低于 0.2 元/t，比传统污水处理设备节约运行电费，运行成本低。

（2）项目所在地农村生活污水得到妥善处理处置，保证了经济建设、农业生产的正常运行，保障了项目建设地居民健康和生活环境。

(3) 减少因水污染造成居民健康水平下降而引起的各种费用。

(4) 避免因水污染造成农作物的减产，减少农业经济损失，保障农业生产和农业经济可持续、健康循环发展。

三、环境效益分析

多级复合移动床生物膜反应器（MC-MBBR）污水处理系统处理出水水质主要指标达到《城镇污水处理厂污染物排放标准》中的一级 B 标准。污水处理系统建成后运行，加强了村镇生活污水收集、处理与资源化利用，项目所在地的村镇生活污水得到治理，较好地解决乡镇居民的污水排放问题，大大改善当地水环境，提高水源地的环境质量，避免了因生活污水直接排放而引起的水体、土壤和农产品污染，确保集中式饮用水源安全和人民身心健康，改善了居民生活环境，有利于水环境质量的提高，促进人与自然的和谐发展。

技术成果鉴定与鉴定意见

一、组织鉴定单位

南宁市科学技术局

二、鉴定时间

2015 年 4 月 9 日

三、鉴定意见

(1) 项目研发了立式、卧式两种类型的多级移动床生物膜反应器（MC-MBBR）一体化系统各一套。项目实施期间，平均污水处理运行电费为 0.167 元/t，处理规模可达到 5～3000m^3/d。

(2) 系统远程监控采用 GPRS 无线通信技术，实现在有 GPRS 网络信号覆盖的地点进行实时监测和控制，实现了污水处理系统的无人值守和移动式监测控制功能。

(3) 经法定机构对示范项目的环境监测结果显示：pH、COD_{Cr}、TP、NH_3-N、SS 达到了《城镇污水处理厂污染物排放标准》(GB 18918—2002) 中一级 B 标准。

(4) 执行期间（2013 年 1 月～2014 年 12 月），实现 1197.42 万元的销售收入，形成利税 129.10 万元，具有良好的经济效益和社会效益。

推广情况及用户意见

一、推广情况

技术产品以国家提出加强农村饮用水水源地保护、农村流域综合整治和水污染综合治理，广西开展“美丽广西·清洁乡村”活动，大力开展“清洁家园、清洁水源、清洁田园”等活动为契机，通过建设村镇生活污水处理示范工程，带动产品的推广力度；充分发挥企业在广西市场的地域和人力优势，为广西各地政府提供技术咨询和工程服务，组织技术人员进入乡镇、农村调查，为各地量身制定符合当地条件的污水治理方案；以雄厚的技术实力，在多个项目投标中胜出。

技术产品具有很强的示范、带动能力，系统成果转化程度高，在广西村镇污水处理行业市场覆盖面广，成功应用于南宁、贺州、百色、来宾、崇左、玉林、防城港、钦州、柳州、贵港等10个市的60多个乡镇、农村的污水处理厂，处理总规模达到47140m^3/d。自2014年以来完成单位实现新增销售收入9726.34万元，新增利润1309.73万元，新增税收489.59万元，经济、社会、环境效益显著。

二、用户意见

多级复合移动床生物膜反应器污水处理系统技术成功应用于多个项目，技术成熟性及处理效果得到用户的认可，获用户一致好评。

获奖情况

（1）多级复合移动床生物膜反应器污水处理系统技术获2014年国家科技型中小企业技术创新项目立项。

（2）2013年入选科技部“十二五”农村领域国家级星火计划项目库。

（3）“大高径比多级移动床生物膜反应器污水处理系统”荣获2013年第三届广西发明创造成果展览交易会银奖。

（4）被广西环保厅推荐为九洲江流域城镇污水治理两种适用工艺之一，广西住建厅推荐为“十二五”“十三五”广西镇级污水处理项目建设适用工艺。

（5）获2015年南宁市科学技术进步奖三等奖。

（6）2016年入选广西科技厅编制的《水污染防治先进技术指导目录》。

技术服务与联系方式

一、技术服务方式

（1）提供乡镇污水处理厂设计、施工、安装及调试总承包，交钥匙工程；

（2）提供单一设计服务、单一技术咨询服务及成套设备；

（3）承接污水处理厂的建设、运营、管理、设备维修和保养等服务。

二、联系方式

联系单位：广西益江环保科技股份有限公司

联系人：陈俊

地址：广西南宁市高新区高新二路1号广西大学科技园5号楼

邮政编码：530007

电话：0771-3395140

传真：0771-3210595

E-mail：gxhb2011@163.com

主要用户名录

序号	所在市	项目名称	规模/(m^3/d)
1	南宁	上林县镇圩瑶族乡污水处理厂	1200
2		上林县明亮镇污水处理厂	1000

续表

序号	所在市	项目名称	规模/(m^3/d)
3	南宁	上林县巷贤镇污水处理厂	1000
4		上林县塘红镇污水处理厂	400
5		上林县乔贤镇污水处理厂	1000
6		武鸣区罗圩镇污水处理厂	1000
7		武鸣区双桥镇污水处理厂	1000
8		高新区心圩村污水处理厂	250
9	百色市	田东县作登瑶族乡陇穷村陇外屯、大板村更二屯污水处理工程	50
10		田东县作登乡污水处理站	100
11		田东县思林镇污水处理厂	1500
12		田东县祥周镇污水处理厂	1000
13		右江区阳圩镇污水处理厂	1000
14		右江区阳圩镇污水处理厂	1000
15		凌云县逻楼镇污水处理厂	1000
16	贺州	富川县莲山镇大深坝村生活污水处理工程	100
17		富川县柳家乡柳家社区环境综合整治工程	150
18		富川县大深坝污水处理厂	250
19		昭平县樟木林乡潮江村污水处理工程	200
20		昭平县潮江村污水处理站	120
21	崇左市	宁明县海渊镇污水处理厂	1000
22		宁明县爱店镇污水处理厂	1000
23		大新县硕龙镇污水处理厂	1000
24		龙州县水口镇污水处理厂	1500
25	钦州	钦南区那丽镇污水处理厂	1000
26		钦南区犀牛脚镇污水处理厂	1500
27		钦北区那蒙镇污水处理厂	500
28		钦北区平吉镇污水处理厂	500
29		钦北区小董镇污水处理厂	3000
30		钦北区大寺镇污水处理厂	2000
31	来宾市	忻城县果遂乡北丹村环境连片整治示范项目	50
32		忻城县果遂乡果遂村环境连片整治示范项目	100
33		忻城县果遂乡花红村环境连片整治示范项目	50
34		忻城县果遂乡龙马村环境连片整治示范项目	50
35		忻城县遂意乡琼古村北旺屯生活污水处理项目	50
36		忻城县遂意乡遂意村后圩屯生活污水处理项目	50
37		忻城县大塘镇污水处理厂	1000
38		武宣县黄茆镇尚文村农村环境连片整治项目	120

续表

序号	所在市	项目名称	规模/(m^3/d)
39	来宾市	武宣县黄茆镇新贵村大塘屯农村环境连片整治项目	100
40		武宣县黄茆镇根村农村环境连片整治项目	100
41	柳州	柳江区百朋镇污水处理厂	500
42		柳城县东泉镇污水处理厂	1000
43	防城港	防城区那良镇污水处理厂	1500
44		上思县在妙镇污水处理厂	1000
45	贵港	贵港市桂平西山镇前进村污水处理项目工程	150
46	玉林	陆川县摊面镇污水处理厂	800
47		陆川县马坡镇污水处理厂	1200
48		陆川县清湖镇污水处理厂	800

2017-8

技术名称

厌氧-接触氧化生物膜法处理技术（ACM生物反应器）

申报单位

广西博世科环保科技股份有限公司

推荐部门

广西壮族自治区环境保护产业协会

适用范围

城镇及农村污水处理。

主要技术内容

一、基本原理

厌氧-接触氧化生物膜法处理技术系统集厌氧、兼氧、好氧处理与高效沉淀工艺为一体，构成了厌氧-接触氧化生物膜反应器（以下简称“ACM反应器”）。反应器由调节池、厌氧区、生物转盘区、高效沉淀分离区四个部分组成，其中调节池起到调蓄沉淀来水的作用，污水进入厌氧反应区发生酸化作用，大分子的有机物被厌氧填料上附着的微生物水解和氨化，由转盘区回流的污水在厌氧区里发生反硝化和释磷作用；经过水解处理后的污水进入核心生物转盘区，在兼氧和好氧条件下强化脱氮和去除有机物；经过处理的污水最后进入高效沉淀区分离生物污泥，出水水质达标排放。

其工艺流程如下图所示：

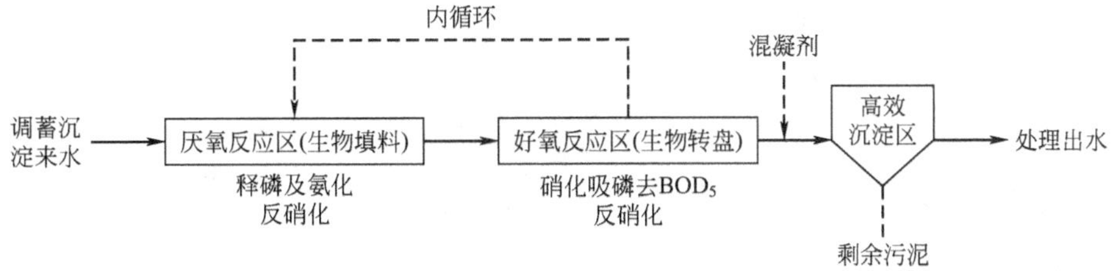

二、技术关键

该反应器工艺流程通常在实际运用过程中，收集到的乡镇污水在高位调蓄池进行水量调蓄和预沉淀处理后通过重力自流进入厌氧反应区，厌氧反应区设置厌氧生物填料供厌氧微生物附着生长；处理后的污水流入好氧反应区，好氧反应区设置生物转盘，经过厌氧处理后进入好氧反应区的污水与生物膜接触反应，实现更高效率的污染物去除作用；最终污水引入高效沉淀区，高效沉淀区的入口设有混凝剂投加口，通过投加混凝剂进行混合反应，混合液经泥水分离处理后，上清液达标排放，剩余污泥抽出。

典型规模

$500m^3/d$、$1000m^3/d$、$1500m^3/d$、$2000m^3/d$。

主要技术指标及条件

一、技术指标

针对国内传统污水处理技术在使用过程中普遍存在出水不达标或者占地面积过大的问题，开发的一种占地面积小、工艺完整、控制灵活和整体可移动的厌氧-接触氧化生物膜反应器，污水在经反应器处理后，出水满足《城镇污水处理厂污染物排放标准》(GB 18918—2002) 一级 B 排放标准，经过适当处理可以达到一级 A 排放标准。ACM 反应器的三种基本运行模式的运用条件和区别见表 1。

表 1　ACM 反应器三种基本运行模式的运用条件和区别

运行模式	进水主要指标	控制参数	吨水耗电/kW·h	吨水直接运行费用/元	水质	备注
模式 1	COD≤150mg/L 氨氮≤15mg/L TP≤3mg/L	不进行内循环，不加混凝剂	0.2	0.1～0.15	一级 B 标以上	通过深度处理可达一级 A 标
模式 2	COD≤250mg/L 氨氮≤30mg/L TP≤5mg/L	内循环 50%，投加混凝剂 3～5mg/L	0.35～0.48	0.32～0.36		
模式 3	COD≤350mg/L 氨氮≤45mg/L TP≤10mg/L	内循环 200%，投加混凝剂 5～8mg/L	0.48～0.65	0.45～0.5		

厌氧-接触氧化生物膜反应器是一种针对我国小城镇环境开发的污水处理技术。该技术具有一体化、占地面积小、工艺控制灵活、运行成本低廉等特点，在小城镇污

水处理的应用中，该技术可以有效地改善乡村和城乡结合地区的水环境污染问题，提高居民生活满意度。

二、条件要求

进水指标要求：COD≤350mg/L、氨氮≤45mg/L、TP≤10mg/L。

主要设备及运行管理

一、主要设备

厌氧-接触氧化生物膜反应器（ACM 生物反应器）。

二、运行管理

（1）反应器运行过程中无曝气装置设计，噪声小，一体化程度高，污水内循环量可控制在 50%～200%之间，在特殊水质情况下可酌情增加内循环量及延长反应时间 2～5h 以提升处理效果。技术的可靠性、稳定性、兼容性非常好。

（2）超低的运行能耗。首先通过高位调蓄池的储能，系统可实现超低动力运行；其次系统不需曝气，不需回流污泥，使系统运行能耗降至最低，吨水耗电量最低可低至 0.1kW·h。

（3）强大的生化反应核心。借助核心的厌氧-接触氧化生物膜反应系统可以根据进水的情况视需求选择超低动力常规运行模式，或者选择高效脱氮除磷的运行模式，在好氧反应区与厌氧反应区之间设有循环回路通道，通过内循环系统达到强化脱氮除磷的目的。另外，在厌氧处理区配有轻质填料，与好氧区形成的内循环系统结合，对进水水质、水量的变化有极强的适应性以及运行稳定性。

（4）利用互联网与物联网结合技术，管理人员可以通过因特网、手机 APP 等媒介渠道与污水处理站的控制系统连接，访客可以获取系统的运行情况，实时了解进出水处理效果，管理员则可以实现在线的对系统的调节控制，保证经处理后的污水五项水质基本常规指标（包括 pH、COD、氨氮、SS、总磷）满足《城镇污水处理厂污染物排放标准》（GB 18918—2002）排放要求。

投资效益分析［以广西财经学院相思湖校区内湖上游污水直排口应急治理工程（500m^3/d）为例］

一、投资情况

该污水直排口处理项目采用的一体化厌氧-接触氧化生物膜反应器设计，投资费用包括主体设备的购置、加工费用，土建费用，电气、仪表费用，安装辅材费，综合控制房建设费等，总投资 145.8 万元。运行费用的构成包括电费、药剂使用费、人工费、维修费等，吨水运行费用为 0.91 元，年运行费用为 16.532 万元。

二、经济效益分析

该技术具有一体化、占地面积小、工艺控制灵活、运行成本低廉等特点，推广该技术可以有效改善乡村和城乡结合地区的水环境污染问题，提高居民生活满意度。

三、环境效益分析

该工程为广西财经学院相思湖校区内湖带来了显著的环境效益，极大地减少了黑臭问题的发生，改善了周边环境。投运至今，出水水质稳定达到《城镇污水处理厂污染物排放标准》（GB 18918—2002）一级B排放标准。

技术成果鉴定与鉴定意见

一、组织鉴定单位

广西壮族自治区住房和城乡建设厅

二、鉴定时间

2015年11月

三、鉴定意见

广西壮族自治区住房和城乡建设厅委托全区乡镇污垃项目建设工作推进专家组对镇级污水处理工艺进行评审，认为厌氧-接触氧化生物膜反应器（ACM生物反应器）满足各市、县对镇级污水处理工艺技术的要求，入选自治区住建厅“十三五”乡镇污水处理工艺。

推广情况及用户意见

一、推广情况

近年来随着国家环保要求的日益提高，特别是2015年“水十条”的颁布，提出了要强化城镇生活污染治理，加快城镇污水处理设施建设与改造，现有城镇污水处理设施要因地制宜进行改造。“水十条”还明确了到2020年底前城镇污水处理达到相应排放标准或再生利用要求。敏感区域（重点湖泊、重点水库、近岸海域汇水区域）城镇污水处理设施应于2017年底前全面达到一级A排放标准。建成区水体水质达不到地表水Ⅳ类标准的城市，新建城镇污水处理设施要执行一级A排放标准。按照国家新型城镇化规划要求，到2020年，全国所有县城和重点镇具备污水收集处理能力，县城、城市污水处理率分别达到85%、95%左右。仅通过传统的物化、生化预处理的模式已无法达到国家新排放标准。如《城镇污水处理厂污染物排放标准》（GB 18918—2002）一级A排放标准要求，在BOD和氨氮方面的要求比现执行的一级B排放标准要低30%～50%，这是现有单一处理方法极难实现的。厌氧-接触氧化生物膜反应器（ACM生物反应器）具有一体化、占地面积小、出水效果好等特点，最主要的技术优势在于其核心厌氧-接触氧化技术可以强化提高系统的脱氮除磷能力，配合高效的沉淀分离系统，可以通过灵活组合后续加药分离装置、人工湿地的处理技术实现来水波动情况下稳定达到一级A排放标准。并且该产品在运行过程中结合互联网技术，可以通过手机APP客户端完成对于设备运行动态的实时监控和远程协助，简化了设备运维工作，提高了服务效率。产品入选自治区住房和城乡建设厅公布的乡镇污水处理项目推荐工艺。目前，该工艺已在全国范围内进行推广应用，并成功应用到广西财院相思湖校区内湖上游污水直排口项目（$500m^3/d$）、南宁凤凰江沙井大道水质应急治理项目（$600m^3/d$）、陆川平乐镇污水处理厂配套管网工程（$800m^3/d$）、合浦县白沙等7个乡镇污水处理厂及管网工程（$4500m^3/d$）、钦州市钦北区百利华庭二期生活污水直排口应急处理工程（$200m^3/d$）等十多个污水处理工程。

二、用户意见

以广西财院相思湖校区内湖上游污水直排口项目（$500m^3/d$）为例，广西财经学院认为该工程为广西财经学院相思湖校区内湖带来了显著的环境效益，极大地减少了黑臭问题的发生，改善了周边环境，是值得推广应用的示范工程。投运至今，出水水质稳定达到设计要求。

获奖情况

厌氧-接触氧化生物膜反应器（ACM 生物反应器）入选自治区住房和城乡建设厅公布的乡镇污水处理项目推荐工艺。

技术服务与联系方式

一、技术服务方式

委托承建、运营。

二、联系方式

联系单位：广西博世科环保科技股份有限公司

联系人：宁毅

地址：广西南宁市高新区科兴路 12 号

邮政编码：530007

电话：0771-32299168　18978829150

传真：0771-4960252

E-mail：ningy@bossco.cc

主要用户名录

（1）南宁市内河管理处——财院相思湖校区内湖上游污水直排口项目（$500m^3/d$）；

（2）南宁市内河管理处——凤凰江沙井大道水质应急治理项目（$600m^3/d$）；

（3）陆川小城镇建设有限公司——平乐镇污水处理厂配套管网工程（$800m^3/d$）；

（4）合浦廉兴市政建设投资有限公司——合浦县白沙等 7 个乡镇污水处理厂及管网工程（$4500m^3/d$）；

（5）钦州皇马资产经营集团有限公司——钦州市钦北区百利华庭二期生活污水直排口应急处理工程（$200m^3/d$）。

2017-9

技术名称

有机废水结合填料的 MBR 处理技术

申报单位

南宁市桂润环境工程有限公司

推荐部门

广西壮族自治区环境环保产业协会

适用范围

中、小规模低浓度有机废水处理。

主要技术内容

一、技术原理

我公司开发的低浓度有机废水的双膜内循环生物处理工艺技术（图 1）将膜生物反应器技术、生物膜技术、间歇曝气法有机地结合在一起，利用特定的气水内循环结构，在反应器内形成兼氧环境，以利于微生物同步脱氮除磷。

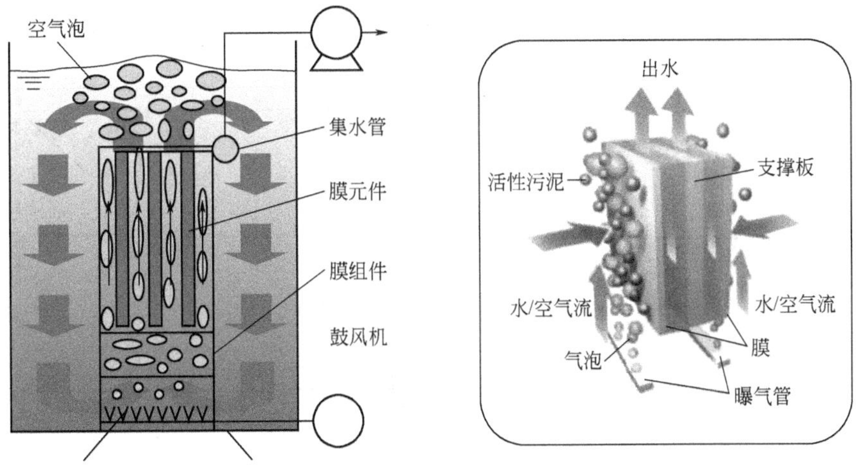

图 1　双膜内循环生物处理工艺技术示意

在生物膜反应区内，生物填料上附着大量生物膜，可对废水中有机物进行降解。对废水进行间歇曝气，废水中的有机氮在氨化菌的作用下转化为氨氮，既氨化反应。在好氧条件下，发生硝化作用，由硝化细菌和亚硝化细菌的协同作用，将氨氮通过硝化作用转化为亚硝态氮、硝态氮，其中亚硝酸菌和硝酸菌为好氧自养菌，以无机碳化合物为碳源，从有机物的氧化反应中获取能量。在缺氧条件（大多数是异养型兼性厌氧菌，$DO<0.5mg/L$）下，通过反硝化菌，以硝酸盐氮为电子受体，以有机物为电子供体进行厌氧反应，将硝酸盐氮和亚硝酸盐氮还原为氮气或亚硝酸根，同时降解有机物，氮气逸出水面被释放到大气中，完成脱氮作用。

除磷就是把水中溶解性磷转化为颗粒性磷，达到磷水分离。废水在生物处理中，在厌氧条件下，聚磷菌的生长受到抑制，为了自身的生长便释放出其细胞中的聚磷酸盐，同时产生利用废水中简单的溶解性有机基质所需的能量，称该过程为磷的释放。进入好氧环境后，聚磷菌的活力得到充分恢复，在充分利用基质的同时，从废水中摄取大量溶解态的正磷酸盐，从而完成聚磷的过程。将这些摄取大量磷的微生物从废水中去除，即可达到除磷的目的。

双膜内循环反应器分为生物膜反应区和微滤膜过滤区，混合液通过曝气气流的作用在两个分区之间形成内循环；生物膜反应区设布水装置、生物膜填料、曝气装置及进气电动阀；微滤膜过滤区设浸入式微滤膜组件、曝气冲洗装置及进气电动阀。进水经布水装置均匀进入生物膜反应区，控制系统间隙开启填料生物膜反应区的进气电动阀，交替形成厌氧-缺氧-好氧的环境，完成微生物好氧硝化吸磷、缺氧脱氮反应、厌氧放磷反应，达到脱氮除磷的效果。

双膜内循环生物反应器原理见图 2。

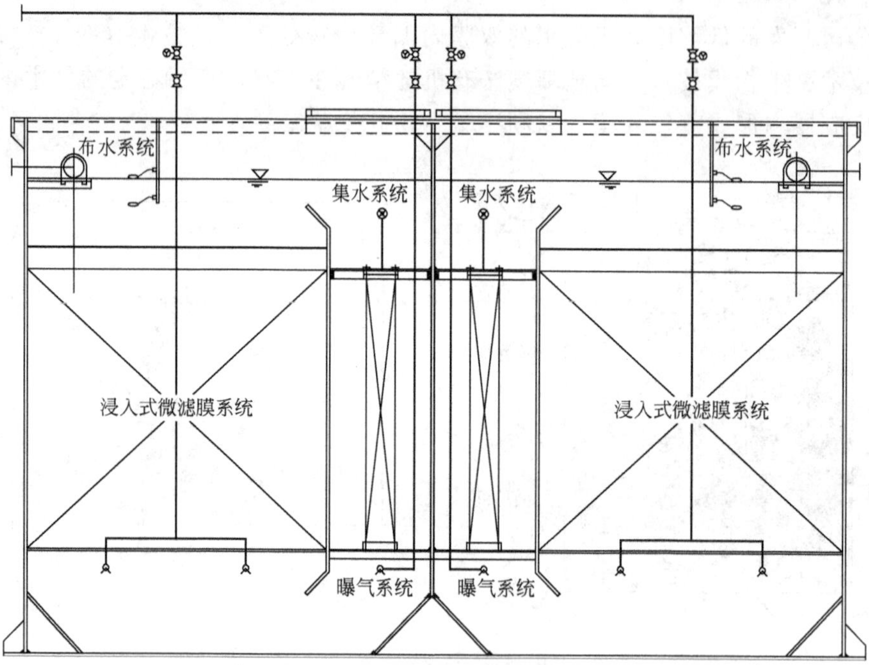

图 2　双膜内循环生物反应器原理

二、工艺路线

本工艺技术属于一种处理低浓度有机废水的双膜内循环生物反应系统，包括以下具体步骤：

(1) 低浓度有机废水经过格栅、格网除去 2mm 以上的颗粒物和杂物，避免堵塞后续设备。

(2) 经过格栅后的低浓度有机废水经泵提升到双膜内循环生物处理系统。该系统由双膜内循环反应器、风机或气泵、自吸泵和自动控制系统组成。

废水在双膜内循环生物反应器内反应后，混合液在气流的作用下形成内循环，流经微滤膜过滤区，脱落的生物膜和颗粒物被微滤膜截留，随水流返回生物膜反应区，清水透过微滤膜组件汇入集水装置。

(3) 集水系统出来的清水流经管道式紫外线消毒器，经过消毒后即可以达标排放。

双膜内循环生物反应器的工艺技术流程见图 3。

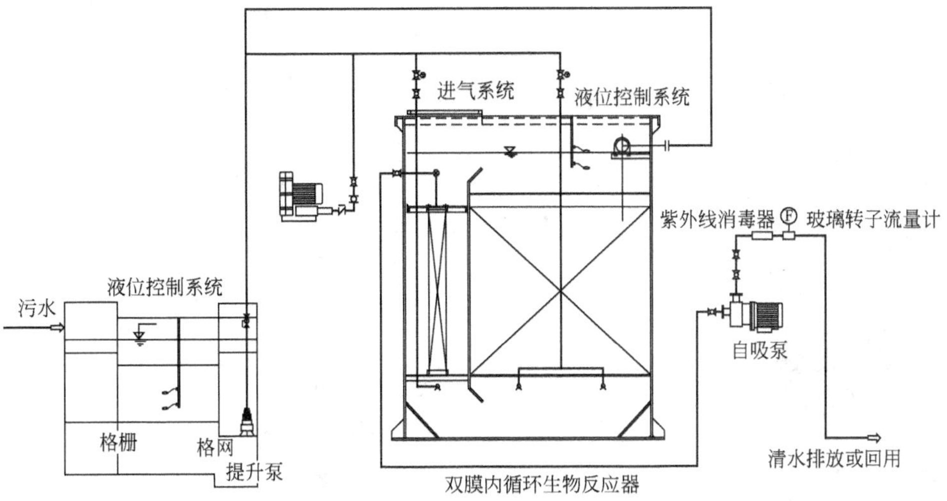

图 3　双膜内循环生物反应器工艺技术流程

三、技术关键

1. 采用交替间歇曝气充氧方式

在填料生物膜反应区和微滤膜过滤区采用交替间歇曝气充氧方式，曝气需气量仅按微滤膜空气冲洗和生物反应需气量两者中的最大值设计，总气水比不超过 15∶1，采用单纯的膜生物反应器处理类似生活污水，总气水比为 20∶1，充气量耗能降低约 50%，从而降低系统投资及运行成本。

2. 高效脱氮除磷

低浓度有机废水经布水装置均匀进入填料生物膜反应区，间歇开启填料生物膜反应区的进气电动阀，交替形成厌氧—缺氧—好氧的环境，完成微生物好氧硝化吸磷、缺氧脱氮反应和厌氧放磷反应，达到脱氮除磷效果；反应后的低浓度有机废水在曝气气流的作用下在填料生物膜反应区和微滤膜过滤区之间形成内循环。污水反复内循环实现高效脱氮除磷效果。

3. 有效控制系统悬浮污泥浓度

双膜内循环生物反应器内系统使用填料生物膜与浸入式微滤膜相结合，膜的高效截留提高了泥水分离效率，微生物能够被完全截留在反应器中，维持反应期内较高的生物量。同时，填料的巨大表面积附着了大量的微生物，微生物分泌的黏性胞外酶的反应初期能够大量吸附有机物，并在后续的反应过程中将吸附的有机污染物通过微生物生命活动降解，使整个反应器系统具有较强的抗冲击负荷能力，系统悬浮污泥浓度降低 80%～90%，可降低跨膜压差，减少膜通量下降幅度，从而延长膜使用寿命。

4. 双膜内循环生物处理工艺技术智能化管理

双膜内循环生物反应器采用 PLC 和触摸屏控制，预留远程端口，可采用 GPRS、CDMA 远程通信网络与监控中心双向通信，实现网络化管理；也可通过移动终端在环境数据中心查询企业信息、监测点信息、实时监控数据、报警数据、连接状态及历史数据等信息；也可以根据权限对现场设备进行远程操控（图 4）。

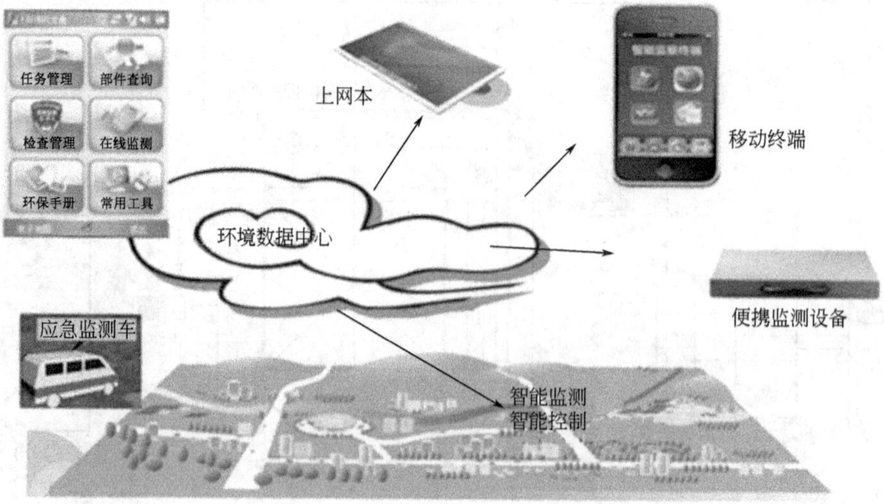

图 4　双膜内循环生物处理工艺技术智能化管理

典型规模

1000m³/d。

主要技术指标

以处理量 500m³/d 为例，外形尺寸 15m×2.8m×3.5m，反应池有效容积 113m³，占地面积 42m²，运行功率 6kW，电耗≤0.25kW·h/t，PTFE 膜寿命 10 年以上，总气水比不超过 10∶1，跨膜压差不超过 1.5m，膜通量稳定在 20～30L/(m²·h)。

生活污水处理效果如下：

指标	pH 值	COD /(mg/L)	SS /(mg/L)	NH_3-N /(mg/L)	TN /(mg/L)	TP /(mg/L)
进水	6～9	100～400	200	30	30	2
出水	6～9	<50	<10	<5	<15	0.5
去除率		>85%	>95%	>90%	>60%	>84.5%

医院污水处理效果如下：

指标	COD /(mg/L)	SS /(mg/L)	NH_3-N /(mg/L)	动植物油 /(mg/L)	大肠杆菌 /(mg/L)
进水	600	250	40	50	10000
出水	60	20	15	5	500
去除率	>90%	>92%	>60%	>90%	>95%

投资效益分析（以北海市营盘镇污水处理厂污水处理工程为例）

一、投资情况

厂区总投资 610 万元，其中厂区土建投资约为 300 万元，DMBR 设备投资为 270

万元，在线监测设备投资为40万元。

二、经济效益分析

人工费：现场维护人员1名，平均工资3000元，吨水人工费0.10元。

电费：吨水耗电0.4kW·h，电费单价0.7元/(kW·h)，吨水电费0.28元。

膜清洗费：PTFE膜使用寿命10年以上，6个月清洗一次，清洗费用4500元，吨水清洗费用0.025元。

膜更换费用：PTFE膜更换周期10年，膜更换费用42万，处理水量365万吨，吨水费用：0.115元。

膜以外的维护保养费用：平均每月1500元，吨水维护保养费用0.05元。

合计：直接运行维护费用合计（含膜更换）0.57元/t。

此外，本技术的主要设备为双膜内循环生物反应器系统，根据企业提供资料，达年产销售收入600万元。

三、环境效益分析

该技术与传统的膜生物反应器技术相比：充氧能耗约降低50%，用电量少，节约了处理成本；水资源得到有效循环利用。

推广情况及用户意见

一、推广情况

已有7个成功案例。

二、用户意见

该污水处理项目工艺流程简单，产品实际操作安全实用，自交付使用以来工艺设备没有出现任何故障；技术人员在现场指导，并积极配合调试，有问题都能及时得到解决；服务态度好，安装的工艺处理效果好。

联系方式

联系单位：南宁市桂润环境工程有限公司

联系人：奚益翔

地址：广西南宁市良庆区平乐大道21号大唐总部1号9楼903室

邮政编码：530221

电话：0771-4300105

传真：0771-4300105

E-mail：3023644542@qq.com

主要用户名录

北海市南康镇污水处理厂2000t/d生活污水处理工程、北海市营盘镇污水处理厂1000t/d生活污水处理工程、贵州仁怀市人民医院800t/d污水处理工程、贵州仁怀市鲁班镇卫生院污水处理站20t/d污水处理工程。

技术名称

电镀废水接近零排放及资源再回用工艺技术

申报单位

陕西福天宝环保科技有限公司

推荐部门

陕西省环境保护产业协会

适用范围

电镀行业废水处理及资源化。

主要技术内容

一、基本原理

综合运用各种物理化学分离技术，包括电除盐技术、膜技术及蒸发技术来实现盐分浓缩结晶、重金属回收利用及中水回用的目的，简称SCR（separation concentration recycle）工艺。

本电镀废水接近零排放及资源再生回用工艺技术的方法，包含固液分离系统、电除盐系统、反渗透系统、MVR蒸发系统。其工艺流程：

① 首先将含有铜（Cu）、镍（Ni）、铬（Cr）、锌（Zn）、铁（Fe）等多种金属的电镀废水进行酸度调节，沉淀金属离子，然后经过固液分离，从污泥中回收各种金属；

② 该方法得到的溶液进一步经过电除盐设备进行处理得到电除盐浓水和电除盐淡水，其中重金属离子和盐分都集中在电除盐浓水中；

③ 该方法得到的电除盐淡水再经过反渗透系统得到RO产水（淡水）和RO浓水，RO淡水送回生产线使用，RO浓水返回电除盐进水，盐分最终进入到电除盐浓缩浓水中；

④ 该方法得到的电除盐浓水经过调节酸度值，沉淀富集的重金属离子，然后经固液分离得到固体和溶液，从该固体中回收重金属；

⑤ 该溶液送MVR蒸发系统进行蒸发，得到蒸发水和结晶盐，该蒸发水返回到反渗透系统进行处理，该结晶盐可作为工业原材料出售。

最终本工艺通过将各分离和浓缩系统有机耦合在一起，通过控制各个系统的出水和进水要求，实现了电镀废水中重金属的富集和分离、水和盐的品质控制，并保证了该过程产水回用和盐的资源化使用。

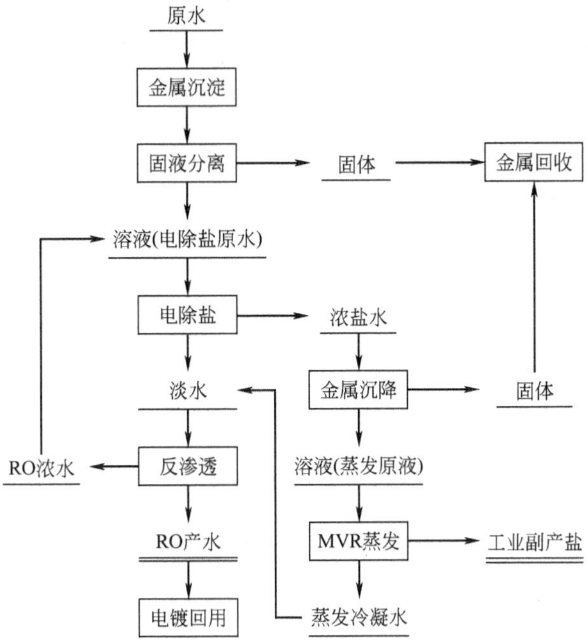

二、技术关键

（1）复合电极材料及制程技术；

（2）膜材料涂层技术；

（3）蒸发系统材料及能量回收技术；

（4）工业级传感器综合运用技术；

（5）基于水质及各系统单元运行参数采集、分析及控制的大数据综合管理系统平台；

（6）电镀废水通过化学沉淀、电除盐系统、反渗透系统等三段分离技术的实施，达到保证生产出纯净水的程度；

（7）电镀废水通过重金属与其他二价以上金属的化学沉淀、反渗透系统、电除盐系统等完成盐的分离浓缩，最后蒸发生产出工业盐；

（8）电镀废水通过化学沉淀、电渗析系统、反渗透系统、电除盐系统等综合手段完成重金属的分离浓缩，形成富重金属固体，压滤及烘干后，进行重金属回收。

典型规模

项目的典型规模为 1200t/d。

主要技术指标及条件

电镀废水含有大量的重金属，污染严重，经过陕西福天宝环保科技有限公司发明的 SCR 技术工艺处理后，实现了电镀废水中有价金属资源的富集和无害化处理、水资源的循环使用、工业副产盐的无害化处理。其中，系统出水标准和工业副产盐的标准如下。

系统出水主要指标：

序号	污染物	单位	电镀表3标准	饮用水标准	系统出水
1	总铬	mg/L	0.5	—	<0.01
2	六价铬	mg/L	0.1	0.05	<0.01
3	总镍	mg/L	0.1	0.02	<0.01
4	总镉	mg/L	0.01	0.005	<0.001
5	总银	mg/L	0.1	0.05	<0.001
6	总铅	mg/L	0.1	0.01	<0.001
7	总汞	mg/L	0.005	0.001	<0.0001
8	总铜	mg/L	0.3	1	<0.02
9	总锌	mg/L	1.0	1	<0.01
10	总铁	mg/L	2.0	0.3	<0.01
11	总铝	mg/L	2	0.2	<0.08
12	pH值		6～9	6.5～8.5	7～8.5
13	化学需氧量(COD_{Cr})	mg/L	50	3	<30
14	氨氮	mg/L	8	0.5	<2
15	总氮	mg/L	15	—	<5
16	总磷	mg/L	0.5	—	<0.1
17	石油类	mg/L	2.0	—	<0.1
18	氟化物	mg/L	10	1	<0.2
19	总氰化物	mg/L	0.2	0.05	<0.001

工业副产盐主要指标：

名称	标准极限/(mg/L)	盐/(mg/L)	名称	标准极限/(mg/L)	盐/(mg/L)
铜	100.00	0.030	铁	—	0.460
锌	100.00	0.194	铝	—	1.200
总铬	15.00	0.030	钠	—	59400
镍	5.00	0.030	汞	0.10	0.004
铅	5.00	未检出	锑	—	未检出
镉	1.00	0.004			

污泥中主要指标：

名称	污泥含量/%
Mg	0.15
Al	2.33
Ca	1.96
Cr	0.88
Fe	1.88
Ni	0.56
Cu	0.24
Zn	1.25
Mo	0.4
Ag	0.1
Sb	0.19
含水率	71

主要设备及运行管理

一、主要设备

1. 电除盐系统

电除盐系统的基本原理就是通过施加外加电压形成静电场，强制离子向带有相反电荷的电极处移动，对双电层的充放电进行控制，改变双电层处的离子浓度，并使之不同于本体浓度，从而实现对水溶液的除盐。电除盐系统的工作过程如图 1 所示。

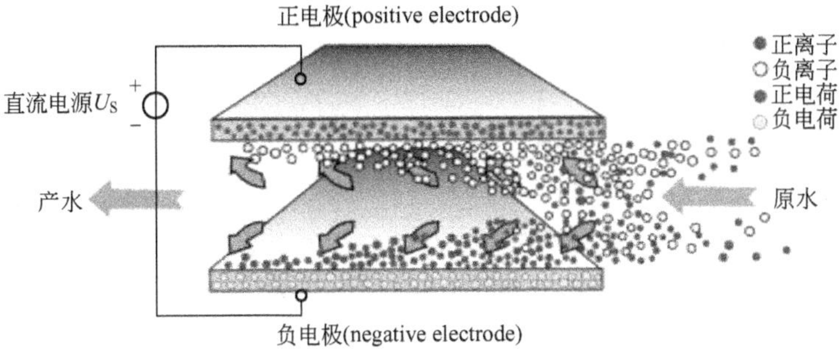

图 1　电除盐系统的工作过程

电除盐技术特点：

(1) 耐受性好　核心部件使用寿命长，避免了因更换核心部件而带来的运行成本的提高。

(2) 无二次污染　电除盐系统不添加任何药剂，排放浓水所含成分均来自原水，系统本身不产生新的排放物，可直接达标排放，不需进一步处理。

(3) 操作及维护简便　在停机期间也不需对核心部件做特别维护。

(4) 自动化程度高　系统采用计算机控制，自动化程度高，对操作者的技术要求较低。

(5) 运行成本低　该技术属于常压操作，其主要的能量消耗在于使离子发生迁移。这与其他除盐技术相比可以大大地节约能源。其根本原因在于电除盐技术的原理是有区别性地将水中作为溶质的离子提取分离出来，而不是把作为溶剂的水分子从待处理的原水中分离出来。

2. 反渗透装置

RO (reverse osmosis) 反渗透技术是利用压力表差为动力的膜分离过滤技术。RO 反渗透膜孔径小至纳米级，在一定的压力下，水分子可以通过 RO 膜，而源水中的无机盐、重金属离子、有机物、胶体、细菌、病毒等杂质无法通过 RO 膜，从而实现水分子与其他物质的分离。

3. MVR 蒸发器

MVR (mechanical vapor recompression) 是机械式二次蒸汽再压缩蒸发器。常规的蒸发器用锅炉生产的鲜蒸汽作热源，通过换热器把溶液加热到沸点后继续加热使溶液沸腾蒸发产生二次蒸汽。溶液中的水分变成水蒸气从溶液中蒸发分离出去，溶液本身被浓缩。蒸发过程产生的二次蒸汽再用冷却水冷凝成冷凝水，二次蒸汽中的热能传递到冷却水中再扩散到空气中造成热能浪费和冷却水消耗。

MVR 蒸发器利用压缩机把蒸发器产生的二次蒸汽进行压缩使其压力和温度升高，然后作蒸发器热源替代鲜蒸汽，实现二次蒸汽中热能的再利用，使蒸发器的热能循环利用。只要提供少量的电力驱动，压缩机工作不需要鲜蒸汽就能使蒸发器热能循环利用，连续蒸发。在热力学中 MVR 蒸发器也可以理解为开式热泵。压缩机的作用不是产生蒸发需要的热量，而是输送蒸发器的热量形成热量循环。

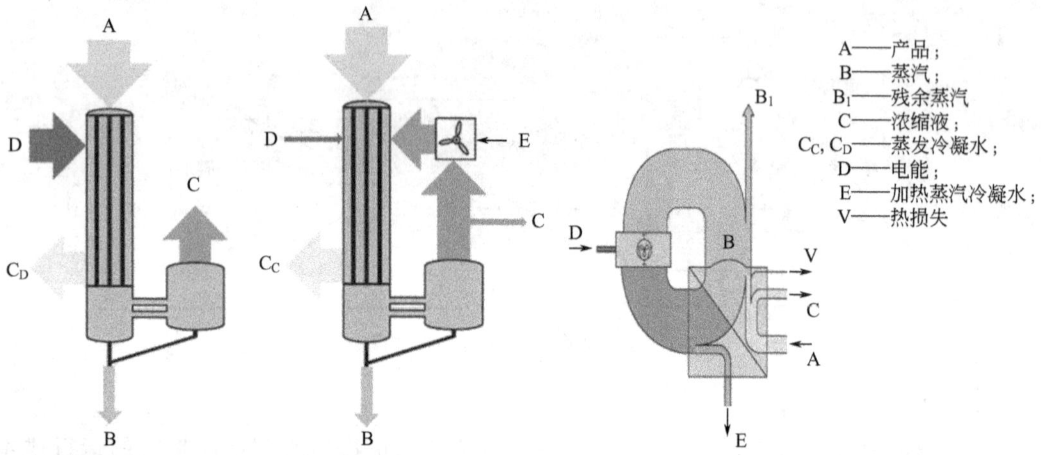

常规蒸发器热能流程　　MVR蒸发器热能流程　　MVR蒸发器热能图

MVR 蒸发器与常规蒸发器性能比较：

(1) MVR 蒸发器单位耗电量根据物料特性不同而不同，一般每蒸发一吨水消耗 25～70kW·h 电，而常规蒸发器消耗 1.25t 鲜蒸汽，3 效蒸发器消耗约 0.43t 鲜蒸汽。对同一种溶液，MVR 的能源消耗量和生产成本显著低于常规蒸发器，是一种高新节能蒸发技术。

(2) MVR 蒸发器不需要循环冷却水，没有冷却水消耗，不需要建设高污染的燃煤锅炉或高成本的燃油锅炉。MVR 蒸发器比常规蒸发器更节水、更环保。

(3) MVR 蒸发器应用范围广，所有常规蒸发器应用的领域都适用于 MVR 蒸发器。MVR 蒸发器蒸发温度低、温差小、蒸发温和，更适用于热敏性溶液。溶液在蒸发器内流程短，停留时间短，溶质不易变质。

(4) MVR 蒸发器采用全自动电脑控制，系统性能更为稳定，也可以在低负荷下连续运行。

二、运行管理

实现全智能化管理，各系统参数包括 pH 值、电导、ORP、电压、电流、流量、主要污染物因子、设备运行状态、视频信号等汇集到中央控制室，由工业电脑通过程序自动控制机组运行。系统参数在后台存入存储器，进行自动记录及分类分析，对运行参数进行优化。

投资效益分析（以吴江项目/工程为例）

以设计处理能力 1200m³/d 的 SCR 系统为例，年生产 300 天，废水经处理后回用至生产线，无外排，实现废水减排 360000m³/a。

一、投资情况

以处理能力 1200m³/d 的 SCR 系统投资情况为例，其中总投资、设备投资、主体设备的平均寿命、运行费用如下表所列。

应用典型规模	1200m³/d
总投资情况/万元	3000
设备投资/万元	2500
主体设备平均寿命/a	8
运行费用/(元/t)	100.2

二、经济效益分析

根据处理能力 1200m³/d 的 SCR 系统，目前直接经济净效益约为 592 万元，投资回收年限 5.06 年。

三、环境效益分析

以设计处理能力 1200m³/d 的 SCR 系统为例，年生产 300 天，废水经处理后回用至生产线，无外排，实现废水减排 360000m³/a。

SCR 工艺基于物料平衡及资源回收的设计理念，区别于以减排为目的的传统工艺技术。在传统工艺无法达到稳定达标排放及资源回收的情况下，SCR 工艺则可以做到：①经资源化处理，污泥量减少 50%；②完全可以做到变废为宝，将废泥无害化处理变成新型材料；③通过分离及蒸发系统可以将浓废液变成工业盐，成为原材料；④降低药剂使用量，减少环境负担，水可以百分之百地回用到电镀生产线，不产生二次污染。

推广情况及用户意见

一、推广情况

目前与多家电镀集中区进行对接，位于吴江邱舍电镀区的 SCR 系统已完成建设，投入运营。2017 年 3 个项目会进入建设阶段，在 2018 年上半年完成项目建设，投产运行。

二、用户意见

(1) 苏州吴江同里特种电镀有限公司评价：系统先进，管理方便，减轻了企业的经济和技术负担，可以专营生产。

(2) 苏州屯村五七电镀有限公司评价：解决了实际水处理问题，省心、省事、资源利用最大化。

技术服务与联系

一、技术服务方式

提供包括投资、设计、建设施工、调试及运营的一整套电镀污水处理服务，一个单体项目一般运营周期是15～20年。

二、联系方式

联系单位：陕西福天宝环保科技有限公司

联系人：寇静静

地址：陕西省西安市沣京工业园沣四路1号

邮政编码：710300

电话：15829731512

传真：029-62783395

E-mail：282984950@qq.com

目前主要用户名录

部分项目列示

序号	项目名称	设计污水处理规模/(t/d)	建设时间	使用工艺
1	陕西西安电镀工业园项目	3000	2004～2006年	传统法
2	浙江玉环市污水项目	600	2014年	
3	江苏无锡市污水项目	1500	2015年	
4	吴江同里特种电镀项目	1200	2016年	SCR系统技术
5	吴江黎里明星电镀项目	600	2016年	
6	苏州道蒙恩电镀项目	600	在建	
7	苏州普瑞迅电镀项目	600	在建	
8	苏州屯村五七电镀项目	600	在建	
9	苏州宝兴电镀项目	600	在建	
10	苏州东晓电镀项目	600	在建	
11	苏州华腾电镀项目	600	在建	
12	苏州博益电镀项目	600	在建	
13	苏州北厍团结电镀项目	600	在建	

2017-11

技术名称

络合重金属废水离子交换处理技术

申报单位

上海轻工业研究所有限公司

推荐部门

上海市环境保护产业协会

适用范围

重金属废水处理领域。

主要技术内容

一、基本原理

重金属废水来源于钢铁、有色金属、电镀、电池、采矿、机械加工等行业，常见污染物有铬、铅、镉、镍、铜、锌等。目前此类废水处理的主流技术是化学法，其基本原理是：在废水中加入沉淀剂，如氢氧化钠、碳酸钠、硫化钠等，与废水中的重金属离子形成不溶性的金属化合物，如氢氧化铅、碳酸镍、硫化铜等，然后混凝沉淀，上清液排放，沉淀的污泥作为危险废物委托有资质的单位处置。这种传统的化学沉淀法对于简单离子态的重金属废水处理是有效的，可以达到一般的排放标准。近几年排放标准不断提高，各行业相继颁布了新的排放标准，重金属的排放限值进一步降低，并对部分环境敏感区域设定了特别限值标准。由于化学反应有一定的极限，离子交换技术具有更低的处理极限，能深度吸附废水中的重金属离子，因此该技术近年受到越来越多的关注。

离子交换技术是利用离子交换剂中的离子与溶液中的离子进行交换，以达到提取或去除溶液中某些离子的目的。本技术中所涉及的离子交换剂是采用化学合成方法制成的具有活性基团的高分子共聚物，能与溶液中相同电性的离子互相交换。由于离子交换树脂对重金属离子具有优异的吸附性能和可再生性，所以在重金属废水处理领域应用具有很强的技术和经济可行性。

络合重金属废水离子交换处理技术工艺流程见图 1。

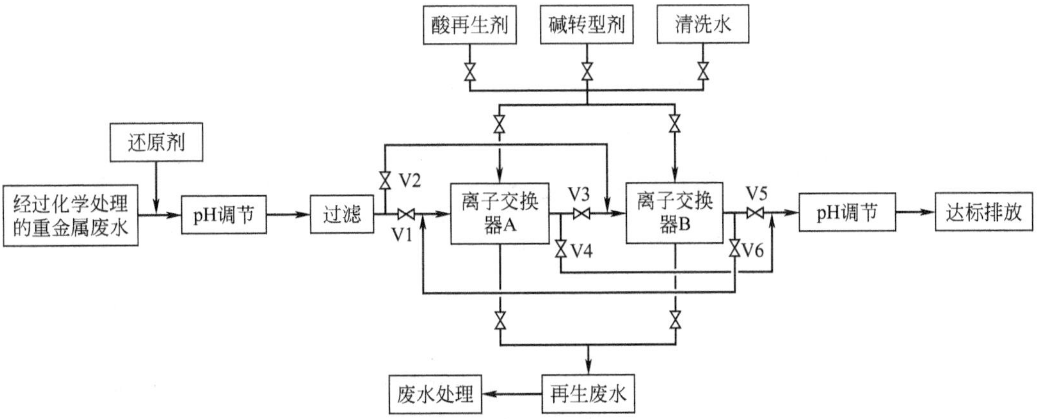

图 1　络合重金属废水离子交换处理技术工艺流程

经过化学处理的重金属废水作为离子交换系统的进水，先调节 pH 值至离子交换树脂的适用范围，然后通过过滤器去除固体悬浮物，再先后经过串联的离子交换器A和B，重金属离子被离子交换树脂交换，出水浓度降低到排放限值以下，再经pH调节后排放。当离子交换器A内的离子交换树脂完全饱和后用酸进行再生，如果工艺需要则用碱将树脂转为钠型。树脂再生后可以重复使用。

为了充分利用离子交换树脂的吸附容量以及保证出水水质，采用双级交换器工艺，即离子交换器A+B串联运行，当A失效后（废水中任何一种重金属污染物的进、出水浓度相近或达到设定的失效值）A再生，B单独运行，A再生完成后B+A串联运行，B失效后B再生，A单独运行，B再生完成后恢复A+B串联运行，如此循环往复。离子交换器A和B的切换方法如下所述：

A+B串联运行：V1、V3、V5阀门打开，其他阀门关闭。

A再生，B单独运行：V2、V5阀门打开，其他阀门关闭。

B+A串联运行：V2、V4、V6阀门打开，其他阀门关闭。

B再生，A单独运行：V1、V4阀门打开，其他阀门关闭。

二、技术关键

(1) 开发具有选择性、高容量、有特殊功能的离子交换树脂，深度吸附化学反应残留的重金属离子，克服化学反应的理论极限，使废水重金属达到最严格的排放标准。本技术开发过程中从不同类型的离子交换树脂中筛选出适用于重金属废水处理的多种树脂，并可根据废水特性的差异进行配置，以达到最好的处理效果。

(2) 开发能最大限度发挥离子交换树脂性能的工艺流程以及工艺条件。本技术开发过程中通过大量的试验，针对含有络合剂的废水开发出具有创新性的离子交换应用技术，形成了独有的吸附和再生方法，不仅提高了处理效果而且简化了操作，降低了运行成本。

(3) 根据工艺要求开发自动控制程序，设计机电一体化的终端重金属捕集设备，实现设备的自动化、智能化和信息化。本设备以在线仪表+PLC+计算机组合的技术为控制手段，实现运行、再生、转型、清洗、报警、检测等步骤的自动化，简化操作，节省人力和药剂等成本。设备运行状况还可以实时远程传输给管理者，使设备的管理更加科学、高效。

典型规模

本设备的典型规模为每天处理废水100～1000m^3，也可根据用户要求设计超出上述规模范围的设备。

主要技术指标及条件

一、技术指标

经过化学预处理，达到下表标准的重金属废水经过处理后可以达到相关行业污染物排放标准中的特别限值标准。以《电镀污染物排放标准》（GB 21900—2008）和《电池工业污染物排放标准》（GB 30484—2013）为例，废水经本设备处理后可以达到下表标准。

主要重金属出水指标

技术指标	出水浓度/(mg/L)
六价铬	≤0.1
总铬	≤0.5
总铜	≤0.3
总锌	≤1.5
总镍	≤0.1
铅	≤0.1

二、条件要求

本设备的主要处理对象为经过适当化学处理，重金属浓度降低到较低水平，但尚未达标的废水，或者虽未经化学处理，但原水浓度不高的低污染废水。进入本设备的废水应满足下表的条件。

主要进水指标

技术指标	进水浓度/(mg/L)
六价铬	<0.1
总铬	<1
总铜	<1
总锌	<1
总镍	<1
铅	<1
油类	<3
悬浮物	<2
余氯	<0.1

主要设备及运行管理

一、主要设备

终端重金属捕集设备规格表

设备型号	LR-MP2-05	LR-MP2-10	LR-MP2-15	LR-MP2-20	LR-MP2-30
处理能力	$5m^3/h$	$10m^3/h$	$20m^3/h$	$20m^3/h$	$30m^3/h$
捕集器直径	ϕ600mm	ϕ900mm	ϕ900mm	ϕ1200mm	ϕ1600mm
进水/出水口径	*DN*32	*DN*40	*DN*50	*DN*65	*DN*80
设备尺寸(长×宽×高)/(mm×mm×mm)	2500×1000×2400	2800×1400×2700	3000×1400×3300	3500×1800×3500	4500×2200×3600
设备质量/kg	约 1000	约 2500	约 4000	约 5000	约 7000
设备功率/kW	约 2.0	约 3.0	约 4.0	约 5.0	约 7.5
电源要求	380V±10%,50Hz				

二、运行管理

（1）运行管理人员及操作人员应经过严格培训，了解设备操作章程及各项设计指标。

（2）各岗位应有安全操作规程等，并应示于明显部位。

（3）各岗位的操作人员应按时做好运行记录，数据应准确无误。

（4）应根据不同设备要求，定期进行检查，保证设备的正常运行。

（5）应定期进行取样分析水质，观察系统的性能，以及确定离子交换树脂的再生时间，确保设备有效运行。

投资效益分析（以上海西恩迪蓄电池有限公司项目为例）

一、投资情况

新增设备总投资：66 万。

主体设备寿命：10 年。

运行费用：综合计算，原整厂日常运营药剂费用为 21 元/t。

新增终端重金属捕集设备再生酸碱用费：1.5 元/t（再生周期 3～4 天）。

人工费和耗材折旧另计：

① 人工费：(6000 元/月×0.2 人×12 月)/(330d×100t/d)＝0.44 元/t

② 耗材费：易耗品含树脂、电极、泵浦轴封、膜片、油漆、pH 电极等，总费用约 20000 元/a，吨水费用为(20000 元/a)/(330d×100t/d)＝0.6 元/t

③ 折旧费：660000/(10×330×100)＝2(元/t)

运行费增加：1.5 元/t＋0.44 元/t＋0.6 元/t＝2.54 元/t(折旧除外)

二、经济效益分析

项目成果自研发成功后开始在工程中大量运用，取得了良好的经济效益和社会效益。高难度重金属络合废水广泛存在于先进制造业中，本项目通过开发高难度重金属络合废水处理共性技术与设备并服务于企业，实现高难度重金属络合废水的无害化处理，能有效解决重金属的污染问题，为企业的环保水处理提供很好的技术支持。

三、环境效益分析

自《重金属污染综合防治“十二五”规划》发布以来，涉重企业面临的环保压力前所未有，废水达标与否关系到企业的生死存亡，同时也关系到我国水环境的安全和人民的健康，因此控制好企业的排放口的重金属是一项极其重要的任务。高难度重金属废水处理技术和设备可以服务于企业的污染治理，为扭转重金属污染局面做出积极贡献。

技术成果鉴定与鉴定意见

一、组织鉴定单位

上海市科学技术委员会

二、鉴定时间

2016 年 11 月 18 日

三、鉴定意见

(1) 项目提供的验收材料与技术资料齐全，内容完整，符合验收要求。

(2) 项目针对金属废水处理中的金属络合物破解、化学反应控制和化学反应极限突破等难题，研发了 Fenton 法、离子交换法等组合工艺技术，实现了难处理重金属废水达标排放及 PLC 自动控制。该处理工艺和研发的配套设备已在示范工程中成功应用。

(3) 项目完成了任务书规定的研究内容，达到了任务书规定的考核指标。

推广情况及用户意见

一、推广情况

自 2015 年至今完成了 50 台套的销售，形成 200 台套/年核心设备生产能力。

二、用户意见

1. 常熟南洋镀饰有限公司

由上海轻工业研究所有限公司设计、施工、安装完成的整个工程，分质分流处理的含铬、含氰、含镍和综合酸洗废水，使用间歇式反应的处理方式进行前端化学处理，将化学破络反应、金属离子置换、混凝反应和固液分离功能集于一体，还可根据废水水质变化灵活调整工艺，也可以在一个反应器内进行多级处理，全过程使用仪表、PLC 和计算机控制，高效、可靠，节省劳力，避免人为因素影响，确保化学反应尽可能完全，为后续的重金属捕集创造条件。工艺中为了突破化学反应的极限，深度吸附废水中化学反应残留的微量重金属离子而设计使用的终端重金属捕集设备，确保了重金属离子的达标排放。

2. 上海西恩迪蓄电池有限公司

2016 年 8 月由上海轻工业研究所有限公司设计、安装完成的终端重金属捕集设备，将前级经化学处理的 2 种未达标废水，经砂过滤器和精密过滤器，去除细微颗粒物质后，再深度吸附废水中残留的铅离子，设备的运行、再生过程由 PLC 和计算机控制，高效、可靠，节省劳力，避免人为因素影响，确保了重金属离子的达标排放。

技术服务与联系方式

一、技术服务方式

本设备主要以产品销售和工程配套等方式为客户服务，技术服务主要方式包括以下几方面：

(1) 现场探勘　通过与用户的交流以及现场探勘，了解现有废水处理工艺和设备的状况以及场地条件等，初步判断本设备应用的可能性，如有可能，获取实际水样。

(2) 前期试验　对用户水样进行分析和试验，确定采用离子交换技术是否能够达到用户要求的排放标准，确定适用的离子交换树脂和工艺。

(3) 设计方案　根据试验结果以及用户的实际情况设计技术方案，递交用户审核、决策。

(4) 项目实施　项目成立后进行设备设计、制造、安装、调试，并对用户操作和管理人员进行培训，使之具备正确使用设备的能力。

(5) 售后服务　本公司负责项目的售后服务，在项目质保期内（一般为项目验收后一年内，具体以合同约定为准），免费为客户提供设备维护、零部件更换。质保期过后，向客户收取成本费，继续提供服务。

二、联系方式

联系单位：上海轻工业研究所有限公司

联系人：王琪

地址：上海市宝庆路20号

邮政编码：200031

电话：021-64372070

传真：021-64331671

E-mail：wangqi@sliri. com. cn

主要用户名录

序号	企业名称	装置/设备名称	处理水量
1	常熟南洋镀饰有限公司	间歇式化学反应设备+终端离子交换设备	3.96万吨/年
2	上海鑫艺金属表面处理有限公司	终端离子交换设备	3.96万吨/年
3	上海四团电镀有限公司	间歇式化学反应设备+终端离子交换设备	8.25万吨/年
4	上海希尔彩印制版有限公司	间歇式化学反应设备+终端离子交换设备	0.495万吨/年
5	杭州百盛电镀有限公司	终端离子交换设备	6.6万吨/年
6	杭州红垦电镀有限公司	终端离子交换设备	6.6万吨/年
7	浙江今飞凯达轮毂有限公司	终端离子交换设备	4.95万吨/年
8	浙江义乌义华电镀有限公司	终端离子交换设备	11.88万吨/年
9	浙江浦江三阳电镀有限公司	终端离子交换设备	11.88万吨/年
10	杭州翰隆五金电镀有限公司	终端离子交换设备	0.33万吨/年
11	杭州坎山电镀有限公司	终端离子交换设备	3.96万吨/年
12	上海太平货柜有限公司	终端离子交换设备	1.98万吨/年
13	杭州云会五金电镀有限公司	终端离子交换设备	1.98万吨/年
14	杭州运城制版有限公司	间歇式化学反应设备+终端离子交换设备	0.066万吨/年
15	海宁运城制版有限公司	间歇式化学反应设备+终端离子交换设备	0.066万吨/年
16	龙游运申制版有限公司	终端离子交换设备	1.98万吨/年
17	苏州长风镀饰有限公司	终端离子交换设备	3.96万吨/年
18	昆山三丽电镀有限公司	终端离子交换设备	1.98万吨/年

续表

序号	企业名称	装置/设备名称	处理水量
19	福建南平南孚电池有限公司	间歇式化学反应设备+终端离子交换设备	9.9万吨/年
20	上海怡标电镀有限公司	间歇式化学反应设备+终端离子交换设备	26.4万吨/年
21	上海民强电镀有限公司	间歇式化学反应设备+终端离子交换设备	3.96万吨/年
22	张家港宏意电子材料有限公司	终端离子交换设备	1.98万吨/年
23	连云港杰瑞深软科技有限公司	间歇式化学反应设备	1.65万吨/年
24	上海表业有限公司	间歇式化学反应设备	0.396万吨/年
25	江阴恒超机电有限公司	间歇式化学反应设备+终端离子交换设备	0.495万吨/年
26	江阴双菱五金制品有限公司	间歇式化学反应设备+终端离子交换设备	3.3万吨/年
27	美固龙金属制品(中国)有限公司	终端离子交换设备	1.98万吨/年
28	通泰精密铝制品有限公司	间歇式化学反应设备+终端离子交换设备	0.99万吨/年
29	武进卜戈电镀有限公司	间歇式化学反应设备+终端离子交换设备	2.64万吨/年
30	饰而杰汽车制品(苏州)有限公司	间歇式化学反应设备+终端离子交换设备	8.25万吨/年
31	金杨科技(福建)有限公司	间歇式化学反应设备	11.88万吨/年
合计			148.698万吨/年

2017-12

技术名称

选矿、冶炼行业重金属废水治理的短程膜分离处理工艺技术

申报单位

南宁市桂润环境工程有限公司

推荐部门

广西壮族自治区环境环保产业协会

适用范围

选矿、冶炼行业重金属废水处理。

主要技术内容

一、基本原理

技术原理及工艺路线。

短程膜分离工艺技术主要包括预处理池、中和池、循环浓缩池、PVDF膜装置、pH调节池等，其核心设备是一种介于超滤和微滤之间的PVDF膜分离装置。短程膜处理工艺技术流程见图1。

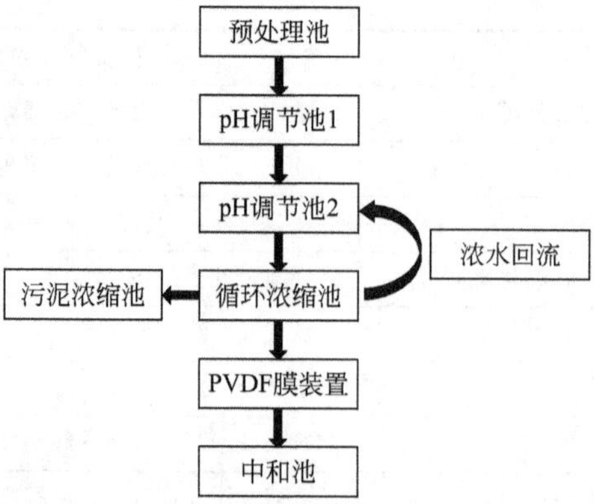

图 1　短程膜处理工艺技术流程

预处理池的作用是将离子状态、溶解状态的重金属通过物理的、化学的以及物理化学的手段转变成不溶于水的颗粒物，同时去除油脂、大颗粒物、高分子聚合物等影响 PVDF 膜装置运行的杂质。废水进入调节池前可以设置细格栅网拦截大颗粒物，如木棍、布条、树叶、碎石等物质，以减少对泵的损坏以及对后续膜装置的影响。

通过提升泵将废水从预处理池提升到 pH 调节池，为能够准确调节废水 pH 值，处理流程中设置两个 pH 调节池。前一个 pH 调节池的功能为 pH 值的主要调节，后一个 pH 调节池的功能为 pH 值的精确微调。

在后一个 pH 调节池中，考虑加入混凝剂（比如聚合氯化铝、聚合硫酸铁）。废水中投入混凝剂后，胶体因电位降低或消除，破坏了颗粒的稳定状态，水中较小颗粒相互聚集，通过压缩双电层、吸附电中和、吸附架桥、沉淀物网铺四种方式形成大颗粒物沉淀，从而将悬浮物从水中去除。

循环浓缩池的作用是接收储存预处理后的重金属废水，同时接收从 PVDF 膜系统不断回流的浓水。在浓缩池中投加活性炭以吸附部分有机物，从而降低 COD。同时，在系统运行时颗粒活性炭能起到擦洗膜内表面的污垢及污泥，达到维持膜的产水通量的目的。

污泥池内的污泥经过不断浓缩处理后，当达到一定污泥量（一般为 2%～5%左右）时，即可排放部分污泥以降低污泥浓度，再启动 PVDF 系统运行。排放的污泥进入污泥脱水系统处理。

PVDF 膜处理装置主要由循环泵、PVDF 膜及膜架、清洗装置、相关控制阀门及匹配管道组成。废水流经膜处理装置，在一定的压力条件下，膜两侧的压力差作为驱动力，PVDF 膜作为过滤中介物，原液流经膜表面时，在膜上有许多密集的微孔，只有水和小分子物质可以通过这些微孔，过滤之后的清水称为滤液或渗透液；而大于膜表面微孔孔径的物质，就会被膜截留，形成浓缩液。循环浓缩池里的废水通过泵提升进入 PVDF 膜系统。过滤之后的渗透液通过排滤液管送入中和池。残留的浓缩液返回循环浓缩池，再经过 PVDF 膜装置处理，不断循环。

二、技术关键

通过设置 2 个 pH 调节池精确调节废水预处理阶段的 pH 值。前一个 pH 调节池的功能为 pH 值的主要调节，对废水 pH 值进行粗调；后一个 pH 调节池的功能为 pH 值的精确微调。同时，考虑投加混凝剂加强混凝效果，使重金属最大量析出，确保膜分离效果及出水水质。

应用 PVDF 膜去除悬浮物质。PVDF 膜是一种以 PVDF 树脂为材质的滤膜，分离效率高、无相变、能耗低、操作简单，使用寿命长达 5～10 年，减少设备清洗维修费用，同时保证出水水质，成功地取代了传统澄清、砂滤、活性炭吸附、微滤超滤结合在一起的废水处理工艺。而且 PVDF 膜一般不需要用干净的生产水或自来水进行反冲洗，只要定期采用硫酸和次氯酸钠进行化学清洗，从而达到恢复膜通量的目的。硫酸主要用来解决金属离子对膜的污染，常见硫酸的配置浓度为 2%～5%；而次氯酸钠主要解决有机物对膜的污染，通过次氯酸钠的强氧化性，可以较彻底地解决有机物污染的问题，次氯酸钠的常见使用配比浓度为 2%。根据膜污染的种类，还可以考虑其他独特的化学清洗方式。而且该工艺不截留溶解性固体物质，不存在无机盐积累问题，分离的浓缩液只经过常规的污泥浓缩、压滤脱水处理即可，而常规反渗透的浓缩液需要耗能很高的蒸发来减容减量。

总的来说，PVDF 膜具有以下特点：

① PVDF 膜采用聚偏氟乙烯作为膜材料，强度极高。可经受强酸、碱、次氯酸钠等药剂清洗，膜不易破裂。PVDF 膜系统的正常清洗周期为5～7 天，对于新建项目来说，PVDF 系统的清洗周期可以是两个星期，有的项目可延长到两个月。

② 抗污染性能好。

③ 可以耐受较高的硬度和电导率，适合复杂的水质。

④ 先进的膜成孔工艺，确保孔径均匀，确保混合液中 0.07μm 以上的重金属化合物颗粒被拦截，同时不会导致堵塞。

⑤ 不经过沉淀、过滤直接采用膜过滤，这是 PVDF 膜的强项和专长。

⑥ PVDF 膜设计采用高流速、高通量的进水方式，采用气动或电磁阀高压反冲的形式，设计先进。

典型规模

400m^3/d。

主要技术指标

指标	pH 值	Pb/(mg/L)	Zn/(mg/L)	Cd/(mg/L)	As/(mg/L)	Cu/(mg/L)
进水	6～9	15	15	2	4	2
出水	6～9	<0.2	<1.0	<0.02	<0.1	<0.2
去除率		≥98%	≥95%	≥99%	≥97%	≥90%

投资效益分析（以南丹县正华冶炼厂废水深度治理工程为例）

一、投资情况

废水深度处理系统投资：283 万元。

运行费用：2元/(t·d)。

二、经济效益分析

项目实施后，冶炼厂生产废水得到深度处理，水资源可以最大限度地重复利用，每年约有6.2万立方米的尾水作为生产补充用水使用，大量削减了铅、镉、砷、锌等主要污染物的排放量，为厂家节约大量排污费用，同时为公司节约了水费，间接为工厂创造了一定的经济效益。

三、环境效益分析

通过采用先进的水处理技术和处理设备，对废水进行深度处理，主要污染物铅、锌、镉、铁、锰、砷、锑的去除率>98%，化学需氧量去除率为85%，氨氮去除率为51%，生产废水经处理后达到《铅锌工业污染物排放标准》（GB 25466—2010）的要求，每年可产生约6.2万的尾水作为生产补充用水，避免了尾水外排对环境的影响，有效控制了重金属的排放量，尾水回用对改善区域地表河流水质、农田土壤污染、地下水污染及重金属减排等方面作用较为明显，有效地保护了周围生态环境和居民的身体健康。

推广情况

已推广应用5个工程。

技术服务与联系方式

一、技术服务方式

（1）环保及市政项目投资建设和运营管理；

（2）工程设计、施工、调试、运营管理；

（3）非标环保设备（器材）设计、加工、安装、调试、维护；

（4）环保机电设备代理、安装、维护；

（5）净化药剂供应及系统服务。

二、联系方式

联系单位：南宁市桂润环境工程有限公司

联系人：孙帮周

地址：南宁市良庆区五象大道西段港保苑1栋1单元9楼

邮政编码：53000

电话：13377118155

传真：0771-4300105

E-mail：278185972@qq.com

主要用户名录

短程膜处理技术自研发以来，已成功应用在广西区内多个选矿、冶炼企业，其中具有代表性的工程为：南丹正华冶炼厂400m^3/d废水处理系统工程、南丹县茂晨矿业有限责任公司 200m^3/d 废水深度处理安装工程、南丹吉朗铟业有限责任公司 200m^3/d 废水深度处理新建工程、南丹吉朗铟业有限责任公司 500m^3/d 采矿废水深度处理设计及安装工程、广西金河矿业股份有限公司金竹坳选矿加工区 1800m^3/d 废水深度治理安装工程。

2017-13

技术名称

纳米陶瓷膜污水处理技术

申报单位

广西碧清源环保投资有限公司

推荐部门

广西壮族自治区环境保护产业协会

适用范围

既可处理高难度复杂工业废水，又可以处理农村养畜废水、生活污水等。

主要技术内容

一、基本原理

本工程关键技术为纳米陶瓷膜污水处理工艺（nano ceramic membrane sewage treatment technique，NCMT），是一种由纳米陶瓷膜分离单元与生物处理单元相结合的新型水处理技术。通过纳米陶瓷膜进行泥水分离，活性污泥在优质兼性厌氧菌群的作用下，将大分子有机污染物逐步降解为小分子有机物，最终氧化分解为二氧化碳和水。

NCMT 工艺可以高效地进行固液分离，出水稳定且可以直接作为回用水。针对含重金属的工业废水，能有效拦截分离废水中游离的重金属离子，对重金属进行回收利用。该技术可在生物池内维持高浓度的微生物量，出水悬浮物和浊度效果好，出水中细菌和病毒被大幅度去除，出水不需再经过深度处理即可达到回用水标准。

工艺流程：

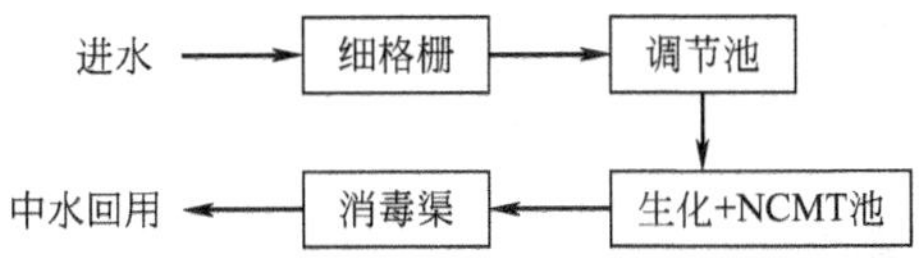

二、技术关键

该技术主要的技术集成体现在一体化纳米陶瓷膜污水处理器内，通过培养驯化细菌，在微生物的新陈代谢作用下，污水中的各类污染物得到去除。通过陶瓷膜的过滤作用可以做到“固液分离”，从而保证出水浊度降至极低。污水中的有机物、氮污染物、磷污染物通过陶瓷膜的过滤作用和生化反应得到进一步的去除。

污水从集水池进入纳米陶瓷膜技术污水处理器，进行过滤处理。纳米陶瓷膜污水处理器里面设置一组一组的平板式陶瓷膜组件，平板式陶瓷膜组件由多块嵌镶垂直放置的陶瓷膜元件组成。陶瓷膜板之间的距离为7～8mm，边沿设置导流挡板，底部安装曝气器，顶部连接出水管。工作期间，需要定期清洗陶瓷膜表面沉积的滤饼，防止陶瓷膜污染。整个一体化纳米陶瓷膜污水处理器内具有高容积负荷、低污泥负荷、高污泥浓度、泥龄长等特点，使得可同时去除有机物、氨氮和磷等污染物，且污泥作为碳源被微生物进行了内源代谢分解，实现了有机污泥的大幅度减量，可实现基本无有机剩余污泥排放。清水可以通过陶瓷膜的孔隙，并通过抽吸泵的负压出水，而其他污染物、病菌、粪大肠菌群等被截留在陶瓷膜的外表面。通过陶瓷膜的过滤作用可以完全做到“固液分离”，从而保证出水浊度降至极低。该污水经过格栅井除去污水中较大的悬浮物后进入沉砂池去除砂粒，然后再进入集水池，在集水池中均匀水质、水量后，提升至一体化纳米陶瓷膜污水处理器。通过整套污水处理系统处理后，出水达回用水标准，可作为绿化用水或河流生态补水。

典型规模

20000t/d。

主要技术指标

本技术处理出水达《城镇污水处理厂污染物排放标准》（GB 18918—2002）一级A排放标准。

进水水质

污染物	pH值	COD_{Cr}/(mg/L)	BOD_5/(mg/L)	SS/(mg/L)	NH_3-N/(mg/L)	TP/(mg/L)
指标	6～9	≤500	≤150	≤150	≤35	≤7

出水水质

污染物	pH值	COD_{Cr}/(mg/L)	BOD_5/(mg/L)	SS/(mg/L)	NH_3-N/(mg/L)	TP/(mg/L)
指标	6～9	≤50	≤10	≤10	≤5	≤0.5

投资效益分析（20000t/d）

一、投资情况

总投资：3227.26万元。

运行费用：1.505元/t。

单位经营成本：0.862元/t。

投资回收年限：10年。

二、经济效益分析

城市污水处理工程的经济效益，可分为直接经济效益和间接经济效益两部分。

(1) 直接经济效益　本项目作为城市公用设施，为国民经济所做的贡献主要表现为社会产生的间接经济效益。但根据现行的排污收费制度，本项目的直接经济效益可以单方面从污水处理量和污水管理来进行定量收费。按照排污收费标准，假定排污收费按 1.35 元/m^3 计算，则本项目运行的财务收入为 212.045 万元/年。

(2) 间接经济效益　本项目间接经济效益主要表现在改善水环境后减少因水污染而造成的经济损失等。

三、环境效益分析

环境效益如下：

① 有助于改善环境污染问题，维护水资源的可持续利用；

② 有助于提高污水厂运行效率，降低投资和能耗；

③ 有利于改善贺州市的人与环境和谐发展，促进经济发展。

推广情况

已推广应用 9 个项目。

技术服务与联系方式

一、技术服务方式

环保基础项目（PPP、BOT、ROT、TOT、EPC 等）的投资、建设、运营管理。

二、联系方式

联系单位：广西碧清源环保投资有限公司

联系人：李亮亮

地址：广西梧州市万秀区西江四路 22 号锦江宾馆 5 层

邮政编码：543000

电话：0774-2026499

传真：0774-2026499

E-mail：bqyhb2015@163.com

主要用户名录

应用项目	应用单位	应用类型	应用规模	应用时间
贺州市旺高工业区污水处理厂	贺州市旺高建设投资有限公司	工业废水	20000t/d	2015 年 7 月
梧州市平浪污水处理厂	梧州市长洲区人民政府	生活污水	5000t/d	2015 年 11 月
蒙山县长坪瑶族乡长坪村污水处理厂	蒙山县永安新城建设开发有限责任公司	生活污水	250t/d	2015 年 12 月
广西贺州生态产业园污水处理厂	广西贺州生态产业园管理委员会	生活污水	300t/d	2015 年 12 月
梧州市香山直排口污水处理站	梧州市园林实业综合开发公司	生活污水	1000t/d	2016 年 1 月

技术名称

重金属废水生物制剂深度处理与回用技术

申报单位

赛恩斯环保股份有限公司

推荐部门

中国环境保护产业协会水污染治理委员会

适用范围

可广泛应用于矿山采矿废水的治理和回用、选矿废水的治理和回用、尾矿库废水的治理和回用等。

主要技术内容

一、基本原理

生物制剂是一种以硫杆菌为主的菌群的代谢产物与其他无机化合物配合后的产物，它富含大量羟基、巯基、羧基、氨基等功能基团，这些基团可与废水中的铅、锌、镉等重金属离子配合，形成稳定的配合物；利用氧化剂的强氧化性可彻底破除废水中有机物的分子结构，分解成简单的无机物（二氧化碳、水）。

经生物制剂配合氧化后的重金属有机复杂废水继续发生水解反应，诱导小颗粒以配体胶团为核心形成更大的胶团，继而在絮凝剂的助凝沉淀作用下，形成絮状体沉淀物，实现固液分离。

二、技术关键

① 药剂性质及其投加量

生物制剂：液体，密度 1.30kg/L；投加量 0.1～0.5kg/m^3 废水。

氧化剂：浓度约为 27%；投加量 0.2～0.5kg/m^3 废水。

液碱：浓度约为 30%；投加量 0.1～0.5kg/m^3 废水。

絮凝剂：浓度约为 0.1%；投加量 2～4g/m^3 废水。

② 水解反应 pH 值：投加液碱调节废水 pH 值，最佳范围为 7.5～10。

③ 每天对沉淀池进行定期排泥，每天排泥时间不少于 1h。

④ 反应时间为 0.5～1h 左右，沉淀时间 2～4h。

典型规模（湖南水口山康家湾矿选矿废水处理项目）

5500m^3/d。

主要技术指标及条件

工艺边界：废水来源为康家湾铅锌选厂选矿废水及矿井水。

回收利用率：经生物制剂协同氧化处理后出水可直接回用于选矿工艺，年回用水量16万吨，回用率约为10%。

主要污染物	pH值	COD/(mg/L)	SS/(mg/L)	As/(mg/L)	Cd/(mg/L)
进口	11.55	—	651	4.21	0.8045
出口	6.31	21.7	21	0.0084	0.002
去除率	—	—	96.80%	99.80%	99.75%
主要污染物	Pb/(mg/L)	Zn/(mg/L)	Cu/(mg/L)	Hg/(mg/L)	
进口	9.49	27.6	0.28	0.00361	
出口	0.05	0.013	0.01	0.00069	
去除率	99.50%	99.95%	96.43%	80.89%	

主要设备及运行管理

一、主要设备

序号	名称	规格	数量	单位
		1 建筑工程部分		
1.1	调节池	32m×8.5m×4m(*H*)	1	座
1.2	事故池	32m×8.5m×4m(*H*)	1	座
1.3	批次反应池	3.9m×3.9m×4.2m(*H*)	8	座
1.4	斜板沉淀池	16.5m×7.2m×4.2m(*H*)	2	座
1.5	污泥浓缩池	ϕ12m×5m(*H*)	1	座
1.6	清水池	8.4m×8.4m×3.3m(*H*)	1	座
1.7	回用水池	8.4m×8.4m×3.3m(*H*)	1	座
1.8	综合房	107.95m^2(共1层)	1	座
1.9	在线监测设备房	4.2m×4.6m	1	座
1.10	计量槽	8.25m×0.9m×2.0m	1	座
		2 设备部分		
2.1	反应池废水提升泵	$Q=70m^3/h, H=12m$	1	台
2.2	调节池废水提升泵	$Q=120m^3/h, H=18m$	3	台
2.3	调节池污泥泵	$Q=30m^3/h, H=60m$	2	台
2.4	桁车式吸泥机	宽18m，泵吸式	1	套
2.5	反应池搅拌机	搅拌速率20～30r/min	8	台

续表

序号	名称	规格	数量	单位
2 设备部分				
2.6	斜管及支架		2	套
2.7	桁车式吸泥机	宽 8m，虹吸式	2	套
2.8	沉淀池污泥泵	$Q=65m^3/h$，$H=60m$	2	台
2.9	污泥浓缩池刮泥机	直径 12m	1	套
2.10	污泥浓缩池污泥泵	$Q=22m^3/h$，$H=60m$	2	台
2.11	清水池提升泵	$Q=70m^3/h$，$H=21m$	6	台
2.12	回用水池水泵	$Q=120m^3/h$，$H=55m$	2	台
2.13	自动反洗表面过滤器	单套处理量 $70m^3/h$	3	套
2.14	生物制剂一体化装置	储槽、中间槽、卸料泵及投加泵	1	套
2.15	液碱一体化装置	储槽、中间槽、卸料泵及投加泵	1	套
2.16	氧化剂一体化装置	储槽、中间槽、卸料泵及投加泵	1	套
2.17	絮凝剂一体化装置	储槽、中间槽、卸料泵及投加泵	1	套
2.18	硫酸一体化装置	储槽、中间槽、卸料泵及投加泵	1	套
2.19	自动控制及在线检测系统		1	套
2.20	工艺管道管件及阀门		1	项

二、运行管理

1. 工艺运行及控制参数

① 药剂性质及其投加量

生物制剂：液体，密度 1.30kg/L，投加量 $0.15kg/m^3$ 废水。

氧化剂：浓度约为 27%，投加量 $0.3kg/m^3$ 废水。

液碱：浓度约为 30%，投加量 $0.11kg/m^3$ 废水。

絮凝剂：浓度约为 0.1%，投加量 $3g/m^3$ 废水。

② 水解反应 pH 值：投加液碱调节废水 pH 值，最佳范围为 8.5～9.5。

2. 维护管理要求

(1) 运行管理人员和操作人员应熟悉机械设备的维护及管理规定。

(2) 应对构筑物的结构及各种阀门、电机、护栏、管道等定期进行检查、维护及防腐处理，并及时更换损坏的设备。

(3) 应经常检查和紧固各种设备连接件，定期更换联轴器的易损件。

(4) 应定期检查、清扫电器控制柜，并测试其各种技术性能。

(5) 应定期检查电动闸阀的限位开关、手动与电动的联锁装置。

(6) 在每次停泵后，应检查填料或油封的密封情况，必要时进行处理。

(7) 各种机械设备除应做好日常维护保养外，还应按设计要求或制造厂的要求进行大、中、小修。

投资效益分析（以 $5500m^3/d$ 湖南水口山康家湾矿选矿废水处理项目为例）

一、投资情况

总投资：1350.00 万元。其中，设备投资 604.00 万元。

主体设备寿命：20 年以上。

运行费用：

① 实际运行规模（2014 年平均运行规模）：5500m^3/d。

② 单位投资成本：245.5 元/m^3 废水。

③ 单位运行成本：1.46 元/m^3（其中，水耗 0 元/m^3，电耗 0.27 元/m^3，药耗 0.95 元/m^3，人力成本 0.13 元/m^3，维修管理 0.04 元/m^3，设备折旧 0.07 元/m^3）。

二、经济效益分析

采用此项技术处理铅锌采选矿废水，与国内同种选矿废水其他处理工艺相比，各项技术经济指标稳定，工艺简单，运行费用节省 25%，节约排污费 74.97 万元，具有显著的经济效益。本项目的净化水可返回系统使用，大大减少工业用水量，节约水资源，推动循环经济的发展。

三、环境效益分析

通过废水处理站的建设，厂区内污染物得到全面的治理，净化水能稳定达到相关要求后回用或外排，减少了 COD、重金属等有毒有害物质进入周边环境，对改善附近居民的生活环境起着重大的作用。表现在：

① 稳定达到出水要求，避免废水污染事故的发生。

② 每年减排与回用净化水 150 万吨以上，每年可削减废水污染物排放量：Pb 1.425～4.425t/a、As 1.485t/a、Cd 0.735t/a、COD 210t/a。阻断水体污染源，保障居民的饮水安全，确保水体生命和流域农作物的无污染繁殖与生长，保障生态环境和食物链安全。

③ 项目的实施，改善附近居民的生活环境，为维护当地地区的安全与稳定做出了积极的努力，对当地地区的环境治理起到了推动作用。

技术成果鉴定与鉴定意见

一、组织鉴定单位

中国有色金属工业协会

二、鉴定时间

2014 年 12 月 28 日

三、鉴定意见

金属矿采选废水生物制剂协同氧化深度治理与回用新技术，于 2014 年 12 月 28 日通过了中国有色金属工业协会的科学技术成果鉴定，被评价为“开发的采选矿废水生物制剂协同氧化深度治理与回用新技术居国际先进水平，建议进一步加快推广”。

推广情况及用户意见

一、推广情况

金属矿采选废水生物制剂协同氧化深度治理与回用新技术，已纳入 2009 年《国家先进污染防治示范技术名录》、2014年《国家重点环保实用技术及示范工程名录（第二批）》。

随着国家环保法律法规的日益严格，中国众多的矿山企业面临越来越大的环保压力。该技术可实现有机物和重金属共同去除，处理后的废水可回收利用，回收率为70%左右，且具有投资省、运行费用低、操作简单等优点，可广泛应用于重金属采选行业所排放的含复杂有机物重金属废水处理，应用前景广阔。目前，该技术行业普及率约20%，预计到2020年行业普及率可达50%。

二、用户意见

铅锌矿采选过程中会产生大量的采选矿废水，废水中含有残留的选矿药剂和重金属离子，我公司采用中南大学和长沙赛恩斯环保联合开发的金属矿采选废水生物制剂协同氧化深度治理与回用新技术处理选矿废水，处理效果良好，处理后的净化水指标低于国家《铅、锌行业无污染物排放标准》（GB 25466—2010），具有显著的环境效益、经济效益和社会效益。

获奖情况

该技术于2011年11月23日获得国家技术发明奖二等奖；2007年12月25日获得中国有色金属工业科学技术奖一等奖。

技术服务与联系方式

一、技术服务方式

设计、采购、施工、环境咨询、设备制造、环境检测等工程技术服务。

二、联系方式

联系单位：赛恩斯环保股份有限公司

联系人：沈燕青

地址：湖南省长沙市岳麓区学士路388号赛恩斯科技园

邮政编码：410000

电话：0731-88278362

传真：0731-88278262

E-mail：ses _ hb@126. com

主要用户名录

案例名称	规模/(m^3/d)	验收时间	现状
中金岭南凡口铅锌矿尾矿库废水深度处理与回用工程	14400	2013年12月	运营
湖南水口山康家湾矿选矿废水处理与回用工程	5500	2015年1月	正常运行
湖南柿竹园多金属选矿厂采选矿废水处理工程	20000	2016年1月	正常运行
广西中金岭南矿业有限责任公司尾矿库废水处理工程	1800	2015年8月	运营
甘肃厂坝有色金属有限责任公司张庄尾矿库废水处理工程	2000	待定	调试
甘肃厂坝有色金属有限责任公司柒家沟沟口废水处理工程	5000	待定	调试

2017-15

技术名称

冷轧带钢高压水射流喷丸绿色除鳞成套技术

申报单位

长沙矿冶研究院有限责任公司

推荐部门

中国钢铁工业协会

适用范围

钢铁行业清洁生产。

主要技术内容

一、基本原理

其原理是以高压水为动力，通过一定的技术手段，使具有一定压力的高压水和一定浓度的钢丸在除鳞喷头内进行充分混合，形成高能固液两相流，混合后的高能固液流从混合喷头喷出高速打击带钢表面，将其表面的氧化物及其附着物打碎破裂。并且液滴中的水从动能转为静压力形成“水楔”，对已破碎的氧化物及其附着物进行剥离，将带钢表面氧化皮、油、锈、盐一次性清除干净。

二、技术关键

技术关键包括以下几点：

(1) 高压水射流喷丸表面清理技术集成。以高压水射流喷丸技术为基础，集成污水循环过滤、磨料颗粒分选回收、自动控制、水力输送等技术。

(2) 高浓度、大密度磨料的流态均化技术。

(3) 磨料低磨损、高程稳定循环分选输送技术。

(4) 新型大口径除鳞喷头。

(5) 系统启停前后带钢表面清理无缝对接技术。

(6) 全流程自动化智能控制系统。

典型规模

根据企业用户冷轧带钢产量选择技术应用规模。以宽度规格 300mm、厚度 2.5mm 带钢为例，冷轧带钢高压水射流喷丸绿色除鳞成套技术可清理带钢约 10 万吨/年。

现有用户典型应用规模为 2～4 台。

主要技术指标及条件

一、技术指标

主要技术指标	具体情况
除鳞原理	高压水射流喷丸
消耗能源	电能
高压水工作压力	40～60MPa
带钢规格	带钢宽度：200～1640mm
磨料种类	普通钢丸、不锈钢丸
除鳞效能	2.9～3.1m^2/(kW·h)
清理速度	30～50m/min，最高可达60m/min
清理过程带钢损耗量	<1.2%
清理后的表面质量	Sa3级，粗糙度 *Ra* 8～15，硬度与原材料一致
环境指标	无废酸、废水、废气、废渣排放
控制方式	清理过程PLC程序控制，自动诊断和报警
材料消耗	水循环利用，磨料消耗2kg/t钢
氧化皮处理	氧化皮以固体形式沉淀后，直接回收

二、条件要求

应用“冷轧带钢高压水射流喷丸绿色除鳞成套技术”除鳞前，应先通过剥壳机有效疏松带钢表面氧化层。技术现场应用需200～300m^2场地。污水过滤沉淀池深不低于2m，沉淀池平面面积不小于90m^2。

主要设备及运行管理

一、主要设备

冷轧带钢高压水射流喷丸绿色除鳞成套技术系统由高压水供给系统、污水循环处理系统、钢丸供给回收分选系统、带钢输送系统、冲洗系统、智能化控制系统组成。

（1）高压水供给系统　为除鳞喷头提供高压水源。由高压泵、稳压桶、高压管路、压力表等组成。水箱内的水经高压泵加压后，由高压管路分流进入各个除鳞喷头。

（2）污水循环处理系统　负责将污水水质净化，给高压泵提供工作用水及辅助用水，包括溢流收集箱、旋流分离器、沉淀池和污水过滤器等。高压水射流喷丸技术将带钢表面的氧化皮及锈蚀等清理下来后，经旋流分离器分离，有用钢丸循环使用，其中含有破碎了的钢丸粉和锈粉的污水一起流入沉淀池进行沉淀，沉淀后的污泥留在池底，池底污泥可作为铁精矿直接送钢厂回用。污水经污水过滤器过滤，返回水箱，循环使用。

（3）钢丸供给回收分选系统　目的是为除鳞喷头提供稳定均匀的钢丸质量流。该系统由送砂管、磨料收集箱、钢丸流化供料罐、筛分装置、钢丸输送器、旋流分离器、溢流收集箱等组成。该系统包括钢丸均化、钢丸供给、钢丸收集、钢丸分选等功能。

① 钢丸均化与供给系统：钢丸均化采用供料罐内均化和引流均化结合，以确保钢丸质量流均匀稳定。

② 钢丸收集与分选系统：清理室下方设有磨料收集箱，收集喷射后的钢丸，并经筛分后送入钢丸输送器，保证除鳞清理后带钢的表面粗糙度。除鳞清理装置：是带钢高压水射流喷丸表面清理设备系统的核心部件之一，由进出限位滚轮、除鳞喷头、喷头固定机构、喷头调节机构组成。喷头调节机构可实现喷丸角度、喷丸靶距和喷丸清理范围的多种调节，可以适应不同带钢种类、带钢规格清理需求。

(4) 带钢输送系统　该系统是保证带钢表面清理均匀一致的重要组成部分，由收卷机构、开卷转盘、剥壳机等组成。收卷电机转速由变频反馈恒速控制。

(5) 冲洗系统　负责对清理完的带钢进行清洗，去除表面黏附的钢丸。

(6) 智能化控制系统　电气控制系统采用分层控制方式，分为现场控制层和操作管理层两级控制方式。本设备的控制部分能实现全部电机、电磁阀等手动功能，也能够实现全部自动功能，同时还提供故障报警、联锁停机等功能。系统运行的全部工艺参数可以调整，可通过触摸式人机界面来进行修改。

(7) 系统安全防范　高压泵上安装限压安全阀，压力一旦超过设定压力，安全阀会自动打开。操控柜上装有急停按钮和故障报警装置。

二、运行管理

设备运行过程全自动化。基于“冷轧带钢高压水射流喷丸绿色除鳞成套技术”的成套设备采用 PLC 全自动控制，自动诊断和报警。

运行过程中需要如下管理：

(1) 定期更换易损件：高压系统易损件，统一 60～90 天更换；磨料输送管路，统一 120～180 天更换等。

(2) 不定期维修：根据设备故障报警，针对具体问题，进行设备的维修。

(3) 定期记录设备工艺参数。

投资效益分析（以天津市飞龙制管有限公司项目/工程为例）

一、投资情况

总投资：1000 万元。其中，设备投资 750 万元（3 套设备）。

主体设备寿命：30 年。

运行费用：约 45 元/t（不含人工及管理费用）。

二、经济效益分析

天津飞龙制管有限公司使用“冷轧带钢高压水射流喷丸绿色除鳞成套技术”清理带钢，可节约直接成本 40～80 元/t。根据现有生产规模，约需要冷轧带钢产能 70 万～80 万吨/年。

根据冷轧带钢高压水射流喷丸绿色除鳞成套技术的应用规模，可为该公司年清理带钢约 30 万吨，直接经济效益高达 1000 万～2000 万元/a。

三、环境效益分析

根据现有三条“冷轧带钢高压水射流喷丸绿色除鳞成套技术”生产线 30 万吨/年

的产量，可减少废酸排放超7000t/a，节约工业用水180000m^3/a。

技术成果鉴定与鉴定意见

一、组织鉴定单位

冷轧带钢高压水射流喷丸绿色除鳞成套技术及设备，分别经过中国钢铁工业协会、中国环境科学学会鉴定。

二、鉴定时间

序号	鉴定名称	组织鉴定单位	鉴定时间	主要结论
1	冷轧用带钢高压水射流喷丸表面清理技术及设备	中国钢铁工业协会	2014年3月	在冷轧用窄带钢表面清理技术方面达到了国际领先水平
2	冷轧钢带高压水射流喷丸绿色除鳞成套技术	中国环境科学学会	2017年5月	在系统集成性、先进实用性、经济合理性、稳定可靠性等方面优于国内外同类技术，该成果整体环保及技术设备水平属国际领先

三、鉴定意见

序号	鉴定名称	鉴定意见
1	冷轧用钢带高压水射流喷丸表面清理技术及设备	①提供的鉴定资料齐全、规范，符合鉴定要求。 ②该项目系统研究了钢带表面氧化铁皮在“水＋钢丸”两相高压射流作用下的剥离规律，通过优化压力、液/固比，可以实现不同氧化皮的高效去除，开发了高效环保的钢带表面机械清理技术。 ③攻克了钢丸的流态均化、钢丸的高程稳定输送、多喷头钢丸的均匀供给等关键技术难题，实现了除鳞喷头喷射压力、角度、喷射距离、喷射宽度和液/固比可控可调，在此基础上研制成功了可适用于不同宽度规格钢带剥壳除鳞一体化的表面清理成套设备。 ④研制的成套设备用于300mm钢带表面清理，经三个多月的运行表明：设备运行稳定，生产成本低，钢带清理质量达到Sa3级，表面粗糙度Ra8～15，清理后钢带表面无氢脆，适用于后续冷轧生产工艺的要求。 ⑤实现了水和钢丸的循环使用，无废水、废气排放，废渣可供钢厂回用，是一项绿色环保的新技术，经济效益和社会效益显著。 综上所述，该项目发展了新型环保、高效钢带表面清理技术，在冷轧用窄钢带表面清理技术方面达到了国际领先水平。 建议该技术尽快应用于冷轧用宽钢带的表面清理
2	冷轧带钢高压水射流喷丸绿色除鳞成套技术	①提供的鉴定资料齐全、完整，符合鉴定要求。 ②该成果自主开发了冷轧带钢高压水射流喷丸绿色除鳞成套技术，拥有完全自主知识产权，可替代酸洗工艺，实现了绿色、环保、高效除鳞，并已成功应用于39条冷轧生产线。 ③研制的工艺技术与成套设备充分保证了冷轧带钢表面处理的高质高效和清洁化，完全满足后续冷轧等工艺要求，在系统集成性、先进实用性、经济合理性、稳定可靠性等方面优于国内外同类技术。 ④该成果采用物理方法——高压水射流喷丸工艺进行带钢表面除鳞，与传统化学酸洗法和干式抛丸法相比，避免了重金属离子、酸根离子及粉尘的产生与污染，水、钢丸和氧化铁皮等循环再生利用，无废水、废气、废渣排放。 综上所述，该成果整体环保及技术设备水平属国际领先。 建议：继续利用前沿技术拓展升级现有技术设备，满足更高品质带钢表面处理质量及环保要求，加快在全国范围内推广应用

推广情况及用户意见

一、推广情况

截止到2017年12月31日，总计签订合同60台（套）。

推广地区：新疆、天津、山东、浙江、福建、陕西、河北、广东等。

产品类型：技术清理带钢宽度规格从190mm到1600mm，带钢材料从普通的Q195到430不锈钢带。

二、用户意见

存在问题：相对于原有酸洗工艺，后续冷轧工艺的耗辊量高约1/3。希望设备进一步优化，提高清理后的带钢表面质量，减少轧辊的损耗。

技术服务与联系方式

一、技术服务方式

提供基于“冷轧带钢高压水射流喷丸绿色除鳞成套技术”的成套设备，并负责设备的安装、调试、维修、操作、维护人员培训，以及后期设备的升级。包括以下技术服务内容：

（1）信息服务　与用户建立长期、稳定的联系，及时取得用户对设备及服务的各种意见和要求，指导用户正确使用和维护设备。

（2）安装调试服务　根据用户要求在现场或安装地点进行产品的安装调试工作。

（3）维修服务　维修服务一般分为定期与不定期两类，定期技术维修是按产品维修计划和服务项目所规定的维修类别进行的服务工作。不定期维修是指产品在运输和使用过程中由于偶然事故而需要提供的维修服务。

（4）技术文献服务　向用户提供产品说明书、使用说明书、维修手册以及易损件、备件设计资料等有关技术文件。

（5）培训服务　为用户培训操作和维修人员。培训内容主要是讲解产品工作原理，帮助用户掌握操作技术和维护保养常识等，在现场产品的实物上进行实际的操作训练。

二、联系方式

联系单位：长沙矿冶研究院有限责任公司

联系人：毛桂庭

地址：长沙市岳麓区麓山南路966号长沙矿冶研究院

邮政编码：410012

电话：13973165658

传真：0731-88655948

E-mail：1324358921@qq.com

主要用户名录

序号	单位	规模/台(套)
1	陕西鑫宝制管有限公司	4
2	唐山市丰润区冠亚金属加工厂	4
3	天津市飞龙制管有限公司	3
4	揭阳市揭东区宝丰带钢有限公司	4
5	无锡中彩集团	1

2017-16

技术名称

高含盐废水处理回用近零排放集成工艺

申报单位

德蓝水技术股份有限公司

推荐部门

新疆环保产业协会

适用范围

石油、煤化工、印染等高含盐废水处理领域。

主要技术内容

一、基本原理

高含盐废水处理回用零排放集成工艺提供了处理含有低浓度有机物反渗透浓水的方法及设备，采用了高密度澄清池工艺、过滤工艺、纳滤处理工艺和反渗透处理工艺的集成工艺。高密度澄清池工艺占地面积小、节省土建投资、抗冲击负荷能力强、效率高；过滤工艺去除水中的悬浮物和有机物，为后续处理工艺提供了保障；纳滤处理工艺过滤精度高，处理效果稳定、维护简单，同时，反渗透处理工艺对纳滤系统的产水进一步除硬度、脱盐处理，获得所需工艺用水，电渗析和蒸发结晶单元进一步浓缩纳滤浓水，达到“零排放”的要求。

二、技术关键

(1) 高含盐废水处理回用零排放集成工艺。本发明涉及水的软化脱盐处理技术，尤其涉及一种含有低浓度有机物的反渗透浓水回用处理系统，并达到“零排放”的要求。该集成工艺步骤如下：①首先对高含盐废水进行软化预处理；②通过活性炭吸附和超滤装置，获得预处理产水；③通过纳滤装置获得纳滤软水和纳滤浓水；④通过反渗透装置获得反渗透软水和反渗透浓水；⑤通过电渗析装置获得电渗析软水和电渗析浓水；⑥通过蒸发结晶装置对电渗析浓水进行蒸发结晶处理，蒸发结晶产生的盐定期外运，产生的水进入产水池中，进入回用系统中，最终完成高含盐废水处理回用。本发明主要用于高含盐废水的集成处理。

已经获得发明专利一项：ZL200810072892.0（一种石油石化给水节水污水回用水系统集成方法）。

(2) 高效澄清池中投加 CaO（或者 NaOH）和 Na_2CO_3，初步降低水中的硬度至 200mg/L 左右，并通过投加 PAM 和 PAC，去除水中药剂软化生成的沉淀物。

(3) 通过滤池、活性炭过滤器、超滤对高盐水中的 SS、COD 进一步去除，使高盐水满足进纳滤膜要求，保证纳滤装置的正常运行，减少纳滤膜长时间运行的污堵和有机物污染。

(4) 采用纳滤技术进一步降低高盐水的硬度，通过纳滤可将硬度降至 10mg/L 左右。反渗透和纳滤的浓缩倍数保持一致，反渗透浓水和纳滤进水含盐量基本一致。

(5) 通过电渗析进一步将纳滤浓水浓缩，可将高盐水的含盐量保持在 120000～150000mg/L，电渗析膜需要采用特种均相膜，通过电渗析频繁倒极运行，降低其结垢的可能性，保证电渗析能够长期正常运行。电渗析采用双级循环式，保证浓缩倍数和产水水质。

(6) 蒸发结晶工艺为零排放的核心工艺，根据当地或者企业电费、蒸汽费的不同，酌情考虑 MED 或 MVR 蒸发结晶。因为水中还有一定量的钙镁离子，蒸发结晶温度比蒸发普通氯化钠、硫酸钠废水的温度高，蒸发温度通常需要试验来确定。通过蒸发结晶能够实行盐水分离，回收 100%的高盐水，蒸发结晶产水为冷凝水，满足回用要求。

典型规模

$10000m^3/d$。

主要技术指标及条件

一、技术指标

(1) 工艺中先采用纳滤工艺进行第一步脱盐，能够适应 20000mg/L 左右的高含盐水处理要求。

(2) 蒸发结晶的进水水质含盐量可高达 120000～150000mg/L。

(3) 单纯的药剂软化只能将含盐水的硬度降低至 1.6～2.0mmol/L，这对脱盐水处理设备来说是不够的，高含盐废水处理回用零排放集成工艺设置“药剂软化＋纳滤”除硬度工艺，能将脱盐设备的硬度降至 0.1mmol/L 以下。

(4) 产水能够满足《城市污水再生利用 工业用水水质》(GB/T 19923—2005) 或《城市污水再生利用 城市杂用水水质》(GB/T 18920—2002)。

二、条件要求

(1)《城市污水再生利用 工业用水水质》(GB/T 19923—2005)；

(2)《城市污水再生利用 城市杂用水水质》(GB/T 18920—2002)。

主要设备

超滤装置、纳滤装置、反渗透装置、软化装置、电渗析装置、蒸发结晶装置。

投资效益分析（以石河子开发区化工新材料产业园污水处理再生回用项目为例）

一、投资情况

总投资：20805.59万元。其中，设备投资8963.36万元。

主体设备寿命：10年。

运行费用：10.15元/m^3。

二、环境效益分析

（1）污水的集中处理将增加水环境容量，改善周边水环境质量。

（2）污水的集中处理也有利于区域内水环境质量的提高，为石河子化工新材料产业园区域水环境质量达到规划标准奠定基础。

技术服务与联系方式

一、技术服务方式

技术咨询、技术服务。

二、联系方式

联系单位：德蓝水技术股份有限公司

联系人：周林超

地址：新疆维吾尔自治区乌鲁木齐市高新区北区工业园蓝天路216号

邮政编码：830013

电话：0991-6767626

传真：0991-6767678

E-mail：zhoulc@chinadelan.com

主要用户名录

石河子开发区赛德环保科技有限公司、新疆西部合盛硅业有限公司、天山铝业有限公司、大全新能源公司、天富电厂。

2017-17

技术名称

污水高级氧化深度处理技术及一体化装置

申报单位

北京金大万翔环保科技有限公司

北京易水净环保科技有限公司
北京恩菲环保股份有限公司

推荐部门

中国环境科学学会环境工程分会

适用范围

城镇污水和工业废水的深度处理。

主要技术内容

一、基本原理

生物法处理后的污水可生化性已经变得较差，本项高级氧化深度处理技术采用臭氧高级氧化，使大分子难降解有机物氧化成低毒或无毒的小分子物质，甚至矿化，最终生成CO_2和水等。高级氧化工艺还能改善水体的可生化性，可与BAF或MBR等联用，提高脱氮除磷效果。除此之外，脱色除味、消毒杀菌也是高级氧化的主要功能之一。

微纳米气泡投加是一种新型高效气液混合技术，由于微纳米气泡比表面积大、数量多、水中停留时间长、自增压溶解等特性，投加它可以强化臭氧传质，显著提高臭氧利用率，同时还可以增加羟基自由基的产生，提升去除率。

臭氧接触池常设计成两段或三段，采用多点臭氧投加方式，为的是充分溶解臭氧，减少臭氧的投加量。

二、技术关键

(1) 大型模块化板式高浓度臭氧发生系统；

(2) 微纳米气泡投加技术。

典型规模

12万吨/天的印染废水深度处理。

主要技术指标及条件

一、技术指标

(1) 臭氧浓度≥150mg/L；

(2) 单公斤臭氧电耗≤7.5kW·h；

(3) 模块单元产量（以臭氧计）≥2.5kg/个；

(4) 臭氧投加量20～30mg/h；

(5) 停留时间30min。

二、条件要求

《水处理用臭氧发生器》（CJ/T 322—2010）。

主要设备及运行管理

一、主要设备

大型模块化板式高浓度臭氧发生器、微纳米气泡投加器。

二、运行管理

本设备一体化集成，运行管理方便简单，仅需要 2 人日常维护查看即可。

投资效益分析（以 12 万吨/天的印染废水深度处理项目/工程为例）

一、投资情况

总投资 6500 万元，其中设备投资 3000 万元。

主体设备寿命：10 年。

运行费用：0.4 元/m^3水。

二、经济效益分析

直接经济净效益 240 万元/年。

臭氧的利用率极高，可达 95%以上，同时 UV 反应均有协同作用，有利于减少臭氧的投加量。

只用备份模块，不用整机备份，节省备份设备的投资成本。

节能，节省运行成本，单位能耗达到同类产品的最高水平。

三、环境效益分析

臭氧尾气经过尾气破坏器处理可达标排放。

除消耗氧气和电以外，不用制备、储存和投加其他药剂，反应无残留，没有污泥。

技术成果鉴定与鉴定意见

一、组织鉴定单位

国家分析仪器质量监督检验中心

二、鉴定时间

2016 年 7 月

三、鉴定意见

额定臭氧浓度 178.8mg/L，臭氧产量 2.2kg/h，电耗 6.8kW · h/kg（冷却水温度 25.0℃，冷却水流量 7.82m^3/h）。

最高浓度为 297.6mg/L，臭氧产量 0.7kg/h，电耗 22.3kW · h/kg（冷却水温度 27.0℃，冷却水流量 7.87m^3/h）。

推广情况及用户意见

一、推广情况

北京市良乡卫星城污水处理厂、广东珠海市政污水厂、佛山佳利达大塘污水处理厂等。

二、用户意见

设备可靠性高，免维护，处理效果好。采购及运行费用低。

获奖情况

2016年北京市科学技术奖二等奖；
2016年中国仪器仪表学会科技成果奖。

技术服务与联系方式

联系单位：北京金大万翔环保科技有限公司
联系人：刘新旺
地址：北京市顺义区澜西园四区26号楼3层326室（科技创新功能区）
邮政编码：101301
电话：15810328632
传真：010-89411198
E-mail：15810328632@139.com

主要用户名录

北京市良乡卫星城污水处理厂（生活污水）、广东珠海市政污水厂（生活污水）、佛山佳利达大塘污水处理厂（印染废水）。

2017-18

技术名称

万吨级难处理有机废水催化氧化深度处理技术

申报单位

南京神克隆科技有限公司

推荐部门

中国环境保护产业协会水污染治理委员会

适用范围

工业园、化工园综合废水提标深度处理，及印染、制药、化纤等工业废水的提标深度处理。

主要技术内容

一、基本原理

基于电化学和芬顿催化氧化原理，结合磁化、超声、多元催化材料技术，建立

"磁、声、复合催化材料"＋"磁、声、芬顿氧化"的三相催化氧化系统。

工业废水经生化处理后提升至核心单元SKL-三相催化氧化反应器，经催化氧化出水自流进入稳定池，进行进一步稳定、调节、反应后自流进入高效沉淀池，在此单元进行固液分离，污泥排入污泥处理系统，整个工艺一次提升，一次固液分离。

1. 关键工艺环节的技术原理

① 生化出水进入SKL-三相催化氧化反应器，废水中难降解有机物经磁场动态活化后，原有的分子团（包括水分子团、有机物分子团等）平衡体系被打破，减少了极性有机物活性点与药剂分子的碰撞屏障，促进了内部分子与药剂分子的接触反应，对后续反应起到了很好的辅助促进作用。

② 采用自主开发的复合催化剂代替亚铁催化剂，减少污泥量和Fe析出。

③ 利用超声的空化作用，进一步破坏特征污染物的结构，加速催化氧化反应。同时，超声非均相界面会因超声波振动的切向力和微射流等作用而使长期运行后固相催化剂表面附着的悬浮物破碎变细，从而达到清除污垢的目的，确保催化剂的活性。

2. 工艺路线

生化出水首先进入SKL-三相催化反应器Ⅰ型：生化出水经提升进入反应器Ⅰ型，通过"磁化/超声波/催化材料"的处理，对污染物进行断链开环。

反应器Ⅰ型出水自流进入Ⅱ型：反应器Ⅰ型出水从出水口流出，分别加入亚铁和H_2O_2后，流入反应器Ⅱ型，通过"磁化/超声波"/"芬顿"的综合作用，无选择地与废水中的有机污染物进行催化氧化反应。

反应器Ⅱ型出水自流进入稳定池：在反应器Ⅱ型后设置稳定池，让氧化后的水在稳定池内有足够的时间进一步充分反应，消除残留的氧化剂，减轻后续单元的负荷，排除反应产物的干扰。进入稳定池后进一步完成催化缩合反应，提高废水中残留的难降解的水溶性小分子污染物的混凝性、沉降性，有利于后续高效沉淀池固液分离，出水清澈透明。

稳定池出水自流进入高效沉淀池：稳定池出水加碱调节pH值，此单元不需加铁盐、铝盐等混凝剂，仅添加PAM，进行固液分离，出水达标排放。

图1和图2分别为三相催化氧化反应器结构和工艺流程。

二、技术关键

① 针对制药、印染、化纤等工业园尾水深度处理，开发采用"磁、声、复合催化剂"＋"磁、声、芬顿"的SKL-三相催化氧化技术，能够使COD、总磷、色度、SS等指标稳定达到国家一级A标（总氮、氨氮、盐度除外）。

② 研发SKL-复合催化材料系列：催化剂A1（Pd/Ni/Fe催化剂）及纳米金属氧酸盐催化剂A2组合为多元复合催化剂，相比芬顿的单一催化剂亚铁，不仅具有广谱性，而且同时解决了芬顿工艺加药量大、铁泥量大等缺陷。

复合催化剂由催化剂A1和A2复配而成，属电化学催化体系，具有显著的高效、

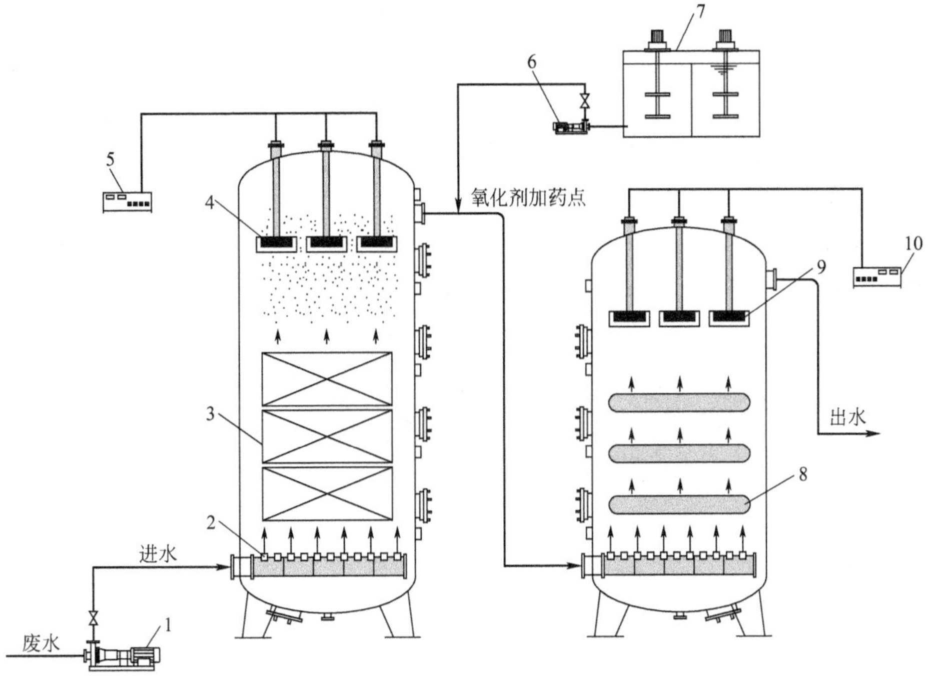

图 1　三相催化氧化反应器结构

1—进水提升泵；2—布水器；3—永磁材料；4—超声波换能器Ⅰ型；5—超声波发生器Ⅰ型；
6—氧化剂加药泵；7—氧化剂储槽；8—磁环；9—超声波换能器Ⅱ型；10—超声波发生器Ⅱ型

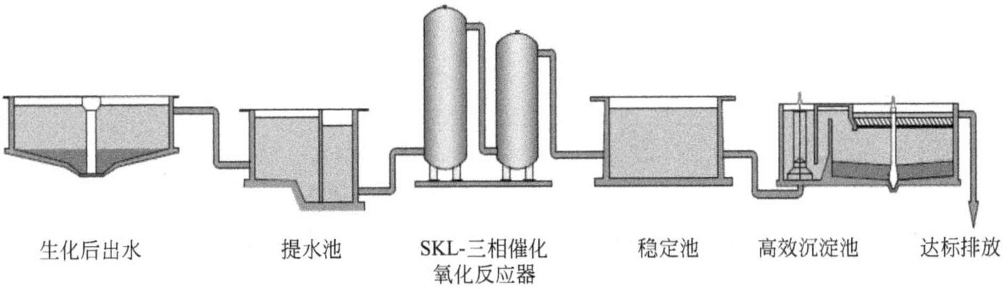

图 2　三相催化氧化工艺流程

广谱性，为缓慢消耗药剂，每吨污水消耗量小于 5g，按目前催化剂的出厂价格，依据不同进出水浓度和废水性质，催化剂的消耗费用为 0.03～0.05 元/t。

Pd/Ni/Fe 纳米催化剂（简称 SKL-A1）：通过负载法镀层，更加均匀，减少纳米金属团聚、沉淀现象，避免在工程利用中镀金在水流冲击下容易流失的缺点，有效回收催化剂；新催化剂粒径更小、比表面积更大，有利于形成无数个微小的原电池，发生电偶腐蚀，增加铁还原电位及反应速率，具有更高的反应活性。

新型金属氧酸盐催化剂（简称 SKL-A2）：与现有催化剂相比，比表面积大，以 Fe、Cu、Mn、Co、Ni 多相金属作为反应活性中心，催化活性点增多，催化活性提高，氧化反应速率和氧化能力提高，对工业废水中难降解污染物具有很好的处理效果，解决了 O_3/H_2O_2 高级氧化对苯、硝基苯等芳烃、多环芳烃、链烷烃难以氧化降解的问题；在反应过程中不容易脱落，能循环使用。

③ 基于短程协同的工艺要求，将催化氧化反应、超声促发强化集成在连通的 2 个反应器内，开发单套处理规模 1 万～2 万吨/日的深度处理催化氧化装置，满足大流量工业废水的处理要求。

反应器内壁的承载框架采用多层结构设计，可满足催化剂、换能器等多种单元的快速更换、安装、维修。内部废水流动为层流、紊流交混状态，保证磁化效果和液体内部的传质效率。

反应器流程短，反应快，长期运行稳定，且适合大规模处理水量。由于磁化、超声作用的延时效应较短，试验与工程实践均表明，短程协同的处理效果明显优于将超声工艺、催化氧化工艺等工艺分段串联。

典型规模

60000t/d。

主要技术指标及条件

一、技术指标

(1) 污染物处理效率

① COD 去除率 50%～85%；

② 色度去除率 95%；

③ 总磷去除率 93%～97%；

④ SS 去除率 90%。

(2) 排放指标

① 工业废水生化后出水 COD 从 90～150mg/L 处理至 COD<50mg/L；

② COD≤100mg/L 降至 30mg/L 以下，达到地表水Ⅳ类标准；

③ 色度<10 倍；

④ 总磷<0.2mg/L；

⑤ SS<10mg/L。

(3) 一次提升，一次固液分离，短流程。

二、条件要求

处理水质：生化后二沉池出水；

停留时间：主反应区时间 1～2h，总停留时间 2～4h；

复合催化剂消耗量：3～5g/t 水；

处理水量：单台反应器 1 万～2 万吨/天，通过叠合组合方式，满足污水处理厂 2 万～30 万吨/天深度提标处理要求。

主要设备及运行管理

一、主要设备

主要设备包括 SKL-三相催化氧化反应器。产品照片见下图。

二、运行管理

（1）设备营运成本低、综合投资费用低。处理设施一次性投资能适应不断提高的处理要求，只需要调节药剂添加量和工艺参数。

（2）项目建设工期短，配套土建少。SKL-三相催化氧化技术工程以设备安装为主，配套土建少，可以利用污水处理厂现有部分设施，现场工期在 120 天之内完成污水厂深度水处理工程并运行。

（3）设备操作方便、系统稳定性好、设备维修频率低。解决了传统芬顿处理效果下降，易跑泥，污泥量大，运行成本高，芬顿流化床系统结晶体堵塞、复杂操作难以控制的问题；也解决了臭氧工艺对难降解工业废水去除率低且对进水SS的限制条件及臭氧发生器使用效率递减，并可以作为中水回用膜前预处理或直接中水回用。

投资效益分析（以石家庄经济技术开发区污水处理厂升级改造暨中水回用项目/工程为例）

一、投资情况

总投资：2279.86万元。其中，设备投资1992.41万元。

主体设备寿命：20年。

运行费用：1.0元/t水。

二、经济效益分析

SKL-三相催化氧化技术高效、快速，占地面积小，投资费用低。项目建设工期短，仅用120天；每处理10000m^3投资费用≤1000万元，相比现有常规深度处理技术投资至少降低20%。SKL-三相催化氧化技术营运成本仅需1.0元/t水，平均节约成本30%左右。SKL-三相催化氧化深度处理技术可大幅减少污水处理厂后期污泥的处理量与运输量。

三、环境效益分析

目前生化后二沉池出水COD 90～120mg/L，经SKL-三相催化氧化法处理后，出水COD 30～45mg/L；进水色度16～32倍，出水色度4～8倍；进水TP 0.1～2.2mg/L，出水TP未检出；进水pH 7.0左右，出水pH 7.0左右。出水完全符合《城镇污水处理厂污染物排放标准》（GB 18918—2002）一级A标准。

技术成果鉴定与鉴定意见

一、组织鉴定单位

中国环境保护产业协会

二、鉴定时间

2017年3月7日

三、鉴定意见

2017年3月7日，中国环境保护产业协会在石家庄组织召开了南京神克隆科技有限公司研发的“万吨级工业废水催化氧化深度处理技术与装置（SKL-三相催化氧化）”技术成果鉴定会。与会专家听取了研发单位的汇报，现场考察了该成果在石家庄经济技术开发区污水处理厂提标升级改造工程中的应用与运行情况。经质询和讨论，形成如下意见：

（1）提供的资料齐全、内容详实，符合鉴定要求。

（2）该成果采用永磁、超声波、复合固体催化剂（Pd/Ni/Fe催化剂）和超声波、复合固体催化剂（纳米金属氧酸盐）、芬顿试剂等集成工艺，深度处理制药、化工等园区尾水，COD去除率可达50%～85%。处理出水水质可达或优于《城镇污水处理厂污染物排放标准》(GB 18918—2002）一级A排放要求。

(3）该成果已成功应用于多项工程，结果表明处理效果稳定、抗冲击负荷能力强、运行管理简单、技术经济合理。

(4）该成果具有一定的集成创新性。与传统芬顿氧化技术相比，硫酸亚铁及双氧水投加量减少30%～50%，处理效果好，污泥产量少，运行成本低。

(5）查新结论表明，该成果及已达到的处理规模在所检文献中未见述及。

综上所述，该成果在同类技术领域中处于国内领先水平。

建议：进一步优化、完善装置结构和工艺运行参数，加快成果推广应用。

推广情况及用户意见

一、推广情况

目前，SKL-三相催化氧化技术已成功实现规模化应用，在7家2万吨/天以上规模的工业污水厂完成产业化投产并稳定运行，1家在建。最长的运行时间已经有3年，各项指标均达到设计要求。

SKL-三相催化氧化技术深度处理代表性工程案例表

序号	项目名称	工程规模/($10^4m^3/d$)	废水性质	进水COD/(mg/L)	出水COD/(mg/L)	合同执行标准要求
1	石家庄栾城县污水处理厂深度水处理工程	6	制药、工业为主	100～150	40～50	一级A
2	宿迁宏信工业污水处理厂提标改造工程	2.5	化工、废水等	200～250 (250～350)	60～70 (65～80)	综合标准 (COD≤80mg/L)
3	巴彦淖尔东城污水处理厂提标升级深度水处理工程	6	制药、化工	140～200 (220～320)	40～55 (55～75)	一级B
4	石家庄经济技术开发区污水处理厂升级改造暨中水回用工程	6(一期)	制药、化工为主	100～120 (130～150)	35～45 (45～55)	一级A
5	绍兴上虞污水处理厂分质提标废水处理工程	12	染料、农药、化工为主	210～230	80～100	综合标准 (COD≤100mg/L)
6	萧山临江污水处理厂一期废水深度处理工程	32(在建)	印染、化纤等	120～160	35～45	一级A

注：括号内进、出水指标为用户提供的实测值。

二、用户意见

顺利通过验收，达标排放，运行稳定。

获奖情况

2016年先后获得：江苏省环保实用新技术、江苏省水污染防治技术指导目录、江苏省高新技术产品。

技术服务与联系方式

一、技术服务方式

工程总承包；工艺设计+设备销售。

二、联系方式

联系单位：南京神克隆科技有限公司

联系人：江双双

地址：南京市江宁淳化工业集中区梅龙路158号

邮政编码：211122

电话：025-52196484

传真：025-52196654

E-mail：1035897798@qq.com

主要用户名录

(1) 石家庄栾城县污水处理厂深度水处理工程；

(2) 宿迁宏信工业污水处理厂提标改造工程；

(3) 巴彦淖尔东城污水处理厂提标升级深度水处理工程；

(4) 石家庄经济技术开发区污水处理厂升级改造暨中水回用工程；

(5) 绍兴上虞污水处理厂分质提标废水处理工程；

(6) 萧山临江污水处理厂一期废水深度处理工程（在建）。

2017-19

技术名称

垃圾渗沥液处理关键集成技术

申报单位

南京万德斯环保科技股份有限公司

推荐部门

江苏省环境保护产业协会

适用范围

生活垃圾填埋场、垃圾发电厂垃圾渗沥液处理。

主要技术内容

一、基本原理

该技术主要采用的是膜分离技术来去除污染物。膜分离技术是指在分子水平上不同粒径分子的混合物在通过半透膜时，实现选择性分离的技术，半透膜又称分离膜或滤膜，膜壁布满小孔，根据孔径大小可以分为微滤膜（MF）、超滤膜（UF）、纳滤膜（NF）、反渗透膜（RO）等，膜分离都采用错流过滤方式。

膜生化反应器（MBR）、纳滤（NF）、反渗透（RO）是一类以高分子分离膜为代表的膜分离技术，作为一种新型的流体分离单元操作技术，具有高效率、无相变、低能耗、使用化学药剂少、设备紧凑、自动化程度高、操作运行简单和维护方便等突出的优点。

该工艺技术采用了成熟的具有稳定的物理截留去除能力的膜处理单元或采用长程的深度处理工艺，以确保对污染物的去除效果。

对 COD_{Cr}和 NH_3-N 去除生化处理，采用污水的生化处理技术，具有经济节能的特点。物化处理通过混凝、沉淀的方式降低胶体悬浮物浓度，同时进一步去除以悬浮物形式存在的 COD。

二、技术关键

1. 膜生化反应器（MBR）

MBR 是一种分体式膜生化反应器，包括生化反应器 A/O 和超滤 UF 两个单元。

生化反应器 A/O 可分为前置式反硝化和硝化两部分。在硝化池中，通过高活性的好氧微生物作用，降解大部分有机物。在硝化池中，氨氮一部分通过生物合成去除，大部分在硝化菌的作用下转变为硝酸盐和亚硝酸盐，回流到反硝化池，在缺氧环境中还原成氮气排出，达到生物脱氮的目的。为提高氧的利用率，采用特殊设计的曝气机构。

超滤 UF 采用孔径 0.02μm 的有机管式超滤膜，膜生化反应器通过超滤膜分离净化水和菌体，污泥回流可使生化反应器中的污泥浓度达到 10～30g/L，是传统 A/O 工艺的 5～10 倍，经过不断驯化形成的微生物菌群，对渗沥液中难生物降解的有机物也能逐步降解。系统出水无菌，无悬浮物。

2. 纳滤（NF）、反渗透（RO）

MBR 系统出水进入纳滤、反渗透系统，通过纳滤、反渗透系统去除不可生化的有机物，使出水的 COD、BOD_5、NH_3-N、SS、重金属、大肠菌群和色度等指标同时达到处理要求，送到清水箱，作为净水储存、回用或排放，如果出水水质不达标，须回流重新处理，直至达标才能排放。

3. 生化剩余污泥、浓缩液处理

反渗透的浓缩液部分回流至纳滤进水，生化产生的剩余污泥排入污泥池。污泥浓缩脱水后，干泥含水率≤80%，回填填埋场，上清液回到调节池进一步处理。污泥脱水采用 PAM 药剂，每吨干泥投加 3～6kg PAM。污泥池存放 MBR 系统剩余污泥及预处理初沉污泥，经过浓缩后，污泥含水率为 92%～95%，上清液排入综合处理池中。纳滤系统产生的浓缩液排入浓液池进行统一收集，由罐车抽吸回喷至填埋库区。

典型规模

100m^3/d 处理量。

主要技术指标及条件

一、技术指标

出水达到《生活垃圾填埋场污染控制标准》（GB 16889—2008）表 2 标准：COD_{Cr}≤100mg/L、BOD_5≤30mg/L、TN≤40mg/L、氨氮≤25mg/L、SS≤30mg/L。各工艺段对污染物的去除率如下：

项目	COD_{Cr}		BOD_5		TP		pH 值
单位	mg/L	累积去除率	mg/L	累积去除率	mg/L	累积去除率	
调节池	25000		10000		20		6～9
预处理	23750	10%	9519	5.00%	1.21	94%	6～9
A/O	1353.7	94.56%	380.76	96.20%	1.21	94%	6～9
UF	338.5	98.65%	95.19	99.05%	1.21	94%	6～9
NF	220.0	99.12%	61.87	99.38%			6～9
RO	132.0	99.47%	34.03	99.66%			6～9

项目	TN		NH_3-N		SS		
单位	mg/L	累积去除率	mg/L	累积去除率	mg/L	累积去除率	
调节池	2500		2000		1500		
预处理	2125	15.00%	1875	6.25%	1425	5.00%	
A/O	106.25	95.75%	75	96.25%	45	97.00%	
UF	106.25	95.75%	75	96.25%	45	97.00%	
NF	85.0	96.60%	45	97.75%	9	99.40%	
RO	38.25	98.47%	20.25	98.99%	1.8	99.88%	

二、条件要求

1. 设计水量

处理规模：日处理进水规模为 100m^3，出水排放可保证稳定在 75m^3/d 以上。

2. 进水水质

项目	进水水质限定值
COD/(mg/L)	25000
BOD_5/(mg/L)	10000
NH_3-N/(mg/L)	2000
TN/(mg/L)	2500
SS/(mg/L)	1500
pH 值	6～9
电导率/(mS/cm)	30
TP/(mg/L)	20

3. 出水水质

根据本工程实际情况，出水水质按照《生活垃圾填埋场污染控制标准》(GB 16889—2008) 表2规定限制执行：

序号	控制污染物	排放浓度限制
1	色度(稀释倍数)	40
2	化学需氧量(COD_{Cr})/(mg/L)	100
3	生化需氧量(BOD_5)/(mg/L)	30
4	悬浮物/(mg/L)	30
5	总氮/(mg/L)	40
6	氨氮/(mg/L)	25
7	总磷/(mg/L)	3
8	粪大肠杆菌/(个/L)	10000
9	总汞/(mg/L)	0.001
10	总镉/(mg/L)	0.01
11	总铬/(mg/L)	0.1
12	六价铬/(mg/L)	0.05
13	总砷/(mg/L)	0.1
14	总铅/(mg/L)	0.1

主要设备及运行管理

垃圾渗沥液处理工艺的核心设备为：管式超滤膜装置、纳滤膜装置、反渗透膜装置、高压水泵、电气元器件、自控（PLC）等。为保证工程质量，我公司为工程配备的主要设备均采用国际知名品牌。

投资效益分析（以颍上县城市生活垃圾处理项目垃圾渗滤液处理站工程EPC总承包工程为例）

一、投资情况

总投资：863.62万元。其中，设备投资516.01万元。

主体设备寿命：5年（膜元件）。

运行费用：37.95元/m^3。

本项目运行成本主要由设备折旧费、设备检修费、药剂费、动力费及管理费等组成，系统每1m^3出水处理所需成本如下：

设备折旧费：2.41元；

设备检修费：0.145元（维护周期6个月）；

药剂费：0.12元（包括45%稀硫酸、阻垢剂、消泡剂等）；

动力费：32.66元/m^3［电价按1.4元/(kW·h)算］；

人工费：2.61元（定员3人，每人2000元/月）。

二、经济效益分析

（1）经济效益

本技术投产后，直接产生经济净效益为103.89万元/年，投资回收年限为4年。该技术能很好地实现水资源的综合利用，此外，该技术的实施应用带动相关产业发展以及增加区域环境容量而创造的经济效益，同时带动技术及产品开发、产品及系统集成等产业链的发展。

（2）社会效益

该技术投产后，能够在很大程度上改善工程周边水环境，同时增加了工程周边区域人员就业，使得生产和环境能够和谐发展，成为其他填埋场的典范。

三、环境效益分析

（1）本工程投产后，由于系统综合能耗低，采用了超滤反渗透膜分离技术，提高水源的利用率。

（2）该工艺对污染物去除效率高，处理出水水质好，能够节约大量的江河水或地下水资源，有利于周边淡水资源的综合优化配置。

通过该技术投产后，能够大大削减废水污染负荷排放量，通过科学、有效、以关键技术为核心的集成工艺产业化应用，可有效减少废水及污染物排放量，甚至可实现零排放，有效改善区域水质、生态环境。

推广情况及用户意见

一、推广情况

目前该技术已建立多个示范应用项目，在多个地区示范推广，工程设计、建设、调试与运营得到用户的一致认可，出水水质满足标准要求。后续将进一步对电化学技术处理膜浓缩液工艺进行优化研究，满足不同用户要求。

该技术产品产业化方面主要有：漾濞县县城生活垃圾卫生填埋场垃圾渗（过）滤处理工程、界首市生活垃圾处理场渗滤液处理站工程、颍上县城市生活垃圾处理项目垃圾渗滤液处理站工程、广安市生活垃圾焚烧发电项目垃圾渗滤液处理工程、西峡县西坪镇生活垃圾处理厂渗滤液处理工程、深泽县洁美生活垃圾处理厂渗滤液处理工程、连云港市刘湾垃圾填埋场垃圾渗滤液处理站工程、三明市生活垃圾焚烧发电厂垃圾渗滤液处理工程、新沂市城镇垃圾处理场渗滤液抽出处理工程、漳平市城镇垃圾处理场渗滤液抽出处理工程、基力垃圾渗滤液综合处理项目工程、沈阳市老虎冲生活垃圾渗滤液处理系统工程、永城市生活垃圾渗滤液综合处理项目工程、沛县垃圾处理厂渗滤液抽出处理改造工程、无锡桃花山生活垃圾卫生填埋场渗沥液抽出处理技改工程、宜昌市猇亭生活垃圾卫生填埋场扩建渗滤液抽出处理工程、呼和浩特市垃圾无害化处理场垃圾渗滤液处理系统扩建工程EPC总承包项目、攀枝花市生活垃圾渗滤液综合处理项目工程、浦江县杭坪垃圾填埋场渗漏液抽出处理改造工程等。

二、用户意见

出水水质各项指标处理后均达到《生活垃圾填埋场污染控制标准》（GB 16889—2008），系统运转正常，设备满足设计要求，出水稳定，达标排放。

获奖情况

序号	时间	奖励名称及等级	授奖部门
1	2016年12月	高新技术产品	江苏省科技厅
2	2016年10月	环保实用新技术	江苏省环境保护产业协会
3	2016年3月	江苏环保科技奖二等奖	江苏省环境科学学会
4	2016年12月	江苏省水污染防治技术指导目录	江苏省科学技术厅
5	2016年10月	南京市水污染防治先进技术	南京市科学技术委员会

技术服务与联系方式

一、技术服务方式

技术服务方式主要有：环保咨询、工程设计、工程建设、设备集成、设施运营等。业务模式包括：EPC交钥匙工程、OM专业化运营等。

二、联系方式

联系单位：南京万德斯环保科技股份有限公司

联系人：袁建海

地址：南京市江宁区科学园开源路280号

邮政编码：211100

电话：025-84913518

传真：025-84913508

E-mail：yuanjianhai@126.com

主要用户名录

(1) 应用单位：沈阳市新基环保有限公司

项目名称：沈阳市老虎冲生活垃圾焚烧发电厂渗滤液处理系统

应用规模（处理量）：1000m^3/d

(2) 应用单位：呼和浩特市垃圾无害化处理场

项目名称：呼和浩特市垃圾无害化处理场垃圾渗滤液处理系统扩建工程EPC总承包项目

应用规模（处理量）：300m^3/d

(3) 应用单位：宜昌市城投水务有限责任公司

项目名称：宜昌市猇亭生活垃圾卫生填埋场扩建工程

应用规模（处理量）：300m^3/d

(4) 应用单位：华西能源工程有限公司

项目名称：广元市垃圾发电厂渗滤液处理站项目

应用规模（处理量）：300m^3/d

(5) 应用单位：光大环保技术装备（常州）有限公司

项目名称：光大埃塞俄比亚渗滤液项目

应用规模（处理量）：300m^3/d

2017-20

技术名称

高效节能磁悬浮离心鼓风机技术

申报单位

亿昇（天津）科技有限公司

推荐部门

天津市节能协会

适用范围

广泛应用于市政污水/固废、电子、制药、发酵、化工、印染、火力发电等领域。

主要技术内容

一、基本原理

1. 磁悬浮轴承原理

磁悬浮轴承又称电磁轴承，电磁轴承在垂直方向上受力的作用。铁磁性转子在上下电磁铁吸引力的联合作用下，其合力恰好和重力相互平衡，处于悬浮状态，当有一个干扰力使转子偏离悬浮的中心位置时，通过非接触方式的高灵敏度传感器检测出转子相对于平衡点的位移，产生的电状态信号经信号调理和 A/D 采样转换之后作为系统的输入量送到控制器中；控制器中的高速运算单元根据预先设计的控制逻辑算法经过运算产生实时控制信号；控制信号通过 D/A 输出并经过功率放大器实时调整在电磁线圈中产生的相应控制电流，从而在电磁铁上产生能够抵消干扰、保持转子稳定的不接触电磁力，将转子从偏离位置拉回中心平衡位置，达到稳定控制转子悬浮运转的目的。磁悬浮轴承结构如图 1 所示。

2. 磁悬浮鼓风机原理

磁悬浮离心鼓风机（magnetic levitation blower）是采用磁悬浮轴承的透平设备的一种。其主要结构是鼓风机叶轮直接安装在电机轴延伸端上，而转子被垂直悬浮于主动式磁性轴承控制器上。不需要增速器及联轴器，实现由高速电机直接驱动，由变频器来调速的单机高速离心鼓风机。该类风机采用一体化设计，其高速电机、变频器、磁性轴承控制系统和配有微处理器的控制盘等均采用一体设计和集成，其核心是磁悬浮轴承和永磁电机技术。磁悬浮鼓风机结构如图 2 所示。

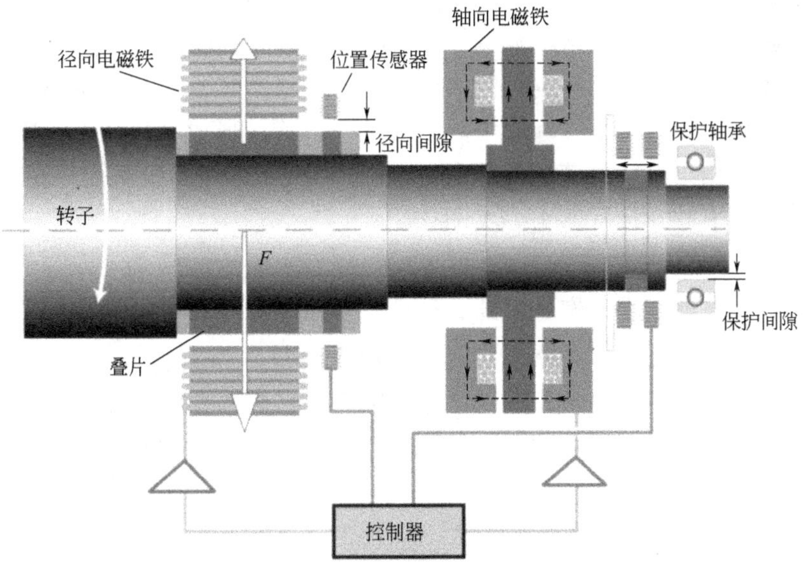

图 1　磁悬浮轴承结构

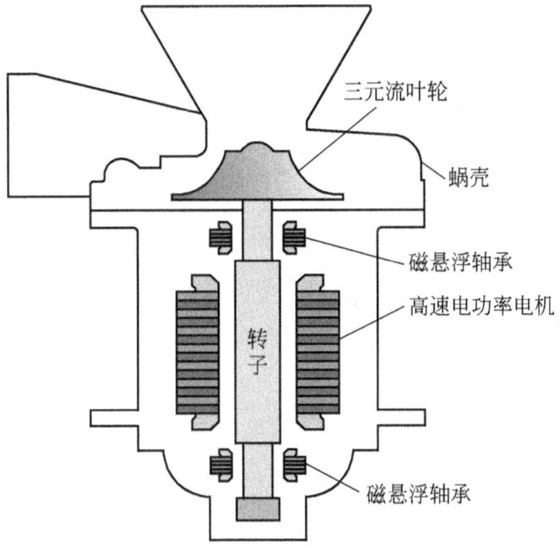

图 2　磁悬浮鼓风机结构

基于磁悬浮高速电机的离心风机综合节能技术主要采用磁悬浮轴承、高速永磁电机、三元流等技术。通过在电机主轴两端施加磁场使其悬浮，从而实现无摩擦、无润滑、高转速。转速大幅度提升的同时，直接省去传统的齿轮箱及传动机制，实现叶轮与电机直连，具有高效率、高精度、全程可控等特点。磁悬浮轴承技术从根本上解决了传统轴承易损坏、转速低等问题，有效改善了鼓风机的产品性能，具有精确控制、无摩擦、高效率、免维护等特点；高速永磁电机在转子上安装了永磁体，在定子绕组中通入三相电流形成旋转磁场带动转子进行旋转，最终达到转子的旋转速度与定子中产生的旋转磁极的转速相等。相比电励磁同步电机和异步电机的最大优点在于，转子没有导条，不需要采用硅钢片，因此具有极为简单和结实的转子结构，高速性能优异，同时永磁电机转子损耗非常小，具有天然的高效率优势；应用三元流技术设计的离心鼓风机是利用高速旋转的叶轮将气体加速，然后在风机壳体内减速、改变流向，使动能转换成压力能，叶轮在旋转时产生离心力，将空气从叶轮中甩出，汇集在机壳中升高压力，从出风口排出。叶轮中的空气被排出后，形成了负压，抽吸着外界气体向风机内补充，相比传统罗茨风机节能30%～40%，相比多级离心风机节能20%以上，相比单级高速鼓风机节能10%～15%。

二、关键技术

（1）磁悬浮轴承技术　磁悬浮轴承是高效节能磁悬浮离心鼓风机的核心部件，是通过磁场力将转子托起悬浮，从而替代传统轴承。

（2）磁悬浮高速电机技术　磁悬浮高速电机是将磁悬浮轴承技术与高速永磁同步电机技术有机结合，依据磁悬浮鼓风机的预设参数进行电机参数设定；用磁悬浮轴承替换传统轴承，对电机内部结构进行调整，根据模拟电机发热情况，进行冷却系统设计。

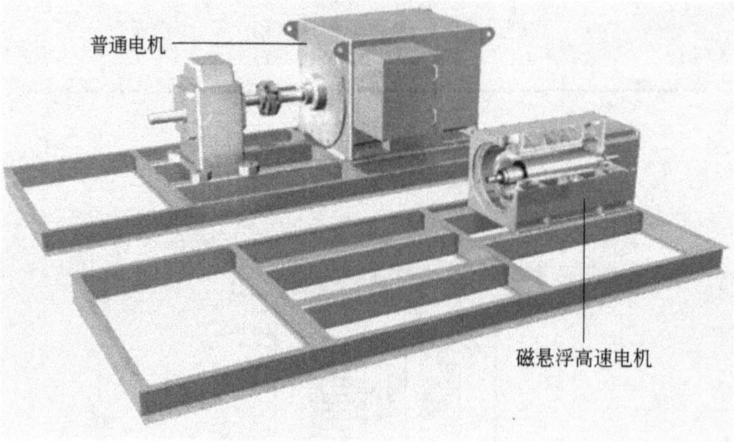

高速电机直驱与齿轮增速方案对比

（3）鼓风机叶轮设计技术　磁悬浮鼓风机叶轮采用三元流弯掠式设计，先对风机流量、压力、电机耗功等进行分析，并提出常年运行的工况需求，作为风机的设计参数，通过工况仿真设计出最为匹配的叶轮。

（4）智能变频及远程监控系统，鼓风机采用高频变频控制和PLC智能化控制，可以根据现场情况通过调节转速，实现风量和压力的调节。PLC智能化控制系统可以实现设备的远程控制和自身保护功能。

（5）防喘振系统设计技术　通过对产生喘振的条件的甄别，通过流量传感器、压力传感器以及放空阀等部件的有机结合，实现自动规避风机进入喘振区域。

（6）大功率磁悬浮风机难题攻克技术　采用内部自循环水冷方式解决电机散热问题，采用永磁复合转子技术，解决在高线速度下材料结构强度问题；采用高精度磁轴承控制技术，解决高温高线速度引起的变形以及转子动力学问题；采用钛合金材质叶轮，解决高压力高转速下叶轮强度问题。

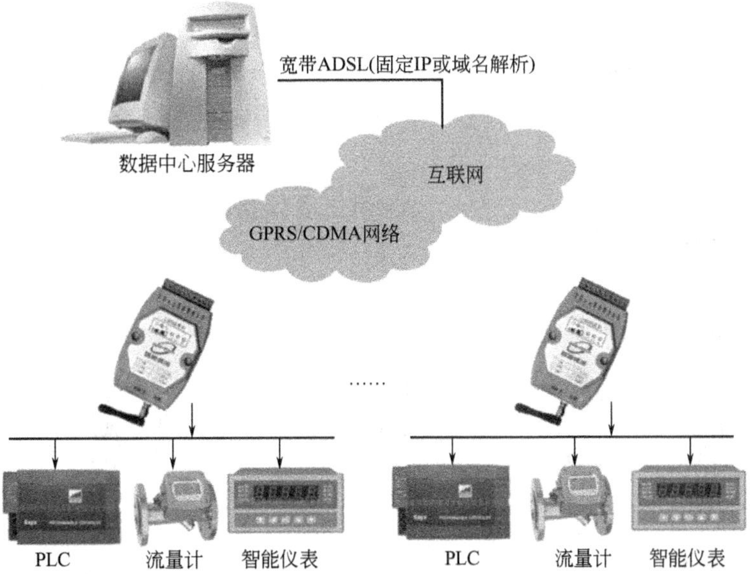

典型规模

按日处理量7万吨，选用风机为130m³/min，压力80kPa，所替代技术的应用模式及其能耗、二氧化碳排放、投资情况见下表：

比较项目	罗茨鼓风机	多级离心鼓风机	磁悬浮高速离心式鼓风机
装机功率	280kW	250kW	200kW
轴功率	218kW	203kW	177kW
总消耗功率	262kW	233kW	194kW

续表

比较项目	罗茨鼓风机	多级离心鼓风机	磁悬浮高速离心式鼓风机
台数	3台(2用1备)	3台(2用1备)	3台(2用1备)
总投资	45万元	国产95万元,进口250万元	210万元
2台(1备用)总消耗功率	524kW	466kW	388kW
年消耗功率/(kW·h)	4527360	4026240	3352320
年标煤消耗量/tce	1585	1409	1173
年消耗电费/元	3621888	3220992	2681856
说明	以0.8元/(kW·h),1天24h,1年365天运行计算		

主要技术指标及条件

一、技术指标

（1）鼓风机容积流量（20℃、101.3kPa、RH<50%）：40～450m^3/min。智能变频控制，可实现恒转速、恒压、恒流量、溶解氧联锁等多种控制，流量在45%～100%范围内调节，最大程度节能。

（2）鼓风机升压：60～150kPa。可满足95%的市场需求。

（3）电机转速15800～25000r/min，电机功率75～700kW。电机直驱叶轮，省却联轴器、齿轮传动系统，最大限度地降低传动损耗，彻底实现无油系统。电机效率高达97%。

（4）相比传统风机节能30%～40%，相比多级离心风机节能20%以上，相比单级高速鼓风机节能10%～15%。

（5）噪声≤85dB。传统风机噪声通常在105dB以上，对运维人员的健康带来极大危害，磁悬浮鼓风机噪声可控制在85dB以下，处于对人员安全范围之内。

其中经过第三方测试的四个型号结果为：

YG75型流量（20℃、101.3kPa、RH 70%）：55m^3/min；鼓风机升压：78kPa；多变效率：84.8%；电机转速：22800r/min。

YG100型流量（20℃、101.3kPa、RH 70%）：75m^3/min；鼓风机升压：76kPa；多变效率：84.9%；电机转速：24000r/min。

YG150型流量（20℃、101.3kPa、RH 70%）：100m^3/min；鼓风机升压：80kPa；多变效率：85.2%；电机转速：20000r/min。

YG200型流量（20℃、101.3kPa、RH 70%）：135m^3/min；鼓风机升压：80kPa；多变效率：85.1%；电机转速：16140r/min。

二、条件要求

磁悬浮鼓风机应放置在室内，周围必须留有足够的空间以满足拆卸、安装和日常维护的需要。风机房应经过专业设计，充分考虑空间、通风、通道等影响鼓风机运行的因素。

主要设备及运行管理

一、主要设备

高效节能磁悬浮离心鼓风机

二、运行管理

该设备采用远程监控技术，可以实现错误预警、远程操作、不需值守等功能，仅需定期更换进气过滤棉网。

投资效益分析（以天津泰达新水源西区污水处理厂项目为例）

一、投资情况

项目主要进行风机改造，总投资 80 万元，其中设备投资 80 万元。

主体设备寿命 20 年，运行费用约每年 55.3 万元，主要是电力消耗费用［按运行功率 80kW，每天 24h、每月 30 天，电费 0.8 元/(kW·h) 计算］。

二、经济效益分析

采用高效节能磁悬浮离心鼓风机替代原有罗茨风机，节能效果明显，年可节约电费 27.7 万元，三年可回收设备成本。

技术成果鉴定与鉴定意见

一、组织鉴定单位

工业和信息化部

二、鉴定时间

2017 年 2 月 23 日

三、鉴定意见

工业和信息化部于 2017 年 2 月 23 日，在天津召开了亿昇（天津）科技有限公司研发的“高效节能磁悬浮离心鼓风机”科技成果鉴定会。会议听取了相关报告，进行了现场考察，经质询答辩和认真讨论，一致认为：

（1）文件资料齐全，符合鉴定要求。

（2）该成果通过对磁悬浮轴承技术、高速永磁电机技术、三元流设计技术、鼓风机综合控制技术等创新与集成，完成了 75～600kW 系列“高效节能磁悬浮离心鼓风机”产品设计和制造。产品具有效率高、噪声低、维护简便等优点。

（3）针对宽功率范围的高速悬浮需求，采用模块化设计的五自由度控制主动磁悬浮轴承技术，具有无接触、无摩擦、无需润滑等优点，为高速磁悬浮离心鼓风机提供可靠支承。

（4）采用高效高速永磁电机优化设计技术，解决了高速条件下的电磁及制造工艺等问题，实现了鼓风机叶轮的高速直驱，提高了系统效率，减少维护成本。

（5）采用三元流的弯掠式离心叶轮设计技术，提高了气动效率，拓宽了运行范围，降低了气动噪声。

（6）采用智能调节、远程监控等智能控制技术，通过防喘振专家系统和多机联动控制保障安全运行，使系统运行效率进一步提高。

该成果的产品已得到批量应用，运行可靠，节能效果明显，满足环保、能源等行业节能减排的需求，相关产品及技术达到国际先进水平，其中磁悬浮离心式鼓风机单机功率及系统效率国际领先。

鉴定委员会同意该项目通过鉴定。

建议进一步加强推广，扩大应用范围。

推广情况及用户意见

一、推广情况

广泛应用于市政污水/固废、电子、发酵、制药、印染、造纸、火力发电等领域。在中国水务、中国水务投资、光大水务、首创水务、北京排水集团、桑德国际、浦华环保、碧水源、博天环境、广业环保、闰土股份、京东方电子、安琪酵母、五粮液、燕京啤酒等100个项目中应用了300多台（套）。

二、用户意见

公司生产的高效节能磁悬浮离心鼓风机已在全国范围装机30余个项目，提交用户报告11份。

用户	型号	节能量	备注
泰达新水源西区污水处理厂	YG100	31%	同时取得第三方认证
泰达新水源西区污水处理厂	YG150	25.7%	取得用户报告
温州海创污水处理厂	YG75	52%	取得用户报告
蓬莱北沟污水处理厂	YG75	33.7%	取得用户报告
洪泽泽清水务有限公司	YG150	26%(较多级离心风机)	取得用户报告
石家庄军城皮革有限公司	YG150	44%	取得用户报告
衡水京华化工有限公司	YG100	46%	取得用户报告
浙江闰土集团生态化公园	YG200	31.9%	取得用户报告

（1）天津泰达新水源西区污水处理厂项目，装机YG100型和YG150型高效节能磁悬浮离心鼓风机各一台，替换原有四台罗茨风机，满足工况，噪声下降明显，双方自行测试，YG100节能量为31%，YG150节能量为25.7%，经第三方节能监测数据表明，节能率26.5%。

（2）温州海创废水处理厂项目，装机YG75型高效节能磁悬浮离心鼓风机一台，替换原有罗茨风机，满足工况需求，操作简单、运行稳定、噪声下降明显，节电率达52%。

（3）蓬莱市北沟污水处理厂项目，装机YG75型高效节能磁悬浮离心鼓风机一台，替换原有罗茨风机，满足工况需求，且噪声明显降低，节能量达到33.7%。

（4）江苏省淮安市洪泽区清涧污水处理厂项目，装机YG150型高效节能磁悬浮离心鼓风机3台，替换原有多级离心风机，节能26%，运行稳定，操作简单。

（5）石家庄军城皮革有限公司项目，装机YG150型高效节能磁悬浮离心式鼓风机一台，替换原有3台罗茨风机，运行稳定，噪声下降明显，节电率44%。

(6) 衡水京华化工有限公司项目，装机YG100型高效节能磁悬浮离心式鼓风机2台，替代5台罗茨风机，满足现场工况，噪声下降明显，节能46%。

(7) 浙江闰土集团生态化公园项目，装机YG200型高效节能磁悬浮离心式鼓风机3台，替代3台罗茨风机，满足现场工况，噪声下降明显，节能31.9%。

(8) 济南大金污水处理厂项目，装机YG200型高效节能磁悬浮离心鼓风机一台，替换原有罗茨风机，满足现场工况需求，运行正常。

(9) 上海市奉贤东部污水处理厂一期项目，装机YG100型高效节能磁悬浮离心鼓风机2台，替换原有罗茨风机，满足工况需求，运行稳定、效率高、噪声低、节能效果明显，操作方便，维护简单。

(10) 浙江普洛家园医药有限公司废水处理站项目，装机YG100型高效节能磁悬浮离心鼓风机2台，替换原有罗茨风机，满足工艺需求，操作简单、运行稳定、能耗下降明显、噪声低于85dB。

获奖情况

(1) 2015年参加国家创新创业大赛，入围全国行业总决赛，并获天津赛区三等奖；

(2) 2015年取得天津市科技型中小企业证书；

(3) 2016年取得天津市重点新产品证书；

(4) 2016年取得天津开发区创新科技20强称号；

(5) 2016年入围国家工信部《节能机电设备（产品）推荐目录（第七批）》；

(6) 2016年列入工信部《“能效之星”产品目录（2016年）》；

(7) 2016年获工信部首届军民融合创新大赛银奖。

技术服务与联系方式

一、技术服务方式

产品设备直销、代销、EMC、合同能源管理等多种形式。

二、联系方式

联系单位：亿昇（天津）科技有限公司

联系人：胡志强

地址：天津经济技术开发区睦宁路160号

邮政编码：300000

电话：022-65185228

传真：022-65185230

E-mail：huzq@esurging.com

主要用户名录

中国水务、中国水务投资、中节能、中冶恩菲、光大水务、桑德国际、北京排水集团、北控集团、首创水务、碧水源、博天环境、国中水务、广业环保、安诺其集团、浦华环保、嘉园环保、中石化、闰土股份、安琪酵母、晋煤集团、京东方集团、华星光电、五粮液、燕京啤酒。

2017-21

技术名称

河道多元生态平衡生物修复方法

申报单位

佛山市玉凰生态环境科技有限公司

推荐部门

广东省环境保护产业协会

主要技术内容

一、基本原理

通过使用高效增氧技术、微生物修复技术对外源性污染的控制，再采用生物载体技术、高效生物基技术、微生物修复技术对内源性的污染去除，最后通过微生物活化技术、高效生态系统修复技术快速修复生态系统，强化生态系统自净能力，使受污染河道得到净化并长期保持。

二、技术关键

(1) 微生物修复技术　该技术主要运用了河道土著微生物与微生物复合菌群配伍，组成适合污染河涌的生态消淤菌剂和生态净水菌剂。

(2) 高效生物基技术　使用的生物基为高效的有专利保护的高科技生物填料，它具有巨大的生物接触表面积、精细的三维表面结构和合适的表面吸附电荷，能发展出生物量巨大、物种丰富、活性极高的微生物群落，并通过微生物的代谢作用高效降解水中的污染物。

(3) 高效脱氮技术　高效生物基上生长的藻类对水中多种无机氮都能利用，在光合过程以及随后的同化过程中，逐步形成各种含氮有机物，藻类又会被底栖动物及鱼类食用，从而达到高效的去除总氮的目的。

(4) 高效脱磷技术　微生物菌剂在好氧的条件下不仅能大量吸收磷酸盐，合成自身的核酸及 ATP，又能逆浓度梯度过量吸收磷合成储能于体内，再辅助以生物基的阻隔作用，水生植物和水生动物的吸收作用达到去磷的目的。

生态消淤同时快速修复污染水体技术的技术优势不仅能快速恢复水体自净能力、无二次污染、净化时间长、菌剂持续时间长，而且为业主带来经济效益，同时避免环境污染。

主要技术指标及条件

一、技术指标

（1）河道未截污纳管

① 治理前：透明度25～10cm、溶解氧(DO)0.2～2.0mg/L、氨氮(NH_3-N)8.0～15mg/L、氧化还原电位(ORP)－200～50mV。

② 治理后：透明度＞25cm、溶解氧(DO)＞2.0mg/L、氨氮(NH_3-N) ≤8.0mg/L、氧化还原电位(ORP)＞50mV。

（2）河道已经截污纳管

① 治理前：pH值（无量纲）6～9、溶解氧≤2mg/L、高锰酸盐指数＞15mg/L、化学需氧量（COD）＞40mg/L、五日生化需氧量(BOD_5)＞10mg/L、氨氮(NH_3-N)＞2.0mg/L、总磷（以P计）＞0.4mg/L(湖、库0.2)、总氮(湖、库，以N计)＞2.0mg/L。

② 治理后：pH值（无量纲）6～9、溶解氧2～3mg/L、高锰酸盐指数10～15mg/L、化学需氧量（COD）30～40mg/L、五日生化需氧量（BOD_5）6～10mg/L、氨氮（NH_3-N）1.5～2.0mg/L、总磷（以P计）0.3～0.4mg/L（湖、库0.2)、总氮（湖、库，以N计）1.5～2.0mg/L。

二、条件要求

河道已经进行截污处理。

主要设备及运行管理

一、主要设备

本技术对于黑臭水体的治理涉及了多方面的综合技术，需要一些主要的设备来辅助完成。其中包括：

（1）微管纳米曝气系统　微管纳米曝气系统由沉水式曝气机、供气管路、微孔纳米曝气管等组成，通过微管纳米曝气管，新鲜空气在水深1.5～5m处均匀地在整个微管纳米曝气管上以微气泡形式溢出，微气泡与水充分接触产生气液交换，氧气溶入水中，达到高效增氧目的，有效控制水质恶化，彻底改善水底层缺氧，降低水体中的有害物质，改善底质，增加生物的多样性，打破水底分层，减少药品的投放。

（2）高浓度氧水系统　高浓度氧水增氧系统由氧气发生器、供气管路、水泵、增压系统等组成，通过高浓度氧水增氧系统运作，增加水体的溶解氧，分解和氧化水质、底质，激活与引导水体、底泥的生态功能，促进水体中的有益藻类的浮游生物的繁殖生长，水体中微生物的活性大大提高，微生物的有效量显著增加，水体的微生物生态系统得到优化。

（3）微生物活化增效系统　充分发挥微生物大量繁殖过程中对水体中污染物质(C、N、P）产生的强大的分解能力，提高微生物的有效生物量和功能性，重组、完善和优化水体微生物生态系统，促使水体生态系统恢复自净能力。

二、运行管理

我公司严格遵循设备的运行管理规范，定期对设备的运行情况进行维护检查，并做好记录。并根据实际要求，对设备的运行维护也建立了5S管理体系，从整理、整顿、清洁、清扫、安全等各个方面对设备进行运行管理。

投资效益分析（以北滘镇村心涌、医灵涌、下涌水生态修复工程为例）

一、投资情况

总投资：402.85万元。其中，设备投资：由于本项目主要以微生物修复技术结合生态修复为主，对河涌的水生态进行修复，所以本项目基本未投入机械设备。

运行费用：4.03万元。

二、环境效益分析

水质的提升带动周边生态的修复，生态修复使得环境变美变好，河涌附近的生物多样性增加，生物链也变多，导致周边环境的抗冲击能力变强，这对环境自我保护起到很关键的作用。

技术成果鉴定

组织鉴定单位：中国环境保护产业协会

鉴定时间：2017年11月8日

推广情况及用户意见

一、推广情况

本技术自发明以来，已经运用到了多个地区，如佛山、广州、东莞、深圳、厦门等等，并在实施的这些地方都取得了很好的效果。客户回应的态度也比较满意，随着公司的发展，业务量也逐渐增多，该技术的应用次数也增加，该技术在行业内的知名度逐渐提高，发展前景极其乐观。

二、用户意见

治理效果明显，水质达到治理目标，并具有可持续性效果。

获奖情况

由于技术的先进性以及实用性，该技术获得过以下奖项：

时间	奖励名称及等级	授奖部门
2013年1月	佛山市南海区环保产业创新发展项目二等奖	国家环境服务业华南聚集区建设领导小组办公室
2014年5月	2014年度广东省环境保护科学技术奖(三等奖)	广东省环境保护厅
2016年10月	2015年度广东省环境保护优秀示范工程	广东省环境保护产业协会

技术服务与联系方式

一、技术服务方式

(1) 本公司分区域的销售小组到各个地方销售推广以及调研排查，有需要可以联系本公司的销售小组。

（2）从本公司的网站以及微信公众号进行服务咨询。

（3）如需帮助和业务合作，可直接致电本公司的电话，本公司已有专人接听跟进相关的内容。

二、联系方式

联系单位：佛山市玉凰生态环境科技有限公司

联系人：肖志英

地址：佛山市南海区桂城街道深海路17号瀚天科技城A区8号11楼1101单元

邮政编码：528200

电话：0757-66826919

传真：0757-66826819

E-mail：yuhuangst@163.com

2017-22

技术名称

城镇污水处理厂污泥压滤好氧中温发酵处理生产土地改良营养土技术

申报单位

广西鸿生源环保股份有限公司

推荐部门

广西环境保护产业协会

适用范围

城镇生活污水处理厂污泥处理处置。

主要技术内容

一、基本原理

中温好氧发酵是在有氧气的条件下，借助好氧微生物（主要是好氧菌群）的作用，有机物不断被分解转化的过程。在污泥中加入一定比例的膨松剂和有机物调理剂。研究表明，经过好氧发酵的污泥质地疏松，阳离子交换量显著增加，容重减少，可被植物利用的氮、磷、钾等营养成分增加。好氧发酵过程的分解主要是利用嗜热细菌群，氧化分解有机物，同时释放出大量的能量，在有机物生化降解的同时伴有热量产生，发酵物料温度可以上升至55℃以上，灭杀原污泥中的病原菌和寄生虫（卵）。试验证明，污泥在好氧发酵过程中，保证温度达到55℃以上的高温并维持超过3天时间，即能充分地灭杀病原微生物，达到无害化标准（蛔虫卵死亡率、大肠杆菌指数等符合GB 7959—2012）。

中温发酵产生大量热量使物料维持50～60℃，降低物料的含水率，最后得到含水率40%左右的成品土地改良用营养土，用于土壤改良、废弃矿场复垦、园林绿化、林业种植等等。

二、技术关键

技术针对原料污泥含水率高、脱水难度大的难题，利用NS菌剂，开发原料污泥深度脱水工艺和辅料配比配套工艺，解决污泥发酵时间长、效率低、成本高的问题。

（1）采用了新的技术手段　技术在传统好氧堆肥工艺基础上进行较大的改进创新，引用高效、专有菌种，利用广西特有的糖厂滤泥和木薯渣资源，进行工艺参数与流程创新，污泥稳定化、无害化程度高，实现污泥高效低耗处理。污泥好氧发酵时间短、无恶臭，发酵周期减少5天，每吨污泥处理成本降低20元。技术已实现工程化、产业化，在国内属于首次创新。

（2）获得了一种新的产品　将污泥转化为富含有机质和氮磷钾的土地改良用营养土，其营养、安全指标符合《城镇污水处理厂污泥处置　土地改良用泥质》（GB/T 24600—2009）、《广西城镇污水处理厂污泥产物土地利用技术规范（标准）》（DBJ/T 45-003—2015）。营养土性质稳定，具有疏松土壤、增加土壤团黏度、改良土壤土质的作用。

典型规模

广西腾龙环保科技有限公司南宁市400t/d城镇污水处理厂污泥生物处置工程。

主要技术指标及条件

一、技术指标

1. 发酵工艺

污泥发酵周期：18～25d。

2. 工艺稳定化控制指标

种子发芽率≥70%，无抑制效应；有机物降解率＞50%；蛔虫卵死亡率＞95%；粪大肠菌群菌值＞0.01。

3. 产品技术指标

表观为深棕褐色、无臭、呈松散状、不招引苍蝇；含水率≤60；有机质（以每千克干基中含量计）≥150g/kg；NPK（以每千克干基中含量计）≥10g/kg；Cd≤5mg/kg；Cr≤300mg/kg；Hg≤3mg/kg；As≤30mg/kg；Pb≤300mg/kg。

二、条件要求

技术产品符合国家标准《城镇污水处理厂污泥处置　土地改良用泥质》（GB/T 24600—2009），地方标准《广西城镇污水处理厂污泥产物土地利用技术规范（标准）》（DBJ/T 45-003—2015），企业标准《土地改良用营养土》（Q/HSYHB 16—2015）。

主要设备及运行管理

一、主要设备

污泥压滤机14套，大型翻料机3台，花木肥/土地改良用营养土包装生产线2条

（含混合机、皮带输送机、造粒机、筛分机、定量包装机等）。

二、运行管理

生产运行自动化程度高，整个生产过程精心观察运行状况，定时对生产设备检修。

投资效益分析（以南宁市400t/d城镇污水处理厂污泥生物处置中心为例）

一、投资情况

总投资：2900.00万元。其中，设备投资1061.00万元。

主体设备寿命：20年。

运行费用：172元/t。

二、经济效益分析

1. 直接经济效益

以400t/d的处理规模计算，实际生产统计单位生活污泥的处理成本达到172元/t，每吨污泥处理服务费180元，每吨利润约为8元。日处理400t污泥，每年获取利润116.8万元。

平均投资利润率为5.84%，运行约17年可收回投资成本。

2. 间接经济效益

土地改良用营养土按30t/亩施用在贫瘠土地上，预计可使农作物增产20%以上，以广西常见经济农作物计算，甘蔗每亩增产400kg，增收200元。

三、环境效益分析

污泥处理厂工程是改善生态环境、保障人民身体健康、造福社会的环境保护工程，主要工程效益就是环境效益。

工程实施后，将使南宁市的污水厂污泥得到全面处理，可大大减少污泥体积，减少填埋量。以日处理400t污泥项目为例计算，每年可处理污水处理厂污泥14.5万吨，每年可减少COD排放2.3万吨。项目的实施从根本上解决了南宁市污水处理厂污泥的处理处置问题，削除了污泥二次污染环境的威胁。

推广情况及用户意见

一、推广情况

已有用户广西南宁市400t/d城镇污水处理厂污泥生物处置中心、广西玉林市250t/d城镇污水处理厂污泥生物处置中心两个厂家。

二、用户意见（以南宁市400t/d城镇污水处理厂污泥生物处置中心为例）

在应用该工程技术之前，腾龙公司采用“污泥晾晒＋压滤＋生物发酵”方式处理处置污泥。随着污水管网及污水处理厂建设的日益完善，污泥量日益增大，污泥的无害化、减量化处置成本大幅提高，原本的处理技术已无法满足污水处理厂的污泥处理处置需要。

2014年，腾龙公司引入鸿生源公司相关技术，投入2900万元进行项目技改，扩建成1个处理能力400t/d的污泥生物处置中心。

项目技改完成后，已通过环保验收。生产线至今运行稳定，无重大故障，污泥处理量增加，处理时间与成本减少约1/5，产品质量大大改善，技改效果非常显著，建议推广。

技术服务与联系方式

一、技术服务方式

技术咨询：有专业工程师和资深工程师为客户做指引和解答。

二、联系方式

联系单位：广西鸿生源环保股份有限公司

联系人：凌子琨

地址：南宁市青山路6号东方园2楼207号

邮政编码：530022

电话：18677099273

传真：0771-5785006

E-mail：gxhsy@vip.sina.com

主要用户名录

广西玉林市250t/d城镇污水处理厂污泥生物处置中心、广西南宁市400t/d城镇污水处理厂污泥生物处置中心。

2017-23

技术名称

炭黑专用高性能过滤材料

申报单位

安徽省绩溪华林环保科技股份有限公司

推荐部门

中国环境保护产业协会袋式除尘委员会

适用范围

炭黑生产中炭黑收集及高温烟气过滤。

主要技术内容

一、基本原理

炭黑专用高性能过滤材料是我公司根据我国炭黑行业工艺特点，结合公司近20

年炭黑领域应用经验，自主研发的高性能过滤材料，主要应用于炭黑行业主袋滤器及副袋滤器的炭黑收集，本产品具有炭黑收集率高、运行阻力低、易清灰、强度高、耐腐蚀、抗结露、使用寿命长的特点。该滤料以高强度无碱玻璃纤维膨体纱机织布为基布，与具有微孔结构的 PTFE 薄膜通过热复合工艺复合后制成滤料，使滤料在过滤过程中实现了“表面过滤”功能。在过滤过程中，不需在滤料表面形成粉饼层而直接进行过滤，所以，过滤效率自始至终一直保持较高。另外，粉尘不能穿透滤料到达滤料深层，同时由于表面 PTFE 极性高，滤料清灰更加容易，并可以减少因结露带来的糊袋现象，所以，滤料自始至终过滤阻力较低，使用寿命延长。

二、技术关键

(1) 传统玻纤滤料生产工艺在拉丝工序均采用石蜡型浸润剂，由于石蜡是疏水物质，所以在进行表面化学处理前需进行热清洗，通过 400℃左右的高温使滤料表面的石蜡成分挥发，这种生产工艺具有 3 方面的缺点：①增加了滤料生产的工艺流程，由于玻璃纤维耐磨、耐折性能差，所以在生产过程中应该尽量缩短工艺流程；②高温热清洗后降低了滤料的强度和透气性能，在高温清洗时蓬松的玻璃纤维有可能会烧结，使滤料间隙阻塞；③增加能源消耗。本项目产品采用免热清洗生产工艺技术，创造性地将纺织增强型浸润剂应用于玻璃纤维过滤材料拉丝作业，避免了高温脱蜡（热清洗）造成滤料的强度损失，进而延长了滤料寿命。

(2) 采用自主研发的玻璃纤维膨体纱生产工艺技术，玻璃纤维膨体纱强度保留率高达 70%以上。自主研发玻璃纤维膨体纱专用浸润剂，选用具有国际先进水平的生产设备与之配套，生产出具有高强度保留率、高膨化均匀度和高蓬松度的玻璃纤维膨体纱，采用这种工艺生产的玻璃纤维膨体纱制造的高温过滤材料，可以有效地提高滤料的使用寿命和滤料的透气性能，提高滤料除尘效率。

(3) 传统玻璃纤维过滤材料表面化学处理，一般采用单一结构的卧式处理炉，加热方式采用电热管直接加热，因此存在一定的问题。首先，处理炉采用单一结构时，炉内导辊数量要求较多，滤布进入处理炉时呈水平状态，因此处理剂在重力的作用下，向滤料的下表面迁移，导致处理布两面含胶量偏差较大，使得滤料的使用寿命大大减短；其次，采用电热管直接加热，炉内温度偏差大，导致滤料受热不均匀，故滤料含水率偏差较大。本项目产品采用自主研发设计的“卧立结合式间接加热烘干表面化学处理炉”进行表面化学处理，滤料处理效果优于传统的单一结构热辐射加热烘干表面化学处理炉。

(4) 在覆膜技术上，国内大部分的覆膜滤料厂家多采用喷胶复合的方法进行 PTFE 薄膜的表面复合，这种方法操作简单，但由于采用的胶一般为树脂材料，容易使 PTFE 的微孔薄膜阻塞，降低滤料的透气性能，增加了滤料的运行阻力。同时，这种方法在高温复杂气体和有害气体的工况下，树脂极易氧化，造成薄膜脱落。而本产品采用的是国际先进的热敷 PTFE 薄膜的贴合技术，将 PTFE 薄膜升温到 340～360℃，与经过特殊处理的玻纤基布进行贴合，解决了这一问题。

典型规模

炭黑浓度为150～250g/m^3。

主要技术指标及条件

一、技术指标

(1) 拉伸断裂强度：经向≥2200N/25mm，纬向≥1100N/25mm；

(2) 透气性：30～60$dm^3/(m^2 \cdot s)$；

(3) 使用温度：长期使用≤280℃，瞬时温度（10min）≤300℃；

(4) 运行阻力（清灰后）：800～1200Pa；

(5) 平均使用寿命：主袋滤器≥2年，副袋滤器≥18个月。

二、条件要求

(1) 炭黑行业袋式除尘器；

(2) 使用温度：长期使用≤280℃，瞬时温度（10min）≤300℃；

(3) 过滤风速：0.45～0.75m/min；

(4) 清灰方式：反吹清灰、脉冲清灰。

主要设备及运行管理

一、主要设备

炭黑生产袋式除尘器（主袋滤器、副袋滤器）。

二、运行管理

(1) 烟气工况控制，包括：烟气温度、过滤风速等；

(2) 滤袋使用条件控制，包括：滤袋安装，清灰压力控制，滤袋运行情况监测等。

投资效益分析

一、投资情况

总投资：1500万元。其中，设备投资100万元。

主体设备寿命：15年。

运行费用：77.8万元。

二、经济效益分析

本产品是根据炭黑行业工况特点，结合了我公司近20年高温过滤材料生产经验，研制出的新一代专用滤料，具有炭黑收集率高、运行阻力低、易清灰、强度高、耐腐蚀、抗结露、使用寿命长的特点。

(1) 本产品在使用过程中，运行阻力低，只有传统玻璃纤维膨体纱过滤材料的1/2，仅此一项可为使用单位节约电费18万元左右（按年产3万吨规模计算）。

(2) 本项目产品使用寿命长，目前已达到平均使用寿命2年以上，与传统玻璃纤维膨体纱滤料相比，使用寿命提高了一倍，价格提高 2/3，按条滤袋每吨炭黑计算，每年大约节约 16%，同时在滤袋使用周期内节省一次滤袋更换时间，可为客户节约因停车造成的损失约 50 万元。

(3) 滤袋在炭黑生产中既是环保设备又是生产设备，使用本产品后，炭黑的收集率提高到 99.9997%，每年可多收集炭黑约 100t（按 3 万吨/年产能计算），每年可为企业创收 60 万元。

三、环境效益分析

由于本项目产品采用无碱玻璃纤维膨体纱与 PTFE 微孔薄膜的复合工艺，实现了滤料的表面过滤，使滤料的过滤精度提高到 99.9997%，产品使用后经检测出口浓度仅为 $6\sim7mg/m^3$，远远高于国家 $18mg/m^3$ 的排放要求，经此一项以年产 3 万吨炭黑生产线为例，每年约减排 100t 粉尘，环境效益巨大。

技术成果鉴定与鉴定意见

一、组织鉴定单位

中国环境科学学会

二、鉴定时间

2017 年 12 月 5 日

三、鉴定意见

2017 年 12 月 5 日，中国环境科学学会在安徽绩溪组织召开了“炭黑专用高性能过滤材料”成果鉴定会。与会专家听取了有关研制工作情况汇报，考察了生产现场，审查了相关技术资料。经质询、讨论，形成如下意见：

(1) 提供的资料齐全、翔实，符合鉴定要求。

(2) 袋式除尘器作为炭黑行业生产工艺中重要的生产设备，过滤材料担负着收集产品和去除颗粒物的双重功能。鉴于我国炭黑行业生产工艺的不同，该项目针对烟气温度高、湿度大、焦油含量高、腐蚀性强等难点，研究开发出适合我国炭黑生产工艺特点的专用过滤材料，创新点如下：

① 优选玻璃纤维基材，研究开发免热清洗浸润剂及玻璃纤维膨体纱生产工艺，解决了玻璃纤维滤料生产工艺中的强度损失难题。

② 开发了卧、立结合式间接加热烘干设备，对炭黑专用过滤材料进行表面化学处理，解决了滤料大规模生产中温度和化学处理不均匀的难题。

③ 研发了炭黑行业专用滤料处理剂配方及表面涂层技术，提高了滤料的耐腐蚀性，保证了收集粒径$<2\sim3\mu m$ 的超细高性能炭黑产品，有效地改善了滤料的清灰剥离性能。

(3) 该产品在国内外多家炭黑厂的使用证明，当炭黑浓度在 $150\sim250g/m^3$ 时，其炭黑系统收集效率高，运行阻力稳定在 600～800Pa，解决了长期以来炭黑行业使用滤料寿命短的难题。

(4) 该成果已获得 1 项国家发明专利，11 项实用新型专利。

经检验，产品符合 GB/T 6719—2009《袋式除尘器用滤料及袋技术条件》的要求，目前国内市场占有率达 80%以上，具有显著的环境效益、经济效益和社会效益。

鉴定委员会认为，该项成果达到国内领先水平，一致同意通过鉴定。

推广情况及用户意见

一、推广情况

本项目产品是针对炭黑行业烟气工况特点而研发的专用过滤材料，主要应用于炭黑行业主袋滤器和副袋滤器，目前已在国内多家知名炭黑企业应用，取得了良好的效果，受到了客户的一致好评。

二、用户意见

该产品经客户使用后一致认为：具有炭黑收集率高、运行阻力低、易清灰、强度高、耐腐蚀、抗结露、使用寿命长的优点，符合目前环保发展的新要求。

获奖情况

省级新产品，国家重点环境保护实用技术。

技术服务与联系方式

一、技术服务方式

售前、售中技术咨询，售后指导安装，免费技术服务。

二、联系方式

联系单位：安徽省绩溪华林环保科技股份有限公司

联系人：刘菊如

地址：安徽省绩溪县生态工业园区洪川路 6 号

邮政编码：245300

电话：0563-8158272/13955981149

传真：0563-8158272

E-mail：274676956@qq.com

2017-24

技术名称

超净电袋复合除尘技术

申报单位

福建龙净环保股份有限公司

推荐部门

福建省环境保护产业协会

适用范围

电力、水泥、化工等大气污染治理。

主要技术内容

一、基本原理

电袋复合除尘技术是将静电除尘和过滤除尘机理有机结合的复合除尘技术，它充分利用前级电场收尘效率高和颗粒荷电的特点，大幅度降低进入滤袋区烟气的含尘浓度，降低了滤袋过滤负荷，避免粗颗粒对滤袋冲刷造成磨损，并利用荷电粉尘过滤机理而提升设备的综合性能。超净电袋复合除尘技术（简称“超净电袋”）是在常规电袋复合除尘技术的基础上，突破了电区与袋区的耦合匹配、高均匀流场、高精过滤、微粒凝并等关键技术而升级形成的，可实现烟尘排放浓度≤5mg/m^3 或 10mg/m^3 的超低排放。

二、技术关键

(1) 合理设计电区与袋区的容量，实现两区参数的最佳耦合，提高电区捕集效率与荷电能力，保证袋区超低排放；

(2) 袋区采用混纺滤料、梯度滤料及覆膜滤料等高精过滤滤料；

(3) 强化电区的荷电性能，提高捕集 $PM_{2.5}$ 的效率；

(4) 通过 CFD 数值模拟计算，在超净电袋内合理布置阻流板，进一步提高除尘器内各室流场均匀性，从而提高除尘效率，保证排放的稳定性。

因此，超净电袋的关键技术在于电与袋的耦合技术、流场均布技术、高精过滤技术、微粒凝并技术等方面。

典型规模

1030MW 机组超净电袋复合除尘器。

主要技术指标及条件

一、技术指标

(1) 出口烟尘排放浓度保证值≤10mg/m^3 或者≤5mg/m^3；

(2) 压力降≤1100Pa；

(3) 漏风率≤2%；

(4) 滤袋使用寿命≥4 年。

二、条件要求

除尘器正常运行，且入口浓度、运行负荷和温度在设计范围内。

主要设备及运行管理

一、主要设备

超净电袋复合除尘器的主要设备包括进口喇叭、电场区（主要安装阴极系统、阳极系统及振打装置)、布袋区（主要安装滤袋、袋笼及清灰装置)、灰斗、保护装置、高压静电除尘用整流设备、低压控制系统等。

二、运行管理

(1) 严格按除尘器的操作顺序启停设备。

(2) 严格监视前级电场运行的二次电压电流情况，以低火花率、稳定的二次电压电流的运行状态为依据调整运行参数，并保持前级电场不掉电。每 2h 应记录一次电压、一次电流、二次电压和二次电流。

(3) 根据除尘器进口烟气工况调整阴阳极振打周期时间。当进口烟气浓度大、二次电压高、二次电流小时，适当地缩短振打周期时间，反之则延长。

(4) 严格监视锅炉预热器出口温度、除尘器进出口温度，一般每 2h 应记录一次。

(5) 严格按电袋复合除尘器参数控制运行：滤袋差压 400～800Pa；除尘器进出口差压 600～1200Pa。

(6) 选择合理的清灰方式，设定正确的清灰制度参数。

(7) 严格监视除尘器各点的烟气温度、差压、压力情况，每 60min 记录一次，当温度出现异常情况时，及时与值长或锅炉中控联络。

(8) 电厂对电袋复合除尘器和锅炉燃烧工艺的管理必须紧密配合，与中控制定明确保护滤袋的规程和职责，尤其系统启停及故障时，一定要事先或及时通知除尘控制室。

(9) 确保除尘器输灰的畅通，若发生堵灰现象，且无法及时输灰时，必须采取临时排灰措施，必要时停炉处理。

(10) 正常运行期间除尘器及辅助设备发生故障或错误动作时，运行人员接到报警通知后应立即前往确认故障点，分析原因，联系处理。

(11) 应建立健全与电袋复合除尘器运行维护相关的各项管理制度，以及运行、维护和操作规程；建立电袋复合除尘器主要设备运行状况的记录制度。

(12) 应建立健全设备档案管理制度，加强设备管理，做好运行日志、故障记录、检修记录、调试报告等资料的收集整理工作。

(13) 应对电袋复合除尘器的运行操作人员进行上岗前的培训，并对管理和运行人员进行定期培训，使管理和运行人员系统掌握电袋复合除尘器及其他附属设施正常运行的具体操作和应急情况的处理措施。

(14) 每班应对电袋复合除尘器的设备进行全面检查，以及做好本岗管辖范围内的清洁工作，详细记录本班运行中所发生的异常情况及设备缺陷，做好交接班工作。

投资效益分析（以河南平顶山发电分公司 2×1030MW 机组 2# 炉超净电袋工程为例）

一、投资情况

总投资：4500 万元。其中，设备投资 3900 万元。

主体设备寿命：20 年。

运行费用：475 万元/年。

二、经济效益分析

采用超净电袋复合除尘器可以提高除尘器效率，大大减少除尘器出口的粉尘排放，从而减少对引风机叶片的磨损，延长引风机寿命。粉尘浓度降低后，有利于提高湿法脱硫副产物石膏的品质，从而增加副产物综合利用收入。同时，通过烟尘减排而少缴纳的排污费，也会给电厂带来实在的经济效益。

三、环境效益分析

超净电袋的实施可以大大减少烟气粉尘及微细颗粒物的排放，改善空气质量。

推广情况及用户意见

一、推广情况

近几年来，龙净环保自主研发的超净电袋在燃煤电厂超低排放工程中得到快速推广。截至2017年6月，燃煤机组超净电袋配套总装机容量超过3000万千瓦，其中1000MW机组有8台套，600MW机组有14台套。投运累计9600MW，排放浓度均小于$10mg/m^3$或$5mg/m^3$，并出口土耳其、柬埔寨、塔吉克斯坦等多个国家，出口项目总装机容量8240MW。

二、用户意见

本项目是首台百万机组、高烟尘浓度超净电袋，脱硫同步超净提效，是“超净电袋+高效脱硫”，免用湿电，实现超低排放的典型案例，具有工艺简单、占地面积小、设备投资低、运行维护费用少等优点。自投运以来运行2年多，长期稳定实现超低排放。

获奖情况

（1）2014年12月，荣获“国家科学技术进步二等奖”；

（2）2013年1月，荣获“福建省2012年科技进步奖一等奖”；

（3）2012年12月，荣获“2012年度环境保护科学技术奖一等奖”。

技术服务与联系方式

一、技术服务方式

现场安装指导、调试服务、运行技术培训

二、联系方式

联系单位：福建龙净环保股份有限公司

联系人：余晓锋

地址：龙岩市新罗区工业中路19号

邮政编码：364000

电话：0597-2210686

传真：0597-2210686

E-mail：13860260143@139.com

主要用户名录

（1）单位：国家电投集团河南电力有限公司平顶山发电分公司

项目：河南平顶山发电分公司 2×1030MW 机组超净电袋复合除尘器

（2）单位：广东省粤电集团有限公司沙角 C 电厂

项目：广东粤电沙角 C 电厂 660MW 机组超净电袋复合除尘器

（3）单位：国家电投集团河南电力有限公司开封发电分公司

项目：开封发电分公司 2×630MW 机组超净电袋复合除尘器

（4）单位：哈尔滨电气国际工程有限责任公司

项目：土耳其泽塔斯三期 2×660MW 电站工程超净电袋复合除尘器

（5）单位：陕西华电杨凌热电有限公司

项目：陕西华电杨凌一期 2×350MW 热电工程超净电袋复合除尘器

2017-25

技术名称

烧结脱硫湿烟气静电除雾深度净化技术

申报单位

山东国舜建设集团有限公司

推荐部门

山东省环境保护产业协会

适用范围

钢厂、火电厂、热电厂等大气污染物处理。

主要技术内容

一、基本原理

在 WESP 深度净化装置的阳极板和阴极线之间施加直流高电压，在强电场的作用下，阴、阳两极间的气体发生充分电离，使得深度净化装置空间充满带正、负电荷的离子。随湿烟气气流进入深度净化装置内的尘（雾）粒子与这些正负离子相碰撞而荷电，带电的尘（雾）粒子由于受到高压静电库仑力的作用，分别向阴、阳极运动；到达两极后，将各自所带的电荷释放掉，尘（雾）粒子本身由于其固有的黏性而附着在阳极板和阴极线上，清灰方式采用定时喷淋水流从集尘板顶端流下，在集尘板上形成一层均匀稳定的水膜，将板上的颗粒带走，也可采取收集雾滴自流的清灰方式。

二、技术关键

本技术原创性地采用烧结烟气湿法脱硫后深度净化技术，取得了良好的效果。烧结脱硫湿烟气深度净化技术能有效去除烟气中的酸性雾滴、氮氧化物、微细颗粒物、重金属、硫酸盐等多种有害物质，脱除率可达 90%以上，烟尘排放浓度可达 $5mg/m^3$

甚至更低水平，有效地降低酸雾冷凝对烟囱造成的腐蚀速度。

本技术消除了烧结烟气湿法脱硫后的“烟囱雨”“石膏雨”现象，传统方式是采用旋流器等机械方式去除烟气中的细微液滴，虽然成本较低但是效果不彻底且容易造成阻塞、增大阻力。

（1）开发了烟气脱硫系统与脱硫后湿烟气静电除尘深度净化系统一体化结构，深度净化系统位于脱硫系统上部，原烟气先经过脱硫系统，应用 SDPZ 脱硫技术进行脱硫处理，脱硫后的湿烟气再经过静电除尘深度净化技术进行净化。

在总体结构设计上确定为静电除尘深度净化系统与烧结烟气脱硫系统一体化结构。深度净化系统位于脱硫系统上部，原烟气先经过脱硫吸收塔进行脱硫处理，脱硫后的湿烟气再经过静电除尘深度净化系统进行净化。一体化结构设计，结构紧凑，流程短，不占用额外的地面空间，成本低，系统阻力小，能耗低。另外，还容易实现对已有的烟气脱硫装置进行升级改造。脱硫湿烟气静电除尘深度净化装置总体布置如图 1 所示。

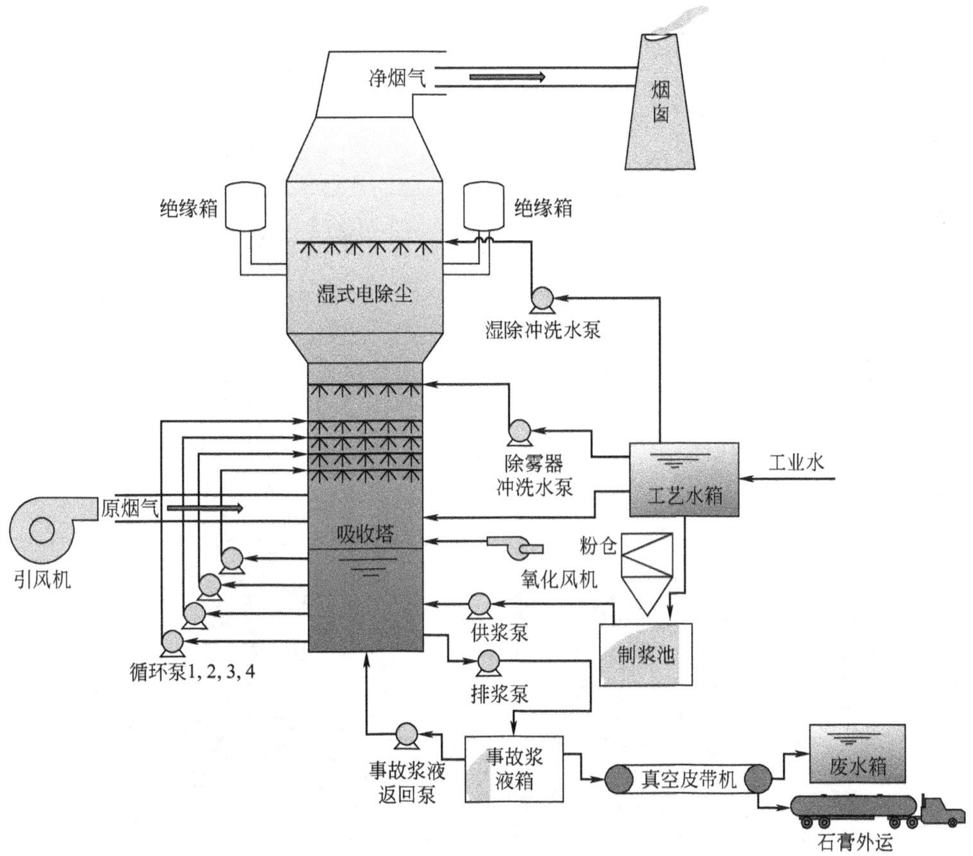

图 1　脱硫湿烟气静电除尘深度净化装置总体布置

（2）湿式静电除尘深度净化技术采用铅锑合金放电极-六边形蜂窝状玻璃钢接地极电极匹配，电晕阴极为单线单锤结构，防止高气速工况下阴极线偏离击穿电场。

脱硫湿烟气静电除尘深度净化装置沉淀阳极结构设计为模块化集束蜂窝型，每组模块由多支正六角型导电阻燃玻璃钢管组成，组装并制作好后，作为一个整体，与上下花板组装在一起，每组模块安装在支撑梁上。沉淀阳极结构如图 2 所示。

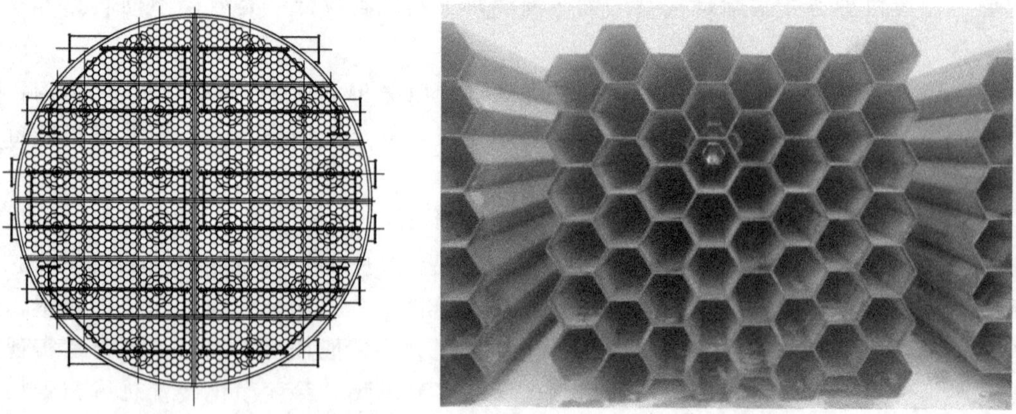

图 2　沉淀阳极结构

正六角形沉淀管蜂窝状布置，结构紧凑，尺寸精确，安装简单，可充分利用气体通过的横截面和沉淀极表面，除尘效率高。玻璃钢材质具有防腐性能好、强度高、刚性好、导电性能好、阻燃等优点。

(3) 冲洗系统设计为角度可调的单管单冲结构，实现沉淀阳极的全覆盖冲洗，防止颗粒物沉积，提高阳极导电的稳定性。

每个阳极管设置一个冲洗喷嘴，角度可调，冲洗彻底均匀，如图 3 所示。

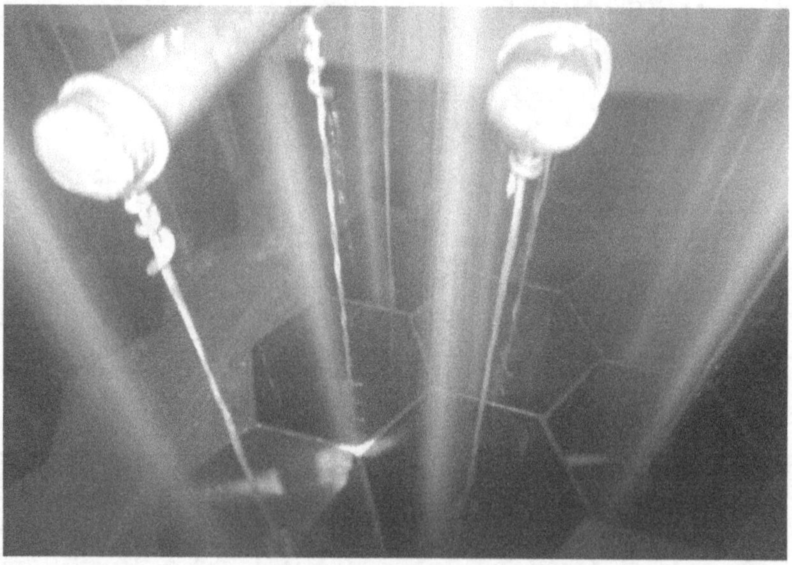

图 3　冲洗结构

(4) 开发了可视化监控系统，实现静电除尘装置各分区自动控制（图 4），始终保持整套系统处于最佳运行状态，提高脱除效率，降低能耗，保证整套系统可靠、高效、节能运行。

脱硫湿烟气静电除尘深度净化装置采用自主研发的可视监控系统自动控制，包括现场控制站、操作员站、工程师站、系统网络四个组成部分，可将系统参数集中化、信息化、可视化，能够更加直观、简便、有效地对整套系统进行控制，及时有效地对系统各设备进行预警预报，避免事故的发生，降低运行维修成本，始终保持整套系统处于最佳运行状态，提高脱除效率，降低能耗，保证整套系统可靠、高效、节能运行。

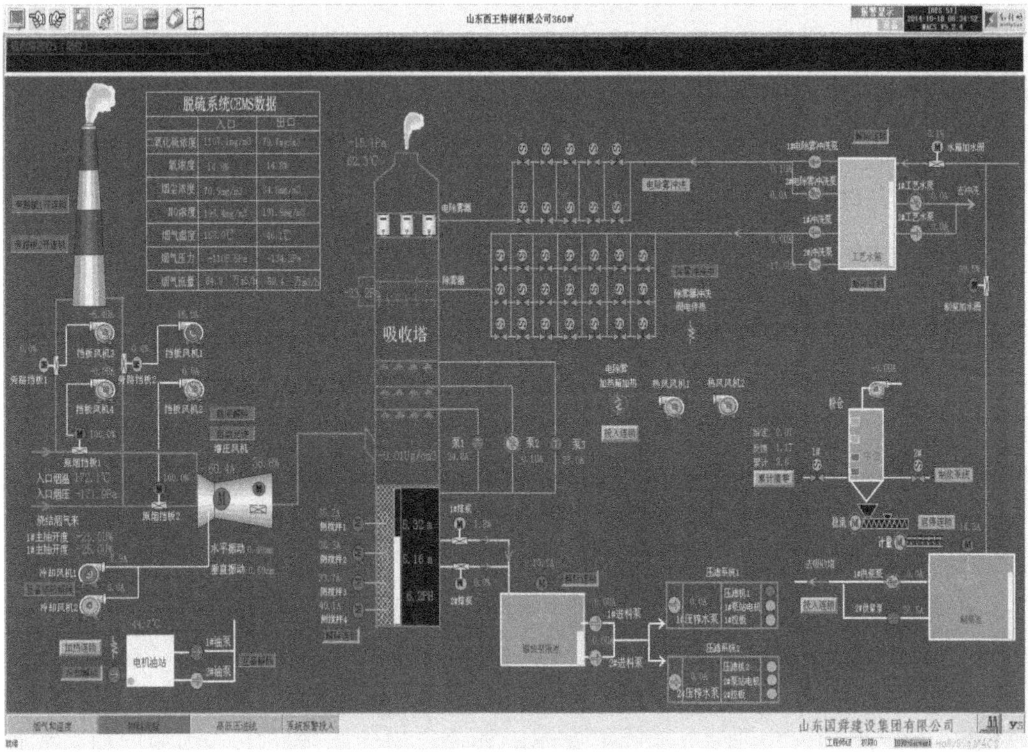

图 4　可视化监控系统运行控制图

（5）湿式电除尘器大型化应用过程中受到场地条件限制。需要根据目前除尘、脱硫系统具体情况优化设备结构形式和设计方案，计算研究在各种荷载组合工况条件下

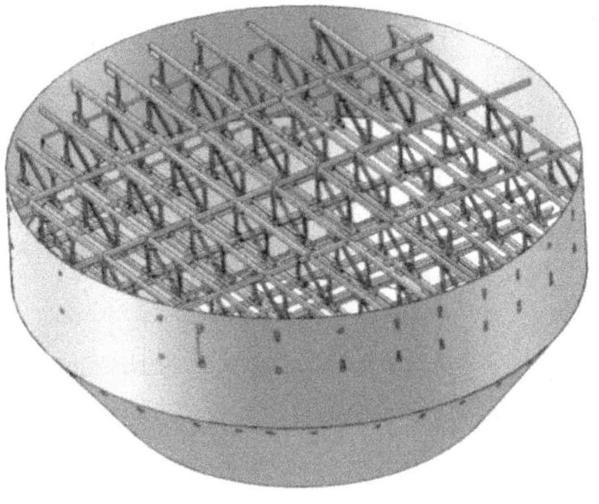

钢壳体和非金属收尘极的承载力，优化除尘器钢支架和壳体结构设计方案，节省钢材。

典型规模

$600m^2$ 烧结机（世界上最大的烧结机）脱硫湿烟气。

主要技术指标及条件

经该系统处理后的烟气执行《山东省区域性大气污染物综合排放标准》，本项目主要技术指标可达到该标准第四时段核心控制区域大气污染物排放浓度限制的要求，即颗粒物排放浓度限值$\leqslant 5mg/m^3$。

主要设备及运行管理

一、主要设备

（1）密封风系统：包括密封风机、换热器、储气罐等；

（2）本体部分：包括壳体、导流板、烟气均流板、阳极管、阴极线等；

（3）水系统：包括冲洗水泵、烟气均布装置冲洗、电场区冲洗、阳极管冲洗等；

（4）电控设备：包括高压控制柜、低压控制柜、变压器、DCS 控制系统、上位机等；

（5）其他：包括绝缘箱、绝缘子、起吊装置等。

二、运行管理

国舜集团拥有一支职业化的运营管理团队，对脱硫除尘装置实施标准化管理，历经国家环保核查组的检查，均实现了排放达标，与主机同步率 100%。借鉴了国际上先进的“7S”管理方式，建立了系统的脱硫除尘成套设备的运行操作、维护、保养管理体系，极大地减少和避免了故障的发生，保证主机和脱硫除尘系统长期稳定运行，取得了较好的社会效益。

（1）建立系统大修、抢修机制　按照管理标准，每个项目配备工艺、电气、热控等专业人才，10 多个运营项目部采取联动机制，在组织大修、抢修期间，各项目人员统一调配，资源优化整合。在应对系统后期应急运行维护时，可以迅速组建专业抢修队伍，保证足够数量的专业人员参与其中，从而实现保质保量、又快又好地完成抢修、大修任务。

（2）建立统一物资管理平台　建立统一的备品备件储备库，保证备品备件的充足、全面，同时要避免备品备件的长期积压。根据各个运营项目的需要，第一时间调用备件，保证维修的及时性。

（3）建立完善的运营管理制度　国舜集团一直秉承“以人为本，预防为主，警钟长鸣”的原则，不安全不生产。严格遵守国家环保法规、环保标准，加强人员安全培训，加强层层监管，推行“两票三制”管理制度，坚持“四不伤害”原则。

（4）建立严格的培训制度　本着“会干、会说、会写”的人才培养理念，运营管理部建立了运营人才培训基地，能同时容纳 30 人培训。由专业技术人员组成教师队伍，采用3D技术课件培训，生动形象，学员容易接受，达到理论与实际操作相结合的教学方式。运营管理部制订年度培训计划，培训分为班组级、项目级、部门级三级培训。为了培养品学兼优的专业人才，采用“点对点”老师带徒弟的办法。对员工进行系统性的技能培训后，进行业绩考核，培养专业化环保人才，选拔人才，实现人才储备。通过培训，为运营持续性发展、服务标准提升、业务的拓展提供了强有力的支撑。

投资效益分析

一、投资情况

以西王金属 360m² 、莱钢 400m² 、日钢 600m² 三个BOO项目为例，如下表所列：

序号	项目名称	总投资/万元	其中，设备投资/万元	主体设备寿命/年	运行费用/(元/t)
1	西王 360m²	2408.45	1784.64	20	9.0
2	莱钢 400m²	4355.57	3019.4	20	9.86
3	日钢 600m²	5382.78	3608.58	20	9.09

二、环境效益分析

WESP深度净化装置取消了ESP传统的振打清灰方式，采取喷淋系统进行清灰，避免了二次扬尘的出现，同时电场中有水汽，可大幅降低粉尘比电阻，提高运行电压，因而能够实现接近零排放的目的。

另外，清灰工业废水直接进入石灰石-石膏湿法脱硫制浆系统，对周围环境未造成二次污染。

在相同的污染物减排效果下，实现污染物控制能耗及综合成本比现行水平降低20%以上，显著地减少了烧结烟气中的细微颗粒物和酸性雾滴对于自然资源和生态环境的影响，有效改善钢厂周边空气质量状况。

技术成果鉴定与鉴定意见

一、组织鉴定单位

山东省科学技术厅

二、鉴定时间

2013年3月22日

三、鉴定意见

受山东省科技厅委托，济南市科技局和山东省环保厅于2013年3月22日在日照主持召开了由山东国舜建设集团有限公司完成的“烧结脱硫湿烟气静电除雾深度净化技术开发与应用”项目技术鉴定会。鉴定委员会考察了现场，听取了项目组的相关汇报，审查了相关材料，经质询和讨论，形成鉴定意见如下：

(1) 提供的鉴定资料齐全、完整、规范，符合鉴定要求。

(2) 本项目成功开发了湿法脱硫和静电除雾一体化技术，解决了大烟气量湿法电除雾涉及的材料选择、工程设计优化、施工质量保障和运行维护等关键技术。

(3) 项目在铅锑合金放电极-蜂窝状玻璃钢接地极电极匹配、大流量条件下的烟气均布、基于湿法脱硫和电除雾一体化技术的多点自动控制方面，具有明显创新。

鉴定委员会认为，项目开发的烧结脱硫湿烟气静电除雾深度净化技术达到国际先进水平。

建议：进一步开展该技术协同控制多种污染物效果的研究。

推广情况及用户意见

一、推广情况

“烧结脱硫湿烟气静电除雾深度净化技术”已成功应用于日照钢铁、济南钢铁、莱芜钢铁、西王金属、新疆昆玉钢铁、陕西龙门钢铁、连云港亚新钢铁、天津特钢等26家钢铁企业，共计50余台烧结机脱硫除尘系统。烧结机脱硫除尘面积累计达8000m^2。按脱硫除尘面积计算，占山东烧结机脱硫除尘业绩的近80%，全国业绩的近23%。其中，日照钢铁有限公司$2\times360m^2$烧结烟气脱硫系统获得“山东省环境保护示范工程”和山东省安装质量最高奖“鲁安杯”。所有脱硫系统均实现了稳定运行，达标排放，无投诉、无污染事故发生，得到了省环保厅和各地环保部门的认可和好评。

另外，“烧结脱硫湿烟气静电除雾深度净化技术”还成功应用于华能淄博电厂、国电菏泽电厂、华电章丘电厂、国投天津北疆电厂、大唐电力七台河电厂等五大电力企业135MW、300MW、600MW、1000MW机组共计60多台超低排放改造工程、新建工程。其中，华能淄博脱硫除尘改造项目是2015年度山东省工业提质增效升级重点项目。

本项目通过不断创新，实现了工程产品化、产品商品化的新格局，产业化技术和产业化模式日趋成熟，应用前景广阔。

二、用户意见

采用脱硫和湿烟气静电除雾深度净化一体化技术，不但很好地控制了烟气中SO_2的排放，而且显著降低了烟尘的排放，有效改善了空气质量，为广大周边居民提供了良好的空气环境，无投诉、无污染事故发生。该一体化技术装备安全可靠、效率高、性能好，节能减排效果明显。设备运行稳定可靠，保持了良好的同步率，得到环保部门的充分认可。

获奖情况

2016年11月，获得山东省环境保护科学技术奖一等奖，授奖部门为山东环境科学学会。

技术服务与联系方式

一、技术服务方式

为了适用市场的不同需要，公司不断创新商业模式，摆脱了“项目总承包”工业烟气治理的传统理念，在商业模式上进行了大胆探索和尝试，主要运营模式有BOO（或BOT）模式、EPC项目总承包2种模式。引进“7S”的维护保养和定点定时服务理念，首次在全国范围内把BOO（建设-拥有-运营）模式应用于烧结机脱硫除尘领域，开创了全国之先河，为我国烧结机脱硫事业探索出了一个“一揽子”解决问题的好办法。国舜集团大胆引进并采用了BOO商业模式，从根本上强化了国舜集团的责任、权利和义务，把资金的压力和环保责任从污染企业转移到国舜集团。

二、联系方式

联系单位：山东国舜建设集团有限公司

联系人：赵民

地址：济南市长清区龙泉街中段路北

邮政编码：250300

电话：0531-87215932

传真：0531-87228816

E-mail：guoshunjszx@163.com

主要用户名录

应用单位	项目名称	应用规模
日照钢铁有限公司	$600m^2$ 烧结机烟气深度净化BOO项目	$600m^2$
莱芜钢铁集团有限公司	$400m^2$ 烧结机烟气深度净化BOO项目	$400m^2$
天津国投津能发电有限公司	1000MW机组湿式电除尘改造	1000MW
山东魏桥铝电有限公司	2×330MW机组湿式电除尘项目	330MW
华能德州电厂	2×330MW机组湿式除尘器改造	330MW

2017-26

技术名称

燃煤烟气氨法脱硫组合超低排放技术及装置

申报单位

亚太环保股份有限公司（简称“亚太环保”）

推荐部门

云南省环境保护产业协会

适用范围

该技术适用于不同煤质、不同含硫量和粒尘特性工况的工业锅炉烟气超低排放治理。

主要技术内容

一、基本原理

本项技术是利用氨法脱硫除尘超低排放组合工艺及装置以脱硫为主线，脱硫过程沿程治理同时除尘、脱 SO_3、脱 HF，并进一步实现协同治理 NO_x，烟气排放前以流体力学原理组合式超级除雾器取代投资大的湿式电除雾器，烟气达到超低排放。

本工艺与前置的烟气脱硝、除尘工艺能有机组合，有利于提高前置装置的去除效率。

本技术的工艺及装置包含烟气冷却、吸收、氧化、硫酸铵溶液浓缩为一体的串级式塔和外置的硫酸铵洗涤循环槽（结晶槽），燃煤 SO_2 烟气经脱硝除尘后进入洗涤降温段，利用亚硫酸盐氧化产生的硫酸铵溶液绝热蒸发冷却烟气至 50～60℃，控制硫酸铵溶液的密度、pH 值，对烟气湿法除尘，除 NH_3，除 SO_3、HCl、HF，硫酸铵溶液蒸发达微过饱和，进入结晶槽的硫酸铵溶液在结晶槽内稳定结晶，固体硫酸铵颗粒均匀。

经过洗涤降温的烟气进入吸收段，吸收段出口 SO_2 浓度＜$35mg/m^3$，利用亚硫酸盐的还原作用同时脱除一定量 NO_x。

烟气进入除氨雾段，利用循环工艺水洗涤溶解烟气中的雾滴和气溶胶，再进入组合式超级除雾器。超级除雾器利用流体力学和物理化学的技术原理，分别设置三级除雾，以渐进式设计从大到小去除雾滴，下级设波纹板规整填料除雾器，中级设带挡水栏液的折流板屋脊式除雾器，脱除粒径大于 $10\mu m$ 的粒子，上级设置两级丝网除雾器（第一级标准丝网，第二级高效型丝网），丝网层表面形成的液膜进一步脱除气溶胶，脱除粒径小于 $10\mu m$ 的雾滴，烟气出口尘含量＜$5mg/m^3$，实现超低排放。

1. NO_x 超低排放工艺

根据实际烟气中 NO_x 浓度，无锡热电采用选择性非催化还原（SNCR）技术，利用后续脱硫装置对剩余 NH_3 的接纳消化作用，提高了 SNCR 装置加氨量，控制脱硝设备操作参数，加上氨法脱硫过程可以进一步脱除 NO_x，可使烟气中 NO_x 排放浓度达到超低排放要求（＜$50mg/m^3$）。另外，除烟气中 NO_x 带入的剩余氨，还有原烟气中的 HCl、HF 以及新形成的气溶胶也需要进行后续处理。

2. SO_2 和烟尘超低排放及其他组分的沿程控制

经过脱硝、除尘后的燃煤烟气（130～150℃）进入洗涤降温段，利用硫酸铵溶液喷淋，绝热蒸发条件下使烟气降温至约 50℃，硫酸铵溶液达到微过饱和（去塔外结晶）。在该洗涤降温段，控制工艺条件，去除部分烟气带入的尘、SO_3、SO_3^{2-}、NH_3、HF、HCl。硫酸铵溶液中微量亚盐［占总溶解盐量＜1%的 $(NH_4)_2SO_3$、NH_4HSO_3］与 HF、HCl 发生反应，可以降低硫酸铵溶液中的亚盐组分，有利于提高硫酸铵产品的品质，反应原理：

$$(NH_4)_2SO_3 + 2HF(HCl) \longrightarrow 2NH_4F(Cl) + SO_2\uparrow + H_2O$$

$$NH_4HSO_3 + HF(HCl) \longrightarrow NH_4F(Cl) + SO_2\uparrow + H_2O$$

洗涤降温后的烟气进入脱硫塔吸收段，本工艺利用吸收液中浓度较高的$(NH_4)_2SO_3$吸收SO_2，技术原理：

$$(NH_4)_2SO_3+SO_2+H_2O \longrightarrow 2NH_4HSO_3$$

添加NH_3把吸收液中的NH_4HSO_3（对SO_2无吸收作用）再生还原为$(NH_4)_2SO_3$，反应过程：

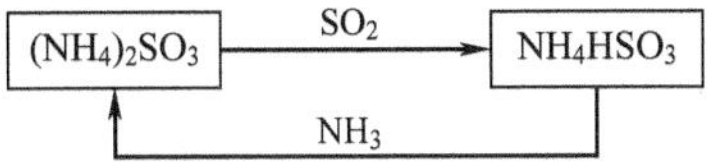

这是亚太环保有别于其他氨法工艺的特点，本技术与直接氨法吸收工艺相比NH_3的蒸气压小，可以减少氨逃逸量。

$(NH_4)_2SO_3$吸收的蒸气压：

$$P_{NH_3}=f[C_{(NH_4)_2SO_3}]$$

NH_3吸收的蒸气压：

$$P'_{NH_3}=f(C_{NH_3})$$

蒸气压比较：

$$P_{NH_3}<P'_{NH_3}$$

3. 组合式流体力学超级除雾器结构及设计原理

烟气湿法氨法脱硫是利用NH_3作为吸收剂或作为吸收剂$(NH_4)_2SO_3$的初始原料，脱硫效率高，但是NH_3的蒸气压大，生成的亚硫酸盐容易分解出氨，以游离氨或气溶胶的形式存在于排放烟气中，所以脱硫后排放烟气中氨浓度高、含尘高（包括气溶胶）、夹带大量水雾，而且各种颗粒物粒径分布广，造成浓烟拖尾和烟囱雨的二次污染。根据分析，烟气中存在：

① 游离氨；

② 燃煤烟气带入的机械尘；

③ 水雾滴中溶解的铵盐有$(NH_4)_2SO_4$、$(NH_4)_2SO_3$、NH_4HSO_3，以$(NH_4)_2SO_4$为主；

④ 气溶胶类（$<2.5\sim5.0\mu m$），由排放的游离氨、SO_2、铵盐与水雾形成的粒子。

燃煤锅炉超低排放技术的关键在于控制排放液滴量、烟尘浓度，难点则是控制脱硫装置本身产生的脱硫副产物颗粒物及以液体雾滴为载体的可溶性尘（铵盐及气溶胶）。

本除雾装置是基于从源头及过程综合控制污染物产生量，末端逐级分段削减排放的污染物，从而达到超低排放的要求，应用了下述基本过程：

（1）过程控制　锅炉炉内低氮燃烧烟气经 SNCR（或 SCR）脱硝后，首先强化烟气除尘，控制烟气尘含量$\leqslant 20mg/m^3$。烟气进入脱硫系统首先有效降低烟气温度，根据SO_2的气速、浓度合理控制吸收液的密度ρ、pH 值、吸收液量，在保证脱硫效率的前提下，控制NH_3的平衡分压和气溶胶的产生量，同时在湿法脱硫过程中进一步脱除烟气带入的机械尘约 70%。吸收液合理的组成控制还可进一步减少NO_x的排放量。

（2）设置氨除雾器　利用工艺水洗涤、高效填料实现气-液接触，回收微量氨和可溶硫酸盐，回收的液体返回脱硫系统。

（3）组合式超级除雾器　从大到小逐级除雾。

① 利用屋脊式的两级波形折流板除雾：利用离心力及撞击作用使雾滴合并，利用改进的两个部分除雾结构工艺尺寸的差别［参见专利“一种除雾装置”（ZL201520171498.8）］，第一部分脱除较大粒径（>15μm）的雾滴，第二部分脱除较小粒径（10～15μm）的雾滴；

② 两级多层丝网结构除雾：设置标准丝网、高效型丝网，利用高比表面积、弯曲孔道和液膜捕集的原理，脱除大部分气溶胶。

实现超低排放，全过程工艺控制污染到末端高效治理是本项技术的基本原则，实质是沿程控制和治理，按尘、雾的粒径从大到小逐级脱除。各项污染物的减排寓于整个工艺流程中，末端的超级除雾装置与脱硫塔连于一体置于塔上，依次包括了除氨雾器、除液滴（雾）器和除气溶胶设备。设备紧凑，投资仅为使用湿式电除雾器的1/4左右，系统阻力小，能量充分利用，运行费用低，对不同燃煤锅炉具有很好的适应性。

二、技术关键

燃煤是烟尘、二氧化硫、氮氧化物等大气污染物的主要排放源。燃煤锅炉实现超低排放，主要是SO_2、NO_x、尘达到燃气轮机排放限值，燃煤烟气超低排放主要解决的问题就是降低烟尘的排放浓度，即降低排放烟气中的可溶性颗粒物——铵盐及气溶胶的浓度。

燃煤锅炉超低排放技术的关键在于排放烟尘浓度的控制，而排放烟尘的控制关键在于脱除机械尘，难点是控制脱硫装置本身产生的脱硫副产物颗粒物，即可溶性尘（盐类及气溶胶），以及由排放的游离氨（NH_3）、SO_2、盐类与水雾形成的粒子。亚太环保针对氨法脱硫技术的特点研发了超低排放组合工艺及装置，对脱硫过程实施沿程控制工艺，基于从源头及过程综合控制污染物产生量，末端逐级分段削减排放的污染物，实现稳定脱硫，控制游离氨的逸出，减少气溶胶的产生量，严格控制水雾并减少水雾中的可溶硫酸盐，从而达到超低排放的要求。

亚太环保利用流体力学惯性力的原理，开发了超级除雾器，运用洗涤凝聚、重力分离、离心力惯性分离、多层液膜形成并阻滞气溶胶的组合式超级除雾技术对不同粒径的尘粒、雾滴分级进行分离，取得了实际的效果，将烟气中携带的微小颗粒物捕集下来，降低烟尘的排放浓度，具有压降小、除雾效率高的特点。对于5μm以上的雾滴，其去除效率可达到99%以上；对于3～5μm以上的雾滴，其去除效率可达到95%以上；对于1～3μm即气溶胶也有一定的去除能力。

亚太环保遵循绿色发展的要求，按全过程控制、清洁生产和高效治理的理念，坚持综合治理与末端治理相结合，开发的组合式超级除雾装置，设备投资上仅为安装湿式电除雾器的1/4左右，占地面积小、阻力小、能耗低、无污水处理问题，运行费用也远低于湿式电除雾器。

该技术已在燃煤烟气治理工程中应用，适用于不同煤质、不同含硫量和不同粒尘特性的工况，排放的尘浓度≤5mg/m³、≤10mg/m³、≤20mg/m³，环保投资和运行费用低，是利于企业发展的污染控制技术和环保管理技术，对超低排放技术的发展有着重要的意义。

典型规模

治理2×100t/h+2×150t/h循环流化床锅炉（三开一备）烟气，处理烟气量480000m³/h。

主要技术指标及条件

以无锡友联热电股份有限公司建成锅炉烟气超低排放项目为例。

一、技术指标

在无锡友联热电股份有限公司建成锅炉烟气超低排放装置：

(1) 系统处理烟气量480000m³/h。

(2) 经江苏省环境监测中心监测，污染物排放浓度为：SO_2 7.53mg/m³、烟尘3.4mg/m³、NO_x 28mg/m³。主要污染物排放浓度低于天然气锅炉及燃气轮机组的排放标准（粉尘、SO_2、NO_x 排放浓度分别不超过5mg/m³、35mg/m³、50mg/m³）。

(3) 经江苏省环境监测中心监测，氨逃逸浓度（标态、干基、6% O_2）为1.68mg/m³，雾滴浓度≤15mg/m³。

二、条件要求

设计基础参数

序号	项目	单位	参数
1	脱硫塔入口烟气量	m³/h	480000(三台锅炉标态、额定)
2	脱硫塔入口 SO_2 浓度(6%氧量)	mg/m³	≤1200
3	脱硫塔入口 NO_x 浓度(6%氧量)	mg/m³	≤50
4	脱硫塔入口烟尘浓度(6%氧量)	mg/m³	≤18
5	脱硫塔出口 SO_2 浓度(6%氧量)	mg/m³	≤35
6	脱硫塔出口 NO_x 浓度(6%氧量)	mg/m³	≤50
7	脱硫塔出口烟尘浓度(6%氧量)	mg/m³	≤5

主要设备及运行管理

一、主要设备

序号	设备名称	规格及型号	主要材质	单位	数量	备注
	工艺设备					
1	工艺水泵	Q=300m³/h,H=48m	2605N	台	3	2用1备

续表

序号	设备名称	规格及型号	主要材质	单位	数量	备注
2	地坑泵	$Q=5m^3/h, H=10m$	UHMWPE	台	1	
3	流化床引风机		316L	台	1	
4	尾吸塔(改造)	含超级除雾器和平板除雾器	FRP	台	2	
5	烟囱改造		FRP	台	2	
	电气设备					
1	电动机回路改造	电机功率 1.5kW,直起		台	1	
2		600×1000×2200,110kW		台	3	
3	软启动柜	600×1000×2200,132kW		台	1	
4	现场控制箱	按原工程要求配置		台	6	
	仪表设备					
1	压力变送器	测量元件:哈C带阀组输出信号:4～20mA+HART 排气排液阀和接头:316SS		台	8	
2	隔膜压力变送器	测量元件:316L 输出信号:4～20mA+BRAIN 隔离膜片材质:316L涂F46毛细管长度:5m 排气排液阀和接头:316SS		台	4	
3	耐震不锈钢压力表	M20×1.5 主要材料:316SS		台	1	
4	电磁流量计			台	2	
5	雷达液位计	输出信号:4～20mA 测量范围:0～1500mm		台	1	
6	顶导向电动单座调节阀	阀芯类型:压力不平衡型PN1.6 阀体:304SS 阀芯:316L 带电动执行机构、连接法兰和紧固件,带手轮,*DN*25		台	4	
7	pH测量仪	测量电极形式:复合电极、耐HF玻璃 带自动伸缩式护套、自动冲洗装置		台	2	
8	控制系统(在原系统基础上扩容)			套	1	

二、运行管理

加强管理人员和操作人员培训。经过认真培训和实际生产操作，技术单位研究、设计人员即时到现场解决问题、指导生产，超低排放装置管理人员、操作人员熟练掌握生产工艺管理和操作技术。

制定和完善生产操作规程和相应的规章制度。运行过程中，认真落实各项规章制度，做好设备的维护管理，确保长期运行。同时，解决好生产中出现的问题，提升操作水平。

投资效益分析（以无锡友联热电股份有限公司锅炉烟气超低排放改造项目为例）

治理 2×100t/h＋2×150t/h 循环流化床锅炉（三开一备）烟气，处理烟气量 $480000m^3/h$。

一、投资情况

总投资：850 万元。其中，设备投资 560 万元。

主体设备寿命：30 年。

运行费用：210 万元/年。其中：

① 20%氨水消耗：脱除 1t SO_2 需消耗 20%氨水 2.74t。

② 电耗：脱除 1t SO_2 需消耗电 1790kW·h。

③ 水耗：脱除 1t SO_2 需消耗水 40.5t。

④ 蒸汽耗量：脱除 1t SO_2 需消耗蒸汽 0.62t。

二、经济效益分析

(1) 超低排放改造项目实施后，企业每发 1kW·h 电获得政府补贴 0.01 元，每年有 293.52 万元的补贴收入。

(2) 本超低排放改造项目回收 SO_2 产硫酸铵化肥 106.92t/a，价格按 600 元/t 计算，可实现销售收入 6.4 万元/年。

(3) 本超低排放改造项目设计规模为：SO_2 减排 51.84t/a；NO_x 减排：172.8t/a；烟尘减排 41.47 万吨/年。可节省环境保护税（排污税费）支出 30 万元/年左右。

(4) 本项目不设置湿式电除尘，首次提出低投资成本、低运行成本，使燃煤锅炉烟气污染物达到超低排放的技术。本项目改造投资低、对原装置影响小、能耗低、运行成本低，降低了企业的环保治理投入。

综上所述，本项目平均年度利润总额为 87.65 万元，所得税 29.91 万元，净利润 65.74 万元。使企业在提高节能环保水平的同时，提高了企业经济效益。

三、环境效益分析

本项目实施后，实现燃煤机组排放氮氧化物$\leqslant 50mg/m^3$、二氧化硫$\leqslant 35mg/m^3$、烟尘$\leqslant 5mg/m^3$，节能减排效果显著，将对无锡市的环境质量改善有积极贡献，对超低排放技术的发展有着重要的意义。

超低排放是燃煤企业切实履行环境质量和公众健康的社会责任，随着超低排放技术向全国电厂的推广，将积极推动资源利用方式的根本性转变，加快建设资源节约型和环境友好型企业，促进生态文明建设，将产生十分巨大的环境效益和社会效益。

技术成果鉴定与鉴定意见

一、组织鉴定单位

中国环境保护产业协会

二、鉴定时间

2016年3月28日

三、鉴定意见

2016年3月28日，中国环境保护产业协会在北京组织召开了亚太环保股份有限公司牵头研发，无锡友联热电股份有限公司、西安大唐电力设计研究院有限公司参与实施的“燃煤烟气氨法脱硫组合超低排放技术及装置”技术成果鉴定会。与会专家听取了研发单位的汇报，审阅了相关技术资料。经质询和讨论，形成如下意见：

(1) 提供的资料齐全，符合鉴定要求。

(2) 该成果采用循环流化床＋烟气再循环低氮燃烧结合SNCR技术控制氮氧化物排放，袋式除尘＋脱硫后多级机械式除雾控制细颗粒物排放，氨-硫酸铵法实现高效脱硫，其工艺技术路线可行。

(3) 该工艺技术在无锡友联热电股份有限公司锅炉烟气净化项目中得到应用，经江苏省环境监测中心检测，主要污染物SO_2、烟尘、NO_x排放浓度达到《火电厂大气污染物排放标准》(GB 13223—2011) 特别排放限值的要求。该技术适用于燃用中低硫煤燃煤锅炉的超低排放治理。

(4) 该技术与装置集成度与治理效果较好，具有投资成本低、占地面积小等优点，工程已通过无锡市环保局项目竣工环境保护验收。

综上所述，该成果为燃煤烟气超低排放治理提供了一种高效实用的工艺设备，在同类技术领域中达到国际先进水平。

建议：根据不同煤种、烟气SO_2浓度、烟气量及处理工艺的差异，进一步优化装置结构和工艺参数，加快该成果的推广应用。

推广情况及用户意见

一、推广情况

已推广应用到8家企业，已建成和在建近20套装置，主要有：

(1) 无锡友联热电股份有限公司，锅炉烟气超低排放改造项目，处理烟气量$480000m^3/h$；

(2) 宁波明州热电有限公司，锅炉烟气烟尘超低排放改造项目，处理烟气量$620000m^3/h$；

(3) 宁波光耀热电有限公司，锅炉烟气脱硫除尘超低排放改造项目，处理烟气量$1080000m^3/h$；

(4) 灵谷化工有限公司，480t/h＋2×260t/h锅炉氨法脱硫技改（超低排放）项目，处理烟气量$1170000m^3/h$；

(5) 山东晋煤明水化工集团有限公司，洁净煤气化项目热电站4×150t/h炉烟气氨法脱硫（超低排放）工程，处理烟气量$800000m^3/h$。

二、用户意见

1. 无锡友联热电股份有限公司

无锡友联热电股份有限公司锅炉烟气超低排放改造项目，经招标，由亚太环保股份有限公司总承包。2# 塔和 1# 塔分别于 2015 年 8 月和 12 月投产，采用亚太环保股份有限公司开发的“燃煤烟气氨法脱硫组合超低排放技术及装置”，系统处理烟气量 480000m^3/h，经江苏省环境监测中心监测，污染物排放浓度为 SO_2 7.53mg/m^3、烟尘 3.4mg/m^3、NO_x 28mg/m^3；主要污染物排放浓度低于天然气锅炉及燃气轮机组的排放标准（粉尘、SO_2、NO_x 排放浓度分别不超过 5mg/m^3、35mg/m^3、50mg/m^3）。整个项目于 2016 年 1 月 19 日通过竣工环境保护验收。

此项目为较低成本改造，装置运行稳定可靠，达到长周期运行效果，促进热电行业燃煤机组长远发展，在热电行业中具有重要的示范意义。

2. 宁波明州热电有限公司

项目 2016 年 11 月投产，经 168h 性能考核合格，各项性能指标达到或优于超低排放改造技术协议要求。净烟气排放各项参数达到超低排放标准。装置操作简单，自动化程度高，运行费用低，运行稳定。

技术具有良好的环境、社会和经济效益，技术具有推广价值。

获奖情况

（1）技术通过中国环境保护产业协会组织的科技成果鉴定，获原环境保护部科技标准司颁发的“环境保护科技成果证书”。

（2）技术被中国产学研合作促进会授予“2016 年中国产学研合作创新成果优秀奖”。

技术服务与联系方式

一、技术服务方式

（1）项目 EPC 总承包模式；

（2）EP＋部分 C 模式，即由亚太环保承担工程设计、设备采购供货、部分核心非标设备的安装，其他土建及辅助设备由业主完成建筑安装等工程；

（3）EPC＋保运，投运后，亚太环保派遣技术人员参与生产管理，保证性能；

（4）E＋脱硫塔模式。

二、联系方式

联系单位：亚太环保股份有限公司

联系人：周锡飞

地址：昆明国家高新技术产业开发区科技路 199 号

邮政编码：650118

电话：0871-68024998-2088

传真：0871-68024992

E-mail：yt20050518@126.com

主要用户名录

（1）无锡友联热电股份有限公司；

（2）宁波明州热电有限公司；
（3）宁波光耀热电有限公司；
（4）灵谷化工有限公司；
（5）山东晋煤明水化工集团有限公司；
（6）中石油克拉玛依石化分公司；
（7）绥化象屿金谷生化科技有限公司；
（8）盘锦市辽河富腾热电有限公司。

2017-27

技术名称

氨法脱硫协调声波凝并强化除雾技术

申报单位

江苏新世纪江南环保股份有限公司

推荐部门

中国环境保护产业协会脱硫脱硝委员会

适用范围

适用于燃煤发电机组氨法烟气脱硫。

主要技术内容

一、基本原理

氨法烟气脱硫是利用氨作为吸收剂，脱除烟气中的二氧化硫的过程。氨法脱硫技术属新型清洁技术，近年来发展迅速。在本申报书所申报“氨法脱硫协同控制超低排放成套技术”研发之前，江南环保已有多套氨法烟气脱硫装置稳定运行，脱硫塔出口二氧化硫与总尘（颗粒物）浓度满足 GB 13223—2011《火电厂大气污染物排放标准》特别排放限值要求。

氨法脱硫协同控制超低排放成套技术，是在既有氨法烟气脱硫技术的基础上，综合应用高效喷淋、高效气液分布、高效氧化、高效加氨技术对吸收系统进行提效，降低二氧化硫含量并显著减少气溶胶和游离氨的产生。同时，采用洗涤凝聚、声波凝并两种细微颗粒物粒径增大技术，对载尘烟气进行细微颗粒物粒径增大预处理，从而大大提升细微颗粒物的去除效果。最后经专利技术的多级高效除雾器，高效去除二氧化硫及颗粒物，实现二氧化硫和总尘超低排放要求，即《煤电节能减排升级与改造行动计划（2014—2020 年）》所要求的燃煤发电机组大气污染物排放浓度达到燃气轮机组排放限值。

二、技术关键

（1）高效喷淋、高效气液分布技术　通过优化升级吸收塔内部结构、调整液气比、改善气液分布、提高喷淋覆盖率等措施，来实现二氧化硫吸收提效，保证更高的氨利用率。

（2）高效氧化与加氨控制技术　采用分段控制、分室加氨、高效氧化技术和多点加氨、自动加氨技术，优化吸收与氧化工艺，从源头上控制氨逃逸与气溶胶。

（3）先进的凝集凝并技术　选取合适频率与声强的超声波，使烟气中的细微颗粒物在一定的喷淋条件与声场中同时发生洗涤凝聚与声波凝并。通过这两种细微颗粒物粒径增大技术，对烟气进行细微颗粒物粒径增大预处理，从而大大提升细微颗粒物的去除效果。

（4）高效除雾技术　设置高效细微颗粒物控制系统，选择合理的气速，采用专利技术高效除雾器对脱硫后烟气中的雾滴等细微颗粒物有效脱除，减少细微颗粒物排放。对于直径为 1.0μm 的液滴，脱除效率可达 98%以上。

（5）满足严格的排放标准　本技术可使烟气污染物排放浓度满足《煤电节能减排升级与改造行动计划（2014—2020 年）》提出的超低排放要求，使二氧化硫排放浓度 $\leqslant 35mg/m^3$，总尘排放浓度 $\leqslant 5mg/m^3$。本技术可使烟气氨逃逸浓度 $< 3mg/m^3$，氨回收率 $\geqslant 99\%$。

脱硫系统后不需增加湿式电除尘设备，节约投资与运行成本；无废水、废渣等二次污染；运行稳定。

推广情况

本技术已在 37 个企业（集团）实施，包括超低排放装置 108 套。

联系方式

联系单位：江苏新世纪江南环保股份有限公司
联系人：张楠
地址：南京市江宁区苏源大道 29 号
邮政编码：211100
电话：025-52763868
E-mail：zhangnan@jnhb. com

2017-28

技术名称

燃煤烟气干式超低排放技术及装置

申报单位

福建龙净环保股份有限公司

福建龙净脱硫脱硝工程有限公司

推荐部门

福建省环境保护产业协会

适用范围

主要用于燃煤电站及工业燃煤锅炉超低排放治理，也可推广应用于烧结球团、焦化、玻璃、炭素煅烧焙烧、催化裂化、炭黑尾气、垃圾焚烧等诸多领域的烟气治理。

主要技术内容

一、基本原理

“燃煤烟气干式超低排放技术及装置”以循环流化床反应器为核心，依托于反应器内激烈湍动颗粒床层高效的低温协同氧化、吸收吸附双重净化、细微颗粒物凝并功效，并有机结合 SNCR/SCR 和超滤布袋除尘技术，在装置内实现 SO_2、SO_3、NO_x、HCl、HF、粉尘、重金属等多种污染物的高效协同净化与超低排放。工艺流程（图 1）如下：锅炉（低氮燃烧/SNCR/SCR）→预电除尘器→循环流化床反应器→布袋除尘器→引风机→烟囱。

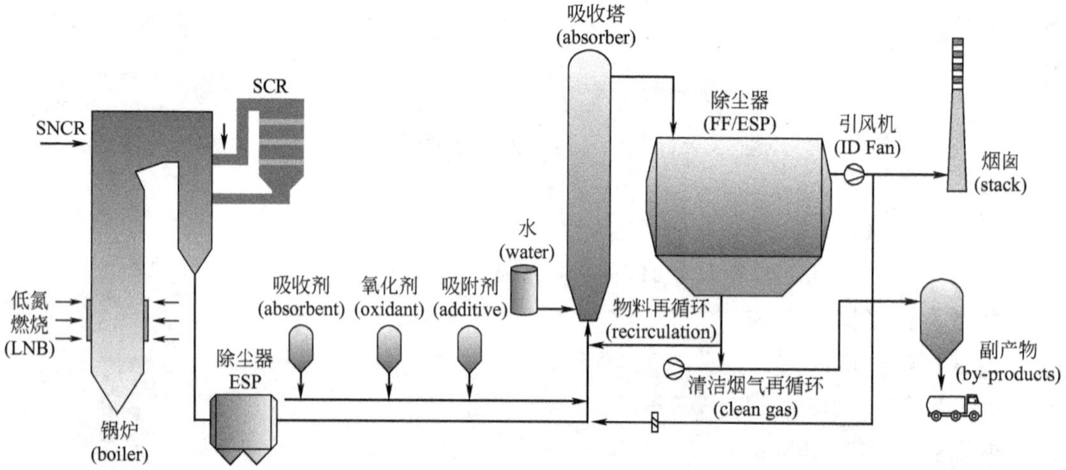

图 1 “燃煤烟气干式超低排放技术及装置”工艺流程

二、技术关键

(1) 高效流化床净化技术　在流化床反应器内创造了良好的气固液三相反应条件，依托于高密度、大比表面积、剧烈湍动的固体床层颗粒，为多污染物的高效协同脱除提供基本保证。

(2) 流化床造粒技术＋超滤布袋技术　通过“流化床造粒技术＋超滤布袋技术”协同作用，有效脱除 $PM_{2.5}$ 等超细颗粒，粉尘排放浓度小于 5mg/m^3。

(3) 循环氧化吸收协同脱硝技术　自主开发低温循环氧化吸收技术，与 SNCR/SCR 等脱硝技术有机组合，保证全工况 NO_x 的超低排放要求。

（4）多污染物协同增效净化技术　通过流化床反应器内催化氧化、吸附、吸收等多种净化机制，并协同超滤布袋除尘器滤饼层的提效作用，实现 SO_3、重金属 Hg 等多种污染物的高效脱除。

（5）智能控制技术　集成大量智能仪表、传感器、精密传动装置，形成智能化监测与控制系统。通过智能化控制与主机联动生产，大大减少了人工的操作，降低了系统能耗，实现燃煤烟气多污染物经济高效的超低排放。

典型规模

50～300MW 不同等级燃煤机组（CFB 锅炉）。

主要技术指标及条件

一、技术指标

“燃煤烟气干式超低排放技术及装置”可实现 SO_2、SO_3、NO_x、HCl、HF、烟尘、重金属等多种污染物高效协同脱除与超低排放，且没有废水产生。主要技术指标如下：

（1）NO_x 排放小于 $50mg/m^3$；

（2）SO_2 排放小于 $35mg/m^3$；

（3）烟尘排放小于 $5mg/m^3$；

（4）SO_3（硫酸雾）排放小于 $5mg/m^3$；

（5）汞及其化合物排放小于 $3\mu g/m^3$；

（6）废水零排放。

二、条件要求

符合相关技术标准。

主要设备及运行管理

一、主要设备

“燃煤烟气干式超低排放技术及装置”主要包括循环流化床系统、布袋除尘器系统、脱硝系统、引风机系统、吸收剂制备及供应系统、工艺水系统、物料循环及外排系统、烟气系统、电气系统、仪控系统等。

二、运行管理

燃煤烟气干式超低排放装置运行以系统运行维护手册为指导，并建立完善的运行管理制度。整套装置通过智能化控制与主机联动生产，实现燃煤烟气多污染物经济高效的超低排放。

投资效益分析（以华电永安发电有限公司 2×300MW 燃煤机组超低排放工程为例）

一、投资情况

总投资：12846.6 万元。其中，设备投资 8993.8 万元。

主体设备寿命：30 年。

运行费用：约 0.022 元/(kW·h)。

二、经济效益分析

按单台机组满负荷年运行 5500h 计算，缴纳的排污费用可减少约 1070 万元/年，超低排放电价补贴可增收约 1650 万元/年，经济效益显著。

三、环境效益分析

对 SO_3、HCl、HF、多种重金属等多种污染物具有高效协同脱除作用。此外，利用“流化床造粒技术＋超滤布袋技术”的协同作用，对 $PM_{2.5}$ 等细微颗粒物也能高效脱除。

整个净化过程为干态，无废水排放；出口烟温高于露点 15℃以上，烟气不需再热，排烟透明，无视觉污染。

技术成果鉴定与鉴定意见

一、组织鉴定单位

中国环境保护产业协会

二、鉴定时间

2015 年 7 月 25 日

三、鉴定意见

该成果为燃煤烟气的超低排放提供了一种高效、实用的工艺技术和装置，技术整体达到国际领先水平。

建议：进一步优化装置结构和工艺参数，加快该成果在烟气超低排放净化领域的推广应用。

推广情况及用户意见

一、推广情况

“燃煤烟气干式超低排放技术及装置”应用业绩已达 60 余台套，该技术正逐步推广至烧结球团、焦化、玻璃、炭素煅烧焙烧、催化裂化、炭黑尾气、垃圾焚烧等诸多领域的烟气治理。

二、用户意见

“燃煤烟气干式超低排放技术及装置”运行稳定高效，实现了“50355＋530”优于燃气排放标准的超低排放，即 $NO_x<50mg/m^3$、$SO_2<35mg/m^3$、烟尘$<5mg/m^3$、硫酸雾$<5mg/m^3$、$Hg<3\mu g/m^3$、零废水，为净化蓝天及环境质量的改善做出了相应贡献。

技术服务与联系方式

一、技术服务方式

现场安装指导、调试服务、运行技术培训。

二、联系方式

联系单位：福建龙净环保股份有限公司

联系人：余晓锋

地址：龙岩市新罗区工业中路 19 号

邮政编码：364000

电话：0597-2210686

传真：0597-2210686

E-mail：13860260143@139.com

主要用户名录

（1）中国石油化工股份有限公司广州分公司（2×420t/h CFB 锅炉超低排放工程；2×220t/h 煤粉锅炉超低排放工程）；

（2）福建华电永安发电有限公司（2×300MW 机组超低排放工程）；

（3）神华福能（福建雁石）发电有限责任公司（2×300MW 机组超低排放工程）；

（4）大同煤矿集团同达热电有限公司（2×330MW 机组超低排放工程）；

（5）杭州杭联热电有限公司（3×75t/h CFB 锅炉超低排放工程；2×130t/h CFB 锅炉超低排放工程）。

2017-29

技术名称

镁法脱硫副产物回收硫酸镁技术

申报单位

常州联慧资源环境科技有限公司

推荐部门

中国环境保护产业协会脱硫脱硝委员会

适用范围

本技术主要应用于镁法脱硫废水的处理，采用清液浓缩技术，对脱硫液进行浓缩、结晶生产工业级七水硫酸镁，实现了脱硫产物的资源化利用。

主要技术内容

一、基本原理

镁法烟气脱硫废水硫酸镁溶液经过烟气蒸发提浓后，温度在 60℃左右，含量为30%～35%。从浓缩池输送到除杂分离器，进行除杂分离。分离后的溶液送入结晶釜进行冷却结晶，冷却至30℃左右，硫酸镁结晶从溶液中析出。冷却结晶后送入离心机中进行脱水分离。离心分离之后的硫酸镁经干燥、称重包装，作为合格产品对外销售。

二、技术关键

本项目的关键技术体现在以下几个方面：

（1）镁法脱硫废水的提浓技术　该项技术主要针对镁法烟气脱硫副产物硫酸镁溶液进行提浓的过程，通过脱硫系统进口高温烟气与低浓度硫酸镁溶液充分接触，蒸发溶液中的水分，以达到提高硫酸镁浓度及溶液温度的目的。

该技术环节关键控制点：一是在换热过程中防止浓缩液在循环过程中形成过饱和溶液后在烟道中生成结晶体；二是需要控制烟气均布、烟气流速，防止液滴夹带影响提浓效率。

该项技术在不采用外部热能的情况下，仅使用脱硫系统进口烟气热量将硫酸镁溶液达到提浓及升温的效果，大大降低了能源的消耗，降低回收成本，在同行业内尚未有先例。

（2）硫酸镁溶液中杂质的去除　由于本技术主要针对镁法烟气脱硫副产物进行回收处理，其中回收溶液中含有大量其他杂质（铁、氯及其他重金属），需要将溶液中杂质去除。

该项技术采用轻烧氧化镁作为调整浓缩液 pH 值的碱性药剂，将溶液中金属离子通过调节 pH 值的手段去除，在调节溶液 pH 值的同时不另外增加其他离子。该除杂池既是一个反应器，同时也是一个换热器，需控制氧化镁在除杂池内的停留时间，防止其在除杂池内温度下降过快而结晶。

在后续的离心甩滤过程中，通过控制离心过程，降低产品表面水含量，减少杂质的附着。该项技术有效降低产品中的杂质，提高产品纯度，取得了良好的效果。

（3）硫酸镁产品质量控制　在硫酸镁溶液冷却结晶的过程中，需要通过控制各项参数来保证结晶产品的形态和质量。该项技术通过冷却结晶的物理特性，有效控制在冷却过程中的各项技术参数，通过改变结晶釜搅拌桨样式、结晶釜搅拌桨的转速、降温冷却速率、终点温度等参数，提高七水硫酸镁产品形态和质量，提高收率。

经正交分析及实验数据分析，在采用锚式搅拌桨、搅拌桨的转速控制在45～50r/min、降温速率控制在4～6℃/h的条件下，硫酸镁结晶体的形态最佳，产品中85%以上硫酸镁晶体粒径大于30目。

该项技术通过控制冷却结晶过程的各项参数，提高了产品的形态和质量，提高了产品的收率，最终产品完全达到工业级硫酸镁优等品的品质要求。

典型规模

以钢铁厂一套180m^2烧结机烟气脱硫装置为例，每年产生脱硫废水约40000t，采用本技术后，可以削减废水排放量80%，回收工艺级七水硫酸镁8000t/a。脱硫产物处理装置投资约500万元，实现年收益130万元，投资回报期不到4年，具有良好的投资回报效益。

主要技术指标及条件

一、技术指标

七水硫酸镁技术指标：硫酸镁（以 $MgSO_4 \cdot 7H_2O$）≥99%；氯化物（以 Cl 计）≤0.2%；铁（以 Fe 计）≤0.003%；不溶物≤0.05%。

二、条件要求

（1）烟气温度　由于脱硫废水浓缩主要靠进入脱硫系统烟气含有的热量来汽化循环清液，所以要求脱硫烟气温度不低于 120℃，烟气温度过低，蒸发量不足，无法有效浓缩，则脱硫产物的收率过低。

（2）入口烟气中 SO_2 浓度　入口原烟气中 SO_2 浓度不低于 400mg/m³，烟气中 SO_2 浓度过低则脱硫循环液中硫酸镁积累缓慢，而氯离子浓度则一直在积累，由于需要控制循环液中氯离子浓度，外排氯离子时带走大量硫酸镁，影响到硫酸镁的收率。

主要设备及运行管理

一、主要设备

名称	规格/型号/参数	基本材质	数量
浓缩烟道	规格：长度 23.3m，最高处 7.1m	碳钢内衬玻璃鳞片	1
浓缩喷淋泵	型号：100FDU-50-100/20-C3； 流量：100m³/h；扬程：20m；功率：25kW	塑料泵	3
浓缩池	规格：6000mm（长）×2000mm（宽）×3000mm（深）	混凝土内衬玻璃鳞片	1
浓缩输送泵	型号：40FUH-50-15/50-U1/U1-T2； 流量：15m³/h；扬程：50m；功率：11kW	塑料泵	2
除杂分离器	规格：7000mm（长）×3500mm（宽）×3500mm（高）	316L	1
浓缩清液液下泵	型号：65FYUC-50-45/30-1500+1200； 流量：45m³/h；扬程：30m；功率：15kW	塑料泵	2
结晶釜	12m³，罐体外壁夹套冷却	釜体 316L	6
结晶釜搅拌	40r/min，功率 11kW，框式搅拌		6
离心机	PAUT1250；最大装料量：610kg；转速：970r/min；功率：30kW		1
PAM 配料罐	200L 塑料桶	塑料	1
硫酸镁料仓	80m³	碳钢	1
母液储罐	体积：2m³； 规格：Ø1200×1800	碳钢	1
母液外排泵	型号：CDL12/5； 流量：10m³/h；扬程：30m；功率：3kW	碳钢	1
滤液输送泵	型号：TL65/20； 流量：40m³/h；扬程：15m；功率：3kW	碳钢	1

二、运行管理

为保证硫酸镁生产系统各设备正常运行，需配备相应的操作、维护、检修人员。本系统技术含量高，全装置为PLC控制。

部分高层次的人才担任管理人员。组建一支既具有理论基础知识又懂实际操作的高素质队伍。操作人员上岗前，应完成基础理论知识培训、设备操作和维修的培训，经考试合格。

本设计按系统正常操作、维护的人员、设备检修由厂检修工段统一考虑，系统人员配置如下表所列。

岗位与工种	一班	二班	三班	替换班	小计
操作工/人	3	3	3	3	12

投资效益分析（以常州东方特钢项目/工程为例）

一、投资情况

总投资：500万元。其中，设备投资350万元。

主体设备寿命：20年。

运行费用见下表：

序号	项目	数量	单位	单价/元	费用/万元
一	年产量	8000	t/a	420	336.00
二	生产成本				
1	电耗	240000	kW·h/a	0.56	13.32
2	蒸汽	362.01	t/a	135.15	4.89
3	包装	160000	只/a	1.20	19.20
4	维修	1	项	400000	40.00
5	管理费	1	项	500000	50.00
6	销售费用	8000	t/a	20.00	16.00
7	人工	12	人	50000	60.00
	成本合计				203.41
三	年收益				132.59

二、经济效益分析

本脱硫副产物处理装置投资500万元，设计七水硫酸镁生产能力10000t/a，实际生产工业级七水硫酸镁8000t，年净收益132.59万元。投资回报期不足4年。

三、环境效益分析

本脱硫副产物处理装置投资500万元，设计脱硫废水处理能力50000t/a，实际处理 40000t/a，实现废水减排量 3.25 万吨，生产七水硫酸镁 8000t，脱硫产物实现资源化利用，具有明显的社会效益。

推广情况及用户意见

公司自成立以来，就潜心于亚硫酸镁法烟气或废气的脱硫工艺和脱硫产物综合利用研究工作，历经近 10 年，已在该国际前沿技术研究上拥有深厚的技术积累。

（1）在技术方面　自主研发的“亚硫酸镁清液法烟气脱硫技术”和“镁法脱硫副产物回收硫酸镁技术”，是企业核心技术与创新成果，目前两项技术成果均获得国家发明专利，打破了以往对国外技术的依赖及桎梏，引领国内脱硫技术及脱硫废弃物综合利用方面取得飞跃性进步。

（2）在应用方面　本实用技术通过使用脱硫系统内部烟气蒸发浓缩及结晶釜冷却结晶，使得脱硫产物的处理在不使用外部热能的前提下，回收工业级七水硫酸镁产品，减少脱硫废水的处理，相对比脱硫液直接排放，该生产工艺不会造成环境污染，实现了脱硫产物的资源化，节约了大量的水资源，降低了脱硫产物处理的能源消耗，整体降低脱硫运行成本，其需求量大，利用前景广阔，有着明显的经济、社会价值。目前，该技术已经成功在中天钢铁、东方特钢、金隆同业、紫金铜业等烟气脱硫工程项目中得到应用，并受到了客户的一致好评与认可。

获奖情况

本实用技术 2015 年获得安徽省科技进步一等奖，2016 年获得了常州市工业支撑计划的立项支持。

技术服务与联系方式

一、技术服务方式

EPC 模式——工程设计、设备采购、工程建设、安装调试。

BOT 模式——项目投资、工程建设、工程运营、项目移交。

二、联系方式

联系单位：常州联慧资源环境科技有限公司

联系人：唐燕

地址：江苏省常州市新北区通江路 367 号太阳城商务中心 1201 室

邮政编码：213022

电话：15189704150

传真：0519-85607883

E-mail：63365863@qq.com

主要用户名录

中天钢铁、东方特钢、金隆同业、紫金铜业。

2017-30

技术名称

燃气锅炉超低氮燃烧技术

申报单位

北京泷涛环境科技有限公司

推荐部门

北京市环境保护产业协会

适用范围

工业及供暖燃气锅炉

主要技术内容

一、基本原理

燃烧过程中 NO_x 的生成可以分为热力型 NO_x（thermal NO_x）、快速型 NO_x（prompt NO_x）、燃料型 NO_x（fuel NO_x）、N_2O 中间型 NO_x 和 NNH 型 NO_x 五种机理。天然气中含氮量较低，燃烧温度高，NO_x 来源主要为热力型 NO_x。热力型 NO_x 是指燃烧过程中，空气中 N_2 在高温下氧化生成 NO_x。关于热力型 NO_x 的生成机理一般采用泽尔多维奇机理。

热力型 NO_x 生成机理在高温燃烧中起支配作用，化学当量比可以在很宽的当量比内变化。在热力型机理中，温度是支配 NO_x 生成的关键性变量。当温度低于1500℃时，热力型 NO_x 的生成量很少；高于 1500℃时，温度每升高 100℃，反应速率将增大 6～7 倍。在实际燃烧过程中，由于燃烧室内的温度分布是不均匀的，如果有局部高温区，则在这些区域会生成较多的 NO_x，它可能会对整个燃烧室内的 NO_x 生成起关键性的作用。因此在炉膛中，为了抑制 NO_x 的生成，除了降低炉内平均温度外，还必须设法使炉内温度分布均匀化，避免局部高温。

天然气燃烧过程中快速型 NO_x 生成也占一定比例。快速型 NO_x 的生成机理与烃类的燃烧密切相关。费尼莫尔最早发现 NO 在层流预混火焰的火焰区域中快速地产生，且是在热力型 NO_x 形成之前就已形成，他将这种快速形成的 NO_x 命名为快速型 NO_x。现有低 NO_x 燃烧技术主要围绕如何降低燃烧温度、减少热力型 NO_x 的生成展开，同时考虑了通过初期快速混合以减少快速型 NO_x 生成。其主要技术包括分级燃烧、贫燃预混燃烧、烟气再循环、旋流燃烧、无焰燃烧等。

热力型 NO_x 生成在很大程度上取决于燃烧温度。燃烧温度在当量比接近 1 的情况下达到最高，在贫燃或者富燃的情况下进行燃烧，可以合理分布炉内的温度场，避免出现局部高温。运用该技术思想，相应开发出了分级燃烧技术。

烟气再循环是一项有效降低 NO_x 生成的技术手段，其原理是：NO_x 生成的降低可以通过在火焰区域加入烟气来实现，加入的烟气吸热从而降低了燃烧温度。同时，加入的烟气降低了氧气的分压，这将减弱氧气与氮气生成热力型 NO_x 的过程，从而减少了 NO_x 的生成；烟气的加入使得空气速度增加，这将促进空气与燃料的混合，从而减少快速型 NO_x 的生成。

烟气再循环技术的降 NO_x 效果受制于燃烧器本身的结构，若原有燃烧器并非为 FGR 专门设计，以一般的空气分级扩散燃烧技术为例，火焰的中心温度相对较高，外焰温度较低，当使用 FGR 控制 NO_x 时，整体火焰温度下降。结果由于火焰温度不均匀，外焰最先出现 CO，此时的燃烧也开始不稳定，为确保燃烧效率再循环量将不能进一步增加，而此时中心焰温度下降幅度有限，将决定热力型 NO_x 的生成量，是否可以达到预期目标很难判断。而对于 FGR 型燃烧器，由于其将 FGR 作为整体燃烧技术的一部分在设计时已经考虑，形成的火焰面温度也会相对均匀，与 FGR 匹配，因此再循环量的持续加大并不会造成火焰局部出现温度过低产生 CO 的问题，可以允许更高比例的再循环量，从而达到更低的 NO_x 排放。

贫燃预混技术是一种过量空气系数的预混燃烧技术。对于控制 NO_x 的生成，这项技术的优点是可以通过对当量比的完全控制来实现对燃烧温度的控制，从而控制热力型 NO_x 生成。

旋流燃烧及基本原理通过运用一个旋流器或者切向气流进口来生成一个有切向速度的气流，旋转过程即产生了旋流，旋流将促进混合，产生回流，有利于燃烧。旋流燃烧技术可以通过控制燃料与空气的混合来调整火焰结构、稳定火焰，在工业燃烧器上有着广泛的应用。

低氮燃烧技术多采用以上技术的组合。

二、技术关键

泷涛超低氮燃烧器有如下关键技术：

1. 污染物排放满足国家要求

超低氮燃烧器在功率 0.7～16MW、负荷 100% 的条件下，NO_x 排放均低于 $30mg/m^3$，CO 排放低于 $90mg/m^3$，运行氧含量低于 3.5%，满足北京市《锅炉大气污染物排放标准》(DB 11/139—2015)。

2. 锅炉匹配性好

(1) 机械位置的匹配　根据锅炉实际孔径进行燃烧器优化设计，固定位置、燃烧头长度、燃烧头直径等指标精确匹配现有锅炉，避免后续产生锅炉过热、燃烧不稳定、锅炉振动等情况。

(2) 燃烧效果及排放的匹配　根据锅炉炉膛直径和长度进行燃烧器优化设计，采用 CFD 模拟进行匹配，火焰直径和长度充分匹配现有锅炉，燃烧稳定充分，避免了局部火焰温度过高，造成燃烧不稳定和排放不达标的情况。

通过 CFD 模拟，实现了设备还未出厂，便能预测 NO_x 实际排放区间，确保了项目的技术可行性。

（3）控制系统的匹配　控制系统与原有锅炉控制系统进行匹配，采用主从控制关系，直接控制锅炉控制系统，便可实现对燃烧器的控制，原有锅炉控制的气候补偿节能控制系统、分区分时段供暖系统、热网平衡系统等功能完全保留，不受影响。

3. 设备节能降噪

（1）节能设计　一般情况下进风口朝向泵房，可有效提高进风温度，减少锅炉热损失。由从风机房进风改为泵房内进风，空气进入燃烧器的温度约上升10℃，相当于空气吸收了锅炉向室内散失的热量，减少了锅炉的散热损失，相当于空气预热温度升高10℃，效率提高0.5%。该项目预计烟气循环率在15%～20%，最大不会超过20%，整体效率提高不低于0.1%。

选高效率风机。选用法国风力嘉风机，风机效率在82%～87%之间，远高于传统燃烧器70%左右的风机效率，减少用电量。

风机变频控制。对于风机电耗，原有风为工频运行，更换燃烧器后，增加变频控制，根据负荷来控制风机的转速，减少用电量。

（2）降噪设计

① 高效率降噪风机。选用风机效率较高，保持在82%～87%之间，风机使用工况长期保持最优点，兼顾效率和运行噪声，减少风机本体的噪声。

② 进风方式减小噪声。燃烧器的主要噪声为进风噪声，将进风设置为地下进风，有效避免了进风噪声的产生。

4. 设备使用寿命长

燃烧头采用最优化设计，充分考虑各种工况、各种极端情况的影响；使用SUS304不锈钢材质，可经受15年以上冷凝水腐蚀不变形，确保燃烧稳定性和低氮排放效果不受时间推移而变化。

典型规模

工业及供暖燃气锅炉，泷涛ULN系列典型燃烧器功率覆盖1.4～16MW，可定制化其他功率燃烧器。以华通热力悦都新苑项目为例，本项目共3台燃气锅炉，3台出力4.2MW，供热面积18万平方米。

主要技术指标及条件

一、技术指标

燃料为天然气，35MJ/m^3；电子比例调节，变频调节比1∶6（不变频调节比1∶3）；污染物排放，氧含量<3.5%，NO_x（3.5%O_2）<30mg/m^3，CO（3.5%O_2）<60mg/m^3；噪声小于80dB（A）；间接旁路点火。

二、条件要求

燃气供给压力大于20kPa，室内温度－10～20℃，电压输入380V。

主要设备及运行管理

一、主要设备

序号	设备名称	制造商名称/产地	优势说明
1	燃烧头	泷涛/中国	使用国内先进低氮燃烧技术，低污染物排放，燃烧稳定性强。304不锈钢材质，使用寿命长
2	风机	VENTMECA/法国	高效、节能、噪声低，变频控制，使负荷调节范围扩至16.7%～100%
3	控制系统	Autoflame/英国	英国AUTOFLAME控制系统，为全球领先的工业锅炉及燃烧控制系统，全球应用广泛，性能与市场认可超过西门子的控制系统，全中文界面，便于使用与操作；燃料、空气、再循环烟气三电子比例调节，采用独立的伺服驱动，通过程控器实现自适应控制，可精确到0.1°；具有群控功能，节省燃气量
3.1	程序控制器	Autoflame/英国	
3.2	燃气伺服电机	Autoflame/英国	
3.3	空气伺服电机	Autoflame/英国	
3.4	烟气伺服电机	Autoflame/英国	
3.5	高精度火焰探测器	Autoflame/英国	探测精度高，探测距离远，达1000mm
4	阀组	DUNGS/德国	使用量最多、安全性最高的阀组品牌，确保安全稳定运行
4.1	稳压器	DUNGS/德国	
4.2	过滤器	Giuliani/意大利	使用寿命长

二、运行管理

本项目采用的泷涛低氮燃烧器配有全自动控制系统，可根据温度需求自动调节负荷，不需专职人员全程操作控制。本套设备自投入运行开始，运行情况良好，NO_x 排放稳定，故障率低。运行管理团队主要由本项目班组人员组成，由项目负责人领导运行管理团队，还包括项目班长及操作工、维修工。

燃烧器运行过程中，满足北京市《锅炉大气污染物排放标准》（DB 11/139—2015）的要求，NO_x 排放浓度稳定低于 30mg/m^3，其他排放指标远低于标准限值。

最新一次检测结果显示，NO_x 排放浓度为 26mg/m^3，CO 排放浓度为 8μL/L。

投资效益分析

一、投资情况（华通热力悦都新苑项目）

总投资：67 万元。其中，设备投资 58 万元。

主体设备寿命：15 年。

二、运行费用

除正常燃烧器维护以外，无额外运行费用。

三、环境效益分析

根据最新的检测结果，NO_x 改造前排放浓度为 150mg/m^3，经过本项目实施后，排放浓度为 26mg/m^3，满足《锅炉大气污染物排放标准》（DB 11/139—2015）的要求。

以每年运行 120 天，燃气消耗量约 180 万立方米，烟气排放量为 2550 万立方米、浓度为 150mg/m^3 计算，项目实施前，每年排放量为：25500000m^3 ×150mg/m^3 ÷10^9 =3.825t。

项目实施后，燃气量减少 4%，氧含量降低至 4.5%（均值），烟气排放量降低至 2287 万立方米，NO_x 浓度以 30mg/m^3 计算，每年排放量为：22870000m^3 ×30mg/m^3 ÷10^9 =0.686t。

减少排放：3.825t－0.686t=3.139t

削减率为：3.139t÷3.825t×100%=82%

推广情况及用户意见

泷涛环境 ULN 系列超低氮燃烧器，在工业及供暖行业应用效果良好，运行稳定可靠，氮氧化物排放持续稳定低于 30mg/m^3，满足北京市《锅炉大气污染物排放标准》（DB 11/139—2015）的要求。标准化产品规格覆盖 0.7～14MW（1.5～20t），定制化大型燃烧器功率可达 100MW，满足各类用户需求。

目前，该设备已应用于多种类型锅炉，案例包括常年运行的生产企业、大中小学校、宾馆饭店、医院、国企事业单位、热力公司、物业公司等。截止到 2017 年 3 月下旬，已对近 50 座锅炉房进行低氮改造，涉及锅炉 145 台（共计 845t/h），其中包括华通热力、金房暖通、纵横热力等北京市大型热力公司，也包括北汽福田、九华山庄等常年运行用户。泷涛 ULN 系列超低氮燃烧器以设计定制化、设备高质量、安全检测完备、售后服务及时高效，赢得了用户的一致好评。

泷涛环境华通热力悦都新苑低氮改造项目为北京市科学技术委员会“2017 年度首都蓝天行动科技示范工程”后补助政府采购中标项目。

技术服务与联系方式

一、技术服务方式

现场技术支持及电话技术支持

二、联系方式

联系单位：北京泷涛环境科技有限公司

联系人：雷刚

地址：北京市丰台区长辛店镇园博园南路渡业大厦 5 层 518 室

邮政编码：100072

电话：010-83878192

传真：010-83878192

E-mail：leigang@longtech-env.com

主要用户名录

北京华远意通热力科技股份有限公司、北京金房暖通节能技术股份有限公司、北京纵横三北热力科技有限公司、北汽福田、北京邮电大学、北京六零八厂、九华山庄。

2017-31

技术名称

SWSR-2 硫黄回收技术

申报单位

山东三维石化工程股份有限公司
中国科学院生态环境研究中心

推荐部门

中国环境保护产业协会废气净化委员会

适用范围

石油化工、煤化工硫黄回收装置。

主要技术内容

针对 2015 年 7 月发布的大气污染物排放新标准《石油炼制工业污染物排放标准》（GB/T 31570—2015）及《石油化学工业污染物排放标准》（GB/T 31571—2015），我公司与中国科学院生态环境研究中心合作开发了 SWSR-2 硫黄回收工艺技术。该技术是无在线炉硫黄回收与钠碱湿法深度脱硫工艺相结合的硫黄回收及尾气深度净化耦合工艺，简称 SWSR-2 硫黄回收工艺。

一、基本原理

制硫及尾气处理部分：采用无在线炉硫黄回收工艺，根据不同的原料条件和客户需求，可以采用两级克劳斯工艺、三级克劳斯工艺、低温克劳斯工艺、选择性氧化硫回收工艺等，制硫部分硫回收率为 95%～99.5%。

尾气深度净化部分：采用 NaOH 溶液作为吸收剂，通过酸碱中和反应吸收烟气中的 SO_2，产生的 Na_2SO_4 溶液排入污水处理场进行处理。

反应化学式如下：

（1）脱硫反应：

$$SO_2+H_2O \longrightarrow H_2SO_3$$

$$SO_3+H_2O \longrightarrow H_2SO_4$$

$$H_2SO_4+Na_2SO_3 \longrightarrow Na_2SO_4+H_2SO_3$$

$$H_2SO_3+Na_2SO_3 \longrightarrow 2NaHSO_3$$

$$NaOH+NaHSO_3 \longrightarrow Na_2SO_3+H_2O$$

（2）氧化反应：

$$Na_2SO_3+0.5O_2 \longrightarrow Na_2SO_4$$

二、技术关键

SWSR-2 硫黄回收工艺具有以下创新点和技术关键：

(1) 保证硫黄回收装置的尾气排放指标优于《石油炼制工业污染物排放标准》(GB/T 31570—2015) 及《石油化学工业污染物排放标准》(GB/T 31571—2015) 中最苛刻的特别地区限值。

(2) 通过控制合理的 pH 值和液气比，使装置在满足 SO_2 达标排放的同时兼顾投资、运行成本，以达到最佳的平衡优化。

(3) 采用特殊的烟气管嘴形式及合理的控制手段，采用脱硫液或冷却水将烟气冷却至饱和温度，降低冷却水的消耗并防止出现亚硫酸腐蚀。

(4) 通过控制脱硫液的浓度为 5%～10%，在保证吸收效果的同时防止结垢堵塞。

(5) 采用合理的氧化时间和氧化流程，保证装置外排废水达标排放，不产生二次污染。

(6) 对于现有装置改造，尽可能地利用现有装置，节省投资。同时，对尾气处理流程进行优化，实现既满足 SO_2 排放要求，又降低装置运行成本，提高装置竞争性的目的。

(7) 对于新建装置，可统筹优化硫回收、加氢还原吸收及尾气净化处理单元流程，在保证较高的总硫回收率和尾气达标排放的前提下，尽可能降低物料和能量消耗，同时可剔除传统工艺冗余设备和构筑物，降低装置投资。

(8) 在装置开停工、非正常工况、装置运行末期或酸性气体波动较大等情况下，均可实现烟气中 SO_2 排放浓度<50mg/m^3 (最佳值可达 20mg/m^3)。

典型规模

硫黄产量 10 万吨/年。

主要技术指标及条件

一、技术指标

外排污水水质：COD<300mg/L，SS (悬浮物) <20mg/L，pH 值≈7。

净化烟气的组成：SO_2<50mg/m^3，NO_x<100mg/m^3，颗粒物<20mg/m^3。

二、条件要求

原料气条件与设计条件基本相符。

主要设备及运行管理

一、主要设备

主要设备包括烟气脱硫塔、碱液罐、含盐污水氧化罐、脱硫液循环泵、碱液泵、含盐污水泵、烟气引风机 (可选项)、烟气换热器 (可选项) 等。

二、运行管理

(1) 控制烟气脱硫塔操作温度约 60℃；

(2) 控制烟气脱硫塔液位；

(3) 控制脱硫液 pH 值约为 7；

（4）控制外排污水量，保证含盐污水浓度约7%（以Na_2SO_4计）。

投资效益分析［以万华化学（宁波）有限公司硫黄回收装置新增技改项目为例］

一、投资情况

总投资：120万元。其中，设备投资80万元。

主体设备寿命：20年。

运行费用：10万元/年。

二、经济效益分析

环保装置，无经济效益。

三、环境效益分析

装置经改造后，烟囱排放烟气中SO_2由400mg/m^{3}降低到30mg/m^3，优于《石油炼制工业污染物排放标准》（GB/T 31570—2015）及《石油化学工业污染物排放标准》（GB/T 31571—2015）中的特别排放限值的要求，减排效果明显，具有良好的环境效益和社会效益。

推广情况及用户意见

一、推广情况

目前已有12家企业采用SWSR-2硫黄回收技术新建硫黄回收项目或对原硫黄回收装置进行改造，其中中捷石化、中石化青岛炼化、万华化学（宁波）的装置已经运行，另有5家企业正在施工建设、4家企业正在进行设计工作。

二、用户意见

SWSR-2硫黄回收技术对于硫黄回收装置烟气排放中SO_2的降低有非常明显的效果，并且在装置开停工非正常工况、装置运行末期或酸性气波动较大的情况下，均可以保证烟气中SO_2达标排放，同时排放含盐污水COD＜30mg/L，可以直接送往污水处理场。实践证明本技术成熟可靠、装置运行稳定，值得推广。

技术服务与联系方式

一、技术服务方式

工程设计、工程总承包、设计采购总承包、技术咨询与服务。

二、联系方式

联系单位：山东三维石化工程股份有限公司

联系人：林彩虹

地址：山东省淄博市临淄区炼厂中路22号

邮政编码：255434

电话：0533-7993812

传真：0533-7993812

E-mail：lincaihong@sdsunway.com.cn

主要用户名录

中海石油中捷石化有限公司、中国石化青岛炼油化工有限责任公司、中国石化青岛石化有限责任公司、中国石油化工股份有限公司沧州分公司、万华化学（宁波）有限公司、中化泉州石化有限公司、海南汉地石油化工有限公司、青海矿业集团股份有限公司、山东中海精细化工有限公司、山东广悦化工有限公司、山东齐成石油化工有限公司、陕西煤业化工集团神木天元化工有限公司。

2017-32

技术名称

钠镁湿法催化裂化烟气脱硫技术

申报单位

山东三维石化工程股份有限公司

淄博齐塑环保科技有限公司

中国科学院生态环境研究中心

推荐部门

中国环境保护产业协会废气净化委员会

适用范围

石油化工、煤化工及其他行业的烟气脱硫装置。

主要技术内容

钠镁湿法洗涤技术，可以同时脱除催化裂化烟气 SO_x、粉尘颗粒物，适应不同再生工况下 FCC 烟气脱硫的需要，脱硫装置的可利用率大于 98%，使用寿命可达 20 年。该项目由我公司与淄博齐塑环保科技有限公司和中国科学院生态环境研究中心共同完成。该工艺使用氢氧化镁浆液和氢氧化钠溶液作为吸收剂（洗涤液）。装置包括烟气脱硫系统、吸收剂制备与输送系统，以及脱硫废水、废渣处理系统等。脱硫塔是烟气脱硫系统的核心单元，主要包括烟气急冷区、吸收区、滤清模块、气液分离器、烟囱等部分。

一、基本原理

$Mg(OH)_2$ 的脱硫机理是碱性物质与二氧化硫溶于水生成的亚硫酸溶液进行酸碱中和反应，并通过调节氢氧化镁溶液的加入量来调节循环液的 pH 值。吸收二氧化硫所需的水气比和喷嘴数量的选择依据二氧化硫的入口浓度、排放的需求和饱和气体的温度来决定。

化学反应式如下：

（1）氧化镁制浆：

$$MgO + H_2O \longrightarrow Mg(OH)_2$$

（2）脱硫反应：

$$Mg(OH)_2 + SO_2 \longrightarrow MgSO_3 + H_2O$$

$$Mg(OH)_2 + SO_3 \longrightarrow MgSO_4 + H_2O$$

$$2NaOH + SO_2 \longrightarrow Na_2SO_3 + H_2O$$

$$2NaOH + SO_3 \longrightarrow Na_2SO_4 + H_2O$$

（3）氧化反应：

$$MgSO_3 + 0.5O_2 \longrightarrow MgSO_4$$

$$Na_2SO_3 + 0.5O_2 \longrightarrow Na_2SO_4$$

吸收塔浆池的 pH 值通过 $Mg(OH)_2$ 注入量来控制。

二、技术关键

该工艺有以下几个技术关键点：

（1）除尘脱硫塔内部的脱硫除尘强化单元是专利技术，由于其特殊的结构设计使气液充分接触，达到高效脱硫除尘的作用。

（2）除尘脱硫塔所采用的塔板开孔率较高，自洁能力强，因此气流阻力较低，也不会造成堵塞。

（3）使用高效低阻的组合除雾板，气流通过旋转碰撞使烟气中的细雾滴以及微量细粒子得到高效去除。

（4）使用氢氧化镁并辅以氢氧化钠作为吸收剂使运行稳定可靠，且运行费用低。

（5）提供脱硫脱硝除尘的整体解决方案，所有设备可以一体化成套提供。

该工艺由烟气脱硫系统、吸收剂制备与输送系统，以及脱硫废水、废渣处理系统等组成，使用氢氧化镁浆液和氢氧化钠溶液作为吸收剂（循环液）。

技术上具有以下显著优点：

① 设备无易损件，耐磨、耐腐蚀性好，装置使用寿命长。

② 脱硫除尘效率高，脱硫效率可达到 99%左右。

③ 装置气流阻力小（700～1300Pa）。

④ 负荷适应能力强，可满足 FCC 不同再生工况下的持续安全运行。

⑤ 投资少，大约为同规模进口技术投资的 30%～50%；运行费用低，仅为同规模进口技术的 30%～50%。

⑥ 提供脱硫脱硝除尘的整体解决方案，所有设备可以一体化成套提供。

典型规模

催化裂化再生烟气产生量 30 万吨/年。

主要技术指标

脱硫效率>97%，出口 SO_2<100mg/m^3。

除尘效率>90%，出口粉尘浓度<20mg/m^3。

废水排放 COD<200mg/L。

主要设备及运行管理

一、主要设备

烟气脱硫塔是烟气脱硫系统的核心设备，主要包括烟气急冷区、吸收区、滤清模块、气液分离器、烟囱等部分。此外，还包括氧化镁浆液罐、钠碱罐、灰渣浓缩槽、搅拌器、压滤机、罗茨风机、机泵等设备。

二、运行管理

2013 年 12 月 30 日，山东恒源石化 30 万吨/年催化裂化装置再生烟气装置工程顺利完成 168 小时考核，正式投入运行。该工程创造了国内同类型脱硫装置建设周期短、系统调试快、脱硫效率高等多项纪录。本项目自投产运行以来，连续运行至今，脱硫效率＞97%，出口 SO_2 浓度＜$100mg/m^3$。装置运行稳定，各项工艺指标都优于设计值，完美达到了预期目标。

投资效益分析（以 30 万吨/年 TMP 催化裂化装置再生烟气脱硫工程为例）

一、投资情况

总投资：1450 万元。其中，设备投资 1050 万元。

主体设备寿命：塔器 20 年，一般容器壳体 15 年。

运行费用：352 万元。

二、经济效益分析

本项目实施后，二氧化硫削减量为 1008t/a，粉尘削减量为 48t/a，本项目无产品产出，根据我国现有政策可节省排污费 136.7 万元/年。

三、环境效益分析

该项目采用钠镁湿法催化裂化烟气脱硫技术，具有安全、高效、操作成本低、脱硫效率高等优点，经实际检测脱硫率在 95%以上，实测 SO_2 排放远低于 $100mg/m^3$，烟尘排放浓度低于 $20mg/m^3$，系统压降低于 700Pa。该工程投产后，每年可减排粉尘 48t、二氧化硫 1008t 以上。

该工程的建成投产，将进一步促进恒源石化向“低投入、低消耗、低排放、高效率”发展方式的转变。

推广情况及用户意见

一、推广情况

该技术已在山东恒源石油化工股份有限公司推广应用 2 个项目。

二、用户意见

该项目采用钠镁湿法催化裂化烟气脱硫技术，具有安全、高效、操作成本低、脱硫效率高等优点，经实际检测脱硫率在 98%以上，实测 SO_2 排放远低于 $100mg/m^3$，粉尘排放浓度低于 $20mg/m^3$。本装置设备平面布置合理，操作与检修空间满足需要；与其他工艺比较，装置节能效果良好，环境效益相当显著，自投入运行以来，装置运行高效平稳。

技术服务与联系方式

一、技术服务方式

工程设计、工程总承包、设计采购总承包、技术咨询与服务。

二、联系方式

联系单位：山东三维石化工程股份有限公司
联系人：林彩虹
地址：山东省淄博市临淄区炼厂中路22号
邮政编码：255434
电话：0533-7993812
传真：0533-7993812
E-mail：lincaihong@sdsunway.com.cn

主要用户名录

山东恒源石油化工股份有限公司

2017-33

技术名称

加油站埋地罐玻璃纤维增强塑料内衬防渗漏技术

申报单位

深圳市深通石化工程设备有限公司

推荐部门

深圳市危险化学品行业协会

主要技术内容

一、基本原理

传统单层钢制油罐由于埋地敷设，长期处于内外部腐蚀环境中，容易发生渗（泄）漏，从而造成土壤和地下水污染。随着我国环境保护法律法规的逐步完善，具有高安全性、高环保性的防渗漏油罐在加油站中的使用必然会成为一种趋势。

我公司采用玻璃纤维增强塑料实施加油站在役埋地油罐衬里改造防渗漏技术，在钢制油罐内部，于罐体结构基础上加工具备实时监测功能的高耐腐、强阻隔性能的内衬层，避免对原有油罐进行开挖施工，符合《汽车加油加气站设计与施工规范》（GB/T 50156—2012）、《用于石油产品、乙醇汽油的玻璃纤维增强塑料地下贮罐》（GB/T 32380—2015）和环保部《加油站地下水污染防治技术指南》的要求。

玻璃纤维增强塑料［又称玻璃钢（FRP)］，一般指玻璃纤维增强不饱和聚酯、环氧树脂与酚醛树脂基体。本技术以玻璃纤维或其制品作增强材料的增强塑料，具有如下优点：

(1) 轻质高强：相对密度在1.5～2.0之间，只有碳钢的1/5～1/4，但两者拉伸强度却接近，甚至超过碳钢，比强度可以与高级合金钢相比。

(2) 耐腐蚀性能好：FRP具有良好的耐腐性能，对大气、水和一般浓度的酸、碱、盐以及多种油类和溶剂都有较好的抵抗能力。

(3) 玻璃钢复合材料经过改性后具有优异的导热导电特性、耐油特性、耐腐蚀特性、抑菌特性。

(4) 可设计性好：可以根据需要，灵活地设计出各种结构产品来满足使用要求，可以使产品有很好的整体性。

(5) 工艺性优良：①可以根据产品的形状、技术要求、用途及数量来灵活地选择成型工艺；②工艺简单，可以一次成型，经济效益突出，尤其对形状复杂、不易成型的数量少的产品，更突出它的工艺优越性。

玻璃纤维增强塑料内衬防渗漏技术结构见图1。

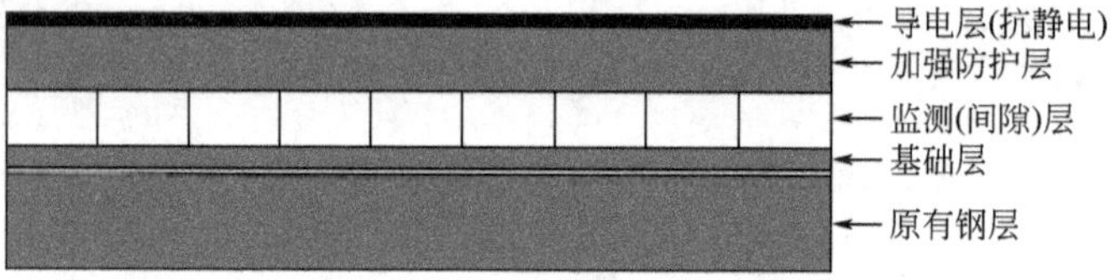

图1 玻璃纤维增强塑料内衬防渗漏技术结构

(1) FRP基础层 FRP基础层直接黏附在钢罐内壁上，起到增加原有钢罐强度的作用，即使钢罐壁在原有腐蚀出现点状或孔状蚀坑时仍能够保持足够的强度，同时可为原有钢罐提供防腐层。多功能高分子环保材料可以形成致密的保护层，防止钢罐壁再发生腐蚀。

另外，可防止内衬层一旦泄漏，泄漏液体对钢罐壁的腐蚀；为间隙层提供黏接基础，构成间隙层一侧的内壁。

(2) 监测（间隙）层 监测（间隙）层需要黏附在FRP基础层上。监测（间隙）层的作用是构造一个纵横互通的夹层空间，由3D立体纤维和树脂构成，能起到提高间隙层强度的作用，用于真空检测介质的泄漏。

(3) FRP加强防护层 FRP加强防护层结合在间隙层外侧，保护间隙层；满足内衬层结构在低硫汽柴油环境中有较长的使用寿命，能有效防止腐蚀介质与罐壁接触。除合理选择树脂外，还须提高内衬材料的抗渗性，提高树脂与纤维之间结合的紧密程度和基体树脂本体的完整性。

(4) 导电层 导电层直接与储存液体接触，用于将液体流动摩擦过程中产生的静电导入大地，避免产生静电放电危险。导电层由树脂添加导电材料构成，与罐外接地件电气连接。导电层的表面电阻不大于$1.0\times10^{9}\,\Omega$；要通过附着力测试和耐溶剂测试。

二、工艺路线

本技术的主要工艺路线如图2所示。

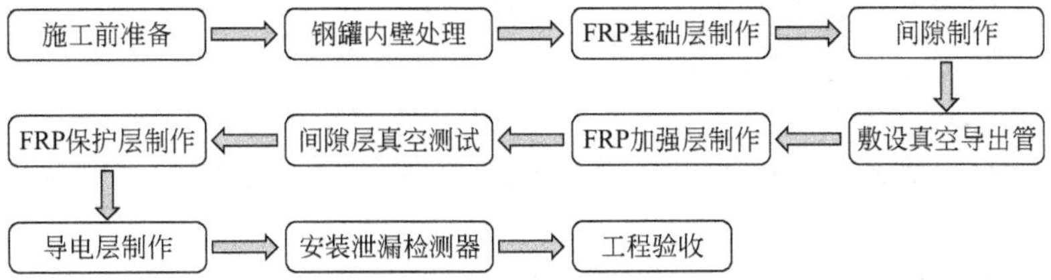

图 2　工艺路线

（1）施工前准备

① 根据工程量设计采购油罐改造所需的原材料及附件，应具有质量合格证明书，并符合国家现行相关标准规定；

② 调试现场施工设备；

③ 对现场施工人员进行安全培训；

④ 现场施工前，派专业人员对现场施工条件进行实地确认，并及时上报项目负责人，项目负责人依据现场反馈结果决定进场工作安排；

⑤ 施工人员进入现场后首先排除点火源，其次隔离油罐、清扫油罐，并做好人员防护，最后准备入罐施工。由于埋地油罐盛装过油品，内衬施工属于受限空间作业，准备工作要保证后续作业绝对安全。

（2）钢罐内壁处理

① 罐壁表面处理。FRP 基础层施工前，应对罐体内壁进行喷砂处理，喷砂应达到 Sa2.5 级别。

② 对于罐内边角等处进行预处理，采用树脂腻子填充，使边角处形成圆滑过渡。

③ 均匀、饱满地涂刷树脂粘接剂，提高与 FRP 基础层的粘接强度，防止分层。

（3）FRP 基础层制作

① FRP 基础层的施工采用喷射工艺，将 FRP 均匀地喷射在罐壁上，并脱去气泡。

② 电火花检测，电压≥15kV，无电火花产生。

③ 厚度检测，厚度≥2mm。

④ 巴氏硬度检测，硬度≥40HBa。

（4）间隙层制作

① 将间隙层固定在 FRP 基础层上，构成夹层空间。

② 安装泄漏检测系统，一般采用压力法或真空法进行夹层泄漏监测。在 FRP 加强层未固化时，应进行夹层导出管的安装，并从罐壁引出罐外。

（5）FRP 加强层制作

① FRP 加强层施工采用喷射或手糊工艺，将 FRP 均匀地喷射在间隙层上，并脱泡。

② 厚度检测，厚度≥4mm。

③ 巴氏硬度检测，硬度≥40HBa。

（6）间隙层真空测试　在 FRP 加强层施工完成后，进行间隙层真空测试，发现问题及时修补。在间隙层导出管处接上真空泵和真空压力表，将间隙层空间抽真空到－35kPa，测试持续24h无泄漏。

(7) FRP保护层制作

① FRP保护层施工采用喷射工艺完成，将保护层树脂均匀地喷射在FRP加强层上。

② 施工完毕后，在人孔正下方的罐壁上安装防冲击保护板。

(8) 导电层制作　在保护层的基础上，粘敷在表面的增强导电结构材料，与罐外接地件电气连接，消除静电危害，并能起到强化罐体与储存油料接触面的表面强度和致密性的作用。表面电阻率$<1.0\times10^{9}\Omega$。

(9) 工程验收　埋地油罐加玻璃钢内衬是一种既能高效防止超低硫柴汽油腐蚀，又能利用原有罐体在非开挖的条件下实现油罐防渗漏改造的技术。我公司的每一项原材料须经第三方省级以上资质检测部门检测合格后方能投入生产，内衬施工中的每一步工序完工后，都要进行严格的检验，合格后才能进行下一道工序。基本的检验程序有电火花测试、厚度检查、巴氏硬度检查等。整体施工完成后，还要进行气密性检测，确保无误后才能投入使用。在使用过程中，泄漏检测报警系统全天候在线运行。另外，为确保埋地油罐内衬结构在使用中能保持原有性能，还需要进行定期的检验。因此，经我公司施工改造的油罐使用寿命可达30年以上。经过玻璃纤维增强塑料内衬防渗漏技术改造后的油罐，整体承压大大提高，为客户提供可靠的保障和优质服务。

三、技术关键

(1) 基础材料配方设计　油料中成分较为复杂，对不同功能层次的复合材料配方提出多种类的要求，不仅需要玻璃纤维进行增强改性，而且需要对材料的耐腐蚀性、导电性等功能提出改性要求，通过添加具有提高结晶功能和导电性能的多种填料复配，实现基础树脂材料的耐腐蚀性和导电性能，同时又保证施工过程中材料快速固化，因此设计基础材料的配方是关键技术。

(2) 多层功能结构设计　直接在原有罐体内部改造，实现罐体结构内部具有泄漏监测功能、防渗功能和导电功能复合层的结构设计，是本项目的关键技术。

(3) 制作工艺技术　由于非金属阻隔抑爆材料体系中使用了多种不同功能、不同结构、不同尺寸的组分，不同的安装制作工艺对材料有着较大影响，解决实际制作过程中出现的玻璃纤维增加改性、三维网格铺设等工艺技术问题，制作出设计所需的结构，是本项目的关键技术之一。

四、推广前景

本项目提出的埋地罐玻璃纤维增强塑料内衬防渗漏技术，在加油站原有埋地钢罐的内壁上直接安装具有监测、防渗漏功能的玻璃钢材料，处于国际先进、国内领先水平，可大规模应用在现有加油站埋地单层钢制油罐内，实现低成本、环保、安全地实现罐体防渗漏改造，这无疑具有重大的环保社会价值、环保和实用意义。

本技术对消除现有开挖双层罐改造技术的缺陷，提高加油站安全、快速、经济地改造具有重要的现实意义，在加油站油罐防渗漏改造、保护水资源、保护土壤资源等方面具有积极意义。

主要技术指标

序号	检测项目	单位	检测方法	技术指标	检测结果
1	拉伸强度	MPa	SH/T 3178—2015 GB/T 1447—2005	100～140	128
2	拉伸弹性模量	MPa	SH/T 3178—2015 GB/T 1447—2005	0.68×10^4～ 1.27×10^4	1.22×10^4
3	断裂伸长率	%	SH/T 3178—2015 GB/T 1447—2005	≥0.8	1.0
4	弯曲强度	MPa	SH/T 3178—2015 GB/T 1449—2005	≥170	220
5	压缩强度	MPa	SH/T 3178—2015 GB/T 1448—2005	110～180	165
6	巴氏硬度	HBa	SY/T 0315	≥40	50
7	表面电阻率	Ω	GB/T 1410—2006	$\leqslant1.0\times10^9\Omega$	5.8×10^7

符合《汽车加油加气站设计与施工规范》(GB/T 50156—2012)及《用于石油产品、乙醇汽油的玻璃纤维增强塑料地下贮罐》(GB/T 32380—2015)。

典型规模

6台25m^{3}油罐。

投资效益分析

108万元，运行费用核算0.3万元/年。

联系方式

联系单位：深圳市深通石化工程设备有限公司
联系人：王为宝
地址：深圳市宝安区松岗镇华美路华美大厦901
邮政编码：518101
电话：0755-23210833
传真：0755-23210933
E-mail：13560785355@163.com

主要用户目录

中石油销售公司宁夏销售分公司、中国石油化工集团公司贵州分公司。

2017-34

技术名称

餐饮业油烟净化消防一体化技术

申报单位

大连科新环保技术研究所

推荐部门

大连市环保产业协会

适用范围

餐饮业、企事业单位食堂、学校食堂、食品加工业。

主要技术内容

一、基本原理

本技术产品属于一种新式的湿式油烟净化装置，净化器本体吊装在厨房炒灶上方，串接在烟罩后排烟风机入口之前，内部无任何电气或机械运动部件，只有10余个喷嘴和脱水的波纹板，全部不锈钢制造。油烟微粒子经过大流量水雾强力喷淋、水膜多重撞击吸收后，污油全部随循环水流入放置在地面的滤油水槽里，每天闭店后清理到泔水桶里。由于净化器内部没有存油，连续长期使用净化效果不会降低，也不需要经常清洗。水槽只有一个循环小水泵，耗电小于同样规格的静电式油烟净化器。越是重油烟净化效果越好。特别是它在烟罩着火时，能够将火焰冷却熄灭，有很好的降温隔离作用，避免火焰向后面烟道蔓延。

二、技术关键

高效脱水波纹板设计，在非常小的空间内能够将水雾完全拦截，脱水效果好。同时，在波纹板表面形成的多重曲折的水膜，增大了与油烟微粒子接触碰撞吸收的概率，提高了净化效率。特殊的元宝形壳体设计，避免了高速烟气流在拐角处形成负压旋涡，导致水雾逆行的现象。喷嘴和波纹板可以随出入口变更而更换方向。

典型规模

一台规格12000m^3/h净化器，适用于4个中型灶眼。

主要技术指标及条件

一、技术指标

(1) 额定风量下的去除效率：91.7%。

(2) 额定风量下油烟排放浓度：0.46mg/m^3。

（3）净化器的本体阻力：154Pa。

（4）出口烟气含水量：5%。

（5）正常运行使用时间：≥20 年。

二、条件要求

（1）按照设计文件要求正确安装。

（2）按照使用说明书要求正确使用管理。

主要设备及运行管理

一、主要设备

（1）净化器主体（全部不锈钢制作）。

（2）配套的不锈钢滤油水槽（下部安装循环水泵）。

（3）与排烟风机联动的电控箱（可选项）。

二、运行管理

（1）根据拦截的污油的多少，每天或者隔几天清理一次水槽内的浮油。

（2）根据水槽的清洁程度，每天或者隔几天清洗水槽。

投资效益分析（以大连恒隆广场店项目为例）

一、投资情况

总投资：7 万元。其中，设备投资 6.6 万元（4 台油烟净化器）。

主体设备寿命：主体设备全部用不锈钢制造，寿命为 20 年。

运行费用：按照每天运行 8h 计算，电费 2.5 元/(天・台)（大连商业电价 0.857 元），10 元/天。按照每天换水一次，水费 0.19 元/(天・台)（大连服务业水价 3.2 元/m^3），0.76 元/天。清洁管理由该档口安全员负责，不再发生其他费用。

二、经济效益分析

使用本技术后延长了排烟道的人工清理周期，每季度 4 个档口各节省 1000 元，每年可以节省 1.6 万元。与使用静电式净化器相比，清洗费用更低。

三、环境效益分析

本技术切实保证了净化器可以长期连续运行且油烟去除效率不会降低；不需要经常清洗，有效地消除火灾隐患的环境，在烹饪设备意外着火时能够阻挡火焰向烟道后面蔓延。

推广情况及用户意见

一、推广情况

在全国各大中型城市的美食广场、单体店已经安装应用了 300 多台，用户遍布 12 个省、直辖市。用户包括新玛特、安盛、欧尚、百盛、万达、大悦城、卓展、万科等知名企业大型商场的餐饮单位。

二、用户意见

用户对使用该技术的净化效果满意。运行费用低，运行维护方便。

技术服务与联系方式

一、技术服务方式

(1) 订货时提供书面安装指导文件、使用维护说明书，重大工程必要时派人现场指导。

(2) 使用过程中出现的问题，通过微信视频等方式进行现场状况了解，指导现场维保人员解决，必要时派人到现场解决。

(3) 在保修期内外都可以提供备品快递业务。

二、联系方式

联系单位：大连科新环保技术研究所

联系人：陈义新、张延年

地址：辽宁省大连市西岗区八一路杏园街9号

邮政编码：116013

电话：0411-82387594

传真：0411-82386439

E-mail：KLD2000@yeah.net

主要用户名录

凯德（大连、武汉、北京、天津、青岛）、王府井（银川、郑州、西安、洛阳）、华联（大连、无锡、北京五道口、安贞门、公主坟）、永旺（北京、青岛、苏州、杭州、广州、烟台、济宁、燕郊）、大商新玛特（大连6个店、鞍山）、苏宁电器总部、民生（银行）金融中心、凯德广场、龙湖时代天街、万达悦荟、哈尔滨红博、大连市中山区地税局食堂、大连百乐汇餐饮公司。

2017-35

技术名称

城镇生活垃圾水洗分选资源化利用处理技术

申报单位

广西鸿生源环保股份有限公司

推荐部门

广西环境保护产业协会

适用范围

城镇生活垃圾处理

主要技术内容

一、基本原理

利用微生物的分解发酵能力，除去垃圾的异味及病原微生物。生活垃圾经破袋除臭后，经粗选与精选工序，分选出垃圾中各类物质，使垃圾中的有用物质能够有效回收利用，实现资源化利用。

二、技术关键

1. 微生物除臭灭菌技术

针对垃圾产生恶臭问题，通过破袋清洗并利用鸿生源专有的微生物进行除臭和杀灭致病菌，同时使部分有机质降解。

2. 分选资源化利用技术

将破袋除臭后的垃圾经过粗选和精选等工序，进行高效分类与分质资源化，实现资源最大化利用。

典型规模

日处理生活垃圾 60～70t。

主要技术指标及条件

一、技术指标

垃圾无害化处理率达 100%，垃圾分离率>99%，塑料、玻璃、渣石、有机质纯度>95%，资源回收利用率>90%。

二、条件要求

噪声控制执行《工业企业厂界环境噪声排放标准》(GB 12348—2008) 3 类标准；废气及粉尘污染物执行《恶臭污染物排放标准》(GB 14554—93) 二级标准和《大气污染物综合排放标准》(GB 16297)；工艺用水达到《城市污水再生利用　工业用水水质》(GB/T 19923—2005) 水质标准回用生产。

主要设备及运行管理

一、主要设备

链板给料机、水洗破袋分选机、筛分机、胶带输送机、粉碎机、捞料机、磨料机、废气净化装置。

二、运行管理

生产运行自动化程度高，定时对生产设备检修。

投资效益分析（以西乡塘区双定镇生活垃圾微生物水洗分选资源化利用项目为例）

一、投资情况

项目总投资 1380 万元，其中设备投资 384 万元。主体设备寿命 10 年。年运行费用237.8万元。

二、经济效益分析

每吨垃圾经济净效益36元，主要来自回收产品如白色塑料、杂色塑料、硬质塑料、铁质物料、玻璃瓶、木质纤维、建筑材料、纸质物料、碎布及布条、有机质颗粒等的销售。

三、环境效益分析

每年可处理生活垃圾20000t以上，垃圾无害化处理率100%，资源化利用率90%以上。同时，处理过程中不造成二次污染，真正实现零排放，达到了生活垃圾减量化、资源化、无害化的效果。

推广情况及用户意见

一、推广情况

目前，该技术已在南宁市西乡塘区、邕宁区、平果县、凭祥等主要城市，以及贵州赤水市等11个生活垃圾无害化处理项目中得到应用。

二、用户意见

1. 广西鸿生源环保股份有限公司

项目技术工程建成后，每天处理量在60～70t，达到年处理设计产能，年处理生活垃圾20000t以上，解决了西乡塘双定镇片区生活垃圾的问题。项目示范工程建成运行1年以来，每日均正常、稳定运行，处理效果良好，不仅提升了群众生活质量，而且改善了区域生态环境，效益显著。

2. 南宁市邕宁区那楼镇人民政府

项目技术工程投入运营后，每日稳定运行，处理效果良好，完全满足生活垃圾处理“无害化”和“资源化”的要求。目前每天处理量在28t左右，达到年处理设计产能，服务覆盖那楼镇及中和乡2个乡镇农村生活垃圾处理，服务人口10万人以上，解决了那楼镇片区生活垃圾的问题。

技术服务与联系方式

一、技术服务方式

技术咨询，工程服务。

二、联系方式

联系单位：广西鸿生源环保股份有限公司
联系人：凌子琨
地址：广西壮族自治区南宁市青秀区青山路8-2号东方园8栋2层207号
邮政编码：530001
电话：18677099273
传真：07715785006
E-mail：hsyepg@163.com

主要用户名录

序号	应用单位名称	项目名称	应用规模
1	广西鸿生源环保股份有限公司	西乡塘区双定镇生活垃圾微生物水洗分选资源化利用项目	50t/d
2	南宁市邕宁区那楼镇人民政府	邕宁区那楼镇屯良村那棉片区生活垃圾无害化处理	30t/d
3	凭祥市住房和城乡建设局	凭祥市农村生活垃圾分选资源化利用处理中心	150t/d
4	广西平果县城市建设投资有限责任公司	平果县生活垃圾资源化分选中心	200t/d
5	赤水市城镇管理局	赤水市城镇生活垃圾无害化处理建设项目	200t/d

2017-36

技术名称

畜禽养殖粪污异位微生物发酵床处理技术

申报单位

福建省农科农业发展有限公司

推荐部门

福建省畜牧业协会

适用范围

畜禽粪污处理。

主要技术内容

一、基本原理

畜禽养殖粪污异位微生物发酵床处理技术的基本原理是将粪污与发酵床垫料均匀混合，在一定温度、湿度、碳氮比以及氧气的条件下，好氧微生物以粪污中的有机物为营养物质，大量繁殖并快速分解有机物，同时释放大量热能，促使发酵槽内温度不断上升，并维持一定时间，在此过程中，粪污中的有机物转化为腐殖质。与此同时，粪污中的病原体在长时间的高温环境中失活，从而实现无害化。其工艺路线见下图：

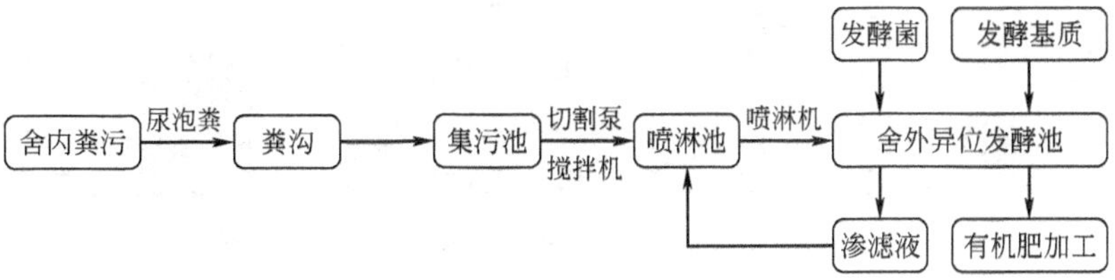

二、技术关键

1. 专用异位微生物发酵床成套设施设备

异位微生物发酵床设施包括集污池、喷淋池、异位发酵池（槽）及阳光棚等，配套设备包括粪污切割泵、搅拌机、自动喷淋机和变轨移位机等。这些设施构成一个整体，以确保粪污与垫料均匀混合，微生物能够在适宜的温度、湿度以及通气量等条件下，最高效地降解处理粪污。

喷淋机作业现场

翻抛机作业现场

移位机作业现场

2. 异位微生物发酵床专用菌种

微生物异位发酵主要利用微生物好氧发酵对有机物进行降解，因此菌种降解效率是整个系统的关键。好氧发酵同时会产生大量热量，使发酵床的温度不断上升，通常温度会达到55～65℃。在这个温度范围内绝大多数微生物会失活或直接被杀死，所以选用耐高温、高效的专用菌种是发酵成功的关键条件之一。

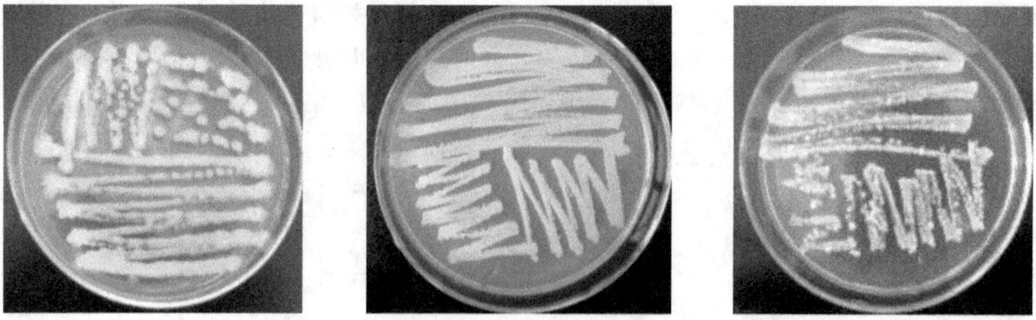

异位微生物发酵床专用菌种

3. 整套异位微生物发酵床运行管理技术体系

该技术体系包括发酵床设计、制作技术，粪污喷淋、垫料翻抛、垫料补料等运行技术，以及与发酵床技术配套的前端养殖场污水减量化方案、后端腐熟垫料资源化再利用技术等。

典型规模

存栏 5000 头，年出栏 10000 头的生猪养殖场。

主要技术指标及条件

一、技术指标

（1）无污水排放，通过环保部门对养殖场的综合验收；

（2）无臭味，经测定猪场界恶臭符合《畜禽养殖业污染物排放标准》（GB 18596—2001）；

（3）腐熟的异位微生物发酵床垫料可作为功能性生物基质或微生物有机肥的原料进行资源化利用，腐熟垫料经检测有机质和重金属的含量符合《有机肥料》（NY 525—2012），可用于生产有机肥料。

二、条件要求

适用于新建养殖场及旧养殖场环保设施改造。

主要设备及运行管理

一、主要设备

主要设施包括集污池、喷淋池、异位发酵池（槽）及阳光棚等，配套设备包括粪污切割泵、搅拌机、自动喷淋机和变轨移位机等。

二、运行管理

1. 垫料通透性管理

（1）每 2 日垫料翻耙 1 次，夏季可适当增加翻耙次数，冬季可适当减少翻耙次数。

（2）翻耙深度应达到发酵床底部。

2. 湿度管理

（1）畜禽养殖粪污应均匀地喷洒在垫料上。

（2）垫料与粪污混合物的含水率应控制在 55%～65%，湿度不足时可适当增加喷淋，湿度过高时可适当减少喷淋次数或添加干垫料或增加垫料翻抛次数。

3. 温度管理

垫料与粪污混合物的发酵温度应保持在 55℃以上。如无法达到发酵温度，应采取调整措施。

4. 补菌

一般垫料每隔半年至一年进行补菌，按垫料体积的 0.3‰～0.5‰边翻边喷洒补充发酵菌剂。

5. 垫料补充与更新

（1）当垫料减少量达到10%时，应及时补充垫料，补充的新垫料应与发酵床上的垫料混合均匀，并调节好水分。

（2）发酵床垫料的使用寿命一般为2～3年。当垫料达到使用期限后，应将其从垫料槽中彻底清出，并重新放入新的垫料。

联系方式

联系单位：福建省农科农业发展有限公司

联系人：戴文霄

地址：福建省福州市五四路283号天骅大厦1318室

邮政编码：350000

电话：0591-87881255

传真：0591-87726326

E-mail：dai8181@qq.com

2017-37

技术名称

含油污泥深度无害化处理技术

申报单位

浙江宜可欧环保科技有限公司

推荐部门

湖州市环保产业协会

适用范围

炼化“三泥”、落地油泥、罐底油泥等，以及有机污染土壤等。

主要技术内容

一、基本原理

含油污泥热解技术是指污泥中的有机物在无氧或缺氧条件下加热分解的过程，这一过程产生三种相态物质。气相以氢、甲烷、一氧化碳、二氧化碳为主，其组分和比例取决于污泥的成分；液相以常温下的燃油、水为主，尚有乙酸、丙酮与甲醇等易挥发液体；固相为残炭与原有矿物质。

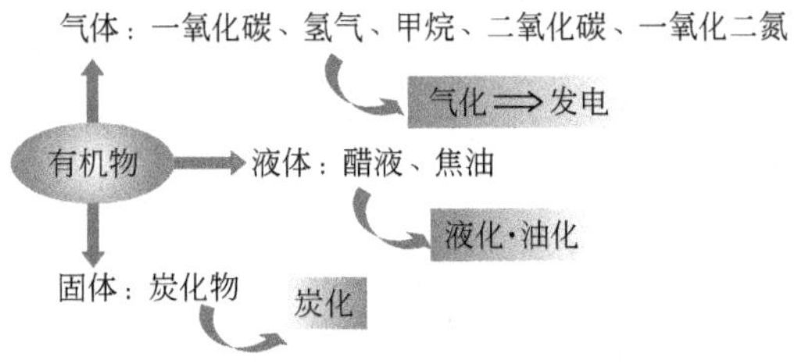

有机物热解示意图

二、技术关键

关键技术1："电渗透脱水+外热式干化+外热式回转炭化"含油污泥处理集成技术

该技术实现了含油污泥在低成本条件下的连续、稳定、快速无害化、资源化处理。该套系统装备成功应用于中石油吉化分公司，可实现连续稳定运行。

关键技术2：外热式含油污泥回转炭化技术

外热式含油污泥炭化技术，是在无氧的状态下对经干化后的含油污泥进行间接加热，使含油污泥中的有机物发生分解，生成甲烷、氢气、一氧化碳、二氧化碳等气体以及炭、灰分等无机质固态残渣的反应。

关键技术3：热解炭化气无害化处理及热量回收利用技术

通过二次燃烧炉对热解气进行高温燃烧，在实现热解气无害化处理的同时，回收燃烧热量作为热解炭化处理的热源进行再利用，降低了能耗和处理成本。

关键技术4：热能梯级利用技术

系统根据来料污泥的成分，选择合适的热能分配方式，以热解炭化系统换热降温后的烟气作为干化外热源，利用炭化过程"高温-低热耗"、干化过程"低温-高热耗"的特点，进行热能的梯级分布。

关键技术5：炭化炉连续、稳定运行技术

自主开发热解炭化炉内防结焦自清机构、炭化炉内筒壁镀膜防腐材料、炭化炉内部热解气防阻塞机构以及炭化炉炉头双保险密封机构，充分保证了系统连续、稳定、高效运行。

典型规模

日处理含油污泥（80%含水率）12t/d、48t/d。

主要技术指标及条件

一、技术指标

含油污泥热解炭化系统设备主要技术指标

参数	ECOTWY500	ECOTWY2000
处理模式	连续处理	连续处理
日处理能力(80%含液率)	12t/d	48t/d

续表

参数		ECOTWY500	ECOTWY2000
炉温	干化炉	90～150℃	
	炭化炉	500～600℃	
	二次燃烧炉	900～1100℃	
烟气处理		高温燃烧、活性炭吸附、布袋除尘、喷淋洗涤塔	
排烟温度		≤180℃	
设备外表面温度		≤工作环境温度+30℃	
烟气在燃烧室停留时间		>4s	
减量率		≥90%	
固渣含油量		<0.3%	
辅助燃料		生物质颗粒燃料/天然气	

二、条件要求

热解炭化技术使用条件要求

原料	直径	<10mm
	含水率	<80%
	含油率	<10%
系统负压	−150～−50Pa	
氧含量	≤5%	

主要设备及运行管理

一、主要设备

深度脱水及干化设备

热解炭化设备

热能及油回收设备

二、运行管理

以 24h 连续运行建立运行队伍，操作人员分 3 个班，每班 3 人，共 9 人（其中 3 人与现场油泥模块人员共享）。此外，需配备技术员 1 名，安全专员 1 名（与现场油泥模块人员共享）。

投资效益分析（以中国石油吉林石化公司污泥资源化技术集成先导试验项目为例）

一、投资情况

总投资/万元	2200	设备投资/万元	650
主体设备寿命	8 年	运行费用	655 元/t

二、经济效益分析

销售收入：562 万元。

利税总额：242 万元。

利润收入：320 万元。

三、环境效益分析

该项技术在将油泥进行无害化处理的同时，回收有价值的产物。

技术成果鉴定与鉴定意见

一、组织鉴定单位

中国石油科技管理部

二、鉴定时间

2015年10月28、29日

三、鉴定意见

集成开发含油污泥干化热解/炭化工艺，建成吉林石化先导试验，处理后工程热解干化技术污油回收率为91.1%，剩余固体含油率在0.17%～0.29%以下，完成了计划任务书污油回收率80%以上、剩余固体物含油率0.3%以下的目标。

验收委员会建议：进一步对集成技术进行深入经济评价，加大推广应用力度。

推广情况及用户意见

一、推广情况

目前，我公司的含油污泥热解炭化处理技术及系统的销售及应用情况见下表：

客户名称	处理对象	处理能力	工艺流程
中国石油吉林石化分公司	吉林石化炼油厂“三泥”、化工污泥	3600t/a	脱水预处理—干化—热解炭化—三相分离—资源化利用
浙江省宁波某危险废弃物处置中心	清舱油泥、清罐油泥	5000t/a	调质离心预处理—热解炭化—三相分离—资源化利用
中石油延长油田股份有限公司	钻井泥浆	2t/h	异物分选—调质离心—热解脱附—三相分离—资源化利用

二、用户意见

该技术应用于炼油厂污水污泥的处理，设备能够基本完成厂区污水污泥的热解炭化处理，获得热解炭，并可回收污泥中的可利用油分，使用效果较好。

技术服务与联系方式

一、技术服务方式

咨询服务：有专业工程师和资深工程师为客户做指引和解答。

上门服务：专业的维修工程师到现场为客户解决问题，并做简单的技术培训。

E-MAIL：将客户的问题或故障现象发至公司技术支持专用邮箱，公司技术支持工程师会在24h内回复。

培训服务：根据客户的需求由专业技术工程师上门为客户进行使用操作培训以及安全教育。

维保服务：客户可根据需要委托公司对设备进行定期的维护保养，并支付一定的维护保养费用。

定制服务：根据客户的要求为客户量身制作服务方式和服务内容。

二、联系方式

联系单位：浙江宜可欧环保科技有限公司

联系人：田汪洋

地址：浙江省湖州市吴兴区区府路总部自由港 1188 号 F 幢 20F

邮政编码：313002

电话：0572-2059039

传真：0572-2299856

E-mail：tianwy@yikeou. com

主要用户名录

序号	公司名称	处理能力	工艺流程
1	中国石油天然气股份有限公司吉林石化分公司	3600t/a	脱水预处理—干化—热解炭化—三相分离—资源化利用
2	中石油延长油田股份有限公司	3600t/a	调质离心预处理—热解炭化—三相分离—资源化利用
3	浙江省宁波某危险废弃物处置中心	5000t/a	异物分选—调质离心—热解脱附—三相分离—资源化利用
4	陕西欧菲德环保科技有限公司	14400t/a	热解脱附—三相分离—资源化利用
5	中海油惠州石化有限公司	30000t/a	异物分选—调质离心—热解脱附—三相分离—资源化利用

2017-38

技术名称

含氰地下水可渗透反应墙原位修复技术

申报单位

爱土工程环境科技有限公司

云南大地丰源环保有限公司

推荐部门

北京市环境保护产业协会

适用范围

尾矿库区地下水修复、工业污染场地地下水修复、流域治理、垃圾填埋场污染地下水修复等领域。

主要技术内容

一、基本原理

可渗透反应墙（PRB）技术是建立一个填充有活性反应介质材料的被动反应区，当受污染的地下水通过反应区时，其中的污染物质与反应介质发生物理、化学或生物等反应而被降解、吸附、沉淀或去除，从而使受污染地下水得以修复净化的原位修复技术。

二、技术关键

可渗透反应墙体分为两段，分别填充不同药剂。含氰地下水在不同的 pH 和 ORP 值下分两段进行氧化。第一段可渗透反应墙体内需要保持较高的 pH 值，在反应材料中添加缓释碱性材料；第二段氧化反应是将第一级反应生成的氰酸盐进一步氧化成 CO_2 和 N_2。可渗透反应墙体的渗透系数大于 1.0×10^{-3}cm/s。

典型规模

受污染地下水深度不宜超过 50m，且受污染地下水底部存在相对隔水层，隔水层顶板位置深度不宜超过 60m；日处理受污染地下水量：20～10000m^3；吨水处理费用在 0.25 元以下。

主要技术指标及条件

一、技术指标

（1）止水段墙体厚度大于 500mm，渗透系数<10^{-7}cm/s；

（2）漏斗导水门区可渗透反应墙体渗透系数大于 1.0×10^{-3}cm/s；

（3）污染区地下水流速不大于 1.0×10^{-3}cm/s；

（4）止水段墙体及可渗透反应区墙体底部深入隔水层不小于 0.5m。

二、条件要求

（1）污染区地下水流速不大于 1.0×10^{-3}cm/s；

（2）止水帷幕墙体及可渗透反应区墙体底部深入隔水层不小于 0.5m；

（3）第一反应段 pH 值≥10，第二反应段 pH 值控制在 7.0～9.0 之间。

主要设备及运行管理

一、主要设备

实施阶段主要设备指可渗透反应墙安装施工设备，主要包括三轴搅拌桩机、压浆泵、挖掘机、装载机、自卸车、吊车、MGL-120 型履带式工程钻机、ZB4-500 型高压油泵、水泵、空气压缩机、插入式振动棒等。

运行维护阶段主要设备指可渗透反应墙体安装施工完毕后，对墙体长期运行监测及维护期间使用的主要设备，包括挖掘机、装载机、自卸车、水泵、空气压缩机、插入式振动棒、氧化还原电位仪、pH 计、有害气体快速检测仪、水位仪、紫外分光光度计等。

二、运行管理

此项目的运行维护需严格遵守设计要求进行维护管理。

投资效益分析（以一座日处理5000t含氰地下水的可渗透反应墙工程为例）

一、投资情况

总投资：5000万元。其中，设备投资475万元。

主体设备寿命：30年。

运行费用：27.4万元/年。

二、经济效益分析

采用可渗透反应墙技术原位修复含氰地下水不需在地面建设建（构）筑物，工程隐蔽性较好，对地面环境干扰小；占地面积小，几乎不影响地面开发建设；运行成本低。

三、环境效益分析

采用可渗透反应墙技术原位修复含氰地下水过程中，在第一段反应区若pH值控制不当会产生氯化氰二次污染物，因此设计中要求对可渗透反应区pH值实行实时在线监控，能够保证对二次污染的良好控制。

技术成果鉴定与鉴定意见

一、组织鉴定单位

中国环境保护产业协会

二、鉴定时间

2017年10月13日

三、鉴定意见

该技术为含氰地下水的治理提供了一种高效实用的技术，在同类技术领域中达到国内领先水平。建议进一步明确污染地下水中氰化物浓度适应范围，优化填充材料技术规格。

推广情况及用户意见

一、推广情况

在云南昆明、四川成都等地进行含氰地下水修复治理，效果显著，不仅效率提高，且在达到目标的前提下降低成本，获得当地业主单位的认可。

二、用户意见

该项目技术先进，项目投资较低，修复效果良好，运行稳定，达到设计要求。

技术服务与联系方式

一、技术服务方式

工程设计、技术服务、工程建设、运营服务及投融资服务。

二、联系方式

联系单位：爱土工程环境科技有限公司

联系人：刘琦

地址：北京朝阳区东四环中路41号嘉泰国际A座18层

邮政编码：100041

电话：010-65047200

传真：010-65047200

E-mail：liuqi@love-soil. com

网址：http://www. love-soil. com

主要用户名录

昆明危险废物处理处置中心含氰地下水修复工程、四川天正化工污染场地含氰地下水原位修复工程。

2017-39

技术名称

污染地下水多相抽提（MPE）修复技术

申报单位

上海格林曼环境技术有限公司

推荐部门

上海市环境科学研究院

适用范围

土壤和地下水污染防治。

主要技术内容

一、技术原理

通过真空提取手段，抽取地下污染区域的土壤气体、地下水和浮油层到地面进行相分离及处理，以控制和修复土壤与地下水中的有机污染物。

二、技术关键

MPE系统通常由多相抽提、多相分离、污染物处理三个主要部分构成。系统主要设备包括真空泵（水泵）、输送管道、气液分离器、非水相液体（NAPL）/水分离器、传动泵、控制设备、气/水处理设备等。

多相抽提设备是MPE系统的核心部分，其作用是同时抽取污染区域的气体和液体（包括土壤气体、地下水和NAPL），把气态、水溶态以及非水溶性液态污染物从地下抽吸到地面上的处理系统中。多相抽提设备可以分为单泵系统和双泵系统。其中，单泵系统仅由真空设备提供抽提动力，双泵系统则由真空设备和水泵共同提供抽提动力。图1为MPE系统的工艺流程。

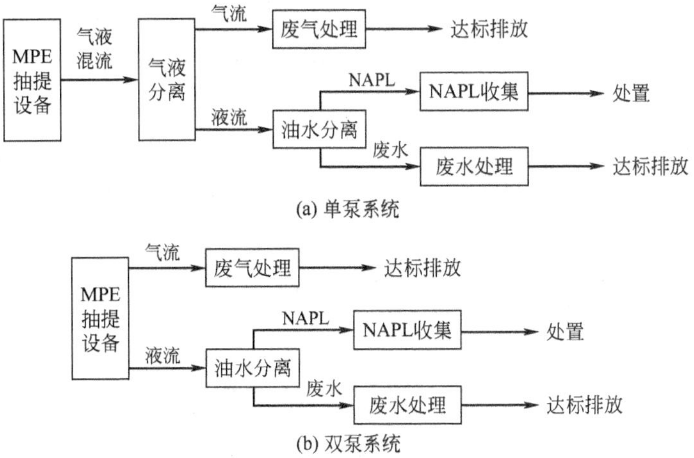

图1　MPE系统的工艺流程

多相分离指对抽出物进行的气-液及液-液分离过程。分离后的气体进入气体处理单元，液体通过其他方法进行处理。油水分离可利用重力沉降原理除去浮油层，分离出含油量低的水。

污染物处理是指经过多相分离后，含有污染物的流体被分为气相、液相和有机相等形态，结合常规的环境工程处理方法进行相应的处理处置。

MPE系统按项目规模和移动性需求，一般分为移动式和固定式两种。MPE技术也可选择性地结合原位化学氧化等其他技术使用，以达到最优的修复效果。

主要技术指标及条件

一、技术指标

格林曼获得多个MPE技术相关的国家发明专利和实用新型专利，并在此基础上广泛开发各种不同类型的MPE设备和系统。其中，移动式MPE系统基于发明专利“一体式多功能可移动型土壤地下水修复设备及其应用”设计而成，固定式MPE系统基于实用新型专利“箱式成套土壤地下水污染两相抽提修复装置”设计而成，其运行控制参数见表1。

表1　MPE系统运行控制参数

指标	移动式MPE系统	固定式MPE系统
影响半径ROI/m	约2	约1.5
每次可带抽提井个数/个	3～4	20～30
抽提深度/m	2.5	3.0

续表

指标	移动式 MPE 系统	固定式 MPE 系统
系统真空度/MPa	约－0.02	约－0.025
井头真空度/MPa	约－0.005	约－0.006
气体抽提流量	500L/min	约 $100m^3/h$
液体抽提流量/(m^3/h)	0.1	约 0.7

二、条件要求

本技术可广泛应用于土壤和地下水污染的修复，适用的污染物类型为易挥发、易流动的非水相液体（NAPL，如汽油、柴油、有机溶剂等），不受地域和行业限制，但不宜用于渗透性差或者地下水水位变动较大的场地。评估 MPE 技术适用性的关键技术参数主要分为水文地质条件和污染物条件两个方面，关键参数适宜范围如表 2 所列。

表 2 MPE 技术关键参数

项目	关键参数	单位	适宜范围
场地参数	渗透系数(K)	cm/s	10^{-5}～10^{-3}
	渗透率	cm^2	10^{-10}～10^{-8}
	导水系数	cm^2/s	0.72
	空气渗透性	cm^2	$<10^{-8}$
	地质环境	—	砂土到黏土
	土壤异质性	—	均质
	污染区域	—	包气带、饱和带、毛细管带
	包气带含水率	—	较低
	地下水埋深	in	＞3
	土壤含水率(生物通风)	饱和持水量	40%～60%
	氧气含量(好氧降解)		＞2%
污染物性质	饱和蒸气压	mmHg	＞0.5～1
	沸点	℃	＜250～300
	亨利常数	无量纲	＞0.01 (20℃)
	土-水分配系数	mg/kg	适中
	LNAPL 厚度	cm	＞15
	NAPL 黏度	mPa·s	＜10

注：1. 1in＝0.0254m。

2. 1mmHg＝133.322Pa。

主要设备及运行管理

一、主要设备

移动式 MPE 系统核心为一体式多功能可移动土壤地下水修复设备，该设备包括一个小车平台，以及固定在该小车平台上的一个多功能罐、一台液体提升泵以及一台真空泵，形成一体式可移动型设备。该装备可将多种修复工艺耦合，实现重金属或有机污染修复。可运行模式包括：

① 液体提升泵和多功能罐联合作用实现修复药剂配置和注射。

② 真空泵与多功能罐联合作用可实现土壤气体抽提和生物通风等工艺。

③ 利用真空泵对多功能罐预抽真空，然后联合液体提升泵可对污染地下水实现抽提处理。抽提出的气液混合物可在多功能罐中实现气液分离。

固定式 MPE 核心为一箱式成套土壤地下水两相抽提修复装置，包括抽提和气液分离系统、尾气湿度和温度控制系统，以及尾气处理系统。场地内污染物质经真空抽提和惯性及重力分离，分离为气、水和自由相。自由相回收处置，废水可作为循环冷却水重复利用，尾气中挥发性有机物经冷却和冷凝凝结为液体后回收处置。

二、运行管理

1. 移动式 MPE 系统运行

移动式 MPE 系统可同时对 3～5 个抽提井进行抽提，按照从污染区域中心往外围的顺序进行抽提。根据表观污染迹象、手持式光离子监测器（PID）读数和过程检测数据，逐渐缩小抽提范围，对轻污染以及无明显污染迹象的区域不再多次频繁抽提，对重污染区域的 10 个抽提井进行重点抽提。

系统运行过程中，抽提真空度在 -0.02MPa 左右，单井抽提水量约 $0.3m^3/h$，单井抽提气量约 $14m^3/h$，整个区域总抽提水量约 $200m^3$，抽提气量约 $10000m^3$。抽提地下水通过隔膜泵转移至体积为 $20m^3$ 的废水罐中，并定期检测。

2. 固定式 MPE 系统运行

固定式 MPE 系统最多可以同时对 30 个抽提井进行抽提。从污染区域中心开始逐渐向外围扩散。根据尾气 PID 读数、抽提废水表观污染迹象以及过程检测数据，后期重点对污染迹象明显的抽提井进行重点抽提。

固定式 MPE 可以实现连续自动运行，通过系统自带的监控界面，可以实时查看系统的运行状态和运行参数。系统运行期间，抽提真空度在 -0.04～-0.02MPa 之间，单井抽提水量约 $0.35m^3/h$，抽提气量约 $10m^3/h$，总抽提水量约 $480m^3$，总抽提气量约 $68000m^3$。抽提地下水排入废水罐中，定期检测达标后纳管排放；抽提气体通过活性炭处理后直接排入大气，定期测量尾气的 PID 读数，若读数偏高，则更换活性炭。

投资效益分析［以中镁科技（上海）有限公司土壤地下水修复工程为例］

一、投资情况

总投资：500 万元。其中，设备投资 300 万元，基建投资 100 万元。

主体设备寿命：3 年。

运行费用：100 万元。

二、经济效益分析

项目使用了一套移动式 MPE 系统和一套固定式 MPE 系统，运行时间为 2014 年

10月～2015年1月。运行期间总计修复地下水面积2500m^2，抽提污染地下水约680m^3。项目总投资约500万元，其中设备投资300万元，基建投资100万元，其他投资100万元，折合吨污染地下水投资费用为7353元。项目总运行费用100万元，折合吨污染地下水运行费用为1471元。

三、环境效益分析

多相抽提（multi-phase extraction，MPE）技术是当前国外修复挥发性有机物污染的土壤和地下水的主要技术之一，它通常通过同时抽取地下污染区域的土壤气体、地下水和非水相液体（non-aqueous phase liquid，NAPL）污染物至地面进行分离及处理，达到迅速控制并同步修复土壤与地下水污染的效果。目前，我国MPE设备的自主研发刚刚起步。开发适合我国污染场地情况的MPE设备，响应我国环境保护管理和污染场地修复市场的紧迫需求，对于消除环境风险、保障人居安全、维护生态环境平衡以及保障水资源有序利用具有重要意义。

查新意见

格林曼“多相抽提技术”所申请的发明专利已经转化为4项MPE相关的设备，包括DNAPL强化回收多相抽提（MPE）系统、可移动式多相抽提（MPE）原位修复设备、小型车载多相抽提（MPE）原位修复设备和污染场地修复工程单井分层抽提和注射装置。这4项转化成果均经过了中科院上海科技查新中心查新，其技术水平处于国内领先地位，并出具查新报告。

一、查新单位

中科院上海科技查新中心

二、查新时间

2012年至2013年

三、查新意见

格林曼“多相抽提技术”技术水平处于国内领先地位。

推广情况及用户意见

一、推广情况

格林曼多年来致力于研发、改进MPE技术，在2015年、2016年获得多个发明专利、实用新型专利和各类奖项，并在此基础上广泛开发各种不同类型的MPE设备和系统，积极推广到客户服务项目中去。典型的推广过程如下：

(1) 结合市场需求分析及调研，进行项目结构设计，完成初步布置、材料选型、初步制作工艺等；

(2) 外协制作、修改等，进行样品试制、实验，确定加工工艺；

(3) 进行设计更改，最终成型并进行试用；

(4) 对技术使用过程中以及场地修复完成后的技术问题，公司负责提供技术支撑，加以解决。

目前该技术成果已在以下项目中推广应用：

单位名称	项目名称	项目运行时间和效果
中镁科技(上海)有限公司	土壤地下水修复工程	2014年8月～2015年1月，已通过竣工验收
上海德尔福汽车空调系统有限公司	德尔福AOC5区域地下水修复工程	2015年8月～2015年11月，已通过竣工验收
上海市闵行区房屋土地征收中心	外环绿带行西动迁安置基地1号地块污染场地修复工程实施	2016年9月～2016年11月，满足验收要求

二、用户意见

该项目顺利完成，在合同约定期限内达到了修复目标，实现了棕地的再开发利用，没有造成二次污染。

获奖情况

时间	奖励名称及等级	授奖部门
2015年8月	“可移动式多相抽提土壤地下水原位修复设备研制及应用”获得上海市科技型中小企业技术创新资金项目	上海市科委等
2015年12月	通过“可移动型地下水修复设备及其应用”“箱式成套土壤地下水污染两相抽提修复装置”等多相抽提技术相关项目，公司被认定为“上海市高新技术企业”	上海市经委等
2016年4月	通过“新一代多功能污染场地修复设备(多相抽提结合化学药剂注射设备)研制及应用”等多相抽提技术相关项目申报被认定为“上海市科技小巨人培育企业”	上海市科委

技术服务与联系方式

一、技术服务方式

随着技术的不断突破、设备的不断改进、系统的不断完善，公司已经具备了在MPE技术领域设计、实施、技术支持、售后等全流程技术支撑，有望在MPE技术领域成为国内环保修复领域的领导者，为广大客户提供成熟、稳定、可靠的土壤和地下水修复服务。

二、联系方式

联系单位：上海格林曼环境技术有限公司

联系人：张峰

地址：上海市延安东路700号港泰广场1605单元

邮政编码：200001

电话：021-53210780-818

传真：021-53210790

E-mail：sailor.zhang@greenment.net

主要用户名录

中镁科技（上海）有限公司、上海德尔福汽车空调系统有限公司、上海市闵行区房屋土地征收中心。

2017-40

技术名称

六价铬化学还原稳定化修复技术

申报单位

北京建工环境修复股份有限公司

推荐部门

中国环境保护产业协会重金属污染防治与土壤修复专业委员会

适用范围

Cr(Ⅵ）污染土壤及地下水的原位或原地异位修复。

主要技术内容

一、基本原理

氧化环境下，土壤 pH＜6.5 时，Cr(Ⅵ）以重铬酸盐形式存在，当 pH＞6.5 时，Cr(Ⅵ）以铬酸盐形式存在，二者都是剧毒物质；Cr(Ⅲ）在酸性条件下（pH＜4.6）以 Cr^{3+} 形式存在；当 pH 值在 4.6～13 之间时，Cr(Ⅲ）以 $Cr(OH)_3$ 沉淀形式存在；当在 pH＞13 的极端条件下，Cr(Ⅲ）的存在形式是 $Cr(OH)_4^-$。结合图 1 可知，Cr(Ⅵ）一般存在于强氧化环境下，在还原条件下 Cr(Ⅵ）将被还原为 Cr(Ⅲ）且容易形成氢氧化物沉淀。因此，可利用化学还原的方法将 Cr(Ⅵ）转化成为 Cr(Ⅲ)，并进一

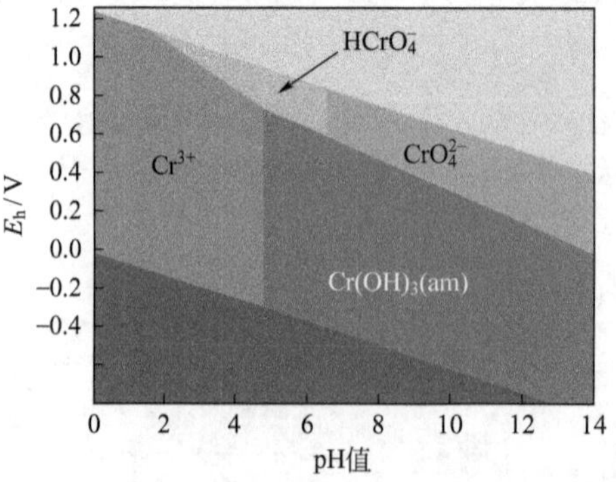

图 1　Cr(Ⅵ）E_h-pH 值图

步形成 $Cr(OH)_3$ 沉淀从而达到去除 Cr(Ⅵ) 污染物、消除健康风险的目的。

化学还原稳定化是通过还原转化使 Cr(Ⅵ) 最终无害化的一种方法，常用的还原剂有以下几种：

(1) 还原态硫化合物，如硫化氢、硫化钙、亚硫酸钠和连二亚硫酸钠；

(2) 铁，如零价铁、溶解态二价铁离子或含铁矿物（赤铁矿、磁铁矿、黑云母)。

多硫化钙对 Cr(Ⅵ) 有很强的还原能力，氧化还原电位差达 0.6V，可迅速将 Cr(Ⅵ) 还原为 Cr(Ⅲ)，产生的 Cr(Ⅲ) 与 OH^- 结合，形成稳定的化合物，从而达到去除 Cr(Ⅵ) 的目的。

$$2CrO_4^{2-}+3CaS+10H^+ \longrightarrow 2Cr(OH)_3\downarrow+3S+3Ca^{2+}+2H_2O$$

Cr(Ⅵ) 在酸性介质中是一种强氧化剂，其标准电极电势为 1.33V，而 Fe^{3+}/Fe^{2+} 电对的标准电极电势为 0.77V。因此，在酸性介质中亚铁离子可迅速将 Cr(Ⅵ) 还原。铬渣及其水浸出液呈碱性，在碱性介质中，铬电对的标准电极电势为 −0.12V，而根据能斯特方程计算，Fe^{3+}/Fe^{2+} 电对的克式量电势为 −0.54V，由于两电对电势相差较大，因此在碱性条件下亚铁盐亦可将 Cr(Ⅵ) 定量还原。以硫酸亚铁为还原剂，在适量水分存在的情况下将铬渣中有毒的 Cr(Ⅵ) 还原为 Cr(Ⅲ)，而在碱性条件下三价铬以氢氧化铬的形式沉淀，从而实现铬渣的稳定化。在酸性及碱性条件下，亚铁离子均可将 Cr(Ⅵ) 定量还原，总反应方程式如下：

$$CrO_4^{2-}+3Fe^{2+}+4OH^-+4H_2O \longrightarrow Cr(OH)_3\downarrow+3Fe(OH)_3\downarrow$$

二、技术关键

Cr(Ⅵ) 化学还原稳定化是一种基于氧化还原反应的处理技术，反应过程中，需要使修复药剂与目标污染物充分接触，通过离子反应将 Cr(Ⅵ) 转化为 Cr(Ⅲ)，生成的 Cr(Ⅲ) 与 OH^- 结合形成 $Cr(OH)_3$ 沉淀或铬铁矿物，持久稳定。技术应用中，有以下几个关键步骤：

(1) 混合程度。化学还原稳定化药剂与污染介质混合过程中，应充分扰动并保持足够的混合时间，使修复药剂与目标污染物充分接触。土壤混合常使用行走式土壤改良机，通过三级混合使药剂均匀分散在污染土壤中。地下水原位处理常使用高压注入钻机，使修复药剂充分扩散到含水层中，保证修复效果。

(2) 污染介质含水率。离子反应需要在溶液中进行，在土壤 Cr(Ⅵ) 污染化学还原稳定化修复中，修复药剂与污染土壤混合后，应持续对土壤补充水分，一般使土壤含水率保持在饱和含水率的 90%左右。

(3) 反应时间。化学还原反应一般持续时间较短，在理想条件下，化学还原稳定化药剂与目标污染物接触后即发生反应并达到处理目标。但在工程实施中，污染介质具有非均质性，土壤孔隙形状各异，修复药剂迁移到孔隙内部与目标污染物反应的时间不能统一。一般条件下，应保持反应时间大于 72h。

(4) pH 条件。经化学还原后，Cr(Ⅵ) 转化为 Cr(Ⅲ)，在 $4.6<pH<13$ 时，Cr(Ⅲ)以 $Cr(OH)_3$ 沉淀形式存在。在此范围内，随着 pH 值的升高，Cr(Ⅲ) 结合 OH^- 的形式不断变化，一般认为，当 $pH>10$ 时，形成 $Cr(OH)_4^-$，该化合物在自然条件下容易被氧化，使 Cr(Ⅲ) 重新生成 Cr(Ⅵ)。

典型规模

处理规模大多视污染场地大小和污染总方量而定。在国内，一般Cr(Ⅵ)污染场地污染面积从几万到几十万平方米不等，污染深度小于20m，修复方量按污染面积和污染深度确定。当前，国内Cr(Ⅵ)污染多来源于铬盐加工厂，污染面积在2万平方米以上，修复方量大于10万立方米。

主要技术指标及条件

一、技术指标

在明确场地条件及污染特征后，根据修复药剂与污染物反应特点，计算合理的药剂投加比，可保证修复效果，一般Cr(Ⅵ)转化率在90%以上，并视修复目标要求，可以进一步提高转化率达99.9%。

单日处理方量与项目大小和设备投入量有关，以往项目中单日处理能力约500～800m^3。

二、条件要求

化学还原稳定化技术使用的修复药剂大多具有抗浓度负荷能力强、反应速率快等特点，对Cr(Ⅵ)初始浓度没有特殊要求。在以往项目中，检测到的Cr(Ⅵ)最高浓度达7000mg/kg，处理完成后Cr(Ⅵ)浓度满足修复目标要求。

主要设备及运行管理

一、主要设备

Cr(Ⅵ)化学还原稳定化技术通常应用于土壤的原地异位修复、饱和层污染土壤和地下水的原位修复。

原地异位修复常使用土壤改良机作为药剂混合设备，在挖掘机、运输车的配合下，通过三级混合使修复药剂与污染土壤充分接触，保证修复效果。在某些含有垃圾、砾石的污染场地，药剂混合前需要使用破碎筛分铲斗将土壤筛分，筛下产品送入行走式土壤改良机中。

原位修复一般需要构建注入井，药剂注入井中后在力的作用下向含水层中扩散。常用设备如地质钻机、空压机、隔膜泵等。近年来，水力压裂原位注入技术引入国内，其主体设备为地质钻机、药剂注入斗及其他配套设施，直接将修复药剂注入饱和含水层，修复过程中使用慢速洗井采样泵取样监测。

二、运行管理

污染修复过程中，项目经理部负责项目的运行管理，主要涉及技术管理、施工管理、安全管理、环境管理等。

(1) 技术管理。技术工程师应根据场地污染概况及水文地质特征，通过小试实验、中试扩大化试验，确定工艺参数，指导工程实施。在施工过程中，根据监测数据合理调整参数变化，保证修复效果。

(2) 施工管理。遵照施工组织方案，严格管理施工过程。在药剂混合、土壤补水、pH 调节等工序，加强技术人员旁站监督，实时抽检施工效果，保证施工质量。

(3) 安全管理。Cr(Ⅵ) 是公认的致癌物之一，施工现场工作人员必须做好人员防护。一般防护有经口鼻摄入防护、眼部摄入防护及皮肤接触防护。建立机械设备操作运行安全管理制度，施工过程中严格按照相关规定执行，所有设备工程师必须经专业培训后上岗。

(4) 环境管理。加强施工现场环境管理制度，建立健全环境管理责任制。安排质检员建立场地土壤、水体、大气、噪声全面的监测预警机制，发现环境质量恶化必须采取专项治理措施，直至环境质量恢复施工现场要求。

投资效益分析（以牟定县渝滇化工厂历史遗留铬渣场污染土壤修复治理工程为例）

一、投资情况

总投资：1856.78 万元。其中，设备投资 137.40 万元。

主体设备寿命：10 年。

运行费用：708 元/m^3。

二、经济效益分析

化学还原稳定化是一种反应速率快、修复成本低的六价铬污染治理技术。通过药剂优化、施工机械优化与现场管理模式的优化，化学还原稳定化有效地降低了修复工期成本、施工成本，相比于同类修复技术，其综合修复成本降低约 15%～30%。

三、环境效益分析

Cr(Ⅵ) 污染的土壤和地下水，表现出明显的铬黄色，给人感官上的不悦，且具有强致癌作用，对人体健康造成严重威胁。污染范围内，植被死亡、微生物量低，土壤和地下水功能遭到严重破坏，降水时水土流失严重，大风天气扬尘四起，空气质量下降。

经化学还原稳定化技术修复的污染场地，Cr(Ⅵ) 浓度降低到修复目标浓度以下，适当调节后，土壤有机质含量增加，微生物量增加，土壤结构得到改善，绿色植物自然生长，在保持水土、防止扬尘及恢复生物多样性等方面均具有明显的环境效益。

推广情况及用户意见

一、推广情况

在取得 Cr(Ⅵ) 化学还原稳定化的主要技术和施工参数后，北京建工环境修复股份有限公司与国内外科研院所及行业专家广泛交流，持续提高技术成熟度，加大科技成果产出。在相应修复项目中积极开展该项技术的推广应用，截止到 2014 年，应用项目均顺利通过业主验收：

(1) 牟定县渝滇化工厂历史遗留铬渣场污染土壤修复治理工程。

(2) 陆良县历史堆存渣场污染土壤修复治理工程。

(3) 济南裕兴化工有限责任公司原厂区 Cr(Ⅵ) 污染土壤修复项目高架桥西侧污

染场地及全厂区污染建筑垃圾修复工程。

二、用户意见

采用还原稳定化技术，修复本场地的铬污染土壤，修复效果好、工期短、修复成本相对较低，修复完成后能达到预期的修复目标，消除了六价铬的健康风险。该技术具有较好的经济效益、环境效益，具有推广应用价值。

获奖情况

在借鉴前人研究的基础上，结合以往项目经验，北京建工环境修复股份有限公司成功实施了同类项目8项，如云南陆良铬污染土壤治理工程、云南牟定铬污染土壤治理工程、山东某铬盐厂污染场地Cr(Ⅵ)污染治理中试、湖南某铬盐厂污染场地Cr(Ⅵ)污染治理中试项目等，修复项目顺利通过业主验收，修复效果得到评审专家肯定。

获得了山东省环境科学学会科技进步奖一等奖，申请了北京建工集团有限公司科技质量进步奖一项。

技术服务与联系方式

一、技术服务方式

截止到目前，北京建工环境修复股份有限公司成功申请了环境工程专业承包一级、环境工程专项设计乙级资质。通过在污染场地修复领域多年的探索与实践，关于Cr(Ⅵ)化学还原稳定化技术，公司可作为总承包方为应用单位提供项目管理、方案设计、药剂采购、工程实施、设施运行与维护等一站地的链式服务。结合各地区及各项目具体要求，也可以作为项目运行到某一阶段的阶段性服务商。

二、联系方式

联系单位：北京建工环境修复股份有限公司

联系人：李书鹏

地址：北京市朝阳区京顺东街6号院16号楼3层301

邮政编码：100015

电话：010-68096688

传真：010-68096677

E-mail：lishupeng@bceer.com

主要用户名录

Cr(Ⅵ)化学还原稳定化技术的主要用户及应用情况如下：

(1) 陆良县环境保护局；

(2) 牟定县环境保护局；

(3) 济南裕兴化工有限责任公司。

2017-41

技术名称

挥发性有机物在线监测系统技术

申报单位

中绿环保科技股份有限公司

推荐部门

山西省环保产业协会

适用范围

炼油、石化、化工、印刷、喷涂、制鞋、橡胶塑料制品、化纤、人造板制造等。

主要技术内容

一、基本原理

用氢火焰离子化检测器（FID）气相色谱法分析总烃和甲烷的含量，两者之差为NMHC的含量。在规定的条件下所测得的NMHC是与气相色谱氢火焰离子化检测器有明显响应的除甲烷外的烃类化合物总量，以碳计。本方法符合《固定污染源废弃总烃、甲烷和非甲烷总烃的测定 气相色谱法》（HJ 38—2017）。该在线监测系统示意见图1。

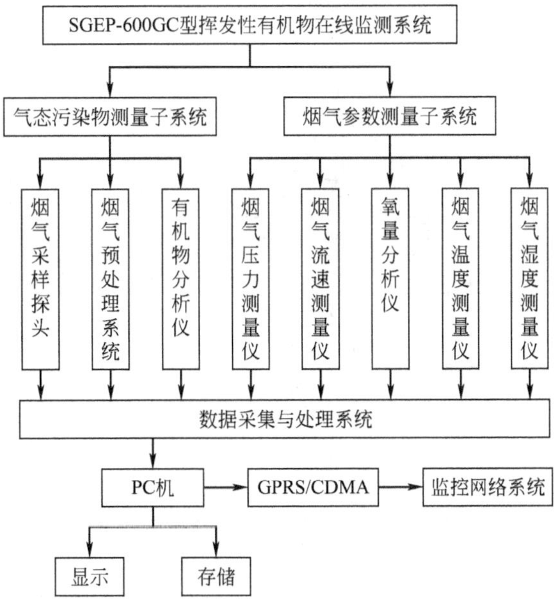

图1　在线监测系统示意

样气由采样泵提供大于20kPa的正压输送到气相色谱仪进样阀，并经六通阀送入定量环，根据污染源气体浓度及色谱分析条件，可更改适应现场不同环境条件的定量要求，以满足测量需求。样品经定量环定量后由六通阀切换在载气的推动下进入气化室，并送入色谱柱进行分离，由氢火焰离子化检测器FID离子化得到电信号，并经过信号处理由色谱工作站进行定量及定性分析。系统完整采样及分析周期小于25min，并可实现色谱仪自动或手动标定。

二、技术关键

(1) 全程高温伴热采样，高精度过滤。200℃加热温度采样探杆，200℃加热高温采样器，高温FID检测，样品损失小，测量更准确。

(2) 预处理系统采用多重脱尘装置，高精度过滤，为分析仪提供高纯度驱动气和载气，防止长期吹扫带来的管路污染，延长设备运行寿命。

(3) 单次循环响应时间小于60s，保证监测实时性、准确性，监测数据精度高。

(4) 系统运行稳定，断电开机后，系统自动循环运行，仪表上电自动点火，安全可靠，维护量低。

(5) FID检测器火焰熄灭后自动关闭氢气，气路控制完全采用EPC控制，能实现全自动化调节流量，保证系统安全。

(6) 系统对大气污染源的NMHC进行实时监控，能够实现对污染物的自动采样、检测分析、数据传输和共享的自动化、智能化管理，质谱检测数据自动分析处理，结果直接输出，并传送至分析平台。

典型规模

一套挥发性有机物在线监测系统，一般配备专用站房或者仪表间，备有空调、换气扇等。

主要技术指标及条件

一、技术指标

仪器分析周期	NMHC分析仪≤120s　VOCs组分分析仪≤40min
仪器检出限	NMHC分析仪≤0.05mg/m³　VOCs组分分析仪≤0.05mg/m³
定性测量重复性	NMHC分析仪≤3%(丙烷)　VOCs组分分析仪≤3%(苯)
定量测量重复性	NMHC分析仪≤3%(丙烷)　VOCs组分分析仪≤3%(苯)
线性误差	±10%F.S.
24h稳定性	±3%F.S.
环境温度变化的影响	±5%F.S.
进样流量变化的影响	±4%F.S.
供电电压变化的影响	±4%F.S.
振动的影响	±4%F.S.
干扰成分的影响	0.8mg/m³
响应因子	0.9～1.2
平行性	≤5%

二、条件要求

烟道气温度：<300℃；

烟道气压力：±10000Pa；

环境温度：5～45℃；

环境湿度：<90%RH；

电源：AC220V±10%，50Hz。

主要设备及运行管理

一、主要设备

主要系统为挥发性有机物（VOCs）在线监测系统（图 2）。

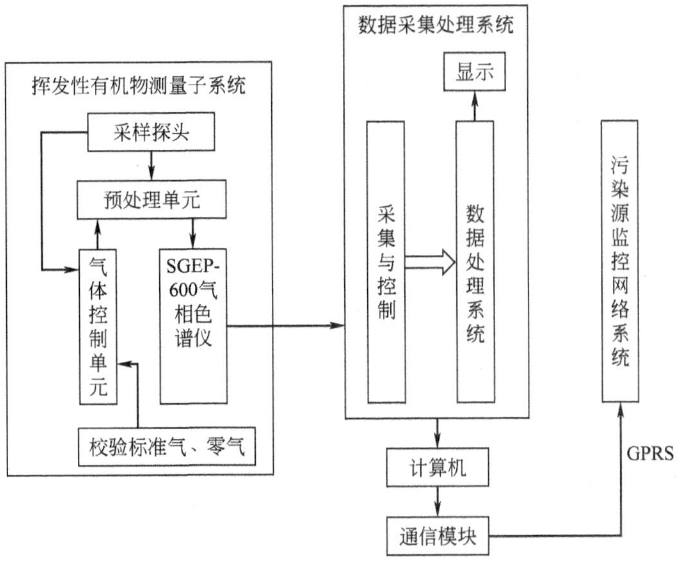

图 2　挥发性有机物在线监测系统示意

二、运行管理

挥发性有机物在线监测系统监测数据是工业生产中参与联锁控制的重要生产参数，日常巡检和维护保养是十分重要的工作，可以预防仪表故障，保证正常生产，延长仪表使用寿命。

定期检查包括日常巡检、一个月检查和三个月检查。

1. 日常巡检

日常巡检的周期为 7 天，内容包括：

（1）检查甲烷、总烃、流速、压力、温度等读数。

（2）若工控机有报警（故障、超标、超限等），检查报警产生原因。

（3）工控机报警：根据显示数字的颜色判断“故障”“超限”“超量 ”等。

（4）对所有通气管和管接头检查，发现接头不严漏气，应及时处理。

（5）检查采样探头温度、排水情况、气源压力、样气流量等，当读数不正常时，检查原因。

(6) 经常对预处理部分精细过滤器和硅胶干燥剂过滤器进行检查，发现精细过滤器有水储存立即排水。硅胶干燥剂污染变色立即更换，否则容易污染气相色谱仪。

2. 一个月检查

一个月检查规定了每隔一个月应该检查的项目，包括：

(1) 检查空气吹扫系统滤芯。

(2) 检查氢空氮一体机干燥剂、气路硅胶干燥剂、分子筛。

(3) 检查等离子水余量。

(4) 检查卡套接头是否有松动，进行紧固。

3. 三个月检查

三个月检查规定了每隔三个月应该检查的项目，包括：

(1) 检查标气压力和使用期限。

(2) 检查采样探头过滤器，及其管路的积灰和凝水情况。

(3) 检查气源泵工作性能。

(4) 检查采样泵是否完好，有故障时应立即更换。

(5) 清扫仪器，特别是气源柜、工控机风扇及系统中的各电路板。

投资效益分析

一、投资情况

总投资：55 万元。其中，设备投资 35 万元。

主体设备寿命：8 年。

运行费用：10 万元/年。

二、经济效益分析

(1) 有利于排放的企业对挥发性有机物处理系统效率进行考核，可降低企业的运行成本。

(2) 排污企业的治理系统出现故障时，通过数据异常、设备报警等方式及时向企业及环保主管部门进行反馈，避免造成不必要的经济损失，同时降低污染物排放的概率，减少污染后再治理的成本投入。

(3) 通过后期的运营维护，可降低设备的故障率，延长设备的使用寿命，为企业节约购买设备的资金。

三、环境效益分析

通过挥发性有机物在线监测系统的应用，对炼油、石化、化工、印刷、喷涂、制鞋、橡胶塑料制品、化纤、人造板制造等行业产生的挥发性有机物排放量进行监测，为挥发性有机物排污收费提供依据，对挥发性有机物的全面综合治理提供数据支持，对环境保护发挥积极的作用。

仪器的广泛应用还将极大提升监管部门对大气污染的监测效率和科学水平，为政府决策和机构进行环境评价提供可靠依据。

推广情况及用户意见

一、推广情况

该挥发性有机物在线监测系统已在山东、山西、江苏、江西、浙江等地安装 20 余套。

二、用户意见

该技术的应用企业对应用效果反馈良好，设备运行可靠、准确度高、故障率低，运行情况良好。

技术服务与联系方式

一、技术服务方式

设备出售及运营维护。

二、联系方式

联系单位：中绿环保科技股份有限公司

联系人：闫兴钰

地址：山西省太原市高新区中心街山西环保科技园

邮政编码：030032

电话：0351-7998011

传真：0351-7998020

E-mail：zlhb@vip.163.com

主要用户名录

序号	单位名称	工程类型	套数	安装时间
1	江苏常隆农化有限公司	挥发性有机物在线监测系统	1	2016 年 3 月
2	响水中山生物科技有限公司	挥发性有机物在线监测系统	3	2017 年 3 月
3	江苏中染化工有限公司	挥发性有机物在线监测系统	5	2017 年 3 月
4	连云港市新诚化工有限公司	挥发性有机物在线监测系统	1	2016 年 3 月
5	山东六丰机械工业有限公司	挥发性有机物在线监测系统	3	2017 年 4 月
6	山东齐鲁制药有限公司	挥发性有机物在线监测系统	8	2016 年 11 月
7	山西竞斯利化工有限公司	挥发性有机物在线监测系统	2	2016 年 5 月
8	宁波爱思开合成橡胶有限公司	挥发性有机物在线监测系统	5	2017 年 5 月

2017-42

技术名称

水质总磷在线监测技术

申报单位

中绿环保科技股份有限公司

推荐部门

山西省环保产业协会

适用范围

湖库、河流等地表水的水质监测和工业废水、污水处理厂排放废水、生活废水等污染源的排放监测。

主要技术内容

一、基本原理

水样、催化剂溶液和强烈氧化剂消解溶液的混合液加热至120℃消解，试样中各种形态的磷全部氧化成正磷酸盐，在酸性条件下，试样中的正磷酸盐在酒石酸锑钾的催化下，与钼酸铵反应生成磷钼酸化合物。该化合物被抗坏血酸还原生成蓝色配合物，即磷钼蓝，在700nm处通过内置比色计测量溶液颜色的改变，这种颜色的改变与总磷值的高低有着十分好的线性关系。故而，可以通过标定，先测量已知浓度的标准液的比色变化A_1、A_2，并标定出一条满足方程$C=KA+b$的校正曲线。然后通过测定未知浓度样品的比色变化A_s，在校正曲线上即可查得总磷的浓度。

二、技术关键

(1) 基于国标方法——国家标准《水质 总磷的测定 钼酸铵分光光度法》(GB 11893—89)测量，是这一经典原理的全新应用。

(2) 采用可编程控制器（PLC）作为控制和数据采集处理设备，测量全过程自动完成。

(3) 对不同水质，实际反应时间可根据设置进行调整，确保测试可靠。

(4) 在仪器初始运行时，根据设定的校准时刻，自动进行零点和量程校准，保证测试准确。用户也可根据需要，即刻启动校准程序。

(5) 自动清洗系统可按用户选定间隔，采用酸清洗样品流经的所有管路，防止试剂结晶附着太多，影响测量或堵塞软管。

(6) 采用温度补偿技术，克服了温漂对总磷测量结果的影响。

(7) 完善自我监测系统，对仪器运行状态和管路进行监测，如出现试剂量不足、采样故障、管路泄漏等情况，仪器及时通过蜂鸣器报警并显示故障内容，立即停止工作，避免错误的测试结果，直至仪器排除故障复位后被重新启动。

(8) 完善的数据保护系统，保证异常报警和断电数据不丢失。

(9) 异常复位和断电后来电，自动排出仪器内残留反应物，自动恢复工作状态。

(10) 采用进口工业触摸屏操作并直接显示数据（4位整数与1位小数），密码保护，防止误操作，界面友好，操作简便、直观。

(11) 具有智能化、测定快速、低故障、低耗能、抗干扰性好、高准确性的特点。

(12) 仪器维护方便、简单，试剂消耗量少，运行经济。

典型规模

一个污水排放口需安装一套总磷水质在线监测系统。

主要技术指标及条件

一、技术指标

测量范围：0～500mg/L。

分析周期：最小分析周期为20min，可按照整点时间进行采样测量，也可按照一定时间间隔（20～9999min任意设定）进行采样测量。

分辨率：0.01mg/L。

重复性：不超过示值误差的1/2。

稳定性：在自动校正周期内，不超过仪器的基本误差。

准确度：仪器准确度（相对误差）不超过±10%示值，或仪器准确度（绝对误差）不超过 ±0.5mg/L。

工作电源：50Hz，220V(AC)。

功率：最大功率400W（不含潜水泵），平均功率小于100W。

试剂用量（mL/次）：指示剂少于1.5，氧化剂少于2.5。

1440h运行无故障。

二、条件要求

环境温度：－20～45℃（传感器）、0～40℃（二次仪表）；

环境湿度：＜90%；

单相交流电：电源电压（220±22)V(AC)；

电源频率：(50±5)Hz；

电源功率：2000W以上，应有良好接地。

主要设备及运行管理

一、主要设备

该系统的主要设备为TGH-STP型总磷水质在线自动监测仪

1. 系统组成

由试样采取单元、计量单元、反应器单元、检测单元、试剂储存单元、显示记录单元、数据处理与传输单元等组成，具体包括选择阀组件、计量组件、进样组件、密封消解组件、试剂管、电气器件、软件等，见图1。

2. 关键技术（专利技术）

本系统涉及的选择阀，与目前市场上总磷分析仪的电磁阀相比较，具有成本低廉、死体积小、防腐性能高、故障率低、使用寿命长、易维护更换等优点。

本系统涉及的大配比计量技术解决了微小剂量定量问题及试剂大配比问题，拓展了设备测量范围，使得总磷测量范围从国标规定的0～0.6mg/L扩大到0～500mg/L。

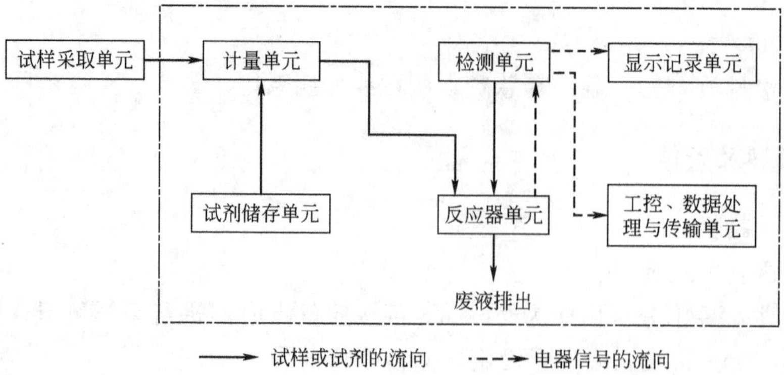

图1 系统组成

二、运行管理

总磷水质在线监测系统的测量数据是工业生产中参与联锁控制的重要生产参数，日常巡检和维护保养是十分重要的工作，可以预防仪表故障，保证正常生产，延长仪表使用寿命。

日常的巡检内容有以下几项：

(1) 检查冷却水的量及冷却水管路，确认冷却系统正常；

(2) 检查进样及流程系统是否有漏液漏酸问题；

(3) 检查主控电路电子器件有无过热现象；

(4) 确认各阀体、部件工作正常有效；

(5) 清洗采样过滤器，确认采样系统工作正常；

(6) 清理收集废液，进行集中处理；

(7) 添加蒸馏水；

(8) 当试剂不够一周使用时，配制、添加试剂；

(9) 对监测站房进行通风；

(10) 对仪器设备进行保洁，包括机壳尘土、机内污渍、室内卫生；

(11) 认真填写巡检记录；

(12) 每月对比色阀清洗更换一次；

(13) 每月对仪器校准一次；

(14) 检查管线内是否长有藻类。

投资效益分析（以天野酶制剂有限公司总磷水质在线监测系统工程为例）

一、投资情况

总投资：16万元。其中，设备投资10万元。

主体设备寿命：8年。

运行费用：2万元/年。

二、经济效益分析

(1) 有利于废水排放的企业对污水处理系统效率进行考核，可降低企业的运行成本；

(2) 对于排污企业的治理系统出现故障时，通过数据异常、设备报警等方式及时向企业及环保主管部门进行反馈，避免造成不必要的经济损失，同时降低污染物排放的概率，减少污染后再治理的成本投入；

(3) 通过后期的运营维护，可降低设备的故障率，延长设备的使用寿命，为企业节约购买设备的资金。

三、环境效益分析

总磷监测仪技术的研究和仪器的投产应用，在客观上制约超标水排放的泛滥，对环境保护发挥出积极的作用。

仪器的广泛应用还将极大地提升监管部门对水质监测的效率和科学水平，为政府决策和机构进行环境评价提供可靠依据。

技术成果鉴定与鉴定意见

一、组织鉴定单位

山西省科技厅

二、鉴定时间

2014 年 10 月

三、鉴定意见

该项目成果在同类研究中达到了国际先进水平。

推广情况及用户意见

一、推广情况

该总磷水质在线检测技术推广应用至 17 个企业，涉及工业、污水处理、地表水检测等多个领域。

二、用户意见

该技术的应用企业对应用效果反馈良好，设备运行可靠、准确度高、故障率低，运行情况良好。

技术服务与联系方式

一、技术服务方式

设备出售及运营维护。

二、联系方式

联系单位：中绿环保科技股份有限公司

联系人：闫兴钰

地址：山西省太原市高新区中心街山西环保科技园

邮政编码：030032

电话：0351-7998011

传真：0351-7998020
E-mail：zlhb@vip. 163. com

主要用户名录

序号	单位名称	工程类型	套数	安装时间
1	山西绿洁环保有限公司	总磷水质在线监测系统	1	2016 年 9 月
2	宜丰县华泰铝业有限责任公司	总磷水质在线监测系统	1	2017 年 4 月
3	江西长胜铝业有限公司	总磷水质在线监测系统	1	2017 年 4 月
4	江西剑发铝型材有限公司	总磷水质在线监测系统	2	2017 年 4 月
5	汉中思圣水务有限公司	总磷水质在线监测系统	2	2017 年 5 月
6	泰州市临江港口开发有限公司	总磷水质在线监测系统	2	2017 年 5 月
7	可成科技(宿迁)有限公司	总磷水质在线监测系统	1	2015 年 4 月
8	北京星月阳光环保工程有限公司	总磷水质在线监测系统	1	2015 年 6 月
9	北京环宇宏业科技开发有限公司	总磷水质在线监测系统	3	2015 年 6 月
10	天野酶制剂(江苏)有限公司	总磷水质在线监测系统	1	2015 年 6 月
11	涡阳国祯污水处理有限公司	总磷水质在线监测系统	1	2015 年 7 月
12	东贝机电(江苏)有限公司	总磷水质在线监测系统	1	2015 年 11 月
13	沂水蔚蓝环保技术服务有限公司	总磷水质在线监测系统	1	2014 年 8 月
14	连际高新电气(上海)有限公司	总磷水质在线监测系统	2	2014 年 10 月
15	临沂蔚蓝环保技术服务有限公司	总磷水质在线监测系统	1	2014 年 12 月
16	太原金世纪阳光水净化有限公司	总磷水质在线监测系统	1	2015 年 10 月
17	山西兰花工业污水处理有限公司	总磷水质在线监测系统	1	2014 年 12 月

2017-43

技术名称

水质 COD_{Cr} 在线监测技术

申报单位

北京雪迪龙科技股份有限公司

推荐部门

中国仪器仪表学会分析仪器分会

适用范围

生产企业排污口、污水处理厂进出口等水质监测领域。

主要技术内容

一、基本原理

在强酸溶液中，定量的重铬酸钾氧化水样中的还原性物质，在一定的消解温度下，六价铬被水中还原性物质还原为三价铬，在一定波长下，用光度法测定三价铬的吸光度，通过吸光度与水样 COD 值的线性关系进行定量分析测定。反应方程式如下：

$$Cr_2O_7^{2-}+14H^++6e^- \longrightarrow 2Cr^{3+}+7H_2O$$

二、技术关键

通过光电传感器实现试剂精确计量，克服了传统方式蠕动泵软管由于磨损引起的计量误差。采用显色/比色一体化设计，避免了显色后试样流转引入的额外测量误差。

主要技术指标及条件

一、技术指标

零点漂移：优于±5mg/(L·24h)；

示值稳定性：优于±10%/24h；

示值相对误差：±10%；

重复性：≤3.0%；

量程漂移：优于±2.0%/24h；

实际水样比对试验：10mg/L≤COD_{Cr}<50mg/L，≤5mg/L；50mg/L≤COD_{Cr}≤1000mg/L，≤10.0%；

相对于电压波动稳定性：±10%。

二、条件要求

环境温度：5～35℃；

环境湿度（RH）：≤85%；

电源要求（AC）：(220±22)V，(50±0.5)Hz。

主要设备及运行管理

一、主要设备

该技术的主要设备为水质 COD_{Cr}在线自动监测仪。

二、运行管理

设备根据环保局要求，定时整点启动进行水样检测，并将检测结果实时上传反馈。定期由专业人员进行维护，包括试剂更换、管路清洗等。

投资效益分析［以罗盖特生物营养品（武汉）有限公司水质COD_{Cr}在线监测仪项目为例］

一、投资情况

总投资：12.3 万元。其中，设备投资 9.8 万元。

主体设备寿命：＞5 年。

运行费用：0.5 万元/年。

二、经济效益分析

设备单次测量试剂消耗量较低，运行试剂费用约为 0.5 万元/年。

三、环境效益分析

设备为水质常规参数监测设备，设备的运行实时有效地反映了处理设备的处理效果，为环境管理提供了保障。

推广情况及用户意见

一、推广情况

该技术主要应用在生产企业排污口、污水处理厂进出口等水质监测领域，已应用于 105 个客户，累计销售收入 3582 万元。

二、用户意见

设备运行良好、可靠，运维方便，满足环保部门要求。

技术服务与联系方式

一、技术服务方式

北京雪迪龙科技股份有限公司专业技术支持。

二、联系方式

联系单位：北京雪迪龙科技股份有限公司

联系人：王平平

地址：北京市昌平区回龙观国际信息产业基地高新三街 3 号

邮政编码：102206

电话：18942948806

传真：010-80735777

E-mail：wangpingping@chsdl.com

主要用户名录

（1）四川宜宾港（集团）有限公司，宜宾空港污水处理站水质出水在线监测仪器设备，COD 分析设备 1 套。

（2）罗盖特生物营养品（武汉）有限公司，水质COD_{Cr}在线监测仪项目，COD 分析设备 1 套。

2017-44

技术名称

水质氨氮在线监测技术

申报单位

北京雪迪龙科技股份有限公司

推荐部门

中国仪器仪表学会分析仪器分会

适用范围

生产企业排污口、污水处理厂进出口等水质监测领域。

主要技术内容

一、基本原理

在碱性介质（pH＝11.7）和亚硝基铁氰化钠存在的条件下，水中的氨、铵离子与水杨酸盐和次氯酸盐离子反应生成蓝色化合物，在697nm处用分光光度计测量吸光度，再根据朗伯-比尔定律中溶液浓度与吸光度的线性关系推算出氨氮浓度。

二、技术关键

利用光电传感器实现试剂精确计量，克服了传统方式蠕动泵软管由于磨损引起的计量误差。采用显色/比色一体化设计，避免了显色后试样流转引入的额外测量误差。

主要技术指标及条件

一、技术指标

测试方法：水杨酸分光光度法；

测试量程：0～0.5mg/L、0.5～5mgL、5～25mg/L、25～300mg/L（可扩展到1500mg/L）；

检出下限：0.02mg/L；

分辨率：0.01mg/L；

准确度：±5%；

重复性：≤3%；

示值稳定性：±10%/8h；

示值误差：≤2.0mg/L，±0.2mg/L；＞2.0mg/L，±10%；

相对于电压波动稳定性：±10%。

二、条件要求

环境温度：5～35℃；

环境湿度（RH）：≤85%；

电源要求（AC）：(220±22)V，(50±0.5)Hz。

主要设备及运行管理

一、主要设备

该技术的主要设备为水质氨氮在线自动监测仪。

二、运行管理

设备根据环保局要求，定时整点启动进行水样检测，并将检测结果实时上传反馈。定期由专业人员进行维护，包括试剂更换、管路清洗等。

投资效益分析［以罗盖特生物营养品（武汉）有限公司水质氨氮在线监测仪项目为例］

一、投资情况

总投资：11 万元。其中，设备投资 8.4 万元。

主体设备寿命：>5 年。

运行费用：0.3 万元/年。

二、经济效益分析

设备单次测量试剂消耗量较低，运行试剂费用约为 0.3 万元/年。

三、环境效益分析

设备为水质常规参数监测设备，设备的运行实时有效地反映了处理设备的处理效果，为环境管理提供了保障。

推广情况及用户意见

一、推广情况

该技术主要应用在生产企业排污口、污水处理厂进出口等水质监测领域，已应用于 91 个客户，累计销售收入 3805 万元。

二、用户意见

设备运行良好、可靠，运维方便，满足环保部门要求。

技术服务与联系方式

一、技术服务方式

北京雪迪龙科技股份有限公司专业技术支持。

二、联系方式

联系单位：北京雪迪龙科技股份有限公司

联系人：王平平

地址：北京市昌平区回龙观国际信息产业基地高新三街 3 号

邮政编码：102206

电话：18942948806
传真：010-80735777
E-mail：wangpingping@chsdl.com

主要用户名录

（1）四川宜宾港（集团）有限公司，宜宾空港污水处理站水质出水在线监测仪器设备，氨氮分析设备1套。

（2）罗盖特生物营养品（武汉）有限公司，水质氨氮在线监测仪项目，氨氮分析设备1套。

2017-45

技术名称

WY钢铁发黑剂

申报单位

山西津津化工有限公司

推荐部门

山西省环境保护产业协会

主要技术内容

WY钢铁发黑剂是该公司自行研制开发的新型钢铁表面处理剂，其主要是代替传统钢铁工件的碱性煮黑工艺，从而起到表面发黑、防腐防锈、美观和装饰作用。新型钢铁发黑剂其主要技术和产品特点是具有热氧化和热聚合的双重功效，利用接枝和复合方法对原来发黑剂树脂进行改性。新型的复合树脂在发黑过程中形成互穿网络型的交联结构，大大增强了发黑膜的强度和附着力及致密性，使得发黑膜的抗腐蚀性能有了很大的提高。新型发黑剂在生产细化方面采用新型的双锥膜与高剪切乳化等设备，增加了细度和分散性，使发黑后的工件表面形成的膜材料更致密、更优异，不但防腐蚀能力提高，而且发黑数量也增加了30%以上，每吨发黑剂可处理500～700t钢铁工件，适用于多种钢铁材质零部件的表面发黑与防腐蚀应用。

主要技术指标

WY型发黑剂产品表现为黑色乳化液：

（1）相对密度：0.98～1.03；

（2）pH值：8.0～9.5；

（3）不挥发分：13.1～18.0；

(4) 食盐允许量：2%，15～35℃ 4h无相分离。

处理后的工件外观呈均匀的深黑色，发黑膜致密性：3%硫酸铜溶液2～3点滴12min无玫瑰红斑；防锈性：用3%氯化钠溶液浸60min无锈斑；耐腐蚀性：5%草酸溶液2～3点滴12min无腐蚀斑点。

推广情况

此工艺技术包括发黑剂制造与应用两部分。制造单位与应用单位建立了良好的“信息反馈-售后服务-技术交流-创新发展”的合作机制，现有用户500多家，年发黑工件产值100亿元以上，解决了出口机械产品海洋运输中的锈蚀难题。

获奖情况

1993年，该项目的发黑剂被认定为国家级新产品，1995年获国家科技成果奖(950661)。1996年，经中国环境科学院专家和联合国环境保护署官员、专家现场考察、评议，认定WY型钢铁发黑剂是国内首创、国际领先的新型环保产品，被国家环保局批准为“环境保护最佳实用技术”推广项目（96-A-W-006），2000年通过山西省科技成果鉴定［晋科鉴字（2000）第170号］，2003年获山西省科技技术进步二等奖(2002-A-2-039)，2000年获全国星火计划成果奖。

联系方式

联系单位：山西津津化工有限公司
联系人：柴卓、柴斌
地址：山西省河津市城区学府路北209国道西
电 话：0359-5105637
传 真：0359-5105628
E-mai：gtfhj350@yeah. net

主要用户名录

宁波宁力高强度紧固件有限公司、宁波盈开标准件有限公司等。

2017-46

技术名称

新型四合一替磷剂

申报部门

金华市弗鲁克特科技有限公司

推荐部门

中科高技术企业发展评价中心

适用范围

汽车工业、机械工业、家用电器、五金行业等制造业。

主要技术内容

一、基本原理

选用无磷无氟无重金属原材料，以多种酸为主体，采用特殊的成膜工艺技术，通过添加特殊的化学成分而在工件表面形成一种致密的复合膜技术。替磷化反应式如下：

$$M_e - 2e^- \longrightarrow M_e^{2+} \qquad HR \longrightarrow R^- + H^+ \qquad HK \longrightarrow K^- + H^+$$

$$2M_e^{2+} + 2R^- + 2K^- + H_2O \longrightarrow M_eR_2 \cdot M_eK_2 \cdot H_2O$$

二、工艺路线

（1）原材料的选择　所选用原材料均不含磷、不含氟，也不含重金属，杂质含量满足产品质量要求。

（2）反应釜材质的选择　白色 PP 材质或搪玻璃材质，搅拌器、管道采用白色 PP 材质，避免杂质带入产品中。

（3）重要工序的配制　在工艺温度 50～60℃条件下，分别配制好添加剂和屏蔽剂。

（4）产品配制工艺流程

① 在反应釜中加入 30％的水，加热到 50～60℃，加入基料溶解好。

② 将配好的添加剂慢慢加入工序①中。

③ 将配好的屏蔽剂加入工序②中，充分搅拌，即为成品。

（5）对成品进行 pH 值、杂质含量等指标的检测。

（6）桶装、入库。

三、技术关键

（1）复合膜形成中的循环溶解和沉积　基体材料在酸性溶液中是不断溶解的，同时又不断在基体材料上沉积一层膜，溶解和沉积循环进行，当沉积速度大于溶解速度时，就生成了复合膜。

（2）无重金属下的复合膜致密性提升　磷化膜本来是多孔的结晶膜，在添加镍、铜、锰等重金属助剂后才能提高致密性。无重金属的复合膜只有在 pH 值、溶液稳定性、多种无重金属助剂的选择上相互叠加才能形成致密性好的复合膜。

主要技术指标

1. FLK-060 环保替磷剂

FLK-060 环保替磷剂不含磷、氟、重金属等有害成分，并且无磷化废渣，适用于汽车行业、工程机械、家用电器、五金行业等钢铁制品喷漆喷塑前的成膜防锈处理。

2. FLK-070 环保三合一替磷剂

采用 FLK-070 环保三合一替磷剂时，可将除油、除锈、成膜工序集中在一个槽中完成，适用于汽车行业、工程机械、家用电器、五金行业等镀锌件喷涂前的除油、除锈、成膜处理。

3. FLK-080 环保四合一替磷剂

采用 FLK-080 环保四合一替磷剂时，可将除油、除锈、成膜、钝化工序集中在一个槽中完成，适用于汽车行业、工程机械、家用电器、五金行业等钢铁制品喷涂前的除油、除锈、成膜、防锈处理。

联系方式

联系单位：金华市弗鲁克特科技有限公司

联系人：程志刚

地址：浙江省永康市九铃西路 1018 号

邮政编码：321300

电话：0579-89117919

传真：0579-89117919

E-mail：871661834@qq. com

2017-47

技术名称

一种替代磷化液的环保型酸性水洗硅烷

申报部门

河南恒润昌环保科技有限公司

推荐部门

河南省涂料行业协会

适用范围

汽车表面涂装前处理、门厂表面处理、电器设备前处理等。

主要技术内容

一、基本原理

该技术的基本原理可以描述为四步反应：①Si—OH 之间脱水缩合成含 Si—OH

的低聚硅氧烷；②加热固化过程中伴随脱水反应而与基材形成共价键连接，但在界面上硅烷的硅羟基与基材表面只有一个键合，剩下两个 Si—OH 或者与其他硅烷中的 Si—OH 缩合，或者处于游离状态；③与硅相连的 3 个 Si—OR 基水解成 Si—OH；④低聚物中的 Si—OH 与基材表面上的—OH 形成氢键。

二、技术关键

酸性水洗硅烷处理剂含有两种不同的化学官能团，一端能与金属材料表面的羟基反应生成共价键，另一端与涂料里的树脂结合形成稳固的化学反应薄膜，从而使两种性质差别很大的材料结合起来，起到提高漆膜性能的作用，附着力可达到 0 级，柔韧性以及盐雾时间均会提高。

主要技术指标及条件

一、技术指标

金属表面处理剂技术指标：

（1）产品外观：无色、无味、透明液体；

（2）磷：无；

（3）亚硝酸盐：无；

（4）pH 值：≤5；

（5）游离酸：≤3mL；

（6）废弃物残渣：无；

（7）成膜颜色：金黄色；

（8）硅烷后漆膜附着力：0 级；

（9）处理面积：$150m^2/kg$；

（10）有害气体：不产生。

二、条件要求

酸性水洗硅烷表面处理剂处理前必须先将工件表面的锈迹、油污、黑灰清洗干净，然后再用酸性硅烷处理，中间不需要经过表调。硅烷处理后一周之内必须喷涂或电泳，因为硅烷表面处理剂的金属膜比较薄，裸模防锈时间为一周。

主要设备及运行管理

一、主要设备

设备名称及型号	生产厂	用途
齿轮泵 KCB-55	广州市泊威泵业有限公司	添加水
水环式真空泵 2BVA-2061	泊头市新博真空泵制造有限公司	添加液体原料
纯水机 RHY-RO-1000L	广州丰乐机械设备有限公司	制作纯水
反应釜 1000L	广州丰乐机械设备有限公司	加热控温搅拌反应
搅拌釜 5000L	广州丰乐机械设备有限公司	搅拌均匀反应
反应釜 200L	广州丰乐机械设备有限公司	样品加热反应

续表

设备名称及型号	生产厂	用途
搅拌釜 1000L	广州丰乐机械设备有限公司	产品搅拌反应
反应釜 20L	广州丰乐机械设备有限公司	样品加热反应

二、运行管理

设备在使用过程中由专人负责运行和记录，每个月进行保养和检修维护。

投资效益分析（以力帆实业集团为例）

一、投资情况

总投资：1100 万元。其中，设备投资 800 万元。

主体设备寿命：20 年。

运行费用：200 万元。

二、经济效益分析

力帆实业集团使用磷化液期间年消耗可达 800 万元，使用酸性水洗硅烷后每年使用 600 万元，一年相比较可节省 200 万元。

三、环境效益分析

酸性水洗硅烷处理剂的设备清洗周期可延长至 3 个月，清洗时间为 1h，清洗过程不产生酸雾、残渣、废水等二次污染。

技术成果鉴定与鉴定意见

一、组织鉴定单位

武汉材料保护研究所

二、鉴定时间

2016 年 11 月 17 日

三、鉴定意见

河南恒润昌环保科技有限公司所生产的环保型酸性硅烷处理剂，经过电泳后，盐雾以及附着力等各项性能均达到相关行业标准，完全可以代替磷化生产线，满足企业的连续性生产，而且完全达到环保要求。

推广情况及用户意见

一、推广情况

目前，河南恒润昌环保科技有限公司的硅烷技术已经成功应用于不同的领域，与几年前的硅烷技术完全不同，旧硅烷技术在性能指标上及适用范围上满足不了各类厂家的要求，且对水质要求很高，比如杭州五源、凯密特尔硅烷必须用纯水配制，而新硅烷技术可用自来水配制，电泳盐雾时间超过 720h，完全达到了汽车行业的电泳标准，相关的性能测试已经经过武汉材料保护研究所的认证。除此以外，相关应用厂家也对河南恒润昌环保科技有限公司的硅烷技术做出了较高的评价与认可。

二、用户意见

车间工人以及大多数厂家反映良好，操作维护简单方便，生产连续性大大提高，满足环保要求与性能要求。但客户建议产品可更加多元化，并符合各行业不同厂家的不同使用要求。

技术服务与联系方式

一、技术服务方式

前期安排技术人员提供上门服务，随时解决工艺技术问题；使用效果稳定后，由公司技术人员对操作工人进行培训；若后续出现技术问题，公司可进行电话指导或继续入厂服务。

二、联系方式

联系单位：河南恒润昌环保科技有限公司

联系人：李珍

地址：平顶山化工产业集聚区竹园二路与沙河四路向南 200 米路东

邮政编码：467200

电话：0371-66666698 0375-7672699

传真：0371-61209988 0375-7268001

E-mail：hengrunchang666@163.com

主要用户名录

力帆实业（集团）股份有限公司北碚分公司、中国嘉陵股份有限公司（集团）、上海永冠商业设备有限公司、湖北佳恒科技有限公司、许昌恒丰车轮制造有限公司。

2017-48

技术名称

无酸金属材料表面清洗（EPS）技术

申报单位

浙江金固股份有限公司

推荐部门

中国钢铁工业协会

适用范围

钢铁行业清洁生产领域

主要技术内容

一、基本原理

无酸金属材料表面清洗技术由浙江金固向美国TMW公司通过专利授权的方式引进国内，英文翻译为eco pickled surface，是一种利用特殊介质，通过纯物理的方法除去金属表面的锈迹、氧化皮等杂质的方法。无酸金属材料表面清洗技术设备在处理金属表面的过程中，使用的是由水、角钢砂和水基防锈剂混合而成的无毒无害不可燃特殊介质。水基防锈剂的主要成分是水溶性防锈化合物，由水溶性助剂、溶剂和水组成，本技术使用的是不含亚硝酸盐和重金属的环保型防锈剂。这种特殊介质在设备涡轮机叶片的带动下，以一定的速度冲击并通过设备的金属表面，达到恰好把金属表面氧化皮冲击下来的目的。介质作用在金属表面后，通过过滤分离固体和液体，分别通过回收系统进行回收，重新回到涡轮机叶片处，进行反复使用。整个过程不产生含酸废水，不产生粉尘酸雾，不产生废弃物。水基防锈剂重复使用一年以上，经污水处理厂处理达标排放。经设备处理后的金属表面在不直接接触水的情况下，能够防锈6个月，并且不需涂油，减少后续工序对表面油污的清洗，间接减少了工业废水的外排。

二、技术关键

该技术关键为EPS单元。

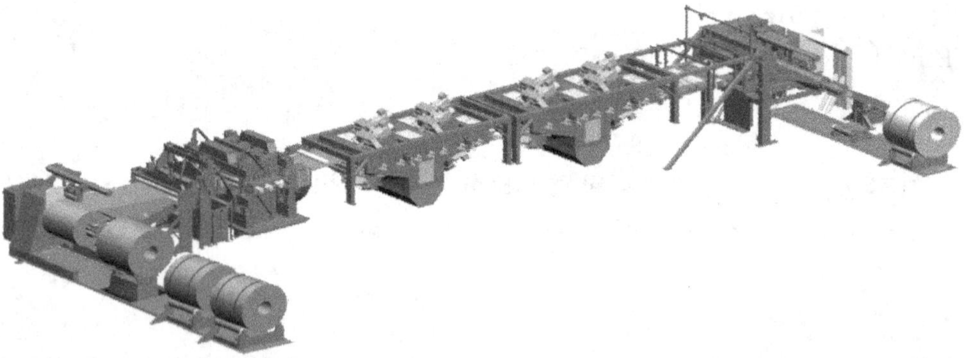

钢卷开卷后首先通过破鳞矫直机，对钢材表面坚固的氧化皮特别是Fe_3O_4进行疏松破碎，然后再通过EPS单元，当钢材从EPS单元经过时，电机带动涡轮机将由钢制角砂、水、水基防锈剂混合液喷到钢材表面，通过冲击力去除氧化层、划伤、细小裂纹等，最后进行收卷下料。该技术为全物理过程，无有毒有害废物产生且处理效果优于传统酸洗技术。

水和钢砂经过滤系统过滤后去除防锈剂中的颗粒较小的钢砂和钢卷表面自身携带的氧化物和油污后重新回到涡轮机叶片处可循环使用，过滤水沉淀产生的钢屑泥收集后与边角料一起外售处理，钢砂和过滤后的水（含水基防锈剂）循环使用，不外排。处理过程中消耗的水、钢砂、防锈剂根据现场浓度检测后适量添加。项目所需水基防锈剂和水总重100t左右，可循环使用一年以上，后续更换的水基防锈剂作为普通生产废水由污水处理站处理后达到《污水综合排放标准》(GB 8978—1996) 废水排放三级标准后外排。

典型规模

50 万吨钢材表面无酸处理工程。

主要技术指标及条件

一、技术指标

（1）标准 2.2 版本 EPS 设备可处理宽带钢卷，参数范围为：900mm≤宽度≤2100mm，1.8mm≤厚度≤12.7mm。按照设计，单台 2.2 版本 EPS 设备可提供每月 2 万吨的处理产能。同一处理线上串接的 EPS 单元数量增加，产能也成倍增长。

（2）表面处理效果达到粗糙度 Ra2.4～4.2。

（3）每套设备每小时耗电量 720～1000kW·h。

（4）与同等处理能力的传统酸洗相比，EPS 2.2 标准单元提高土地利用率 40%，处理表面无凹坑、污渍以及硅条纹缺陷，重复清洗质量损失为 0。

二、条件要求

钢卷为热轧卷，防锈剂按比例 4%配比，钢砂使用 DP50 牌号。如果是高强度钢，处理速度变慢，每月处理量降低。

主要设备及运行管理

一、主要设备

该技术的主要设备包括开卷设备、EPS 单元、收卷设备。

二、运行管理

生产线配置操作人员 4 人，技术人员 2 人，维修人员 2 人，实行两班制，每班人员 4 人。采用德国西门子和威图品牌的电气柜体及原件，利用 PLC 控制系统实现对无酸处理设备的自动化控制。根据处理钢板的材质、表面状况自动调节处理过程的各项技术参数，并通过实时监测处理后的板材表面状态及时反馈到 PLC 进行整线速度控制。系统可实现随时启停，解决传统酸洗线突然停线会造成母材腐蚀的问题。

每月产量、运行状况等通过互联网直接与 ERP 系统对接，定期产生每月报表和每日报表。

投资效益分析（以 50 万吨钢材表面无酸处理工程为例）

一、投资情况

总投资：10800 万元。其中，设备投资 6800 万元。

（1）主体设备寿命　主体设备 EPS 单元没有酸的腐蚀，不需经常更换易损件如涡轮叶片等，使用寿命在 15 年以上。

（2）运行费用　企业正常运行后的记录数据如下。

成本参数						
耗材	单班消耗电/kW·h	单班消耗钢砂/kg	单班消耗防锈剂/t	单班消耗滤纸/kg	单班消耗叶片/片	总费用/元
数值	5600	150	25	30	1.6	
单价/元	0.922	3.95	14.5	32	110	161.372
金额/元	5163.2	592.5	362.5	960	176	7254.2
注释	按1小时700kW·h电计算	按一个月40个班6t砂计算	按一个月40个班1t防锈剂计算	按一个月40个班20卷滤纸计算	按一个月40个班2套叶片计算	
				每卷滤纸长500m、重60kg		
板料	长/mm	宽/mm	厚/mm	间隔/mm	设备速度/(mm/s)	
数值	2000～8000	900～1800	2～16	300	4500	
					3000～12000	

(3) 运行成本及基本参数

① 耗电：27.77元/t。

② 消耗钢砂：3.2元/t。

③ 水基防锈剂：1.95元/t。

④ 水：0.004元/t。

⑤ 过滤纸：5.15元/t。

⑥ 人员工资：3.77元/t。

⑦ 设备维修维护：0.94元/t。

⑧ 包装：2.9元/t。

⑨ 管理成本：1.17元/t。

⑩ 折旧和摊销：5.769元/t。

总运行费用为52.623元/t。

二、经济效益分析

产能利用率与收入、毛利情况见下表：

序号	产能利用率	年产量/万吨	价格/(元/t)	收入/万元	单位成本/(元/t)	总成本/万元	毛利/万元	毛利率
1	100%	50	150	7500	52.65	2632.5	4876.5	64.90%
2	80%	40	150	6000	54.09	2163.6	3836.4	63.94%
3	60%	30	150	4500	56.49	1694.7	2805.3	62.34%
4	40%	20	150	3000	61.31	1226.2	1773.8	59.13%
5	20%	10	150	1500	75.72	757.2	742.8	49.52%

根据上述指标，单位售价为150元/t，成本为52.623元/t，边际利润为97.408

元/t，按年加工 50 万吨钢材计算，每年实现利润 4870 万元。按投额 10800 万元计算，年加工钢材 50 万吨回收年限为 2.2 年。

三、环境效益分析

（1）每年减少排放废水 18000t，减少废酸处理 12000t，减少重金属污染物 2500t。

（2）由于取代酸洗技术，不会产生含酸废水和废酸，每年可节约 2000 万元的废酸处理费用，也节约了 1000 万元左右的环保设备投资。

（3）无二次污染，无粉尘酸雾产生，对职业健康无影响。

（4）延长厂房使用时间 10 年以上，节约土地利用率 40%。

（5）无重金属产生，保护水环境和土壤环境。

推广情况及用户意见

一、推广情况

目前，国内 EPS 处理线的销售业绩已经达到了 3 条，涵盖了优钢、冷轧和镀锌行业，在 2017 年将达到年产能 60 万吨。未来，在钢铁行业聚集的中心区域，除了直接销售之外，浙江金固还将通过与客户协作的方式，加快速度协助政府把传统的酸洗线逐步替换为 EPS 处理线，为环境保护做一份贡献。

二、用户意见

鞍钢金固（杭州）金属材料有限公司作为金固的用户，主要提出了卷料生产线由于前后端设备配套的问题，设备管路电路设计复杂，设备的稳定性还未达到理想状态。针对这个意见，金固已经开发出 2.3 版本的卷料处理设备，对管路、阀门、送卷机构进行了优化，降低了设备的复杂程度，设备稳定性大大提高。

同时，客户也认为该项技术作为酸洗和喷丸的替代技术，可完全达到无含酸废水的产生，节省了大量的经济成本和能源成本，在环保压力日益趋大的今天，是一项具有革命意义的创新技术。

获奖情况

2016 年 3 月，EPS 技术成功入选国家发改委《战略新兴产业重点产品和服务指导目录》2016 版。

技术服务与联系方式

一、技术服务方式

EPS 技术服务有两种方式：

（1）每台 EPS 控制系统监控设备运行状态，抓取传感器感知的设备参数后，由控制系统根据参数警戒值，自动判断是否需要发出警报。发出警告可体现在现场警示灯或通过控制系统内设的急停/断流等方式，第一时间对设备的异常情况做出处理。EPS 控制系统可接入互联网，由服务终端（美方及厂商均可）及时查看设备所有参数，亦可通过数据曲线和运行状态判断设备情况，预防设备故障的发生，降低停机率，或发生停机后，在最短时间内得以响应，并妥善处理。

(2) 客户采购设备后，技术人员实地考察安装设备环境，提供设备安环基坑、电路、辅助设施要求和图纸，并开始培训设备操作人员。设备安装过程中，以浙江金固技术人员为主力，当地企业人员为辅助，对设备进行安装调试，并在这个过程中再培训当地企业人员。设备正常运行后，实行 24h 售后服务制度，实行电话指导和人员实地维修并举的模式，并承诺全国范围内接到售后 48h 内到达指定地点进行维护。

二、联系方式

联系单位：浙江金固股份有限公司

联系人：俞丰

地址：浙江省杭州市富阳区公园西路 1181 号

邮政编码：311400

电话：0571-63260000-980

传真：0571-63133950

E-mail：feng. yu@jgwheel. com

主要用户名录

鞍钢金固（杭州）金属材料有限公司年加工 50 万吨钢材表面无酸处理工程、新余市久隆带钢有限公司年加工 60 万吨钢材表面无酸处理工程、杭州泰恩达金固环保设备制造有限公司年加工 20 万吨钢材表面无酸处理工程。

2017-49

技术名称

旋转式蓄热燃烧净化技术

申报单位

德州奥深节能环保技术有限公司

推荐部门

2016 年技术目录

适用范围

新型材料、涂布、印刷、农药中间体、石油化工等 VOCs 治理。

主要技术内容

一、基本原理

挥发性有机化合物（VOCs）直接加热到 760℃ 以上的高温，在氧化室分解成

CO_2 和 H_2O。氧化后产生的高温烟气通过特制的蜂窝陶瓷蓄热体，经“蓄热—放热—清扫”过程，实现使工业生产过程中 VOCs 无害化燃烧，使 VOCs 的排放达到行业排放法规要求，并可利用燃烧产生的余热，发电或直接生产蒸汽、热水，达到节能和环保的目的。系统 VOCs 的脱除率大于 99%，能量回收率高于 90%。

旋转式蓄热燃烧（RRTO）VOCs 处理技术是新型蓄热氧化技术，这种技术有 8～16 个蓄热室，利用特殊的旋转切换阀门同时切换所有室的状态，实现进气、反吹、出气的同步转换。进气、出气的风量分成 3～7 等份，每次仅切换其中一份，气流振荡小，设备运转平稳可靠。系统较紧凑，占地空间较小，解决换向时压力波动、流动不连续问题。

二、技术关键

（1）考虑到处理风量与蓄热体匹配，实现 RTO 装置的适应性。

（2）蓄热体材料性能及蓄热体级配技术；通过不同容重、不同比热、不同孔数的蓄热体级配，实现蓄热室最佳蓄热性能和温度梯度，使得 RTO 出口与进口温差最低可以达到 37℃，最大限度实现蓄热焚烧，使 RTO 系统节能效果达到最优。

（3）氧化室空间及挠流的设计使得有机废气在最经济的燃烧空间有足够的停留时间，实现完全氧化与节能的统一。

（4）采用独特设计的回转阀；采用气幕密封，无泄漏。

（5）整套装置采用模块化设计，维护保养时避免不必要的拆除，降低维护工作量和维护成本。

主要技术指标及条件

旋转 RTO（RRTO）技术具有结构紧凑、占地面积小、控制精度高等特点。RRTO 系统主体结构为设置有蜂窝陶瓷蓄热体的蓄热室和燃烧室，一般设置 8～16 个沿圆周布置的独立蓄热室，每个蓄热室依次经历“蓄热—放热—清扫”程序。有机物废气热氧化产生的高温气体流经低温蓄热体时，蓄热体升温“蓄热”，并把后续进入的有机废气加热到接近热氧化温度后，进入燃烧室进行热氧化，使有机物转化成 CO_2 和 H_2O。净化后的高温气体，经过另一蓄热体与低温蓄热体进行热交换，温度下降。自动控制系统控制驱动电动机使旋转切换阀按一定速度和时序旋转，实现各个蓄热室“蓄热—放热-清扫”的循环切换。

主要设备及运行管理

一、主要设备

设备名称	数量	设备代号	备注
旋转型蓄热式热氧化器	1	RRTO	
北侧温度传感器	1	NorthTemp	高限控制温度
南侧温度传感器	1	SouthTemp	燃烧控制温度
旋转阀电机	1	RTO-M3	

续表

设备名称	数量	设备代号	备注
旋转阀旋转计数传感器	2		
旋转阀旋转初始位传感器	1		
旋转阀抬升压力检测	1	LiftPressure	
废气风机	1	RTO-M1	
废气风机冷却电机	1	RTO-M4	
反吹风机	1	RTO-M2	
反吹风机冷却电机	1	RTO-M5	
燃气燃烧器	1	Burner	Eclipse(美国天时)
废气进风阀	1	WasterAirIn	
新风阀	1	NewAirIn	
集风箱温度传感器	1	JFTemp	
RTO 入口温度传感器	1	RTOInTemp	
RTO 入口压力传感器	1	RTOInPressure	
RTO 出口温度传感器	1	RTOExTemp	
RTO 出口压力传感器	1	RTOExPressure	
控制系统	1	RTO-MC	含控制面板(HMI)

二、运行管理

(1) 含有焦油沥青烟的废气排放限值为小于 $5mg/m^3$。

(2) 考虑到处理风量与蓄热体匹配，实现 RTO 装置处理风量 40%～110%的弹性适应范围。

(3) 蓄热体材料性能及蓄热体级配技术：通过不同容重、不同比热、不同孔数的蓄热体级配，实现蓄热室最佳蓄热性能和温度梯度，使得 RTO 出口与进口温差最低可以达到 37℃，最大限度实现蓄热焚烧，使 RTO 系统节能效果达到最优。

(4) 无 NO_x 等二次污染产生。

投资效益分析（以山东奥福环保科技股份有限公司 $25000m^3/h$ 工业窑炉废气蓄热式燃烧工艺处理工程为例）

一、投资情况

设备投资：220 万元。

运行费用：系统开始运行时，使用燃气将蓄热室加热，后期热循环由废气氧化后释放的热量完成，不再添加燃气，燃烧消耗量为 $150m^3/a$，费用约 525 元/a（天然气按 3.5 元/m^3 计），全自动 24h 无人值守，不需专职安排人员。

二、经济效益分析

当 VOC 浓度达到 $4000mg/m^3$ 进入正常运行时，可以不需要任何辅助燃料，既节能又环保。如 VOC 浓度更高，还可以进行二次余热回收利用。

三、环境效益分析

(1) 主燃烧器采用低 NO_x 燃烧器，防止二次污染物 NO_x 生成。

(2) 微正压设计，防止有害气体逸出炉体。

(3) 稳定的氧化热力场，采用陶瓷纤维棉，热导率小，热损小。

推广情况及用户意见

一、推广情况

目前已将旋转式蓄热氧化（催化）技术、固定床式蓄热氧化（催化）技术＋吸附浓缩组合式技术成功运用于工业有机废气治理上，并成功应用在汽车喷涂、涂布、农药中间体、石油化工等多个行业，取得了多项研究成果。

二、用户意见

本项目设计制造的旋转 RTO 设备，设计和安装均达到用户要求，经检测，VOCs 脱除率达到 99.1%，系统运行和维护成本低，具有较高的技术水平。

获奖情况

中国节能产品重点推广产品奖

联系方式

联系单位：德州奥深节能环保技术有限公司

联系人：倪寿才

地址：山东省德州市临邑县东部高新区花园大道

邮政编码：251500

电话：13693558598

传真：0534-4322405

E-mail：2190535592@qq.com

2017-50

技术名称

活性炭吸附-氮气脱附冷凝溶剂回收技术

申报单位

嘉园环保有限公司

推荐部门

中国环境保护产业协会废气净化委员会

适用范围

化工、石油、制药工业、涂装、印刷及其他使用有机溶剂的过程。

主要技术内容

一、基本原理

该工艺的技术原理主要是基于活性炭在不同温度下对吸附质的吸附容量差异来实现的。活性炭是一种多孔性的含碳物质，具有孔隙结构发达、比表面积大、吸附能力强的特点。当废气中的有机物质流经活性炭时被活性炭内孔捕捉进入到活性炭内孔隙中，由于分子间存在相互作用力，会导致更多的分子不断被吸引，直到填满活性炭内孔隙为止。当活性炭吸附饱和后，对其进行加热升温，使得在低温下吸附的强吸附组分在高温下解吸出来，吸附剂得以再生，炭层冷却后可再次于低温下吸附强吸附组分。

由于 VOCs 的饱和蒸气压较大，其解吸气经冷凝后仍含有较高浓度的有机溶剂，这些气态的有机溶剂经循环风机送回到吸附罐，导致吸附罐上层活性炭吸附一定浓度的有机溶剂，这种情况下直接进行下一轮吸附时会出现未穿透就有有机溶剂溢出的现象，而现有技术主要采用在冷凝器后端增设一个二级吸附罐来吸附处理这部分有机气体，这不仅使得工艺更加复杂，而且增大了企业的投资成本。因此，嘉园环保有限公司设计了反吹扫系统，即用热的新鲜空气逆向吹扫炭床，使得吸附在上层的有机组分往活性炭下层吹扫，以保证下一轮吸附时不会出现未穿透就有有机溶剂溢出的现象。

二、技术关键

(1) 采用阻燃性气体氮气作为热载体，取代了传统回收工艺中的水蒸气，有效解决了传统回收工艺存在的种种问题，并拓宽了回收领域的市场，提高了市场竞争力；

(2) 旁路分流冷凝工艺，使得热氮气的再生更为经济有效，克服了热氮气解吸过程中能耗高、换热设备投入大的局限性，大大降低了企业的运营成本及投资成本；

(3) 反吹扫系统，解决了工程连续运行的问题，大大简化了回收治理工艺，降低了生产成本。

主要技术指标及条件

一、技术指标

(1) 处理风量：1000～150000m^3/h；

(2) 废气浓度：100～15000mg/m^3；

(3) 设备阻力：吸附系统≤3000Pa，脱附系统压力 0.2～20kPa；

(4) 净化率：95%以上；

(5) PLC 全自动运行控制；

(6) 适用废气种类：甲苯、二甲苯、乙醇、乙酸乙酯等具有回收价值的组分，相对单一的挥发性有机物。

二、条件要求

(1) 吸附：进气颗粒物浓度低于 1mg/m³，进气温度≤40℃。

(2) 脱附：氧浓度值≤2%，氮气压力≥0.3MPa。

主要设备及运行管理

一、主要设备

表冷过滤器、吸附罐、高效双级冷凝器、氮气储罐、溶剂储罐、在线氧含量检测仪、冷却器、蒸汽换热器、电加热器、风机、PLC电控系统、阀门等。

二、运行管理

本净化设施采用PLC全自动化控制，操作管理人员经专业培训后持证上岗。操作管理人员兼职即可。日常维护管理工作如下：①风机日常维护；②阀门仪表日常维护；③预处理过滤材料更换；④设备外观维护；⑤设备运行情况的日常巡检。

投资效益分析（以安徽集友纸业包装有限公司有机废气治理项目/工程为例）

一、投资情况

总投资：280万元。其中，设备投资220万元。

主体设备寿命：10年。

运行费用：本工程对人员要求不高，不需专门配置，其主要的运行费用为风机、水泵、电费及蒸汽费用。具体费用如下：

序号	项目	名称	功率/kW	运行费用	备注
1	电费	主风机	55	751.68	电费按0.87元/(kW·h)计算，主风机为变频风机，按实际情况调频
		冷却塔	7.5	125.3	
		水泵	7.5	125.3	
		冷冻机	30	334.1	
		脱附风机	15	167.0	
		制氮机组	15.5	129.5	
		合计		1633	
2	蒸汽费		以t/d计	1040.00	蒸汽以260元/t计算
3	提纯费用	溶剂泵	6	100.2	电费按0.87元/(kW·h)计算
		蒸汽	以t/d计	374.4	蒸汽以260元/t计算
4	合计天费用			3147.6	元/天
5	合计年费用			94.4	万元/年，年按300天计
6	日常维护费			2.00	万元/年
7	颗粒炭更换费用			18	万元/年，更换周期2年
8	过滤材料更换费用			1	每10～15天更换一次
9	设备折旧			22	主体设备寿命10年
10	总运行费用			137.4	万元/年

二、经济效益分析

（1）运行成本比蒸汽脱附节约了15%左右，如果业主厂区配备有99%以上的氮气的话，其运行成本会更低，比蒸汽脱附节约近30%。

（2）回收溶剂的品质较蒸汽脱附好；溶剂回收率90%以上，经精馏提纯后，含水率≤8%，达到合同要求。每天溶剂回收量900kg（提纯后），回收品经精馏提纯后回用于业主车间的生产，大大减少了企业的生产成本。

（3）同种规格型号的活性炭，采用氮气脱附再生与采用水蒸气脱附再生相比，氮气脱附再生的活性炭吸附率高于蒸汽脱附再生。

（4）二次污染少，采用氮气脱附产生的废水约为回收溶剂量的5%～10%，而蒸汽脱附产生的废水约为溶剂量的5倍。

三、环境效益分析

（1）尾气达标排放，明显改善厂区及周边空气质量，减少有机废气带来的环境污染，提升企业形象；

（2）相比于水蒸气脱附，产生废水量极少，减少二次污水产生量；

（3）废溶剂不再堆放，节省占地空间，减少土壤污染风险。

推广情况及用户意见

一、推广情况

产品自2014年投放市场以来，在国内已有多个应用案例。

二、用户意见

由嘉园环保有限公司设计制造的有机废气净化装置，设计合理，控制精确，运行能耗低，溶剂回收率高，为公司带来良好的经济效益。经检测，有机废气达标排放，有机废气净化率达98%以上，溶剂回收率在90%以上。系统运行稳定、故障率低，达到了设计要求。

技术服务与联系方式

一、技术服务方式

设备免费保修一年，质保期内不定期对设备进行巡查检修；提供设备终身维修和系统软件免费升级服务；提供远程监控维保服务。

二、联系方式

联系单位：嘉园环保有限公司

联系人：罗福坤

地址：福建省福州市鼓楼区软件园C区27栋

邮政编码：350001

电话：13685000765

传真：0591-87382688

E-mail：luofk@gardenep. com

2017-51

技术名称

固定式有机废气蓄热燃烧技术

申报单位

嘉园环保有限公司

推荐部门

中国环境保护产业协会废气净化委员会

适用范围

石化、有机化工、表面涂装（含汽车、集装箱、电子等）、包装、印刷等行业产生的挥发性有机废气治理。

主要技术内容

一、基本原理

蓄热式热力焚烧技术是一种治理中高浓度有机废气的技术，其工作原理为把废气加热到760℃以上，使废气中的VOCs氧化分解成CO_2和H_2O，氧化产生的高温气体流经陶瓷蓄热体，使之升温“蓄热”，并用来预热后续进入的有机废气，从而节省废气升温燃料消耗。

主体结构由填装蜂窝陶瓷蓄热体的蓄热室、燃烧室和多组气动切换阀组成，为满足蓄热要求，设置两个、三个或多个蓄热室，通过不同蓄热床层底部气动阀门的切换，改变尾气进入陶瓷的方向，实现蓄热区与放热区的交替转换。PLC控制系统控制各蓄热室单元切换阀组的开闭，实现蓄热体“蓄热-放热”的循环切换。

二、技术关键

（1）可靠的机械硬密封阀门，泄漏量低，寿命长，正常切换500万次；

（2）基于废气组成、浓度的RTO工艺设计；

（3）高精度PLC全自动化控制系统；

（4）具有自主知识产权的RTO防爆技术，可有效解决RTO爆炸隐患；

（5）多层安全防护措施，如温度保护、仪器仪表、风机故障保护、压力保护、RTO机械安全保护和防爆保护等，安全性高。

主要技术指标及条件

一、技术指标

（1）处理风量1000～100000m^3/h；

（2）废气浓度<1/4LEL（爆炸下限）；

（3）设备阻力≤2000Pa；

（4）RTO 净化率 95%以上，最高达 99%；RTO 热回用效率≥90%；

（5）PLC 全自动运行控制；

（6）适用废气种类：含漆雾、粉尘颗粒物的工业复杂 VOCs 废气，包括苯、甲苯、二甲苯、醇、酮、醛、酯、醚以及含有硫、卤族、氮元素的杂原子有机化合物。

二、条件要求

（1）VOCs 浓度＜4LEL；

（2）颗粒物含量低于 $5mg/m^3$。

主要设备及运行管理

一、主要设备

该技术的主要设备包括预处理装置、蓄热式热力焚烧炉、阻火器、风机、PLC 电控系统、阀门等。

二、运行管理

本净化设施采用 PLC 全自动化控制，操作管理人员经专业培训后持证上岗。操作管理人员兼职即可。日常维护管理工作如下：①风机日常维护；②阀门仪表日常维护；③预处理过滤材料更换；④设备外观维护；⑤设备运行情况的日常巡检。

投资效益分析（以厦门文仪电脑材料有限公司项目/工程为例）

一、投资情况

总投资：211 万元。其中，设备投资 170 万元。

主体设备寿命：10 年。

运行费用计算如下：

风机（RTO 风机、送风风机、清吹风机、助燃风机）合计功率 34kW；油泵功率 0.4kW；有效系数 0.8；电费 0.8 元/(kW·h)；柴油 7.5 元/kg，1.5kg/h。

设备残值：15 万元，年生产 260 天，每天 24h。

① 电费：$34\times260\times24\times0.8\times0.8\times10^{-4}=13.58$(万元/年)

② 燃料费：$1.5\times24\times260\times7.5\times10^{-4}=7.02$(万元/年)

③ 折旧费：$(170-15)\div10=15.5$(万元)

④ 人工费：兼职管理人员 2 名，1 万元/年

⑤ 维护费：0.5 万元/年

合计，年运行费用 37.6 万元。

二、经济效益分析

1. 直接经济效益

该案例采用有机废气氧化产生的多余热能加热烘道用新鲜风，回用温度 70℃，考虑废气浓度适中，且热回用温度不高，设计上采用 RTO 净化后的尾气加热烘房用新鲜风。

根据一周的现场运行数据，RTO净化尾气可满足回用要求，原烘道用新鲜风用电加热，则每小时可节省的用电量为272kW·h，电费按0.8元/(kW·h）计算，则每小时可节省的用电成本为217.6元。

由于使用RTO净化设备及余热回用系统，系统用电功率增加了34kW，每小时增加的用电成本为34×0.8=27.2(元)。

从能源利用成本上计算，该公司RTO余热回用系统每小时可节省成本190.4元，折合每年可节约118万元支出。

2. 间接经济效益

工程建设前，用于处理附近居民的投诉、员工的医疗保健的人力、物力及生产受影响的损失，合计经济价值在15万元以上，由于治理后解决了厂群纠纷，保障了员工身心健康，恢复了正常生产秩序，因而具有至少15万元的间接经济效益。

3. 投资回报期

$$211\div(118+15.5-37.6)=2.2(\text{年})$$

三、环境效益分析

（1）尾气达标排放　尾气处理后满足厦门市《大气污染物综合排放标准》（DB 35/325—2011）。

（2）大量消减非甲烷总烃的排放量　每年减少有机废气排放量约600t。

（3）厂区及周边空气环境有明显改善　原先，附近的居民因有机废气散发的异味经常投诉该厂，治理后居民区闻不到异味，居民生活不再受影响。工厂员工也明显感觉厂区空气质量提高了。

推广情况及用户意见

一、推广情况

该技术自投放市场以来，在国内已有30多个应用案例。

二、用户意见

由嘉园环保有限公司设计制造的有机废气净化装置，设计合理、控制精确、运行能耗低，余热回用经济效益好，具有良好的经济效益、环保效益、社会效益。经检测，有机废气净化率达98%以上。系统运行稳定、故障率低，达到了设计要求。

技术服务与联系方式

一、技术服务方式

设备免费保修一年，质保期内不定期对设备进行巡查检修；提供设备终身维修和系统软件免费升级服务；提供远程监控维保服务。

二、联系方式

联系单位：嘉园环保有限公司

联系人：罗福坤

地址：福建省福州市鼓楼区软件园C区27栋

邮政编码：350001
电话：13685000765
传真：0591-87382688
E-mail：luofk@gardenep. com

主要用户名录

用户单位	处理规模/(m^3/h)
北京联宾塑胶印刷有限公司	40000
厦门文仪电脑材料有限公司	15000
山东汇海医药化工有限公司	10000
紫光天化蛋氨酸有限责任公司	40000
圣莱科特(南京)化工有限公司	5000
山东金城医药股份有限公司	15000
江苏建农植物保护有限公司	10000
圣莱科特(上海)化工有限公司	8000
上海福助工业有限公司	240000
杭州新明包装有限公司	80000
昆山汉鼎精密金属有限公司	150000
上海古象化工有限公司	100000
青岛协创电子有限公司	80000
旭友电子材料(无锡)有限公司	150000

2017-52

技术名称

双介质阻挡放电低温等离子恶臭气体治理技术

申报单位

山东派力迪环保工程有限公司

推荐部门

中国环境保护产业协会

适用范围

生活垃圾处理、餐厨垃圾处理、污水处理、污泥处置、动物尸体无害化处理等行业的恶臭异味治理。

主要技术内容

一、基本原理

等离子体发生模块设置多组正负电极，相邻的正、负电极间被两层无机绝缘材料相隔，构成双介质阻挡层，待处理废气从介质层之间的间隙通过，电极接通高压高频电源后，介质层之间的气体被击穿，产生密度大、能量高的携能电子，高能电子与气体分子碰撞，生成活性氧、臭氧、羟基自由基等活性基团，这些活性基团与废气中的污染成分作用，使之裂解为分子碎片，甚至直接降解为 CO_2、H_2O 等无污染物质，从而实现 VOCs、恶臭异味分子等的净化。

二、技术关键

(1) 该技术以双介质阻挡放电低温等离子为核心处理设备，利用低温等离子中高能电子的能量对污染物分子进行断键裂解，配合深度处理设备，对废气中多种污染成分净化彻底，适用范围广；

(2) 预处理系统和深度处理系统的使用，大大提高了能量利用率，相应地降低了主设备的投资及运行功耗；

(3) 设备先进、自动化程度高，即开即用、即关即停，可远程控制，操控方便。

主要技术指标及条件

一、技术指标

废气处理量：500～50000m^3/h（对更大风量，可并联多台设备进行处理）；

废气风速：5～10m/s；

运行温度和压力：常温、常压；

输入电压：220V；

气阻损失：小于 500Pa；

异味去除率：大于 90%。

处理效果优于国家《恶臭物质排放标准》（GB 14554—93）中恶臭污染物排放限值。

二、条件要求

预处理后达到颗粒物含量≤30mg/m^3、废气温度≤40℃、湿度≤70%、可燃气浓度≤25%LEL、废气在等离子设备内停留时间>5s 的工况条件。

主要设备及运行管理

一、主要设备

(1) 核心设备：DDBD 低温等离子体设备；

单台处理气量：500～50000m^3/h；

运行功率：不同废气量、不同污染物浓度运行功率不同；

阻力损失：<500Pa；

结构形式：上进下出，立式设备。

(2) 配套设备

① 预处理设备：降温一般采用喷淋塔、列管式换热器、翅片式换热器等；除尘采用管道喷淋、喷淋塔、丝网除尘器、旋风除尘器、布袋除尘器、静电除尘器、泡沫捕捉等方法；除水采用冷凝、泡沫捕捉、丝网除水器、缓冲式除水器、撞击式除水器、离心式除水器等。

② 深度处理设备：可采用干式氧化如深度氧化床等，湿式氧化吸收如三相多介质催化氧化塔、雾化喷淋塔等，干式吸附如活性炭吸附床等设备。

二、运行管理

该设备技术高端、工艺简洁，受工况限制非常少，适应工况范围宽；自动化程度高，开机后自行运转，不需专人值守；设备启动停止十分迅速，随用随开。

投资效益分析（以北京国中生物科技有限公司阿苏卫生活垃圾综合处理技改工程项目 80000m^3/h 废气低温等离子处理工程为例）

一、投资情况

总投资：200 万元。其中，设备投资 150 万元。

主体设备寿命：8 年。

运行费用：电耗 1.5W/m^3 废气；水耗 0.0015kg/m^3 废气；人员工资 0（兼职）；设备折旧 0.00012 元/m^3 废气；维修管理费用 0.00005 元/m^3 废气；废气治理运行成本 0.00737 元/m^3 废气。

二、经济效益分析

该技术核心为高压放电产生高密度低温等离子体来净化废气的工艺，可实现的工作电压高于 20000V，产生的低温等离子体密度高达 6000 万个/cm^2，远高于电晕等其他低温等离子体产生技术。因此，能量利用率极高，主体设备能耗仅为 0.1～0.5W/m^3 废气，运行费用低。以北京国中生物阿苏卫生活垃圾处置中心废气处理工程为例，电耗约 1.5W/m^3 废气，水耗约 0.0015kg/m^3 废气，设备折旧约 0.00012 元/m^3 废气，维修管理费用约 0.00005 元/m^3 废气，不需专职管理人员，废气治理运行成本约 0.00737 元/m^3 废气，低于其他废气治理技术。

三、环境效益分析

(1) 该技术的应用，使生产过程中产生的异味气体得到有效控制和净化处理，有利于企业的可持续发展，避免空气污染影响周围环境。

(2) 按设备废气处理量 80000m^3/h 计算，年处理废气 6.88 亿立方米，削减硫化物、醇类、苯胺类、酚类、非甲烷总烃 71.84t。

技术成果鉴定与鉴定意见

一、组织鉴定单位

山东省科学技术厅

二、鉴定时间

2009年12月

三、鉴定意见

该研究成果在双介质阻挡放电反应管及装置工艺集成方面达到了同类研究领域的国际先进水平。

推广情况及用户意见

一、推广情况

该技术自2008年由中试试验成功进入工程化应用至今，已在市政垃圾处理厂、污水厂、农化行业、制药行业、聚酯膜铸造行业、化验室排气、皮革行业、发酵行业、食品添加剂生产、化工行业、固废处置、车间通风、卷烟行业、橡胶加工行业、餐饮油烟处理等行业领域建立了400余个恶臭异味治理及VOCs减排工程项目，项目成功率高于90%。工程项目遍布全国各地，北至内蒙古、长春，南至深圳、广州，西至新疆、昆明，在不同的地理气候环境下，均有项目建成并投入运行。该技术以其较低的运行费用、稳定的处理效果、简单便捷的维护管理、无二次污染的工艺模式受到了用户的一致好评。

二、用户意见

1. 瑞阳制药有限公司

该公司产品涵盖化学合成药物、天然药物及生物药物三大领域，拥有10大类400多种产品，粉针制剂生产规模全国前五强，是全国最大的头孢类原料药生产基地之一。2010年，该公司委托山东派力迪环保公司对污水站臭气进行处理，工程规模25000m^3/h，主体工艺为低温等离子耦合技术，处理后的废气达到了排放标准。该装置自动化程度高、操作简单，不需专人值守，相比其他工艺运行成本较低。工程实施后，年减排硫化氢24t、VOCs 240t。

2. 中国石油化工股份有限公司齐鲁分公司腈纶厂

该公司于2014年10月采用山东派力迪环保工程有限公司的低温等离子体技术进行二甲胺异味废气治理。经处理后，臭气浓度从4100（无量纲）降到783（无量纲），远低于国家标准2000（无量纲），彻底解决了异味污染问题，改善了操作现场和周边的环境。该装置操作简便、运行成本低、处理效果好，在恶臭异味治理领域值得推广。

3. 山东新华制药股份有限公司

2015年3月，该公司采用山东派力迪环保工程有限公司的低温等离子耦合三段处理法对醋酸异丁酯车间异味废气进行治理，处理后的臭气浓度为977（无量纲），低于国家标准2000（无量纲），周边居民不再投诉，避免车间关停的问题，减少了经济损失。该装置自动化程度高、操作简便，设备启动、停止十分迅速，随用随开，非常适合车间间歇性排放废气的治理。

获奖情况

2009年11月，获淄博市科学技术进步一等奖；

2011 年 8 月，入选国家火炬计划项目；

2012 年 9 月，获山东省技术市场科技金桥二等奖；

2012 年 10 月，获山东省中小企业科技进步一等奖；

2013 年 9 月，入选国家重点新产品；

2015 年 12 月，获淄博市专利一等奖；

2016 年 10 月，获山东省首届“省长杯”工业设计大赛铜奖。

技术服务与联系方式

一、技术服务方式

根据不同客户的废气源，进行工艺设计，设备制作、安装、调试及售后维修。

二、联系方式

联系单位：山东派力迪环保工程有限公司

联系人：毕红雨

地址：淄博高新区柳泉路 125 号先进陶瓷产业创新园 B 座 22 楼

邮政编码：255086

电话：13789896150

传真：0533-6218856

E-mail：bihongyu@sdpld.com

主要用户名录

（1）橡胶轮胎行业：青岛双星轮胎工业有限公司废气处理项目，40000m^3/h，2015 年 7 月，正常运行。

（2）制药行业：联邦制药（内蒙古）有限公司废气处理项目，18000m^3/h，2015 年 8 月，正常运行。

（3）香精香料：天津春宇食品配料有限公司废气处理工程，35000m^3/h，2015 年 7 月，正常运行。

（4）苏氨酸发酵：梅花集团新疆基地废气处理工程，100000m^3/h，2015 年 9 月，正常运行。

（5）有机肥：巴彦淖尔市德源肥业有限公司废气处理工程，130000m^3/h，2016 年 5 月，正常运行。

（6）市政垃圾：桑德阿苏卫生活垃圾处置废气处理工程，80000m^3/h，2015 年 10 月，正常运行。

（7）造纸：潍坊恒联纸业有限公司废气处理工程，100000m^3/h，2016 年 1 月，正常运行。

（8）化工：齐鲁伊士曼精细化工有限公司废气处理工程，5000m^3/h，2014 年 5 月，正常运行。

（9）污水厂：山东瑞阳制药有限公司污水厂废气治理项目，20000m^3/h，2012 年 10 月，正常运行。

(10) 民政：诸城市殡仪馆废气处理工程，7000m^3/h，2015 年 11 月，正常运行。

2017-53

技术名称

污水污泥处理处置过程恶臭异味生物处理技术

申报单位

广东省南方环保生物科技有限公司

推荐部门

中国环境保护产业协会

适用范围

该技术可应用于污水、污泥处理处置场所散发的低浓度恶臭气体处理，亦可应用推广到污水厂、垃圾填埋场和垃圾压缩站等场所。该技术适用于处理大风量低浓度的有机废气以及多种浓度为 100～250g/(m^3 · h) 的有机气体，工作环境的温度为 5～40℃。

主要技术内容

一、基本原理

生物法净化气体可分为三个步骤：

1. 废气的溶解过程

废气与水或固相表面的水膜接触，污染物溶于水中成为液相中的分子或离子，即废气物质由气相转移到液相，这一过程是物理过程，遵循亨利定律：

$$p_i = HX_i$$

式中，p_i 为可溶气体在气相中的平衡分压，MPa；H 为亨利系数，MPa；X_i 为可溶气体在液相中的摩尔分数。

2. 废气的吸附、吸收过程

水溶液中废气成分被微生物吸附、吸收，废气成分从水中转移至微生物体内。作为吸收剂的水被再生复原，继而再用以溶解新的废气成分。被吸附的有机物经过生物转化，即通过微生物胞外酶对不溶性和胶体状有机物的溶解作用后才能相继地被微生物摄入体内。如淀粉、蛋白质等大分子有机物在微生物细胞外酶（水解酶）的作用下，被水解为小分子后再进入细胞体内。由此可见，当以污泥或膜形态存在的微生物表面一旦通过吸附而被有机物覆盖后，其进一步吸附的作用将受到限制，因而需要通过膜的表面更新或不断补充具有吸附能力的微生物菌胶团，才能保证此过程的顺利进行。

3. 生物降解过程

进入微生物细胞的废气成分作为微生物生命活动的能源或养分被分解和利用，从而使污染物得以去除。烃类和其他有机物成分被氧化分解为CO_2和H_2O，含硫还原性成分被氧化为S、SO_4^{2-}，含氮成分被氧化分解成NH_4^+、NO_2^-和NO_3^-等。

二、技术关键

1. 高效生物填料

采用一种孔隙率大、堆积密度小、强度大、酸碱缓冲能力强的工业废气生物过滤用组合填料，具有取材方便，成本低，有机与无机介质配比合理，孔隙率大、气体分布均匀，能防止气体短流等优点。

2. 高效优势菌种的分离及优化

研制出适合有机废气净化的优势菌种和菌群，筛选出不同的菌种及比例加以搭配，形成专业复合菌剂，以达到最有效的去除效果，并能显著缩短菌种的驯化时间，保持长期稳定运行。

3. 装置标准化制造工艺

通过解决不同处理工艺的自动化控制的问题、设备的合理集成来提高设备的自动化和集成化水平，制定并优化设备生产制造工艺，可实现大规模批量生产。

典型规模

单套生物过滤装置处理量为2000～40000m^3/h，根据规模需要，可设计多套设备并联或分开使用。

主要技术指标及条件

一、技术指标

（1）5年内，填料压损≤400Pa；

（2）恶臭气体主要污染物去除率≥85%或者出口臭气浓度＜100。

二、条件要求

进气成分主要为可生化降解的小分子苯系物、硫化物、烃类物质等中低浓度污染物。

（1）废气与生物填料接触的时间12～30s；

（2）生物滤池内部生物填料下方的布气空间高度不小于0.7m；

（3）生物填料上方的维修空间高度不小于0.6m。

主要设备及运行管理

一、主要设备

序号	设备名称	备注
1	预洗池	材质：不锈钢或玻璃钢
2	生物滤池	材质：不锈钢或玻璃钢

续表

序号	设备名称	备注
3	生物填料及专性菌种	混合填料、专性菌种
4	喷淋系统	包括喷淋管、喷嘴等
5	离心风机	材质:不锈钢、碳钢或玻璃钢
6	水泵	材质:不锈钢
7	电控柜	PLC 控制
8	排气筒	材质:不锈钢或玻璃钢

二、运行管理

1. 工艺简单

生物过滤装置的主要工艺：通过离心风机将废气输送至生物滤池，通过湿润、多孔和充满活性微生物的滤层，在滤层中的微生物对废气中的污染物质进行吸附、吸收和降解，将污染物质分解成二氧化碳、水和其他无机物，即完成污染物的去除过程，工艺非常简单。

2. 管理方便

本项目提供的生物过滤装置的动力设备只有风机和水泵，配套具备控制整个设备系统的自控系统，可实现对所有设备、仪表的自动监测和控制。在经过售后服务工程师的培训后，对于一般故障，现场的操作人员可自行修复。管理方便，操作可靠，维护简单。

3. 智慧运管

本项目提供的生物过滤装置已将环保生物除臭技术与自动化技术相结合，实现臭气治理过程中的智能化检测，通过专用无线网络传输系统与监管平台，对臭气进行智能化管理。

投资效益分析（以广州市猎德污水处理厂 $4000m^3/h$ 污泥脱水干化废气的生物过滤除臭工程为例）

其工程概况为：

（1）处理对象：广州市猎德污水处理厂脱水污泥输送过程中产生的有机废气。

（2）处理规模：$4000m^3/h \times 2$ 套。

（3）废气主要成分：乙烯、乙烷、丙烯、丙烷、*n*-丁烷、甲苯、二甲基硫醚、二甲基二硫醚、丙酮、甲基乙基酮等。

（4）污染物去除效果：生物过滤装置对主要污染物甲苯、二甲基二硫醚、丙酮、丁酮的去除率达到 85%以上。

一、投资情况

总投资：41.5 万元。

主体设备寿命：生物滤池使用寿命大于 20 年。

运行费用：年总运营费用 64471.2 元，单位废气治理运行费用为 16 元/($m^3 \cdot a$)。

二、经济效益分析

该项目实施后，臭气的排放削减成本远低于污染后治理的成本。

三、环境效益分析

该项目的实施为猎德污水厂提供高效可靠的废气治理技术和设备，显著降低了挥发性有机废气浓度，为污水厂提供清洁良好的操作环境，提高了污水厂的形象。同时，有效改善区域大气环境质量，降低周边居民健康风险，有利于和谐社会的建设。

技术成果鉴定与鉴定意见

一、组织鉴定单位

广东省科学技术厅

二、鉴定时间

2009 年 12 月

三、鉴定意见

该项目的生物过滤技术及设备对混合工业有机废气的净化效率较高，在生物滤池的废气停留时间、生物膜的微生物作用、组合填料的研发和 VOCs 降解功能菌种的筛选等方面有一定的特色和创新，总体达到国际先进水平。

推广情况及用户意见

一、推广情况

目前，本项目在恶臭污染和工业废气的治理领域具备显著的优势。公司先后成功开发出恶臭污染物及工业废气的生物、化学、物理系列处理装置及设备，并在市政、环卫、石化、印染、食品等行业广泛应用，在生物填料、工业废气装置等方面获得十多项发明和实用新型专利，项目业绩遍布全国。截止到 2017 年 2 月，该公司共完成 143 个项目 269 套恶臭及 VOCs 处理设施，累计处理能力超过 5000000m^3/h。

二、用户意见

南方公司提供的生物过滤装置供货及时、安装规范、结构紧凑、易于操作、运行稳定、维护方便。生物过滤装置自调试验收合格以来，至今运行正常，处理效果满足设计要求。

获奖情况

南方公司为国家高新技术企业，先后获得“国家环境保护科学技术一等奖”“广东省环境保护科学技术一等奖”“广东省科学技术二等奖”“广州市科学技术一等奖”，及十多项国家发明专利，并荣获广东省守合同重信用企业（连续 11 年）、广东省民营科技企业等荣誉，其自主创新能力和产品技术优势在业内得到广泛认可。“微生物除臭技术及设备”获 2013 年国家环境保护科技技术三等奖、广东省环境保护科学技术一等奖。

技术服务与联系方式

一、技术服务方式

南方公司作为恶臭污染物治理服务提供商，主要是提供恶臭污染物治理整体解决方案，以上门服务为主，通过现场技术勘察以及“一厂一策”的针对性方案，从根本上整体解决恶臭问题。工程竣工后，在保修期内提供送修服务、在线技术支持。

二、联系方式

联系单位：广东省南方环保生物科技有限公司

联系人：陈锐东

地址：广东省广州市番禺区番禺大道北 555 号天安科技园总部中心 14 号楼 1001 室

邮政编码：511400

电话：020-87685605

传真：020-87682165

E-mail：chenruidong@gdnfhb. com. cn

主要用户名录

光大环保（中国）有限公司、广州市净水有限公司、山西太钢碧水源环保科技有限公司、上海复旦水务工程技术有限公司、成都市新蓉环境有限公司、中国市政工程华北设计研究总院有限公司、惠州大亚湾清源环保有限公司、一汽-大众汽车有限公司、广州市猎德污水处理厂、广州市大坦沙污水处理厂、绍兴柯桥江滨水处理有限公司、云南城投碧水源水务科技有限责任公司。

主要用户名录表

序号	项目名称	风量	数量	时间	供货范围
1	虞山污水处理厂一期工程生物除臭及加盖收集系统设备采购项目	20000m^3/h	1	2013 年 3 月	含加罩、收集风管在内的成套装置供货
2	合肥东方热电污泥处置项目 EPC 总承包分包工程(Ⅱ标)除臭项目	40000m^3/h	1	2013 年 4 月	整套除臭装置
3	西安第二污水处理厂二期工程除臭系统供货、安装项目	20000m^3/h 6000m^3/h	2	2013 年 5 月	含加罩在内的成套装置供货
4	开封新区马家河污水处理厂一期工程生物除臭项目	20000m^3/h 35000m^3/h	2	2013 年 5 月	整套除臭装置
5	惠州大亚湾西区污水处理厂除臭项目	11300m^3/h	3	2013 年 6 月	含加罩、收集风管在内的成套装置供货
6	厦门 reCulture 生活垃圾资源再生示范厂生活垃圾和餐厨垃圾接收预处理车间生物除臭成套设备项目	60000m^3/h	1	2013 年 12 月	整套除臭装置
7	烟台污泥输送机料仓配套系统供货及安装采购项目	9000m^3/h	2	2013 年 12 月	含收集风管在内的成套装置供货

续表

序号	项目名称	风量	数量	时间	供货范围
8	合肥滨湖新区北涝圩污水处理厂一期工程项目	50000m^3/h	1	2013年12月	含收集风管在内的成套装置供货
9	怀柔新城再生水厂扩建工程	36000m^3/h	3	2013年12月	整套除臭装置
10	湘潭污水处理厂工程设备采购项目	72000m^3/h	2	2013年12月	含收集风管在内的成套装置供货
11	广州市猎德污水处理厂污泥码头除臭改造工程项目	4000m^3/h	2	2013年12月	含收集风管在内的装置供货
12	崇山污水处理厂及泉州惠西污水处理厂除臭项目	44200m^3/h	1	2014年1月	包含加罩在内的成套装置供货
13	抚顺市三宝屯污水处理厂除臭项目	50000m^3/h	2	2014年4月	包含收集在内的成套装置供货
14	山西长治主城区污水改扩建工程除臭项目	36000m^3/h	1	2014年6月	整套除臭装置
15	辛安河污水处理厂污泥料仓设备采购及安装项目	6000m^3/h	1	2014年7月	包含收集风管在内的成套装置供货
16	合肥肥西中派污水处理厂除臭项目	20000m^3/h	1	2014年8月	整套除臭装置
17	湛江市开发区平乐再生水厂除臭项目	60350m^3/h	4	2014年8月	包含收集风管在内的成套装置供货
18	珠海市拱北水质净化厂扩建工程除臭项目	42500m^3/h	6	2014年11月	整套生物除臭装置及离子除臭装置
19	长沙花桥污水处理厂除臭项目	54000m^3/h	2	2015年5月	成套生物除臭装置供货
20	鹰潭市城南污水处理厂一期工程除臭项目	15000m^3/h	1	2015年5月	包含收集在内的成套装置供货
21	绍兴江滨柯桥江滨水处理有限公司污泥区除臭项目	25000m^3/h	1	2015年6月	包含收集在内的成套装置供货
22	晋阳污水处理厂一期工程除臭系统设备采购项目	290200m^3/h	4	2015年8月	成套生物除臭装置
23	漳州东墩污水处理厂除臭项目	45000m^3/h	4	2015年10月	成套生物除臭装置
24	新疆库尔勒服装城污水处理及中水回用项目除臭项目	40000m^3/h	1	2015年11月	成套生物除臭装置
25	番禺前锋水质净化厂三期扩建除臭项目	20000m^3/h	5	2015年11月	成套生物除臭装置(不含风机、水泵)
26	峨眉山新建污水处理厂除臭项目	77000m^3/h	2	2015年12月	成套生物除臭装置
27	珠海市前山水质净化厂除臭项目	75000m^3/h	2	2016年1月	成套生物除臭装置
28	衡阳市铜桥港污水处理厂除臭项目	24000m^3/h	1	2016年1月	成套生物除臭装置
29	惠州大亚湾石化工业区综合污水处理厂污水池除臭工程	30000m^3/h	1	2016年4月	含收集管道在内的成套生物除臭装置
30	长善院污水处理厂二期扩改建项目除臭项目	87600m^3/h	5	2016年6月	成套生物除臭装置

续表

序号	项目名称	风量	数量	时间	供货范围
31	伊川县第二污水处理厂臭气处理系统工程	27000m^3/h	1	2016年6月	含加罩、收集风管在内的成套装置供货
32	敢胜坑污水处理厂及配套工程设备采购项目	24000m^3/h	8	2016年7月	成套生物除臭装置及尾气排放系统
33	泰兴滨江污水处理有限公司污泥干化车间臭气处理项目	30000m^3/h	1	2016年8月	成套生物除臭装置(生物除臭+化学除臭+活性炭吸附)
34	济南市水质净化一厂扩建工程项目	70000m^3/h	2	2016年9月	含加罩、收集风管在内的装置
35	北京市大兴区天堂河再生水厂工程项目	35000m^3/h	1	2016年9月	成套生物除臭装置
36	江苏盐城城东污水处理厂提标改造离子除臭项目	36000m^3/h	2	2016年9月	成套生物除臭装置
37	湖北随州城南一期除臭工程	27000m^3/h	2	2016年10月	成套生物除臭装置
38	广州花都新华污水处理厂三期除臭工程	61000m^3/h	4	2016年11月	成套生物除臭装置
39	广州市猎德污水处理厂一期加盖除臭工程	8000m^3/h	1	2016年11月	成套生物除臭装置

2017-54

技术名称

蓄热催化燃烧（RCO）技术

申报单位

广州同胜环保科技有限公司

推荐部门

中国环境保护产业协会

适用范围

广泛应用于汽车、造船、摩托车、自行车、家用电器、电子、家具、喷涂车间、制鞋、印刷油墨、化工、树脂、涂料、电线电缆等行业，适用于高温、中高浓度的有机废气等生产工艺。本技术适用于高温、高浓度、大风量的废气以及多种浓度在1000g/(m^3·h) 以上的有机气体。

主要技术内容

一、基本原理

蓄热式催化氧化法（regenerative catalytic oxidizers，RCO)，为 VOCs 处理技术

之一；是将低温催化氧化与蓄热技术相结合的一种有机废气处理技术。蓄热式催化氧化＋热量回收技术是将低温催化氧化、蓄热技术及生产热能回收技术相结合的一种有机废气处理工艺，可实现多余的热量回收利用。

（1）催化氧化过程　催化氧化是典型的气、固相反应，其实质是活性氧参与的深度氧化作用。在催化氧化过程中，催化剂表面的作用使反应物分子富集于催化剂表面，催化剂降低反应所需活化能，加快了氧化反应的进行，提高了氧化反应的速率。在特定催化剂的作用下，有机物在较低的温度下（250～300℃）发生氧化分解，生成 CO_2 和 H_2O，并放出大量热能。

其反应原理如下：

$$O_2 + \text{还原态催化剂} \xrightarrow{250\sim350℃} \text{氧化态催化剂}$$

$$C_nH_m + \text{氧化态催化剂} \xrightarrow{250\sim350℃} \text{还原态催化剂} + CO_2 + H_2O + \text{热量}$$

$$C_nH_m + \{n+1/4m\}O_2 \xrightarrow{\text{催化剂}} nCO_2\uparrow + H_2O\uparrow + \text{热量}$$

（2）蓄热过程　蓄热过程是提高能源利用效率和保护环境的重要技术，蓄热式催化床内采用双室或多室设计，通过蓄热体将热量回收，既可以降低能耗，又可以减少产生的有害物质对环境的污染。

（3）热量回收过程　热量回收是将多余的热能回收利用，是提高能源利用率、降低生产成本、保护环境最直接、经济的手段之一。它采用的是一种具有特高导热性能的新型传热元件，可将 VOCs 完全氧化并释放出热量，通过储蓄热量并将其回收，一部分用于氧化后续进入的 VOCs，一部分用于生产。

（4）工艺路线　烘箱中产生的高浓度、高温有机废气在离心引风机的作用下，进入 RCO 装置时会先由预过滤器进行预处理，过滤后的气体再通入 RCO 装置。气体首先经特殊结构的陶瓷蓄热体进行预热，气体温度逐渐升高至 250～300℃而后进入催化剂床层，通过催化剂后进入氧化燃烧室进行氧化分解成无害化的 CO_2 和 H_2O。氧化完成的高温气流离开氧化室后进入陶瓷蓄热体，绝大部分的热量被蓄热体吸收（95%以上）。当有机废气浓度达到一定浓度以上时，净化装置中的加热室不需进行辅助加热，节省费用。净化后废气可部分返回生产烘箱，利用余热降低原烘箱中的能源消耗，节约生产成本。净化后废气也可作其他方面的热源。

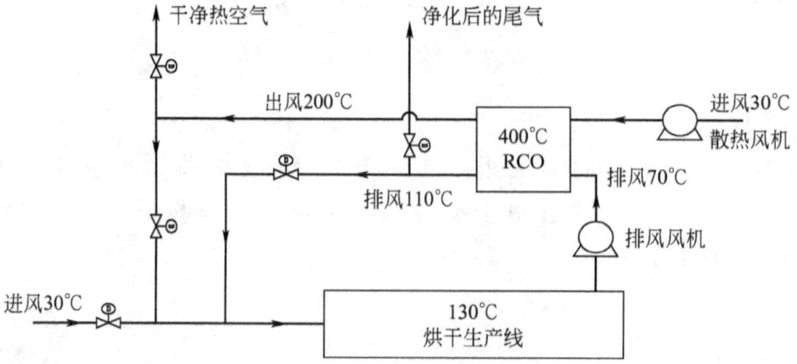

二、技术关键

蓄热催化燃烧（RCO）技术把蓄热与低温氧化相结合，在催化燃烧技术的基础上增加了一套热能储存与再利用装置，可以大幅减少热量的损耗，是在低温氧化基础上发展起来的一种有机废气治理工艺和设备。

（1）技术特点　采用蓄热催化氧化技术处理高温、中高浓度有机废气，不仅有较高的净化效率和较低的运行费用，同时结合生产加热设备，将回收的热量用到生产中，可以大幅降低生产加热设备的能耗，从而降低工厂的生产成本，使环保设备可以同时兼顾到环境效益和经济效益。

（2）创新点　通过回收 VOCs 氧化产生的热量并使用到生产中去，使得环保设备不仅解决了排放问题，同时帮助企业满足了节能的要求，实现与生产设备一样的功能——即投入和收益共同存在。

（3）装置标准化制造工艺　通过解决不同处理工艺的自动化控制问题，使设备合理集成来提高设备的自动化和集成化水平，制定并优化设备生产制造工艺，可实现大规模批量生产。

主要技术指标及条件

一、技术指标

根据东莞黄江镇成元鞋材制品有限公司干式烘干废气项目所提供的数据，利用本设备一天的溶剂使用量最大为 1800kg，现有总排风量约为 30000m^3/h，以每天工作 20 小时计，废气的理论计算浓度约为 3000mg/m^3。

本项目于 2013 年 06 月采用了广州同胜环保科技有限公司生产的 2 套 RCO 装置，单套处理风量 15000m^3/h，提供的工艺装置设计合理、结构紧凑、外形美观、易于操作、运行稳定、维护方便，自运行以来，处理效果满足各项设计要求。

废气污染物的去除效果

废气的主要成分为甲基异丁基（甲）酮、异丙醇、丁酮、乙酸乙酯；处理前初始浓度（平均）：3000mg/m^3，处理后浓度：60～80mg/m^3。

RCO 装置对主要污染物的去除率达到 97%以上；热回收效率≥95%。

废气排放标准执行《合成革与人造革工业污染物排放标准》（GB 21902—2008）：

《合成革与人造革工业污染物排放标准》(GB 21902—2008)

污染物名称	排放限值	排气筒高度/m	生产工艺
苯	≤2mg/m^3	15	聚氨酯干法工艺
甲苯	≤30mg/m^3	15	聚氨酯干法工艺
二甲苯	≤40mg/m^3	15	聚氨酯干法工艺
VOCs(不含 DMF)	≤200mg/m^3	15	聚氨酯干法工艺

二、条件要求

浓度在 1500mg/m^3 以上的高浓度有机废气。

主要设备及运行管理

一、主要设备

主要设备：2 台 RCO-150 型蓄热式催化分解床，2 台 30kW 的系统风机。

二、运行管理

(1) 建立健全岗位责任制、操作规程，做好运行记录；

(2) 出现故障应该及时维修，杜绝“带病”运行，确保设备完好；

(3) 环保设备因发生故障不能运行的，要向公司安环工作人员提交停机报告，报告中应说明设备故障、抢修措施和修复日期等；

(4) 公司安环处应对重点环保设备进行监测，监测结果及时通报单位，并将监测结果记录存档，每年填好环保设备档案。

投资效益分析（以东莞黄江镇成元鞋材制品有限公司干式烘干废气处理项目/工程为例）

一、投资情况

总投资：700万元。其中，设备投资：2套15000m^3/h干式机烘干废气治理系统及成套装置的投资成本450万元。

主体设备寿命：大于10年。

运行费用：

2套15000m^3/h干式机烘干废气治理系统及成套装置的投资成本：450万元，装置运行简单，操作方便，除了正常运行中必须消耗的电能及少量维护费之外，不产生其他额外运行成本，运行成本计算如下：

(1) 单套VY-D-150型蓄热式催化燃烧装置配置功率及运行时间：

项目	功率/kW	每天工作时间/h	数量
系统风机	30	20	1
补冷风机	6	5	1
旋转阀	5.5	20	1
RCO启动电加热	180	0.5	1

其中RCO电加热设备是不连续工作的，系统在启动时需要把整个系统加热到设定温度，启动加热时间为0.5h左右，按每年工作300d、每天工作20h、电费按0.8元/(kW·h)，启动电加热消耗的能量为：$M_1=300\times180\times0.5\times0.8=2.16$(万元/年)。

系统风机常用的功率为30kW，按设计每天工作20h计算。电费按0.8元/(kW·h)计。

即系统风机及旋转阀电机耗电费用：$M_2=(30+5.5)\times300\times20\times0.8=17.04$(万元/年)；

补冷风机电机耗电费用：$M_3=6\times300\times5\times0.8=0.72$(万元/年)；

2套VY-D-150型蓄热式催化燃烧装置每年总电费用：

$M=2(M_1+M_2+M_3)=2\times19.92=39.84$(万元/年)。

(2) 过滤材料　过滤材料使用寿命长30天，每年更换10次，过滤材料用量为

$15m^2$/次，价格为 60 元/m^2。

每年的过滤材料费用：$M_4=10\times15\times60=9000$(元/年)。

2 套 RCO 设备每年更换费用：18000 元/年。

(3) 热量回收　2000～3000kJ/kg。

(4) 投资回报期　3.5 年。

(5) 设备维护费计算　设备维护主要包括设备过滤材料更换、风管维护、参数调节等。此部分费用总计约 3000 元/年（300 元/月），2 套费用 6000 元/年。

(6) 设备操作管理费计算　本系统自动化控制程度高、工艺简单，管理方便，对操作人员的要求不高，无须额外的操作管理费。

(7) 折旧费　本系统使用寿命大于 10 年，按 10 年折旧，平均每年的折旧费 45 万元。年总运营费用计算：

序号	项目	费用/(万元/年)
1	电费	39.84
2	过滤材料更换	1.8
3	设备维护费	0.6
4	操作管理费	0
5	折旧费	45
合计	年运营费	87.24

(8) 单位废气治理运行成本　2 套设备总气量 $30000m^3/h$，则单位废气治理运行成本：0.0056 元/m^3；或 93 元/t。

二、经济效益分析

运行费用为传统工艺的 20%，一般 2～4 年可回收投资。

三、环境效益分析

根据东莞黄江镇成元鞋材制品有限公司干式烘干废气项所提供的数据，溶剂使用量最大为 1800kg/d，基本都在烘干工序挥发。按照 98%的去除率、每年工作 300 天计，每年可减少溶剂排放量为 529.2t。

推广情况及用户意见

应用于工业企业排放的高温、高浓度挥发性有机废气的净化治理，包括石油化工、制药、造纸、油漆涂料、塑料等行业排放的苯、甲苯、二甲苯、乙苯、苯乙类、烯烃、烷烃、醇类等挥发性有机物以及污水厂、垃圾填埋场和垃圾压缩站等所排放的含硫、含氮和脂肪酸等气体，具有广阔的应用前景。

获奖情况

入选 2016 年《国家先进污染防治技术目录（VOCs 污染防治）》。

技术服务与联系方式

一、技术服务方式

推广

二、联系方式

联系单位：广州同胜环保科技有限公司

联系人：张卫

地址：广州市海珠区金菊路10号万宜华轩10A

邮政编码：510300

电话：020-84295677　84296200　84297675

传真：020-84298122

E-mail：tsgz@vip.163.com

主要用户名录

序号	验收时间	行业	规模	现状	案例名称
1	2011年9月	涂料	提供2套4000m^3/h RCO装置	正常运行	嘉宝莉涂料科技有限公司车间废气处理项目
2	2013年6月	制鞋	提供2套15000m^3/h RCO装置	正常运行	东莞黄江镇成元鞋材制品有限公司烘干废气处理项目
3	2011年11月	电器制造	提供8套4000m^3/h RCO装置	正常运行	广东美的微波炉电器生产基地废气净化项目
4	2013年6月	喷涂	提供1套4000m^3/h RCO装置	正常运行	天津七所高科有限公司喷涂废气处理项目
5	2013年9月	集装箱	提供1套8000m^3/h RCO装置	正常运行	东莞马士基集装箱工业有限公司
6	2014年8月	集装箱	提供8套6000m^3/h RCO装置,并与活性炭装置结合使用	正常运行	青岛中集冷藏设备有限公司涂装废气处理项目
7	2014年11月	铝材	提供1套5000m^3/h RCO装置,并与活性炭装置结合使用	正常运行	广东兴发铝业有限公司涂装废气处理项目
8	2014年11月	铝材	提供1套5000m^3/h RCO装置,并与活性炭装置结合使用	正常运行	广东澳美铝业有限公司涂装废气处理项目
9	2015年4月	集装箱	提供3套5000m^3/h RCO装置	正常运行	太仓中集冷藏设备有限公司涂装废气处理项目
10	2015年6月	摩托车	提供1套5000m^3/h RCO装置并与活性炭装置结合使用	正常运行	广东竞凡摩托车配件有限公司涂装废气处理项目
11	2016年1月	机械制造	提供7套5000m^3/h RCO装置并与活性炭装置结合使用	正常运行	中山荣南机械制造有限公司废气处理项目
12	2016年3月	机械制造	提供3套5000m^3/h RCO装置并与活性炭装置结合使用	正常运行	江门荣盛机械有限公司废气处理项目

技术名称

油品储运过程油气膜分离-吸附回收技术

申报单位

大连欧科膜技术工程有限公司

推荐部门

中国环境保护产业协会废气净化委员会

适用范围

适用于石化行业油气回收，具体包括但不限于：①油品装卸车/船过程中油气回收；②码头油气回收；③油品和化学品储罐呼吸气回收；④间隙生产工艺排放气回收。

主要技术内容

一、基本原理

采用增压原理可以有效地提高后续分离单元的分离效率；采用逐级分离的原理，提高分离效率，降低整体的分离成本，优化各自的分离过程。如采用压缩吸收工艺可以通过吸收溶解回收60%～80%的VOCs；余下的VOCs通过膜分离可以回收其中的95%～99%；最后膜出口的VOCs浓度为1%，可以通过真空解析的变压吸附再回收99%的VOCs，从而达到总体99.9%的回收率并实现达标排放。工艺技术流程如图1所示。

二、技术关键

(1) 采用高选择分离性和化学耐受性的新型膜分离材料，以及防爆型设计的高效膜分离器，分离效率更高，操作更加安全。

(2) 采用压缩-吸收-膜吸附组合工艺技术，充分发挥各单元操作的优势特点，提高了分离效率，实现达标排放。同时，通过工艺的优化和单元设备的选型，使成套设备更安全，无论原料气是否处于爆炸范围，在设备操作过程中，都处于爆炸的上限或者下限，在防爆论证的膜分离器内部跨过爆炸极限。

(3) 采用缓冲气柜平衡高峰与低谷的气量，可适用于大规模、间歇性、不稳定的VOCs回收。

典型规模

$4600m^3/h$。

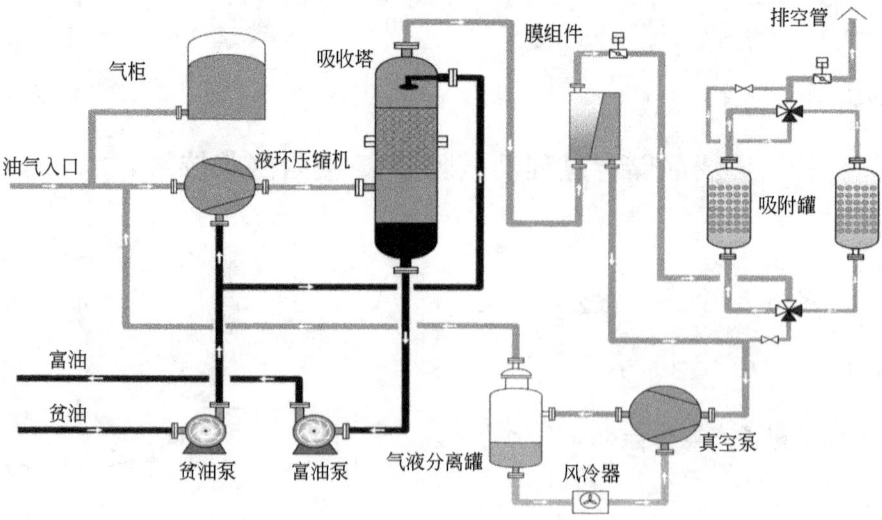

图 1　工艺技术流程

主要技术指标及条件

一、技术指标

VOCs 回收率可达 99.9%以上，非甲烷总烃<120mg/m³，满足《石油化学工业污染物排放标准》（GB 31571—2015）或者《石油炼制工业污染物排放标准》（GB 31570—2015）。

二、条件要求

（1）进气范围：气量 0～50000m³/h，浓度 0%～饱和；

（2）气柜的操作压力（表压）：0.5～1.5mbar（1bar=10^5Pa）；

（3）系统的操作弹性：适应排放全气量范围；

（4）湿式压缩机：入口绝对压力 0.96bar，出口表压 2.0～4.0bar；

（5）真空度（绝对压力）：100～150mbar；

（6）膜出口的非甲烷烃浓度：5～15g/m³；

（7）真空吸附装置出口的非甲烷烃浓度：小于 120mg/m³；

（8）防爆等级：Exe dII BT4。

主要设备及运行管理

一、主要设备

（1）缓冲气柜　缓冲气柜用来收集待处理的 VOCs 废气。它的使用主要针对大规模、间歇性、不稳定的 VOCs 废气，可平衡高峰与低谷的气量和浓度。大幅度地降低设备投资，并实现系统稳定、连续操作，降低运行成本和减少维护管理等。

（2）湿式压缩机　进入处理装置中的混合气，经喷液式螺杆压缩机增压至操作压力，压缩机使用回收的吸收液作为工作液，在压缩室内形成非接触的液体密封，可消除气体压缩产生的热量。

（3）吸收塔　VOCs的回收是在吸收塔中完成的，利用罐区内的液体VOCs作为吸收塔的吸收剂。气态的油气等VOCs在塔内由下向上流经填料层与自上而下喷淋的液态吸收剂对流接触，吸收剂会将大部分VOCs吸收，变成液体返回储罐。剩下的气体VOCs则以较低的浓度从塔顶流出后进入膜分离器。

（4）膜分离器　膜分离器由POMS/PAN平板膜组装而成，使用时由真空泵或压缩机提供膜两侧的压差作为气体渗透的动力，有选择性地将混合气体分为两股，一股为含有少量烃类的截留气体，另一股为富集烃类的渗透气体。叠片式膜组件，防静电、安全结构设计。

（5）真空泵　采用液环式真空泵，为膜分离过程提供更大的分离推动力，提高了分离效率，同时在PSA解析过程中使用。

（6）真空吸附单元　经膜分离净化后的气体，进入真空吸附单元进行精化处理，保证排放气中的各种有机物含量均达到排放标准。真空吸附单元由两个吸附床组成，每个吸附床装填专用吸附剂。两个吸附床按照设定的程序自动交替工作，保证系统连续运行。

二、运行管理

系统运行自动控制，可无人值守。控制系统由现场仪表、动力控制柜、仪表控制柜、工控机组成。现场电机、仪表、接线箱防爆等级不低于Exe dII BT4；现场仪表防护等级不低于IP65，电机防护等级不低于IP55。

操作人员在控制室通过CRT/键盘对工艺流程、参数和设备运行情况进行监控管理。设置自动和手动两种控制模式：自动系统可按预先设定的参数自动启动、操作和停机，各设备之间的运行、联锁和控制不需人员干预；手动系统可以当现场某个部件需要及时开/关操作时，由操作人员通过CRT/键盘进行控制。

投资效益分析（以中石油四川石化有限公司4600m^3/h装车及洗槽油气回收工程为例）

一、投资情况

（1）总投资：2480万元人民币。

（2）主体设备寿命：压缩机、真空泵等设计寿命20年；膜组件、吸附剂使用寿命10年（正常操作条件下）。

（3）运行费用：年运行能耗（按2000h，每千瓦·时电0.8元计）56万元；年耗材（包括膜更换费用等）20万元；人工费用（全自动、无人值守）0万元；合计76万元/年。

二、经济效益分析

根据汽油年装车量为79.62×10^4t/a和0.2%的损耗，按照99%的回收率，每年可以回收的汽油量大约为1576t；苯和二甲苯的年装车量92.39×10^4t/a和0.1%的损耗，按照99%回收率，每年可以回收苯和二甲苯大约为915t。以此按市场价估算，年可创造经济效益1800多万元。

三、环境效益分析

每年减排汽油1576t，芳烃915t，折合CO_2减排量7600t。按照国家大气污染物排放控制指标，相当于净化空气近900亿立方米，极大地减轻了VOCs排放对大气环境造成的污染，改善区域环境，控制$PM_{2.5}$，减轻雾霾，提高居民生活质量，环境效益明显。

推广情况及用户意见

一、推广情况

目前，已在石化行业的储运、罐区等建立近30套设备，主要用户为中石油、中石化企业。

二、用户意见

技术指标达到设计要求，验收合格。经多年运行，性能保持稳定、可靠。

技术服务与联系方式

一、技术服务方式

系统设计、制造、检验检测、包装运输、技术文件交底、现场技术服务（包括安装、调试、开车培训、维修指导等）以及技术咨询服务、故障处理答疑等。

二、联系方式

联系单位：大连欧科膜技术工程有限公司

联系人：栗广勇

地址：辽宁省大连高新技术产业园区龙头分园庆龙街17号

邮政编码：116041

电话：0411-62274566

传真：0411-62274600

E-mail：gyli@eurofilm.com.cn

主要用户名录

序号	客户	规模/(m^3/h)	时间	地点
1	中石油哈尔滨炼油厂	0～1400	2006年5月	黑龙江哈尔滨
2	中石油天津大港油库	500	2008年6月	天津大港
3	中石油华北石化公司炼油厂	1200	2008年8月	河北任丘
4	中石油独山子石化公司	200	2009年10月	新疆独山子
5	中石油大厂油库	600	2009年10月	北京大厂

续表

序号	客户	规模/(m^3/h)	时间	地点
6	中石油吉林石化公司染料厂	200	2010年3月	吉林省吉林市
7	中石油四川石化公司	0～4600	2010年10月	四川彭州
8	中石油宁夏石化公司	750/500各1套	2011年4月	宁夏银川
9	中石油香坊油库	400	2012年4月	黑龙江哈尔滨
10	中石油青海销售公司	200/2套	2014年10月	青海
11	中石油河南销售公司	300/400各1套	2015年3月	河南
12	中石化催化剂公司	500	2015年5月	北京奥达

2017-56

技术名称

蓄热催化燃烧（RCO）技术

申报单位

江苏中科睿赛污染控制工程有限公司

推荐部门

盐城市环境保护局

适用范围

中高浓度VOCs废气治理。

主要技术内容

一、基本原理

蓄热催化燃烧（RCO）技术是将蓄热燃烧系统与催化燃烧法有机结合的低能耗VOCs氧化净化技术。

（1）蓄热燃烧系统通常由陶瓷蓄热床、自动控制阀、燃烧室等部分组成。通过蓄热的耐高温陶瓷周期性改变气流方向将高温气体热量储存，再由燃烧器补燃，将含有VOCs的混合气体加热到要求的氧化净化温度，使废气及其他可燃组分在高温下氧化为无害的二氧化碳和水。

（2）催化燃烧法处理VOCs的工作原理是在催化剂的作用下，使VOCs废气在较低的温度下较彻底分解，并较换成无害的气体而得到净化的一种方法。催化剂是催化燃烧技术的关键，这种催化剂能够降低VOCs氧化所需要的活化能，提高反应速率，从而能够在较低温度下对废气进行处理。目前广泛用于催化燃烧法处理VOCs的催化剂主要为贵金属催化剂（如Pt、Pd、Ru等）和金属氧化物催化剂（如Cu、Gr、Co、

Ni等过渡族金属氧化物)。在应用中,催化剂通常负载在载体上参与催化反应,常用的载体主要有Al_2O_3、TiO_2、SiO_2等具有大比表面积的多孔材料,以便能够提高贵金属在载体表面的分散度,增加催化剂的机械强度和稳定性,从而提高催化剂的性能。

二、技术关键

RCO是一种新的催化技术,RCO系统性能优良的关键是使用专用的、浸渍在鞍状或是蜂窝状陶瓷上的贵金属或过渡金属催化剂,氧化发生在280~400℃,既降低了燃料消耗,又降低了设备造价。它具有蓄热热力焚烧(RTO)技术高效回收能量的特点和催化反应的低温工作的优点,将催化剂置于蓄热材料的顶部,来使净化达到最优,其热回收率高达95%。

典型规模

10000m^3/h风量、1000mg/m^3 VOCs废气浓度的RCO治理设备(结合吸脱附浓缩装置,可以处理50000~200000m^3/h低浓度有机废气)。

主要技术指标及条件

一、技术指标

采用蓄热催化燃烧(RCO)技术,降低起燃温度至200℃,利用蓄热体截留尾气热量,节约能耗>40%。

高效复合氧化物催化剂,低温催化(T_{90}<200℃),空速范围10000~40000h^{-1},VOCs净化效率>97%。

二、条件要求

废气风量300~50000m^3/h(大于50000m^3/h采用吸脱附+RCO处理),废气中VOCs浓度300~3000mg/m^3,不存在使催化剂中毒的成分。

主要设备及运行管理

一、主要设备

该技术的主要设备是RCO催化反应器。

二、运行管理

启动前开启电辅热装置,催化床预热温度达到280℃以上,启动设备净化废气,设备全自动运行,无人值守,催化剂每3年更换一次。

投资效益分析[以开普洛克(苏州)材料科技有限公司15000m^3/h蓄热式有机废气催化净化工程为例]

一、投资情况

总投资:108.4万元。其中,设备投资95万元。

主体设备寿命:20年。

运行费用:年运行费用13.08万元;设备使用寿命20年,年折旧费3.5万元;

催化剂每3年更换一次，更换费用25万元，年平均费用8.33万元；设备每年总运行费24.91万元。

二、经济效益分析

整套设备运行稳定，操作简单，处理废气仅需风机能耗和启动时辅热电能消耗，设备集成余热回收系统，减少了废气处理运行成本，根据年生产情况统计，节约人力、能源及环境成本约80万元/年，其中，余热综合利用形成的运行费用缩减约为20万元/年。

三、环境效益分析

目前，废气治理净化率≥98%，以15000m^3/h风量，废气VOCs浓度1000mg/m^3，每天生产8 h，一年生产300天，处理效率98%来计算，一年的VOCs排放总量为24t，采用RCO处理设备可实现VOCs年减排量约为23.3t。

获奖情况

"工业VOCs催化燃烧（RCO）装置"获高新技术产品认定证书（160901G0482N）。

技术服务与联系方式

一、技术服务方式

主要服务方式包括工业废气治理技术研发、咨询、材料生产、设备制造、工程设计及施工。

二、联系方式

联系单位：江苏中科睿赛污染控制工程有限公司

联系人：齐丛亮

地址：盐城环保科技城环保大道666号

邮政编码：224001

电话：0515-68773666/18601505052

传真：0515-68773366

E-mail：jszkrsqcl@126.com

主要用户名录

序号	工程名称	应用行业	废气风量	处理工艺
1	无锡某电子科技有限公司	化工废气	3000m^3/h	单体型RCO
2	南京某零配件有限公司	表面喷涂废气	6000m^3/h	单体型RCO
3	开普洛克(苏州)材料有限公司	电子涂布废气	15000m^3/h	二体型RCO
4	台州德翔医化有限公司	医药化工废气	15000m^3/h	三体式RCO
5	浙江精进药业股份有限公司	医药化工废气	15000m^3/h	三体式RCO
6	山东沾化普润药业有限公司	医药化工废气	15000m^3/h	三体型RCO

技术名称

吸附浓缩+燃烧组合净化技术

申报单位

机械工业第四设计研究院有限公司

推荐部门

中国环境保护产业协会

适用范围

涂装、包装、印刷等行业中低浓度废气净化。

主要技术内容

一、基本原理

汽车涂装生产的喷漆废气具有大风量、低浓度、高湿度（湿式喷漆时）等特点，一直是涂装喷漆废气净化处理的难点。本技术与已有工艺结合，全面解决涂装生产过程中的节能、环保与劳动卫生等问题，实现了在目前条件下涂装过程的全面节能和环境友好。

（1）在技术工艺上，溶剂漆喷漆室采用全自动机器人，利用轨道式输送开门机器人和壁挂式喷涂机器人，对车身进行内外喷涂，涂料利用率达到75%以上。同时，降低喷漆室断面风速，从人工喷漆所需的0.5m/s下降到0.3m/s，节约空调送风需求，节约空调送风调节所需能源，下降约40%。

（2）喷漆室采用上送风、下排风气流组织。在保证喷漆室断面风速和工艺条件的情况下，对喷漆室排出气体进行净化、去除漆雾后，80%～85%循环使用，与补充的室外空气混合调节（温度、湿度）后送入喷漆室进行循环。10%～15%的气体送分子筛转轮吸附净化。这一过程实现喷漆室气流的循环利用，能够节约大量能源。

（3）沸石分子筛是结晶硅铝酸盐，具有晶体的结构和特征，分子筛的孔径分布非常均匀，具有很大的比表面积，且选择性吸附性能较好。含有VOCs的气体采用分子筛转轮吸附净化装置，为连续工作模式。它分多个扇区，除一个扇区处于再生、一个扇区处于冷却外，其余均处于吸附状态。

（4）对处于再生位置的扇区，送入180～220℃的热空气，使吸附在分子筛上的VOCs等分子得以脱附，并随热空气进入RTO焚烧装置。当再生完毕的扇区转至下一位置即冷却位置，吹入冷空气，使分子筛降至常温后，再转至吸附位置进行吸附。

（5）RTO采用三室结构，交替工作，消除了二室RTO阀门切换时的气流短路问题，提高了 VOCs 净化效率。分子筛再生产生的高浓度有机废气，进入 RTO 焚烧炉，在 750～850℃的高温环境下，将 VOCs 氧化分解为 CO_2 和 H_2O，达到废气净化的目的。

二、技术关键

（1）提高车身喷涂工艺的涂料利用率，从源头减少有机污染物的排放量；

（2）采用喷漆室循环风技术，减少需要处理的废气量，有效节约能源；

（3）针对喷漆废气大风量、低浓度、高湿度的特点，采用沸石分子筛转轮对废气进行吸附净化及浓缩处理；

（4）对于转轮浓缩后的高浓度、小风量废气，采用三塔式 RTO 设备焚烧净化处理；

（5）对于 RTO 设备焚烧后的高温气体，通过热管式气水换热器实现高效的余热回收，节约能源。

典型规模

面漆喷漆室总循环风量 144500m^3/h，中涂喷漆室总循环风量 59400m^3/h；进入沸石分子筛转轮吸附系统的废气处理风量 83100m^3/h；RTO 系统处理风量 50000m^3/h，其中包括烘干室烘干废气 41000m^3/h；余热回收装置烟气流量 50000m^3/h，回收热量约 1080000kcal/h（1kcal＝4.186kJ）。

主要技术指标及条件

一、技术指标

沸石转轮吸附净化效率≥90％，RTO 焚烧净化效率≥97％。

二、条件要求

（1）进入沸石转轮处理的喷漆废气温度≤35℃，相对湿度≤90％（≤75％更佳）；

（2）单台沸石转轮的处理风量可达到 100000～200000m^3/h，废气浓缩倍率可达到 10～25（主要取决于原始废气浓度以及净化效率等）；

（3）RTO 设备的燃烧温度 750～850℃，废气停留时间≥1s；

（4）需要提供废气处理设备所需的场地及电量、天然气、压缩空气等能源。

主要设备及运行管理

一、主要设备

（1）全自动机器人罩光清漆喷涂系统；

（2）喷漆室废气循环系统；

（3）沸石浓缩转轮设备；

（4）RTO 设备；

（5）余热回收装置。

二、运行管理

（1）对车间操作及维修人员进行培训，考核合格后上岗；

（2）按照废气处理系统的操作流程进行开/关机操作；

（3）定期对设备进行维护（点检、易耗品及时更换等）；

（4）采取正确的故障处理方式，保证设备开动率。

投资效益分析（以北汽广州汽车有限公司涂装车间罩光清漆湿式喷漆涂装生产线废气净化项目为例）

一、投资情况

（1）总投资　设备投资 8500 万元＋运行费用 1481 万元/年。其中，设备投资 8500 万元（机器人、转轮、RTO、余热回收装置、空调）。

（2）主体设备寿命（预计）

机器人：20 年。

转轮：5～8 年。

RTO：10 年。

余热回收装置：10 年。

空调：10 年。

（3）运行费用

电费 162 万元/a；

燃气费用 258 万元/a；

压缩空气 105 万元/a；

人员工资 15 万元/a；

设备折旧费 840 万元/a；

维修管理费 74 万元/a；

运行物耗 27 万元/a（空气过滤器）；

核算废气治理成本（$100000m^3/h$）1481 万元/a。

二、经济效益分析

喷漆室气流循环空调系统，采用回风利用技术后，按 $1000m^3/h$ 单位送风量节约 4.08kW·h 计算，年累计节约 162.5 万元。

全自动内外喷机器人，涂料利用率由人工喷涂的 45%提高至 75%（外喷）、30%提高至 60%（内喷），年节约涂料费用 3840 万元。

喷漆废气经分子筛转轮吸附、浓缩再生后的高浓度废气与烘干炉废气混合后，一起进入 RTO 进行焚烧，产生的高温废气通过汽水换热器与车间工艺回水进行热交换，使热水温度升高 10～15℃，降低热水锅炉天然气耗量，节能效果明显。仅 RTO 后的余热回收利用一项，每小时可使热水锅炉节约燃气 $131m^3$，年节约燃气费用 182 万元。

三、环境效益分析

（1）外喷机器人涂料利用率由人工喷涂的 45%提高到了 75%；内喷机器人由人工喷涂的 30%提高到 60%以上，大大节约了涂料的消耗，使单车涂料成本下降 50%以上。机器人的使用也降低了喷漆室断面风速要求，由人工喷涂的 0.5m/s 下降到 0.3m/s，空调装机容量下降 40%，能源消耗量随之下降 40%。

（2）喷漆生产线废气循环利用：在对喷漆生产线送排风系统深入研究的基础上，在国内首先将人工补漆段排风应用于机器人喷漆段、流平段的送风中，实现了废气的循环利用，开创了国内循环风利用的先河。伴随全自动机器人内外喷的应用，循环风利用的范围逐步扩大，利用率进一步得到提升。从开始废气循环利用率的50%提高到接近90%（除人工补漆段外，全部采用循环风）。

（3）沸石吸附浓缩转轮设备入口甲苯4.51mg/m^3，二甲苯2.28mg/m^3，VOCs 32.00mg/m^3；出口甲苯0.43mg/m^3，二甲苯0.28mg/m^3，VOCs 3.16mg/m^3。

RTO入口甲苯3.23mg/m^3，二甲苯1.54mg/m^3，VOCs 22.8mg/m^3；出口甲苯0.16mg/m^3，二甲苯0.01mg/m^3，VOCs 0.72mg/m^3。

废气转轮吸附浓缩及RTO焚烧系统相结合的方式，可以高效处理有机废气中的污染物，实现绿色排放，具有很高的环境效益。

推广情况及用户意见

一、推广情况

具体应用项目举例：

北汽（广州）汽车有限公司自主品牌乘用车技术改造项目涂装车间工艺设备项目，设计生产节拍30JPH（折年生产乘用车12.8万辆）于2014年12月通过企业竣工验收，于2015年12月通过广州市环境保护局组织的竣工环境保护验收。

罩光漆生产线前接水性色漆流平工序，设车身内部喷涂、气封，车身外部喷涂、气封，人工补漆、流平，后接烘干室等。

人工补漆段送入新鲜空气，满足人工作业卫生条件要求。车身外部喷涂及其前后气封和流平室均采用循环风系统空气，机器人喷段主要送入循环风系统空气。

转轮分子筛吸附装置设计处理风量83100m^3/h；浓缩再生产生9000m^3/h的高浓度含VOCs废气；RTO系统设计处理废气量50000m^3/h，其中含中面涂烘干室废气41000m^3/h。

验收监测表明，VOCs总去除效率大于90%。

二、用户意见

鉴于该系统具有节能、环保、健康等优点，建议推广使用。

获奖情况

机械工业科学技术奖三等奖；机械工业优秀设计奖三等奖。

技术服务与联系方式

联系单位：机械工业第四设计研究院有限公司

联系人：徐铁

地址：天津市南开区长江道591号

邮政编码：300113

电话：022-87868101

E-mail：xutie@chinaaie. com. cn

2017-58

技术名称

防水卷材行业沥青废气吸收法处理技术

申报单位

科创扬州环境工程科技有限公司

推荐部门

南京环境保护产业协会大气污染防治专业委员会

适用范围

防水卷材生产过程中沥青废气的处理。

主要技术内容

一、基本原理

一级喷淋吸收：利用高压雾化器将油性吸收剂加压后形成喷雾，与进入塔内的沥青废气进行充分混合，利用同性相溶的原理将沥青废气中的苯并芘、非甲烷总烃等有机成分溶入吸收剂内。

二级管式电捕集：按电场理论，正离子吸附于带负电的电晕极，负离子吸附于带正电的沉淀极，所有被电离的正负离子均充满电晕极与沉淀极之间的整个空间。当含焦油雾滴等杂质的烟气通过管式电场时，吸附了负离子和电子的杂质在电场库伦力的作用下，移动到沉淀极后释放出所带电荷，并吸附于沉淀极上，从而达到净化烟气的目的。

三级板式静电净化：该段能产生大量的高能离子剂活性基团，同时静电机内有离子发生，产生大量的强氧化性离子，苯类、轻质芳烃溶剂等与其中的活性自由基团发生化学反应，被分解为无害物质。

四级光解催化氧化：半导体光催化剂大多是N型半导体材料（当前以为 TiO_2 使用最广泛），都具有区别于金属或绝缘物质的特别的能带结构，即在一个价带和导带之间存在一个禁带。

当光子能量高于半导体吸收阈值的光照射半导体时，半导体的价带电子发生带间跃迁，即从价带跃迁到导带，从而产生光生电子（e^-）和空穴（h^+）。此时吸附在纳米颗粒表面的溶解氧俘获电子形成超氧负离子，而空穴将吸附在催化剂表面的氢氧根离子和水氧化成氢氧自由基。而超氧负离子和氢氧自由基具有很强的氧化性，能将绝大多数的有机物氧化成最终产物 CO_2 和 H_2O，甚至对一些无机物也能彻底分解。

二、技术关键

（1）喷淋吸收剂选择上的创新。选用闪点高于66℃的机械废油（卷材和生产配料的环保油）为吸收剂，利用同性相溶原理，吸收废气中的挥发性成分物质。

（2）油喷淋吸收＋过滤＋静电吸附＋光解氧化除臭的组合工艺使用。利用前述多个单一的处理方式进行有机组合，达到沥青废气净化达标的治理效果。

主要技术指标

项目	配料罐(净化前)	生产线(净化前)	总排口(净化后)
沥青烟/(mg/m³)	329	162	2.0
颗粒物/(mg/m³)	329	162	2.5
苯并芘/(mg/m³)	7.2×10^{-4}	2.83×10^{-3}	1.0×10^{-5}
非甲烷总烃/(mg/m³)	52.4	3.94	7.35

投资效益分析（以上海雨虹30000m³/h防水卷材车间沥青废气处理工程为例）

一、投资情况

总投资：153万元。其中，设备投资150万元人民币。

主体设备寿命：10年。

二、运行费用

年耗材费用15000元，维护人员50000元，折旧维护费用约5000元/年（按年0.5%计），废气运行成本为2元/m³。

三、经济效益分析

（1）该套环保系统对废油的回收量每月在7t左右，废油的售价按5000元/t计算，则每月收益在35000元，年收益在35万元左右。

（2）采用油作吸收剂代替水喷淋，按每月废水量20t计，则年产生废水200t，按废水处理设施的初投资及运行成本约30万元计，则又可每年为企业节省30万元的费用。

四、环境效益分析

排放标准满足《防水卷材行业大气污染物排放标准》(DB11/1055—2013)。

推广情况及用户意见

一、推广情况

SCGF型沥青废气净化系统已应用于10多家企业。

二、用户意见

设备情况合理，系统状态满意，售后服务很好。

联系方式

联系单位：科创扬州环境工程科技有限公司

联系人：裴登明

地址：南京市江宁区诚信大道1800号国家级环保集聚区7号楼7716室

邮政编码：211100

电话：028-86521438

传真：025-52122913

E-mail：njkc998@126.com

主要用户名录

序号	客户单位
1	北京东方雨虹防水技术股份有限公司
2	上海东方雨虹防水技术有限公司
3	昆明风行防水材料有限公司
4	徐州卧牛山新型防水材料有限公司
5	唐山东方雨虹防水技术有限责任公司
6	辽宁大禹防水科技发展有限公司
7	安徽大禹防水科技发展有限公司
8	鞍山科顺建筑材料有限公司
9	德州科顺建筑材料有限公司
10	昆山科顺建筑材料有限公司

2017年重点环境保护实用技术示范工程

2017-S-1

工程名称

南宁市上林县镇圩瑶族乡1200t/d集镇生活污水处理工程

工程所属单位

南宁市上林县镇圩瑶族乡人民政府

申报单位

广西益江环保科技股份有限公司

推荐部门

广西壮族自治区环境保护产业协会

工程分析

一、工艺路线

上林县镇圩瑶族乡生活污水处理工程采用“生物+生态”两项核心技术：①“生物工艺技术”关键设备采用广西益江环保科技股份有限公司与广西大学共同研发的专利设备——多级复合移动床生物膜反应器（MC-MBBR）；②“生态工艺技术”采用的是广西益江环保科技股份有限公司与广西大学联合研发的无动力生态土壤系统。“生活污水生态土壤处理技术”被列入《广西“美丽广西·清洁乡村”先进适用技术名录》。上林县镇圩瑶族乡污水处理工程采用的工艺流程见图1。

污水处理厂采用多单元模块化建设模式，其中每个MC-MBBR处理单元处理量为200～300m^3/d，根据水量的不同，可选择运行一个或多个单元处理污水。多单元模块化建设模式工艺流程见图2。

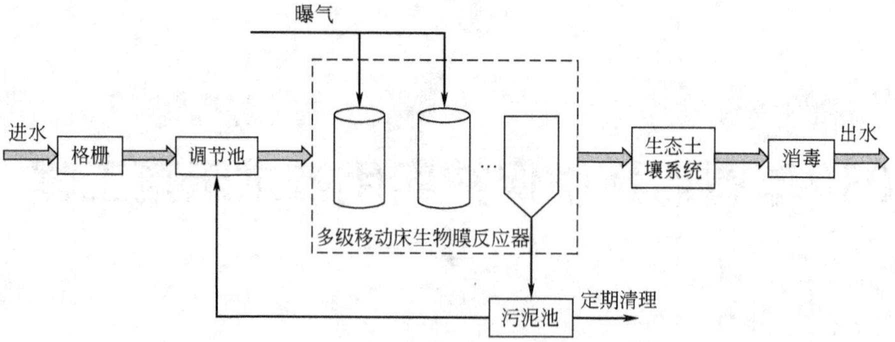

图 1　上林县镇圩瑶族乡污水处理工程工艺流程

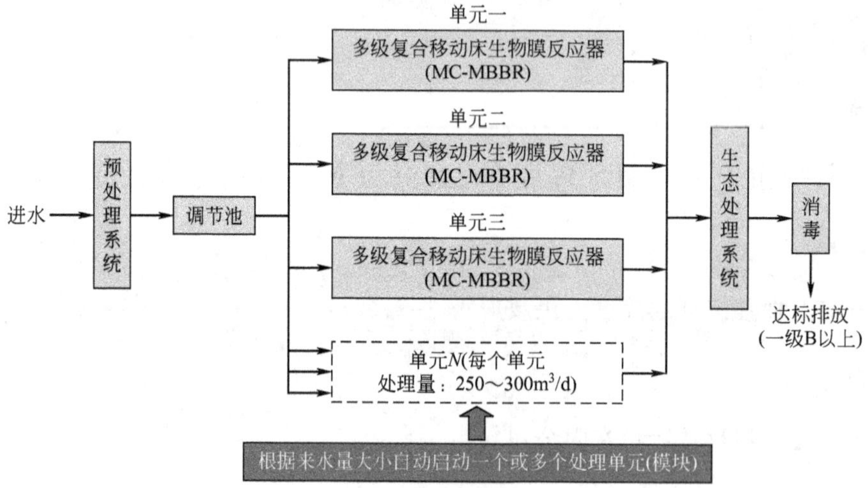

图 2　多单元模块化建设模式工艺流程

二、关键技术

(1) 多级复合移动床生物膜反应器污水处理一体化设备　以悬浮填料移动床生物膜反应器为核心构件，集成悬浮填料技术、脱氮除磷技术等。移动床生物膜反应器内充填高效悬浮填料，大比表面积的悬浮填料可以供更多的微生物附着和生长，提高污染物去除效率，同时减少污泥产生量；悬浮填料相对密度接近 1，与水的密度接近，在曝气作用下可以全池流化翻动，填料上的生物膜、水流和气流三相充分接触混合，增大了传质面积，提高了传质速率，缩短了污水的生化停留时间；污水经由多级大高径比移动床生物膜反应器并联组成的多级复合一体化设备处理，污水中的污染物在移动床生物膜中微生物的作用下被去除，污水得到净化。

(2) 地下渗滤生态土壤系统　经一体化设备处理的出水再经生态土壤系统中填料、微生物和植物对污水中污染物的吸附、降解及吸收作用去除，进一步强化净化，可稳定达标排放。

工程规模

上林县镇圩瑶族乡生活污水处理工程位于镇圩瑶族乡镇马村三冬庄，设计处理规模1200m^3/d，厂区占地面积1700m^2（其中预留远期扩建用地约300m^2），设计服务区域为镇圩瑶族乡集镇所在地及附近村委，设计服务人口8000人。

主要技术指标

主要减排指标有COD_{Cr}、SS、BOD_5、NH_3-N，出水水质主要污染物指标达到《城镇污水处理厂污染物排放标准》(GB 18918—2002）中的一级B标准。

主要设备及运行管理

上林县镇圩瑶族乡污水处理工程的主要核心设备为多级移动床生物膜反应器和生态土壤系统，其主要的运行管理是对多级移动床生物膜反应器和生态土壤系统的管理和维护。

1. 一体化设备运行管理和维护

(1) 一体化设备运行为自动化控制，不需专业技术人员驻地管理，只需定期对设施的电气设备进行日常检修、维护、保养，确保电气设备的正常运转；

(2) 定期清除系统进水格栅的杂物，防止进水系统的堵塞，防止污水中有大块固体物质进入设备，以免堵塞管道与孔口，损坏水泵；

(3) 设备风机每运行6个月需要换一次机油，以延长风机使用寿命；

(4) 定期对曝气装置清洗，防止曝气孔堵塞，影响曝气量和曝气的均匀性，进而影响设备整体的运行效果；

(5) 定期对产生的污泥进行清理，以保持良好的设备运行状态。

2. 生态土壤系统运行管理和维护

(1) 定期或不定期检查并及时清除系统进水管道及布水区域的杂物，防止进水系统的堵塞，为后续工艺正常运行提供条件；

(2) 清除生态土壤系统范围内的杂草以及塑料袋等杂物；

(3) 不允许家畜如牛等进入生态土壤处理系统，避免对布水管道以及植物造成损坏；

(4) 定期修剪土壤处理系统上部杂草：在春季和夏季生长旺盛期，可每2～3个月修剪一次；在秋季和冬季由于气温下降，植物生长变慢，可适当增加间隔时间。

工程运行情况

上林县镇圩瑶族乡污水处理工程竣工验收三年多，各级设备运行状况良好，多级移动床生物膜反应器一体化处理设备及生态土壤系统运行正常，出水水质稳定，处理效果良好，处理出水水质各项主要指标稳定达到《城镇污水处理厂污染物排放标准》(GB 18918—2002）一级B标准。

经济效益分析

1. 投资费用

项目总投资 344.4 万元，设备投资约 210 万元。

2. 运行费用

运行费用 7.3 万元/年，电费低于 0.2 元/t 水。

运行费用及运行成本核算：

① 工程运行物耗：工程运行不需添加药剂，物耗为零。

② 电费：上林县镇圩瑶族乡污水处理厂设置 4 套独立的 MC-MBBR 污水处理单元，每个单元处理规模为 200～300t/d，每个单元（模块）配备一台曝气机(2.2kW)、一台污泥回流泵（0.75kW)、一台污水提升泵（0.75kW)。本项目启动一套设备（单元）时间约 9 个月，运行两套设备（单元）约 3 个月，运行一套设备时每天进水量约 250t，运行两套设备时每天进水量约 400t。曝气机每天运行 10h，回流泵每天运行 10h，污水回流比 100%，当地电费平均为 0.8 元/(kW·h)。则每年能耗及电费如下：

曝气机能耗：(2.2kW×10h/d×270d+2×2.2kW×10h/d×90d)×0.8 元/(kW·h)=7920 元；

提升泵能耗：0.75kW×(250t/d×270d+400t/d×90d)÷15t/h×0.8 元/(kW·h)=4140 元；

回流泵能耗：0.75kW×(250t/d×270d+400t/d×90d)÷15t/h×100%×0.8 元/(kW·h)=4140 元；

紫外消毒：0.01 元/t×(250t/d×270d+400t/d×90d)=1035 元；

则每年运行电费：7920 元+4140 元+4140 元+1035 元=17235 元；

单位废水运行电费：17235 元÷103500t 水=0.167 元/t 水。

③ 人员工资及维修管理费用：不需专业人员驻场管理，费用为零。

3. 效益分析

① 本项目一体化污水处理设备运行电费低于 0.2 元/t 水，比传统污水处理设备节约运行电费，运行成本低。

② 镇圩瑶族乡生活污水得到妥善处理处置，保证了经济建设、农业生产的正常运行，保障了镇圩瑶族乡居民健康和生活环境。

③ 减少因水污染而造成居民健康水平下降而引起的各种费用。

④ 避免因水污染造成农作物的减产，减少农业经济损失，保障农业生产和农业经济可持续、健康循环发展。

环境效益分析

项目建成后，较好地解决了上林县镇圩瑶族乡大部分居民的污水排放问题，改善了集镇环境，达到了预期治理目标，受益人口达 8000 多人。该污水处理厂是上林县最早建设并投入运行的乡镇污水处理厂，作为“2012 年上林县 10 项为民办实事工程”

之一，本工程的建设加强了集镇生活污水收集、处理与资源化利用，出水水质主要指标达到《城镇污水处理厂污染物排放标准》（GB 18918—2002）中的一级B标准。污水厂建成运行后，解决了镇圩瑶族乡集镇所在地生活污水严重污染当地河道和农田的状况，有效改善了当地群众的生活环境，促进了人与自然的和谐发展，对改善镇圩瑶族乡基础设施及构建和谐社会具有重大的现实意义。

本工程实施后，示范点内的集镇生活污水得到治理，减少了污染物排放量，大大改善了镇圩瑶族乡集镇水环境，提高了水源地的环境质量，保障了饮用水源的水质安全，促进了人与自然的和谐发展。

工程环保验收

一、环保验收单位

南宁市环境保护局

二、验收时间

2013年9月

三、验收意见

2013年9月27日，上林县镇圩瑶族乡人民政府组织对污水厂建设工程进行了质量竣工验收，经建设、设计、监理、施工各单位组成验收小组共同验收，一致认可如下几方面意见：

（1）设计文件及设计修改文件符合国家强制性标准和设计规范，施工图的设计深度和质量达到规定要求，基础和主体结构安全、稳定、可靠，满足了对建筑的安全使用要求。

（2）施工单位能按照合同、设计文件和施工规范进行施工，有完整的技术档案和施工管理资料，能较好地完成施工任务。

（3）该工程共分六个部分，全部合格。

（4）工程施工技术资料齐全，工程技术资料真实有效，符合规范规定要求。

（5）本工程按国家基本建设程序进行施工。

综合验收结论（工程质量是否合格）：经竣工验收组共同研究讨论，综合评定本工程为合格工程。

污水处理工程竣工后，已运行三年多，待进行工程环保验收。上林县镇圩瑶族乡污水厂运行后，经有资质的环境监测单位监测，污水厂出水水质COD_{Cr}、SS、BOD_5、NH_3-N等主要污染物指标达到《城镇污水处理厂污染物排放标准》（GB 18918—2002）一级B标准。

获奖情况

（1）2016年工程核心技术MC-MBBR入选广西科技厅编制的《水污染防治先进

技术指导目录》。

(2) 2015 年工程关键技术“多级复合移动床生物膜反应器污水处理系统”获南宁市科学技术进步奖三等奖。

(3) 2014 年“多级复合移动床生物膜反应器污水处理系统技术”获国家科技型中小企业技术创新项目立项。

(4) 2014 年“生活污水生态土壤系统处理技术”列入第一批《广西“美丽广西·清洁乡村”先进适用技术名录》。

(5) 2013 年该项目入选科技部“十二五”农村领域国家级星火计划项目库。

(6) 2013 年工程采用的工艺 MC-MBBR 处理系统的核心专利技术“大高径比多级移动床生物膜反应器污水处理系统”荣获第三届广西发明创造成果展览交易会银奖。

(7) 2011 年生态土壤系统污水处理技术荣获“第八届中国-东盟博览会农村先进实用技术暨高新技术展优秀参展项目奖”。

联系方式

联系单位：广西益江环保科技股份有限公司

联系人：李畅（13557316916）、陈俊（18807712207）

地址：广西南宁市高新区高新二路 1 号广西大学科技园 5 号楼

邮政编码：530007

电话：0771-3395140

传真：0771-3210595

E-mail：gxhb2011@163.com

2017-S-2

工程名称

郁南县连滩镇生活污水处理厂工程

工程所属单位

郁南县香山家园污水处理有限公司

申报单位

中山市环保产业有限公司

推荐部门

广东省环境保护产业协会

工程分析

一、工艺路线

本项目的工艺流程见图1。

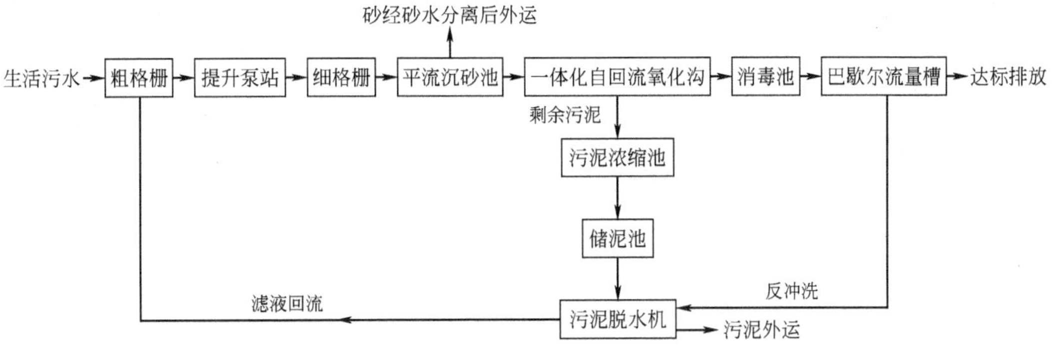

图1　工艺流程

二、关键技术

本项目的关键技术是一体化改良型氧化沟。

工程规模

5000t/d。

主要技术指标

进水水质指标：

项目	pH值	COD_{Cr}/(mg/L)	BOD_5/(mg/L)	SS/(mg/L)	NH_3-N/(mg/L)	TN/(mg/L)	TP/(mg/L)
原水水质	6～9	≤250	≤125	≤150	≤25	≤30	≤3.5

排水水质指标：

项目	pH值	COD_{Cr}/(mg/L)	BOD_5/(mg/L)	SS/(mg/L)	NH_3-N/(mg/L)	TN/(mg/L)	TP/(mg/L)
《城镇污水处理厂污染物排放标准》(GB 18918—2002)中的一级B标准	6～9	≤60	≤20	≤20	≤8	≤20	≤1.0
广东省地方标准《水污染排放限值》(DB 44/26—2001)第二时段一级标准	6～9	≤40	≤20	≤20	≤10	—	—
设计出水水质	6～9	≤40	≤20	≤20	≤8	≤20	≤1.0

主要设备及运行管理

主要设备有污水提升泵、机械格栅、罗茨风机、刮泥机、带式浓缩脱水机等。设备运行良好，维修率低，管理方便。

工程运行情况

出水稳定，达标率100％。

经济效益分析

（1）投资费用：2242万元。
（2）运行费用：0.4元/t。
（3）效益分析：投资少，运行费用低，投资回报率高。

环境效益分析

本工程建成投产后，可使排出的污染物显著减少，可有效地减轻城区河道的水污染问题，改善当地居住环境，每年减少向江河排放的污染负何为：

削减主要污染物名称	COD_{Cr}	BOD_5	SS	氨氮	总氮	总磷
年削减总量/t	383.25	191.63	237.25	31.03	18.25	4.56

工程环保验收

一、环保验收单位

郁南县环境保护局

二、环保验收时间

2015年3月9日

三、验收意见

本项目执行了环境影响评价制度和“三同时”制度，基本落实了环境影响报告表和环评审批意见（郁环建〔2013〕58号）的防治污染措施，符合竣工环境保护验收条件，根据原国家环保总局《建设项目竣工环境保护验收管理办法》的规定，同意该项目通过环境保护竣工验收。

联系方式

联系单位：中山市环保产业有限公司
联系人：黄会
地址：中山市孙文东路濠头路段宏兴楼二楼
邮政编码：528400
电话：0760-88286033

传真：0760-88286088
E-mail：958626254@qq.com

2017-S-3

工程名称

江西省会昌县污水处理厂二期工程

工程所属单位

会昌金岚水务有限公司

申报单位

江西金达莱环保股份有限公司

推荐部门

江西省环保产业协会

工程分析

一、工艺路线

本项目的工艺路线为：污水⟹格网⟹FMBR⟹出水。

污水经格网/格栅去除漂浮垃圾等大颗粒悬浮物后，经提升泵提升进入FMBR反应池，污水内C、N、P等污染物经FMBR反应池内培养的高浓度复合兼性菌群分解代谢去除后，经膜分离出水。

二、关键技术

本工程项目的关键技术为FMBR兼氧膜生物反应技术。FMBR技术是对传统MBR技术的全面提升，其通过创建兼氧环境，利用微生物共生原理，形成微生物食物链，实现有机废水中C、N、P在同一单元同步去除，同时基本实现了日常运行过程中不排有机剩余污泥，实现污水的高效处理。其主要贡献是发现并应用了能够同步处理污水、污泥的复合菌群及控制条件，且不产生异味。FMBR技术原理见图1。

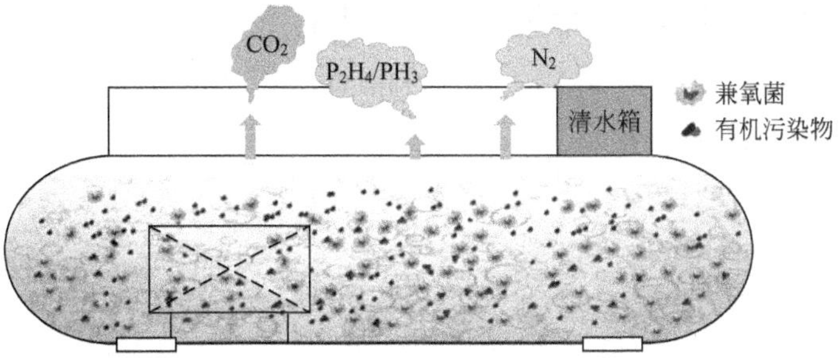

图1　FMBR技术原理

工程规模

处理量为10000t/d。

主要技术指标

本项目出水可达到《地表水环境质量标准》(GB 3838—2002) Ⅳ类水标准和《城镇污水处理厂污染物排放标准》(GB 18918—2002) 一级 A 标准。项目进出水水质情况如下：

会昌城区污水处理二期工程进出水水质情况

项目	COD_{Cr} /(mg/L)	BOD_5 /(mg/L)	SS /(mg/L)	总氮 /(mg/L)	氨氮 /(mg/L)	总磷 /(mg/L)	pH 值
进水	≤200	70～200	≤150	≤25	≤10	≤2	6～9
出水	≤20	≤5	≤10	≤10	≤1	≤0.2	6～9
(GB 3838—2002)Ⅳ类水	30	6	—	—	1.5	0.3	6～9
(GB 18918—2002)一级 A	50	10	10	15	5	0.5	6～9

主要设备及运行管理

一、主要设备

本项目工程的主要设备有：FMBR 反应池、提升泵、风机、PLC 自动控制系统。

二、运行管理

FMBR 工艺因其控制环节少，易于操作管理，普通人员均可操控。此外，现场联合了 PLC 自动控制和 GPRS 远程监控，通过"互联网＋"技术实现了对污水处理设施的远程监管，及时全面了解设施运行情况，在降低管理难度和人员成本的同时可保证污水处理设施正常稳定运行。

工程运行情况

项目从2016年5月至今稳定运行，污水厂出水稳定达到《地表水环境质量标准》(GB 3838—2002) Ⅳ类水标准和《城镇污水处理厂污染物排放标准》(GB 18918—2002) 一级 A 标准。整个系统运行管理方便，实现无人值守，日常运行过程无有机剩余污泥排放，出水可用作景观、绿化、道路清扫等。

经济效益分析

一、投资费用

项目总投资为2996万元（含税金），包括设备投资、工程设计、配套土建及工艺、管道、电气设备安装（不含变压器、实验设备及在线检测设备费用）。

二、运行费用

本项目运行费用主要包括电费和设施的维护保养费用，年运行费用总计约186.65

万元，具体费用核算如下：

1. 电费

本项目主体反应区为 FMBR 兼氧膜生物反应池，污水处理电耗约为 0.35kW·h/t 水，电费以 0.6 元/(kW·h) 计，吨水电费为 0.21 元，项目运行电费约 76.65 万元/年。

2. 运营管理费

运营管理费约 110 万元/年，包括机电设备及膜组件维护、药剂费、人工费等。

环境效益分析

本项目采用 FMBR 兼氧膜生物反应技术，出水水质达《地表水环境质量标准》(GB 3838—2002) Ⅳ类水标准和《城镇污水处理厂污染物排放标准》(GB 18918—2002) 一级 A 标准，年削减化学需氧量 657t、氨氮 32.85t、总磷 6.57t、悬浮物 529t，出水可回用于道路清扫、园林绿化等，大大节约新鲜水消耗。工程系统具有日常运行无有机污泥排放、无异味、低噪声的特点，环境友好，不易产生二次污染。

工程环保验收

一、环保验收单位

会昌县环境保护局

二、环保验收时间

2016 年 10 月 24 日

三、验收意见

根据《检测报告》的监测结果：废水除悬浮物因进水浓度偏低导致实际处理率偏低外，其余各项指标实际处理率均高于设计处理率；噪声达标排放；监测期间处理水量为设计负荷的 93.7%左右，达到污水处理量原则上不低于设计负荷 60%的要求；污水进水 COD 浓度达到设计浓度的 85.2%，满足污水进水 COD 浓度原则上不低于设计浓度 50%的要求等。因此，同意该项目的验收。

获奖情况

FMBR 兼氧膜生物反应技术主要获奖情况如下：

时间	奖励名称及等级	授奖部门
2016 年	列入国家十二五重大标志性科技成果	环保部(现生态环境部)、住建部
2014 年	国际水协东亚地区项目创新奖	国际水协(IWA)
2015 年	入选《节水治污水生态修复先进适用技术指导目录》	科学技术部、环保部(现生态环境部)、住建部、水利部
2014 年	中国专利优秀奖	中国知识产权局
2014 年	中国膜工业协会科学技术一等奖	中国膜工业协会
2014 年	国家重点环境保护实用技术	中国环境保护产业协会
2016 年	中国环境标志产品认证	中环联合认证中心有限公司

联系方式

联系单位：江西金达莱环保股份有限公司
联系人：谢锦文
地址：江西省南昌市新建区长堎外商投资开发区工业大道459号
邮政编码：330100
电话：0791-83775037
传真：079183775060
E-mail：xiejinwen@jdlhb.com

2017-S-4

工程名称

贵阳青山地下式污水处理及再生利用工程

工程所属单位

贵州筑信水务环境产业有限公司

申报单位

贵州筑信水务环境产业有限公司
信开水环境投资有限公司

推荐部门

贵州省环境保护产业协会

工程分析

一、工艺路线

贵阳市青山地下式污水处理及再生利用工程是贵州省第一座全下沉式污水处理厂，该工程污水处理主体工艺采用曝气沉砂池＋改良 A^2/O＋矩形折流式周进周出沉淀池＋高效沉淀池＋生物滤池＋紫外线消毒，污泥处理采用带压机脱水，臭气进入复合生物滤池进行脱臭处理，整套工艺流程简单合理，运行稳定，管理方便。工程工艺路线如图1所示。

二、关键技术

为解决城市污水处理与环境保护及城市用地之间的矛盾，“环境友好型、土地集约型、资源利用型”的全地下式污水处理系统成为解决城市污水处理问题的新选择。贵阳青山地下式污水处理及再生利用工程厂采用集团自主研发的下沉式污水处理系统集成技术，主要包括：

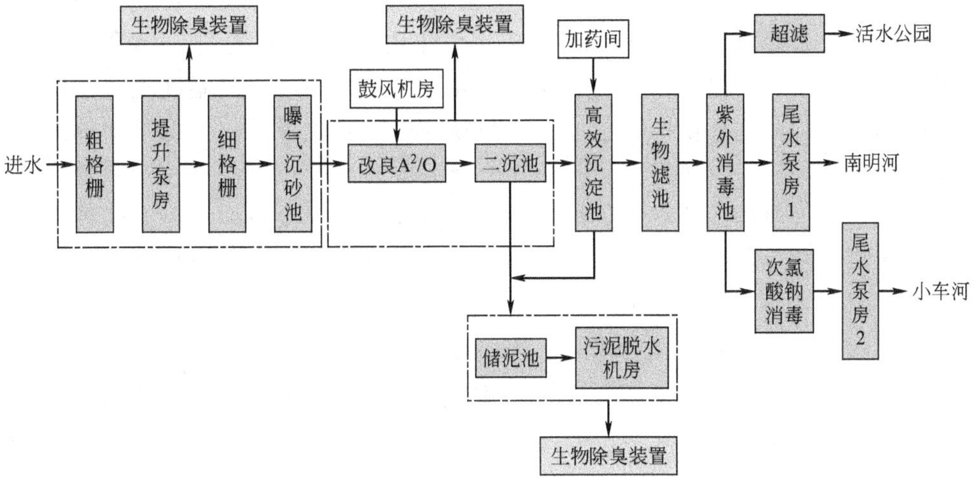

图 1　贵阳青山污水处理及再生利用工程工艺路线

1. 高效节能的污水处理和回用技术

该项目主处理工艺采用改良 A^2/O＋高效沉淀池＋生物滤池，其中：改良 A^2/O 工艺增加预缺氧池，降低了脱氮和除磷过程对碳源的争夺，并消除回流污泥中硝态氮对厌氧池的不利影响；运用精确曝气控制系统，有效降低二级处理单元能耗；出水完全满足河道类景观环境用水标准，再生水厂尾水作为贵阳市南明河的生态补水水源，在此基础上，一部分尾水经过超滤工艺进一步处理达标后，作为地面景观活水公园水体的补水水源，实现水资源的循环利用。

2. 高效节地技术

该项目竖向分为覆土层、设备层和操作层，充分合理利用地下空间，占地仅为 $2.11hm^2$（$1hm^2=10000m^2$），吨水占地 $0.42m^2$，较同等规模地上厂节省占地约 58%。同时，该厂地上空间通过活水公园、科普基地等地上景观的建设得到充分利用。地下层采用主体构筑物组团布局共壁合建的箱体式构筑物，各构筑物单元在空间分布上布置紧凑、功能分区明确，空间利用率高。该项目能统筹协调好工艺、各种管线、通风除臭、消防、交通、运营维护各方面的关系，保证有机衔接，实现集约化设计，从而有效节约空间，减小地下箱体体积。同侧进、出水的矩形折流式周进周出沉淀池在同等池容的情况下，比普通平流沉淀池和传统辐流式沉淀池的表面水力负荷大、沉淀效率高，且便于集约化设计。在相同设计水量的条件下，矩形沉淀池更加节省占地面积。

3. 生物除臭技术

该项目各处理单元采用全封闭设计，运用先进的生物除臭技术，将预处理单元、生化处理单元及污泥处理单元收集的有害性气体通过微生物氧化分解作用去除，实现厂区内臭气零排放。

4. 能量回收技术

该项目采用污水源热泵空调系统为管理用房提供夏季制冷、冬季供暖，服务建筑面积约 6000m²，采用闭式污水源热泵机组系统，污水直接进入热泵机组进行冷热量转换。污水能量先传递给中介水（起中介导热作用），中介水再进入热泵机组进行能量转换。由于冬季污水温度比环境空气温度高，热泵循环的蒸发温度提高，能效比也提高；夏季污水温度比环境空气温度低，制冷的冷凝温度降低，使得冷却效果好于风冷式和冷却塔式，机组效率提高。此外，由于污水的温度一年四季相对稳定，其波动范围远远小于空气温度的变动，是很好的热泵热源和空调冷源。水体温度较恒定的特性，使得热泵机组运行更可靠、稳定，也保证了系统的高效性和经济性。

5. 绿色照明技术

本项目设计太阳能光伏发电系统，安装容量为 30kW。白天有阳光时，充放电控制器将晶硅光伏组件产生的电能存储到蓄电池中，在蓄电池充满电的情况下，太阳能发电直接供负载使用。当夜晚或市电停电时，可通过逆变器逆变成交流电供办公楼内部负载使用，每年可节约标煤约 11t。

工程规模

污水处理规模为 50000m³/d，再生水规模 10000m³/d，总占地面积 2.11 公顷（31.65 亩）。

主要技术指标

贵阳青山地下式污水处理及再生利用工程执行出水主要指标（COD、氨氮）达到Ⅳ类水体标准，其余水质指标满足《城镇污水处理厂污染物排放标准》（GB 18918—2002）中的一级 A 标准，并满足作为再生水回用中河道类观赏性景观环境用水的水质要求，故工程设计出水水质和实际进、出水水质如下表所列：

设计进、出水水质及处理程度

类别/指标	COD	BOD_5	SS	氨氮	TN	TP
设计进水水质/(mg/L)	280	120	180	25	35	4
设计出水水质/(mg/L)	30	10	10	1.5	15	0.5
处理程度/%	89.3	91.7	94.4	94	57.1	87.5

实际进、出水水质

项目	COD	BOD_5	SS	氨氮	TN	TP
进水/(mg/L)	224～341	103～148	79～276	24.7～33.1	34.4～45.3	2.57～5.29
出水/(mg/L)	20.8～29.2	4.8～8.4	2.4～4.8	0.85～1.36	10.5～14.3	0.14～0.48

项目出水水质完全满足河道类景观环境用水标准，再生水厂尾水作为贵阳市南明河的生态补水水源。在此基础上，一部分尾水经过超滤工艺进一步处理达标后，作为地面景观活水公园水体的补水水源，实现水资源的循环利用。

主要设备及运行管理

名称	数量	单位	参数
粗格栅井	3	台	15.1m×7.9m×(10.5+4.5)m;栅条间隙 20mm
提升泵房	1	座	16.5m×15.1m×(12.6+4.5)m
细格栅渠	1	座	24.4m×7.2m×(5.1+4.5)m;栅条间隙 5mm
曝气沉砂池	1	座	24.4m×10.5m×(5.1+4.5)m;最大停留时间 7min
生化池	2	座	82.4m×45.6m×(8.4+4.5)m;HRT(水力停留时间)=12.5h;污泥负荷 0.09kg/(kg·d)
空气悬浮离心式鼓风机	4	台	3 用 1 备,单台风量 $72m^3$/min,风压 70kPa,功率 160kW
矩形周进周出二沉池	3	座	80.0m×9.5m×(5.15+4.5)m;水深 5m;设计负荷 $1.05m^3/(m^2 \cdot h)$
高密度沉淀池	2	座	35.0m×11.0m×7.0m
生物滤池	4	座	34.4m×16.8m×(6.6+3.5)m;滤速 8m/h,气洗强度 $13L/(m^2 \cdot s)$,水洗强度 $4L/(m^2 \cdot s)$
紫外消毒渠	1	座	18.0m×6.4m×(5.6+3.5)m;低压高强灯管 150 支
尾水泵站	2	座	14.2m×9.4m×(5.6+4.5)m;14.0m×6.5m×(5.5+4.5)m
超滤系统	1	套	42.0m×15.0m×4.5m;膜通量 $40L/(m^2 \cdot h)$,产水率 70%
带式压滤机	3	台	带宽 1.5m,单台处理能力 $40m^3/h$,单台干化能力 150~250kg
生物除臭系统	3	套	处理流量分别为 $11000m^3/h$、$21000m^3/h$、$14000m^3/h$
污水源热泵系统	1	套	总冷负荷 744kW,总热负荷 310kW
太阳能光伏发电系统	1	套	跟踪支架 12 台;电池板(1650×992,250W)120 块

工程运行情况

本项目已于 2015 年正式投产运行，工程所属单位实行专业化管理，确保各工艺段环保设备高质量、稳定可靠地运行，维修管理简单方便，目前已满负荷运转，各项出水指标均稳定达到设计要求。

经济效益分析

一、投资费用

项目总投资 31509.38 万元。

二、运行费用

本项目单位水量耗电量为 $0.24kW \cdot h/(m^3 \cdot d)$，单位生产经营成本 0.58 元/$m^3$。

三、效益分析

1. 经济效益

青山污水处理厂设计处理能力 5.0 万吨/日，2016 年实际处理污水 1845.01 万吨，日均处理污水 5.04 万吨。处理后的尾水主要用于南明河景观补充水，累计产生直接经济效益 1531.36 万元。

另外，本工程项目为城市基础设施，以服务于社会为主要目的，所产生的效益除部分经济效益可以定量计算外，大部分则表现为难以用货币量化的环境效益和社会效益。

因此，该项目还具有以下三个方面明显的间接经济效益：

（1）节省管网投资　地下污水处理厂或再生水厂由于可建设在城市中央，不仅可以大量节约污水收集、管网运输的投资和运营成本，同时可减少管网输送中所导致的泄漏污染，而净化后的再生水还可以实现就近使用，减少了中水管网的投资，具有显著的社会、环境和经济效益。

（2）运行稳定、可回收利用余热　地下污水处理厂温差小、保温效果好，适用于寒冷地区，可以避免活性污泥受低温的影响，也不必过多考虑风、冰、雹、雨、雪等气象条件。与此同时，采用水源热泵技术可大量回收地下污水处理厂污水中的余热，用于反应器加热和保温，或是为厂区供暖，从而实现了污水中资源的回收利用。

（3）节约土地资源　考虑到地下空间和投资的限制，地下式污水处理厂的构筑物设计都比较紧凑，且多选用占地面积小的处理工艺。由于只有部分辅助建筑物建在地面，节省了地上空间，可用于绿化、公园等设施建设或商业开发。与此同时，地下式污水处理厂不需考虑绿化及隔离带等要求，因而占地面积较少，仅为同等规模地上污水处理厂占地面积的1/3～1/2，甚至更低。

2. 环境效益

环境效益是本工程实施和完成后所能体现的最直接的工程效益。本工程涉及贵阳市给水水源的水质保护，工程建成后会产生明显的环境效益，改善贵阳市区南明河水域的环境质量，从而使城市环境面貌得以改观，使人民群众的生活环境和生活水平不断提高；可以避免城市污水对地下水的污染，保护地下水资源，同时满足污水资源的可持续利用，为社会经济的可持续发展提供了可靠保证。本项目实施后，污水处理出水主要指标（COD、氨氮）达到Ⅳ类水体标准，其余水质指标满足《城镇污水处理厂污染物排放标准》（GB 18918—2002）中的一级A标准，达到最基本的再生水回用水质要求，可以作为河道补充水，对于节约水资源、改善水环境起到重要作用。项目投产运行后，对减排的贡献如下表所列（以工程规模为50000m^3/d计）。

每年污染物去除量一览表

类别/指标	COD	BOD_5	SS	氨氮	TN	TP
设计进水水质/(mg/L)	280	120	180	25	35	4
设计出水水质/(mg/L)	30	10	10	1.5	15	0.5
污染物总去除量/(t/a)	4927.5	2007.5	3102.5	428.88	456.25	63.88

此外，由于地下式污水处理厂的主要处理设施均处于地下，不会对周边居民的视觉感官产生影响，许多机械噪声和振动对地面的建筑和居民也不会产生影响，有效防止了视觉和噪声污染。与此同时，由于采用全封闭的运行方式，可对产生的臭气进行全面集中收集和处理，从而消除了臭气对环境的影响。由于地下式污水处理厂采用全封闭式建设方式，废气的排放量及浓度也大大减少。

3. 社会效益

本项目的建设必将带动周边产业的发展，地下式污水处理厂的地上空间可建设成公共绿地或城市公园，为居民提供休闲、游憩或娱乐设施或用地，可有效提高人居环境质量，提升周边土地资源的使用价值，并拓展城市的发展空间。人们可以在公园游玩，也可以在公园喝酒、喝茶、就餐等，使得公园具有运动健身、科普教育以及互动体验等社会服务功能，将为居民提供一处休闲娱乐的场地，丰富百姓的业余生活，提高居民生活品质和幸福指数，并打造良好的生态产业链。地下式污水处理厂生态综合体设计将环境效益放在重要的位置，对区域生物多样性保护、空气净化、缓解城市热岛效应、滞尘降噪、增湿降温、暴雨缓排等方面都具有重要作用，有利于保障城市生态安全，提高城市环境承载力。

本项目的实施将使贵阳市树立起更加良好的形象，城市环境条件的改善也将使人民更加安居乐业，这些都对促进社会的安定团结、促进社会经济的发展进步起到重要作用。

工程环保验收

一、环保验收单位

环保验收单位为贵阳市环境监测中心。

二、环保验收时间

环保验收时间为2015年4月9日。

三、验收意见

(1) 废水　该污水处理厂中水项目未投入使用，所有废水经处理后排入南明河，该项目废水中污染物排放浓度均未超过排放标准。

(2) 废气　该污水处理厂氨、硫化氢、臭气、甲烷浓度全部未超过《城镇污水处理厂污染物排放标准》(GB 18918—2002) 一级标准浓度限值。

(3) 噪声　该项目噪声昼间、夜间监测时段，项目北界、项目南界噪声均未超过《工业企业厂界噪声标准》(GB 12348—2008) 2类标准限值。

(4) 污泥　该厂污泥总铜、总铅、总锌、总镉、总铬、总镍、总汞、总砷监测值均未超过《城镇污水处理厂污染物排放标准》(GB 18918—2002) 标准限值。

获奖情况

该项目通过自主研发、大量工程实践，不断改进升级，已形成多项核心技术，公司目前已申请相关专利10余项。2017年5月该项目被贵阳市政府授予“贵阳市重点产品品牌称号”。

联系方式

联系单位：信开水环境投资有限公司

联系人：卢先春

地址：北京市通州区新华西街万达广场B座804

邮政编码：101101
电话：010-56862600
传真：010-56862606
E-mail：luxianchun@citicwater. com

2017-S-5

工程名称

300m³/d 地埋一体化生活污水处理工程

工程所属单位

济南市槐荫区环境保护局

申报单位

山东国辰实业集团有限公司

推荐部门

山东省环境保护产业协会

工程分析

一、工艺路线

生活污水经管道收集进入格栅，流入调节池，经过提升泵提升进入一体化生物集成处理设备，依次经过各个处理单元后达标排放。二沉池产生的污泥，由市政车定期外运。由于水量较小，消毒采用投加二氧化氯的方式进行。

二、关键技术

本工艺中采用“一体化无人值守中水处理设备”（专利号：ZL 2012 2 0116378.4）、“电解除磷装置”（专利号：ZL 2012 2 0711730.9）等山东国辰公司实用新型专利产品，产品实用性强，在大量工程实践中具有处理效果好、出水水质高、不产生其他污染物等优点。

系统运行安全可靠，平时一般不需要专人管理，只需适时地对设备进行维护和保养；出水可回收利用（灌溉农田和菜地、洗车等），节省清洁水源；对周围环境影响小，因为系统为封闭结构且埋入地下，采用优质机电设备，运行时噪声低、异味少，不会对周围环境造成二次污染。

工程规模

$300m^3/d$ 污水处理站。

主要技术指标

污水进水水质确定如下：

项目	COD	BOD_5	SS	氨氮	pH 值	总氮	总磷
进水	400mg/L	200mg/L	200mg/L	35mg/L	6～9	45mg/L	4mg/L

根据建设单位的要求，出水具体参数如下：

项目	COD	BOD_5	SS	氨氮	pH 值	总氮	总磷
出水	50mg/L	10mg/L	10mg/L	5(8)mg/L	6～9	15mg/L	0.5mg/L

主要设备及运行管理

本工艺中采用山东国辰公司山东省环境保护产品“一体化无人值守电解除磷中水处理设备”。一般设备都是24h运转，根据运行特点，设备的技术参数例行检查，定期保样。

工程运行情况

自运行以来，设备运行良好，处理后水质达到《城镇污水处理厂污染物综合排放标准》（GB 18918—2002）标准中一级A标准。

经济效益分析

一、投资费用

本项目共投资337.92万元。

二、运行费用

以 $300m^3/d$ 污水站为例进行运行费用分析：

1. 日用电量为123.8kW·h，功率因数为0.8。

2. 废水处理成本分析

（1）电费 M_1　$M_1=0.198$ 元/m^3 污水。

（2）人工费 M_2　本污水处理站不需专人值守，可由其他机电人员兼职，定期巡检工艺设备运行情况，则人工费为：$M_2=0$ 元/m^3 污水。

（3）加药费 M_3　污水处理后需要采用次氯酸钠消毒，消毒药剂费用为 $0.004225\times10=0.04$（元/m^3 污水）。

（4）设备维护费　设备、仪表运行所需试剂、标准液等相关费用以及润滑油、润滑脂、轴承更换等所有费用按0.005元/t水计。

（5）绿化管理费　污水处理站站区绿化植被管理费用按0.005元/t废水计算。

（6）污泥处置费　污水处理站产生的污泥经市政化粪车定期外运，污泥处置费为0.01元/t污水。

(7) 总运行费用 $M_{总}$　总运行费用为：$M_{总}=M_1+M_2+M_3+$其他$=0.198+0.04+0.005+0.005+0.01=0.258$ 元/m^3。

三、效益分析

污水处理站建成后，可减少生活污水对周围环境的影响，保护了周围的生态环境，保障了人民身体健康。本方案采用了目前国内比较成熟的生物接触氧化工艺，工程中使用的设备为先进、节能设备，既重视处理技术的先进性，又重视系统运行的稳定可靠性，既降低了工程造价，又保证了废水处理效果，真正做到经济效益、环境效益和社会效益的统一。

环境效益分析

每年可减少向周围环境排放污染负荷：

COD_{Cr}：$[(400-50)\times3500]\times10^{-6}\times365=447.13$(t/a)

BOD_5：$[(200-10)\times3500]\times10^{-6}\times365=242.7$(t/a)

氨氮：$[(35-8)\times300]\times10^{-6}\times365=2.96$(t/a)

总磷：$[(4-0.5)\times300]\times10^{-6}\times365=0.38$(t/a)

若按每天回用中水 50m^3算，可节省自来水 50m^3/d，按照自来水费 3.8 元/m^3计，每天可节省 190 元，每年可节省约 6.9 万元。

工程环保验收

一、环保验收单位

济南中建建筑设计院有限公司

二、环保验收时间

2016 年 5 月 26 日

三、验收意见

施工单位在施工期间能严格按照施工规范、施工操作规程及施工图纸的要求施工，施工组织合理，施工安排科学，并在规定的工期内圆满完成了施工任务，施工过程中对每道工序的质量进行控制，材料进场后做取样试验，合格后方可使用。每道工序必须经现场监理及质监站抽样、检验，检验合格后才能进入下一道工序施工，除了施工单位，监理公司和建设单位层层把关，从而保证了工程质量、目标的实现，通过竣工验收，该工程达到合格标准。

联系方式

联系单位：山东国辰实业集团有限公司

联系人：路雅婷

地址：济南市长清区五峰山旅游度假区

邮政编码：250300

电话：0531-87218508

传真：0531-87218596
E-mail：guochenhuanjing@163.com

2017-S-6

工程名称

1.85×10^{4}t/d碳系载体生物滤池工艺罗田污水分散治理工程

工程所属单位

罗田县建设局

申报单位

武汉新天达美环境科技股份有限公司

推荐部门

湖北省环境保护产业协会

工程分析

一、工艺路线

公司在国内率先引进德国曝气生物滤池工艺，并结合日本著名的“四万十川方式”水处理技术模仿大自然原生态物质的循环自净功能的原理，采用天然材料和废弃材料，结合中国国情研发出具有自净功能的“不饱和炭”“脱氮材料”和“除磷材料”等多种介质填料，净化后出水优于国家《城镇污水处理厂污染物排放标准》一级A标准。

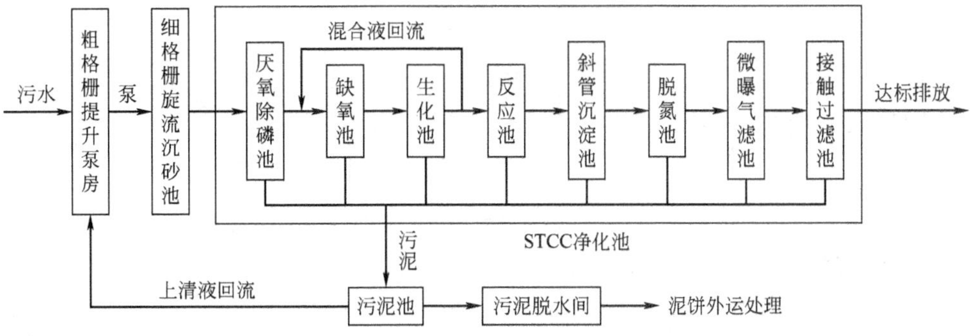

二、关键技术

(1)“不饱和炭”　“不饱和炭”通过对木炭的高科技物理改性，使木炭表面的负电荷全部屏蔽，不仅有很好的硬度、不易破碎，而且与微生物保持良好的相容性，加上多氨基葡萄糖等高分子材料的浸透，更有利于微生物进入木炭的毛细孔。

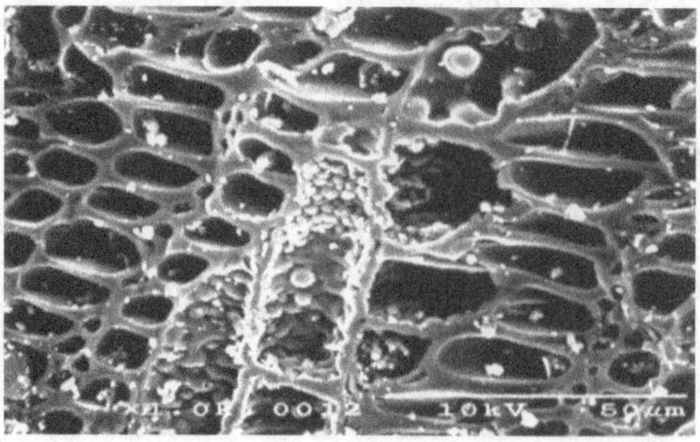

由于高孔隙率给大量微生物膜提供了独特的立体结构，可使污水较方便地进入其孔隙内发挥微生物摄食降解作用，同时也使正常脱落的生物膜从孔隙内随水流出，减少了材料堵塞饱和的可能。

在日本类似材料已有23年不堵塞、不饱和、不更换的工程应用历史。

（2）脱氮材料　本技术的脱氮材料利用分解不完全有机堆肥与自然土壤中发生的缺氮原理，由碳氮比高的碳系材料组成，为微生物提供载体，同时也为深度净化提供“碳”源。

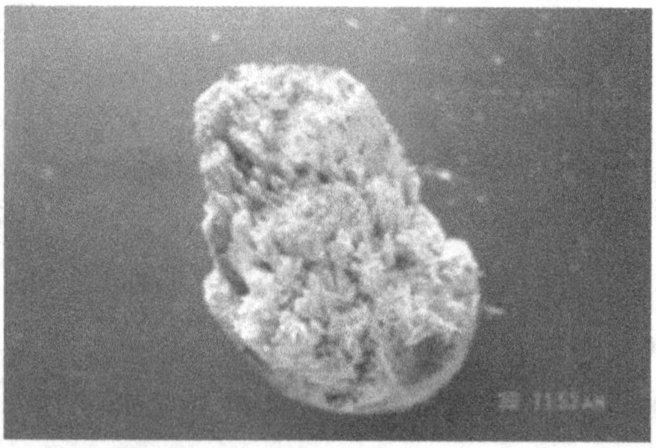

与常规污水处理技术脱氮工艺的比较：

①“STCC技术”厌氧氨氧化一步脱氮工艺

厌氧氨氧化：　$NH_4^+ + NO_2^- \longrightarrow N_2\uparrow + 2H_2O$

中间反应：$NO + NH_3 + 3H^+ + 3e^- \longrightarrow N_2H_4 + H_2O$

$N_2H_4 \longrightarrow N_2 + 4H^+ + 4e^-$

$NO_2 + 2H^+ + 2e^- \longrightarrow NO + H_2O$

净化反应过程中无温室气体产生。

② 常规污水处理技术硝化反硝化脱氮工艺

硝化：$NH_4^+ + 1.83O_2 + 1.98HCO_3^- \longrightarrow 0.021C_5H_7NO_2 + 1.041H_2O + 1.88H_2CO_3 + 0.98NO_3^-$

反硝化：$6NO_3^- + 5CH_3OH \longrightarrow 5CO_2 + 3N_2\uparrow + 7H_2O + 6OH^-$

反硝化过程包括：

硝酸盐还原为亚硝酸盐：$NO_3^- + 4H^+ + 4e^- \longrightarrow NO^- + 2H_2O$

亚硝酸盐还原为一氧化氮：$NO_2^- + 2H^+ + e^- \longrightarrow NO + H_2O$

一氧化氮还原为一氧化二氮：$2NO + 2H^+ + 2e^- \longrightarrow N_2O + H_2O$

一氧化二氮还原为氮气：$N_2O + 2H^+ + 2e^- \longrightarrow N_2 + H_2O$

净化反应过程中会产生温室气体 N_2O，传统污水处理工艺会带来温室气体排放问题，进一步催化了雾霾天气的形成。

(3) 除磷材料　除磷材料用铁屑、钢渣、石灰石、木炭等按一定比例进行热加工成型，具有很大的比表面积和通透性，能够释放 Fe^{3+}、Ca^{2+}，对磷的去除率可高达90%以上。除磷机理总体上归于“化学除磷”的范畴，由于加强了孔径的控制，兼顾了生物除磷功能，因此克服了一般铁系除磷材料表面钝化的问题。

将该除磷材料置于厌氧环境中，当污水由下而上流经除磷材料滤床时，磷酸盐离子在滤料的表面和孔隙内形成沉淀。同时，“聚磷菌”的摄食作用既实现了污泥的聚集，又还原了材料的除磷能力。经过一段时间的沉积后，通过反冲洗和提泥，将“聚磷菌”新陈代谢的污泥沉淀提出，从而达到彻底除磷的目的。

工程规模

罗田污水处理厂一期工程，位于义水河与朱家河交汇处，总规模为 1.85 万吨/天，沿河分建三个污水处理点：罗田酒厂污水处理站（1500t/d）、东门超市污水处理站（2500t/d）、民政局污水处理站（1.45 万吨/天）。项目采用公司 STCC 污水处理及深度净化技术，全地埋式亲水平台，就近排口建设，节省管网费用，2010 年建成使用。本项目按照国家相关技术标准设计、施工，污水处理设施建成运营后，出水水质按《城镇污水处理厂污染物排放标准》一级 A 标准达标排放，具有“安全、高效、经济、稳定、生态、景观”等综合优势。

罗田酒厂污水处理站——河岸亲水

东门超市污水处理站——河岸边的绿化带

民政局污水处理站——河岸边的绿地公园

该项目结合了分散点源治理理念，就地收集，就地处理排放，与人行横道、河岸堤坝、绿地融为一体，打造成了结合休闲、绿色的生态型污水处理厂。

主要技术指标

STCC污水处理及深度净化技术具备以下特点：

（1）先进的污水原水“培菌”工艺，不投放任何菌种或菌泥，既提高了本土菌强劲的自我繁殖、生存、修复能力，保证了出水的生物活性和生态安全，又避免了臭气污染。

（2）以核心专利“碳系净化材料”为载体，培育并构建微生物、原生动物、后生动物自然完整的食物链，最大限度发挥微生物对污染有机物的降解能力，同时食物链高层对低层的摄食作用使剩余污泥被大量消解。因此，在高效净化污水的同时污泥量极少，既保证了“好氧净化材料载体”的不堵塞和永久性，又减少或避免了“厌氧净化材料载体”的消耗。

（3）自流式净化处理方式加上极少污泥量，不需动力推流、投药、搅拌、吸泥等大型设备，长期运行管理费用极低。

（4）净化池体全覆盖，无臭气、噪声等污染，可根据周围景观协调处理。一次性解决污水处理、环境景观和二次污染等问题，完全改变了常规污水处理厂全开敞式带来的臭气、噪声等污染和冬季低温状态下处理能力降低等综合性问题。

（5）标准化模块式的运行管理使日常维护管理更加简便，故障率极低，有效保证系统长期稳定高效地达标运行。

（6）出水标准一次性达到国家《城镇污水处理厂污染物排放标准》一级A标准以上，还可根据要求进行深度净化，主要指标可达国家《地表水环境质量标准》Ⅳ类。STCC碳系生态修复系统可以将劣Ⅴ类或微污染水体净化到Ⅲ类，同时完善修复水体生态系统。

其主要指标如下：

（1）进水：COD≤250mg/L，BOD_5≤120mg/L，TN≤35mg/L，TP≤3mg/L，SS≤160mg/L，NH_3-N≤25mg/L；

出水：COD≤50mg/L，BOD_5≤10mg/L，TN≤15mg/L，TP≤0.5mg/L，SS≤10mg/L，NH_3-N≤5（8）mg/L，优于国家《城镇污水处理厂污染物排放标准》（GB 18918—2002）的一级A标准，可以达到国家《地表水环境质量标准》（GB 3838—2002）的Ⅳ类标准。

（2）产泥量约为污水日处理量的0.02%，仅为传统工艺产泥量的4%。

（3）动力效率：4.8kg/(kW·h)。

（4）曝气量设计：0.1m^3/(m^2·min)，高效防堵塞穿孔曝气。

（5）“不饱和炭”表面积>100m^2/g，松散密度335g/L，石墨状态密度2250g/L。

（6）“脱氮材料”的脱氮率：0.08kg/(m^3·d)。

（7）单组处理范围：1～10000m^3/d。

（8）占地面积小，吨水占地面积约0.2m^2。

主要设备及运行管理

一、主要设备

主要工艺设备清单

安装地点	序号	名称	型号、规格及功率	单位	数量	安装位置
民政局排口 14500m^3/d	1	钢丝绳格栅除污机	B=1.2m，H=5.2m，b=20mm，N=1.1kW	台	1	格栅井
	2	污水提升泵	200WQ262-7.5-7.5，7.5kW	台	4	进水泵房
	3	齿耙式细格栅	B=1.2m，H=1.5m，b=6mm，N=1.5kW	台	1	细格栅井
	4	排污泵	Q=393m^3/h，H=4～4.5m，N=7.5kW	台	3	出水井
	5	污泥泵	65WQ25-15-2.2，2.2kW	台	4	STCC池
	6	鼓风机	23.8m^3/min，58.8kPa，37kW	台	4	设备间
	7	溶药装置	ϕ1000×H1200，0.75kW	套	1	设备间
	8	轴流风机	SFB4-6，4500m^3/h，0.15kW	台	4	设备间

续表

安装地点	序号	名称	型号、规格及功率	单位	数量	安装位置
民政局排口 $14500m^3/d$	9	投药泵	DHPS-103，$H=11m$，$Q=6m^3/min$，0.75kW	台	1	设备间
	10	污泥浓缩脱水一体化设备	$Q=20m^3/h$，泥饼含固率＞20%，絮凝剂耗量＜5kg/t DS，$N=(0.55+1.5)$ kW，滤带有效宽度 1.5m	套	1	脱水机房
	11	絮凝剂制备装置	$Q=3\sim6$kg 干粉/h，$V=1000L$，$N=2.2kW$	套	1	脱水机房
	12	加药泵	$Q=200\sim1000L/h$，2bar，$N=0.75kW$	台	1	脱水机房
	13	冲洗泵	$Q=9\sim18m^3/h$，$H=60m$，$N=7.5kW$	台	1	脱水机房
	14	空压机	$Q=0.48m^3/min$，$H=0.8MPa$，$N=3kW$	台	1	脱水机房
	15	轴流风机	$DN300$，$Q=2167m^3/h$，压力 $29.3mmH_2O$，$N=0.18kW$	台	2	脱水机房
	16	加矾制备装置	$V=1000L$，$N=1.1kW$	台	1	脱水机房
	17	隔膜计量泵	$Q=200L/h$，3bar，$N=0.75kW$	台	1	脱水机房
	18	紫外线消毒模块	14.3kW，380V	套	1	消毒渠
东门超市排口 $2500m^3/d$	1	SHG500 型回转式格栅除污机	$B=0.5m$，$H=6.2m$，$b=10mm$，$N=0.55kW$	台	1	格栅井
	2	一级提升泵	100WQ100-15-7.5，7.5kW	台	2	集水井
	3	二级提升泵	100WQ100-10-5，5kW	台	2	调节池
	4	污泥泵	65WQ25-15-2.2，2.2kW	台	1	STCC 池
	5	鼓风机	HSR125，$7.45m^3/min$，68.6kPa，15kW	台	3	设备间
	6	溶药装置	$\phi1000\times H1200$，0.75kW	套	1	设备间
	7	轴流风机	SFB2.5-4，$1800m^3/h$，0.09kW	台	2	设备间
	8	投药泵	DHPS-103，$H=11m$，$Q=6m^3/min$，0.75kW	台	1	设备间
酒厂排口 $1500m^3/d$	1	格栅网	$B=0.8m$，$H=3m$，$b=10m$	台	1	格栅井
	2	一级提升泵	100WQ80-10-4，4kW	台	2	集水井
	3	二级提升泵	100WQ80-10-4，4kW	台	2	调节池
	4	污泥泵	65WQ25-15-2.2，2.2kW	台	1	STCC 池
	5	鼓风机	GRB-125A，$8.63m^3/min$，58.8kPa，15kW	台	2	设备间
	6	溶药装置	$\phi800\times H100$，0.75kW	套	1	设备间
	7	轴流风机	SFB2.5-4，$1800m^3/h$，0.09kW	台	2	设备间
	8	投药泵	DHPS-103，$H=11m$，$Q=6m^3/min$，0.75kW	台	1	设备间

注：1. $1bar=10^5Pa$。

2. $1mmH_2O=9.80665Pa$。

主要电气设备清单

序号	名称	型号及规格	单位	数量	备注
1	进线柜	环网柜	台	32	国产
2	计量柜	环网柜	台	32	国产
3	互感器及避雷器柜	环网柜	台	17	国产
4	变压器柜	环网柜	台	17	国产
5	无功补偿电容器柜	单元隔离式组合柜	台	1	国产
6	kV 馈线柜	单元隔离式组合柜	台	3	国产
7	kV 分段柜	单元隔离式组合柜	台	1	国产
8	照明配电箱	非标	套	9	国产
9	厂区照明高杆灯		套	1	国产
10	电力电缆		套	1	国产
11	PLC 控制柜		套	16	国产

二、运行管理

标准化模块式的运行管理使日常维护管理更加简便，故障率极低，有效保证系统长期稳定高效地达标运行。无人值守式运行，降低技术操作风险，节约人力成本。水下设备较少，主体净化池内基本无设备，减少了维修的难度，自控系统较简单，更便于运行人员掌握使用。通过独特的布水系统和曝气系统，以及操作简便的反冲洗和提泥系统，便于检查管理和及时抽取菌泥，保证填料之间和池体之间不堵塞。

为了使本工程运行管理达到所要求的处理效果、降低运行成本，该项目运行采用以下一些措施：

（1）与市政环保部门一起监测污水系统水质，监督工厂企业工业废水排放水质。工业废水排放水质必须达到《污水排入城镇下水道水质标准》的要求。

（2）根据进厂水质、水量变化，调整运行条件。做好日常水质化验、分析，保存记录完整的各项资料。

（3）及时整理汇总、分析运行记录，建立运行技术档案。

（4）建立处理构筑物和设备的维护保养工作和维护记录的存档。

（5）建立信息系统，定期总结运行经验。

工程运行情况

罗田县污水处理厂一期工程总规模 1.85 万吨/天，分三处分散点源治理设施（东门超市 2500t/d、酒厂 1500t/d、民政局 14500t/d），酒厂分站、东门超市分站于 2010 年 12 月 1 日竣工进入试运行，民政局分站于 2012 年 4 月 1 日投入试运行。在验收监测期间，项目设施运转正常，生产能力达 75%以上，出水指标达到《城镇污水处理厂污染物排放标准》一级 A 标准。试运行期 3 个月，正式投入商业运行后，污水厂各建（构）筑物和设备设施除故障和突发停电外，均处于全天候满负荷运行状态。厂区在运行期间无任何噪声和臭气等二次污染，出水指标稳定达到《城镇污水处理厂污染物排放标准》(GB 18918—2002) 一级 A 标准。

污水处理厂运行至今，建立了风险防范制度，并制定了环境应急预案。厂内设置了格栅渣、生活垃圾固定储存场，并及时清运。项目公司的各项管理制度、运行记录、台账齐全，人员配备到位，确保了厂区的连续稳定运行。

经济效益分析

一、投资费用

总投资 4830.26 万元。

二、运行费用

(1) 电费：正常年份用电量为 1.209×10^6kW·h，市政综合用电按 0.67 元/(kW·h) 计算，年电费为 81 万元。

(2) 药剂费：正常年份年 PAM 用量为 3.38t，单价 4.0 万元/t，年药剂费 13.5 万元。

(3) 泥饼处置费：年费用为 29 万元。

(4) 工资福利费：年工资福利为 2.4 万元/人，人员编制 10 人，年工资福利费 24 万元。

(5) 大修理费：按可提固定资产原值的 2%计算 (94.82 万元/年)。

(6) 维护费：按可提固定资产原值的 1%计算 (47.41 万元/年)。

(7) 管理及其他费用：按 18 万元/年计算。

(8) 净化水费：2.15 万元/年。

$$\text{单位经营成本}=[(1)+(2)+(3)+(4)+(5)+(6)+(7)+(8)]/(1.85\times365)=0.46(\text{元/t})$$

折旧费：折旧按 20 年考虑，残值率按 5%考虑，折旧率为 4.75%。

摊销费：无形资产及其他资产按 10 年摊销，折旧率为 10%。

单位处理水总成本为 0.78 元/t。

三、效益分析

本项目属于公益性的公共事业项目，除政府拨付污水处理费外，不产生其他直接的经济效益。按水价 1.0 元/t 计算，年销售收入可达 675.25 万元。

环境效益分析

(1) 由于本技术高效的净化能力，使出水可以得到回用，一方面节约大量有限的水资源，缓和城市自来水供需矛盾，带来可观的经济效益，另一方面减少城市排水系统负担，控制了水污染，保护了生态环境。

(2) 由于本技术处理后出水的“活性”，使受纳水体免受富营养化的困扰，不易滋生蓝藻。

(3) 厂界噪声值可控制在 55dB 以下，如有特殊要求还可控制在 45dB 以下。

(4) 粪大肠菌群出水一般在 3000 个/L 之内，没有特殊要求，可不用消毒。

(5) 没有任何臭气和蚊蝇滋扰，更没有“二次污染问题”。

(6) 本工艺在净化过程中无温室气体排放，与传统工艺技术相比，每年可减少750kg氧化亚氮，减排71万吨二氧化碳，相当于减少20多万辆汽车尾气排放量。

工程环保验收

一、环保验收单位

黄冈市环保局

二、环保验收时间

东门超市、酒厂分站验收时间：2011年7月18日。

民政局分站验收时间：2012年9月30日。

三、验收意见

东门超市、酒厂分站验收：经黄冈市环保局和罗田县环保局现场检查，认为符合验收条件，同意通过验收并投入正式运行。

民政局分站验收意见：黄冈市环保局、罗田县环保局及5位专家组成验收组对该项目竣工环境保护情况进行了现场验收，认为该项目符合环境保护验收条件，同意通过验收并投入正式运行。

获奖情况

武汉新天达美环境科技有限公司在全国推广“STCC碳系载体生物滤池技术”的过程中，多次得到了国家部委、省、市等各级领导的肯定和鼓励：

(1) 2008年被国家外国专家局授予“国家引智成果示范单位”。

(2) 2009年STCC污水处理及深度净化技术一体化设备实现产业化。

(3) 2010年STCC技术纳入国家发改委、环保部（现生态环境部，下同）《当前国家鼓励发展的环保产业设备（产品）目录》。

(4) 2008～2012年连续五年获国家引智成果示范单位（国家外国专家局）。

(5) 2008年列入国家环境保护重点实用技术（环境保护部）。

(6) 2009年入选全国建设行业科技成果推广项目（住房和城乡建设部）。

(7) 2009年入选湖北省百项重点高新技术产品推广计划项目库项目（湖北省发展和改革委员会、湖北省科学技术厅）。

(8) 2010年获得《当前国家鼓励发展的环保产业设备（产品）目录》（国家发展和改革委员会、环境保护部）等荣誉。

(9) 2009～2015年连续六年获得住建部“全国建设行业科技成果推广项目”。

(10) 2012年STCC技术入选科技部《科技惠民计划先进科技成果目录指南》。

(11) 2013年被评选为“2012年度武汉市先进创业企业”。

(12) 2013年STCC技术入选湖北省重点新产品新工艺研究开发项目。

联系方式

联系单位：武汉新天达美环境科技股份有限公司

联系人：王毅君

地址：武汉市江夏区汤逊湖北路8号长城创新科技园B座3楼
邮政编码：430223
电话：027-87818059
传真：027-84529091
E-mail：2608955118@qq.com

2017-S-7

工程名称

长沙市坪塘污水处理厂工程

工程所属单位

湖南先导洋湖再生水有限公司

申报单位

湖南先导洋湖再生水有限公司

推荐部门

湖南省环境保护产业协会

工程分析

一、工艺路线

长沙市坪塘污水处理厂位于长沙市岳麓区洋湖大道以南、靳江河以东、洋湖湿地公园科教区内，纳污范围为洋湖、含浦白鹤和坪塘北部三个片区，纳污面积约38.04km^2，服务人口约32万。

长沙市坪塘污水处理厂近期规模40000t/d，总占地面积167亩（人工湿地120亩），总投资约2.33亿元（征地拆迁约9980万元），采用“MSBR+人工湿地+消毒”工艺，出水执行《城镇污水处理厂污染物排放标准》（GB 18918—2002）一级A标准，于2012年8月竣工投入试运行，目前已实现满负荷运行，日处理水量约40000t/d。

长沙市坪塘污水处理厂工艺流程见图1。

二、关键技术

1. MSBR工艺

MSBR工艺属于专利技术，受到美国阿克-艾罗比克系统有限公司申请中国发明专利“多阶段双循环周期污水处理工艺”（专利号97196312.6）的保护。

长沙市坪塘污水处理厂设MSBR工艺池2组（单组平面布置如图2所示），每组处理能力为2万吨/日，单组尺寸为52.7m×39m，有效容积为13558.1m^3，1、6、7单元有效水深为6.5m，2、3、4、5单元有效水深为8.0m。MSBR单池总水力停留时

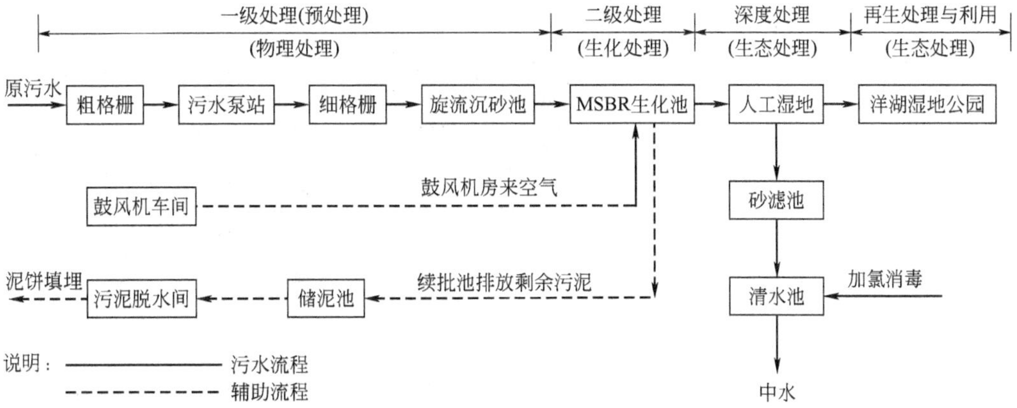

图 1　长沙市坪塘污水处理厂工艺流程

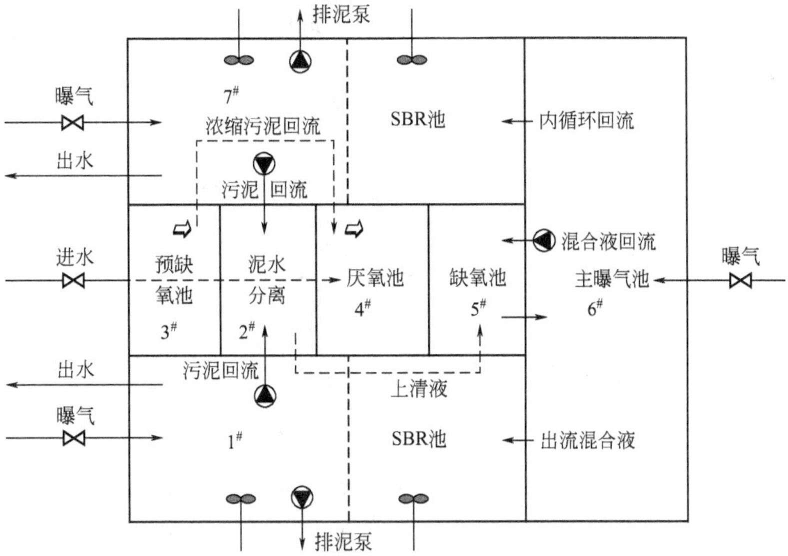

图 2　MSBR 池平面布置

间为 16.27h，主曝气池污泥浓度为 2500mg/L，污泥负荷（以 BOD_5 计）为 0.071kg/(kg·d)，泥龄为 14.59d，产泥率为 0.6kgDS/kgBOD_5。

MSBR 为改良型序批式活性污泥反应器工艺，是在 A^2/O 工艺基础上结合 SBR 工艺和接触絮凝过滤理论发展而成的一种污水处理新工艺，采用生化池和二沉池组合式一体化池构造，具有占地面积小、可连续进出水、恒水位运行、脱氮除磷效果显著、运行费用低和自动化程度高等优点，出水可连续稳定达到一级 B 标准。

MSBR 工艺连续出水通过单元 1 和 7 的交替运行实现，其运行周期可分为上下两个半周期，假设上半周期由单元 7 沉淀出水，下半周期由单元 1 沉淀出水，则一个周期内 MSBR 池各单元各时段的工作状态如表 1 所列。

表 1　MSBR 池各单元各时段工作状态

周期	时段	单元 1	单元 2	单元 3	单元 4	单元 5	单元 6	单元 7
上半周期	1	搅拌	浓缩	搅拌	搅拌	搅拌	曝气	沉淀
	2	曝气	浓缩	搅拌	搅拌	搅拌	曝气	沉淀
	3	预沉	浓缩	搅拌	搅拌	搅拌	曝气	沉淀
下半周期	4	沉淀	浓缩	搅拌	搅拌	搅拌	曝气	搅拌
	5	沉淀	浓缩	搅拌	搅拌	搅拌	曝气	曝气
	6	沉淀	浓缩	搅拌	搅拌	搅拌	曝气	预沉

2. 人工湿地工艺

人工湿地采用湖南先导洋湖再生水有限公司具有自主知识产权的实用新型专利“一种用于脱氮除磷的复合人工湿地工艺系统”（专利号 ZL201621312231.7），该专利还申报了发明专利（专利号 201611093325.4），目前处于公开和实审阶段。

长沙市坪塘污水处理厂人工湿地工艺流程如图 3 所示，建立了由三级“植物塘＋人工湿地”和“潜流湿地＋表流湿地”组成的景观型人工湿地复合工艺系统，日处理污水 4 万吨，用于将 MSBR 池排放一级 B 污水提升到一级 A 标准。

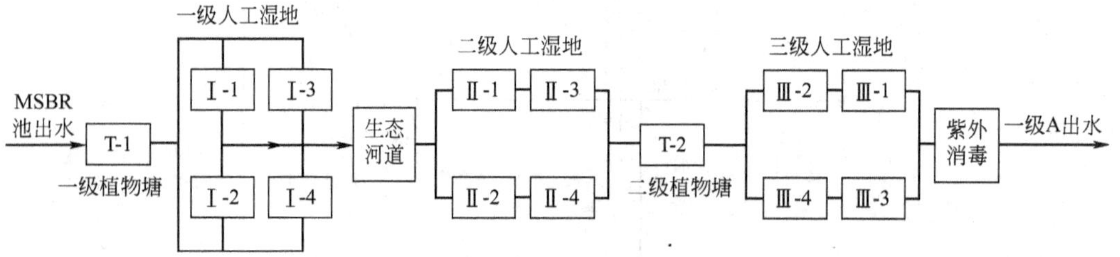

图 3　长沙市坪塘污水处理厂人工湿地工艺流程

MSBR 出水首先自流进入一级植物塘（T-1），利用植物塘对一级人工湿地配水。一级人工湿地系统由 2 组 4 座并联运行的垂直潜流人工湿地组成。生态河道收集一级人工湿地系统出水，并对二级人工湿地系统布水。二级人工湿地系统采用 2 组并联运行的“水平潜流人工湿地（Ⅱ-1、Ⅱ-2)＋表面流人工湿地（Ⅱ-3、Ⅱ-4）”，该系统出水经集水渠进入二级植物塘（T-2），二级植物塘出水经布水渠进入三级人工湿地系统，该系统由 2 组并联的“表面流人工湿地(Ⅲ-2、Ⅲ-4）＋水平潜流人工湿地(Ⅲ-1、Ⅲ-3）”组成，三级人工湿地出水自流进入紫外消毒渠消毒后出水达到一级 A 标准。

工程规模

长沙市坪塘污水处理厂近期规模 4 万吨/天，总占地面积 167 亩（人工湿地 120 亩）。

主要技术指标

本项目出水水质达到《城镇污水处理厂污染物排放标准》（GB 18918—2002）一级 A 标准和《城市污水再生利用景观环境用水水质》（GB/T 18921—2002）的要求。

项目	COD	BOD_5	SS	NH_4^+-N	TN	TP	粪大肠菌群
进水	250	120	220	30	40	3.0	—
MSBR 出水	≤60	≤20	≤20	≤8(15)	≤20	≤1.0	—
人工湿地出水消毒后	≤50	≤10	≤10	≤5(8)	≤15	≤0.5	≤1000

主要设备及运行管理

一、主要设备

本项目主要有 MSBR 工艺系统设备、鼓风机、污泥脱水机和人工湿地工艺系统。

二、运行管理

污水净化处理包括 3 个工艺环节，即预处理、MSBR 生化池和人工湿地。污水首先经过“粗格栅＋细格栅＋旋流沉砂池”一级预处理（物理处理），污水中尺寸较大的漂浮物、杂物和大粒径砂砾等被去除；然后进入 MSBR 生化池进行二级处理（生化处理），污水中的有机物被活性污泥分解，同时以生物方式脱氮除磷，其出水达到《城镇污水处理厂污染物排放标准》（GB 18918—2002）一级 B 标准；MSBR 出水自流进入人工湿地，在由“碎石-植物-微生物”组成的仿自然生态系统中经“物理-化学-生物”三重协同作用深度净化处理，水质被提升到一级 A 标准。

人工湿地工艺系统关键技术如下：

一是表面有机负荷（OSL）、水力负荷（HSL）和水力停留时间（HRT）等关键技术参数。人工湿地各级 HRT、OSL 和 HSL 数据如表 2 所列，人工湿地总 HRT 约 15h，各湿地单元 BOD_5 表面负荷 9.97～16.24g/(m^2·d)，TP 表面负荷 0.48～0.74g/(m^2·d)，水力负荷 2.85～5.97m^3/(m^2·d)。人工湿地植物塘和河道技术数据见表 3。

表 2　人工湿地表面有机负荷和水力负荷技术数据

位置	面积 /m^2	填料容积 /m^3	水力停留时间 HRT/h	BOD_5 表面负荷 /[g/(m^2·d)]	TP 表面负荷 /[g/(m^2·d)]	水力负荷 HSL/[m^3/(m^2·d)]
Ⅰ-1	3509	4211	3.54	9.97	0.57	2.85
Ⅰ-2	3470	4164	3.50	10.09	0.58	2.88
Ⅰ-3	3395	4074	3.42	10.31	0.59	2.95
Ⅰ-4	2688	3226	2.74	13.02	0.74	3.72
Ⅱ-1	4956	4956	2.08	10.09	0.48	4.04
Ⅱ-2	4155	4155	1.75	12.03	0.58	4.81
Ⅱ-3	3888	2333	0.98	12.86	0.62	5.14
Ⅱ-4	4295	2577	1.08	11.64	0.56	4.66
Ⅲ-1	3724	3724	1.57	13.43	0.48	5.37
Ⅲ-2	3694	2217	0.93	16.24	0.49	5.41
Ⅲ-3	3410	3410	1.43	14.66	0.53	5.87
Ⅲ-4	3695	2217	0.93	16.24	0.49	5.41

表 3　人工湿地植物塘和河道技术数据

位置	面积/m^2	有效容积/m^3	水力停留时间/h	浅水区		过渡区		深水区	
				水深/m	宽/m	水深/m	宽/m	水深/m	宽/m
T-1	1892	1812	1.09	≤0.4	7	0.4～1.6	6	1.6	1.47～8.03
河道	1425	1682	1.01	≤0.3	2	0.3～1.2	3	1.2	15
T-2	3783	4129	2.48	≤0.4	7	0.4～1.6	6	1.6	10

二是人工湿地高效、均匀集配水管道布置技术。一级垂直潜流人工湿地布水和集水干管沿湿地长度方向铺设，在干管两侧沿一定距离铺设支管，采用 PVC 管进行上层均匀布水和下层集水，布水和集水干管两端设置通气管，高出碎石填料表面约 1m，污水由人工湿地碎石填料上层渗流至下层，经过好氧、兼氧、厌氧、好氧等填料区。水平潜流和表面流人工湿地布水和集水干管仅伸出池壁一定距离，在干管两侧沿一定距离铺设支管，采用水流自流推流布水方式。运行时通过调节集水渠中出水弯管控制潜流人工湿地水位在碎石填料表面以下 50～100mm，表面流人工湿地水位在碎石填料表面以上 50～100mm。水平潜流人工湿地进水管将进水导入布水渠后在湿地内不设置布水干管，表面流人工湿地布水干管高出填料上表面一定距离，出水则为溢流出水方式，水位控制在填料表面以上一定尺寸。

洋湖再生水厂人工湿地集配水系统结构剖面见图 4。

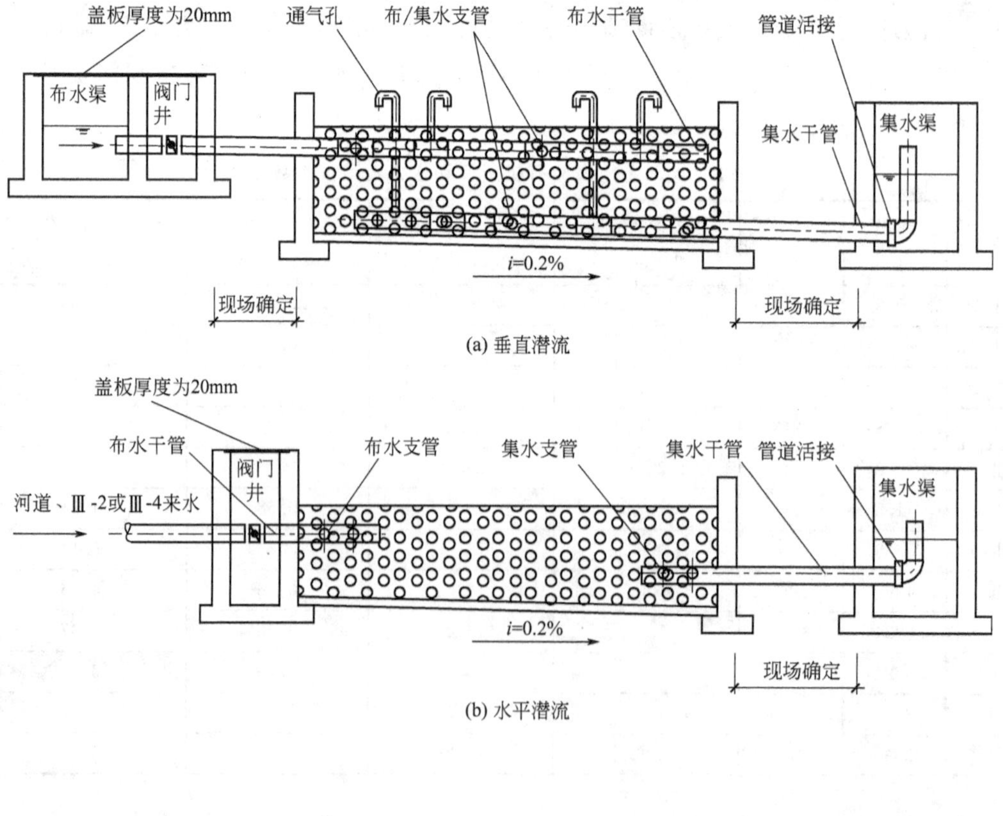

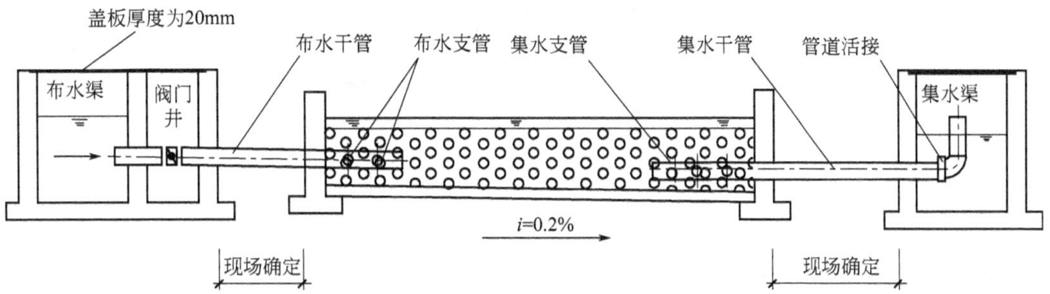

(c) 表面流

图 4　洋湖再生水厂人工湿地集配水系统结构剖面

三是人工湿地合理的几何尺寸及填料级配技术。人工湿地的几何尺寸如长、宽、长宽比、池深、水力坡度和填料的种类、级配等情况对人工湿地充分发挥污水净化功能至关重要。为保证出水 SS 和 TP 达标，三级人工湿地在碎石填料的配置上采取了强化措施。Ⅲ-1 和Ⅲ-3 采用 40～50mm 花岗岩和石灰石填料混合，在Ⅲ-1 和Ⅲ-3 距出水末端约 8m 位置处铺设 4～6mm 小粒径石英砂过滤区，过滤区宽约 5m。

四是人工湿地高效净污植物配置技术。成功筛选出耐污能力强、根系发达、净污效果好、具有抗冻及抗病虫害能力、有一定经济价值且容易管理的本土植物。同时，考虑到一种或多种植物作为优势种搭配栽种，增加植物的多样性，增强景观效果，增强植物净污效果。洋湖再生水厂表面流和水平潜流型人工湿地植物的种植密度不小于 6 株/m^2，垂直潜流人工湿地植物的种植密度为 9 株/m^2。

洋湖人工湿地几何尺寸及填料技术数据见表 4，三级（Ⅲ级）人工湿地填料技术数据见表 5，人工湿地植物塘和河道植物配置方案见表 6，人工湿地植物配置方案见表 7。

表 4　人工湿地几何尺寸及填料技术数据

位置	长/m	宽/m	长宽比	水力坡度	池深度/m	花岗岩填料深度/mm			花岗岩填料粒径/mm		
						上层	中层	下层	上层	中层	下层
Ⅰ-1	44～47	20	2.20～2.35	0.2%	1.4～1.6	350	500	350	40～50	20～30	40～50
Ⅰ-2	37～45	24	1.54～1.88	0.2%	1.4～1.6						
Ⅰ-3	42～46	20	2.10～2.30	0.2%	1.4～1.6						
Ⅰ-4	35～48	18.5	1.89～2.59	0.2%	1.4～1.6						
Ⅱ-1	44～57	24	1.83～2.40	0.2%	1.2～1.4	1000			30～40		
Ⅱ-2	39～49	24.5	1.59～2.00	0.2%	1.2～1.4						
Ⅱ-3	45～53	19.8	2.27～2.68	0.2%	0.9～1.1	600					
Ⅱ-4	42～46	25.5	1.65～1.80	0.2%	0.9～1.1						
Ⅲ-1	76～81	17.7	4.29～4.58	0.2%	1.2～1.4	1000			40～50		
Ⅲ-2	68～74	17.4	3.91～4.25	0.2%	0.9～1.1	600					
Ⅲ-3	76～80	16.9	4.50～4.73	0.2%	1.2～1.4	1000					
Ⅲ-4	79～86	17.6	4.49～4.89	0.2%	0.9～1.1	600					

表 5　三级（Ⅲ级）人工湿地填料技术数据

位置	填料深度/mm	填料粒径/mm	花岗岩用量/m^3	石灰石用量/m^3	石英砂用量/m^3	石英砂粒径/mm
Ⅲ-1	1000	40～50	3069	473	274	4～6
Ⅲ-2	600	40～50	2262	—	—	—
Ⅲ-3	1000	40～50	2823	431	244	4～6
Ⅲ-4	600	40～50	2259	—	—	—

表 6　人工湿地植物塘和河道植物配置方案

区域	分区	植物类型	植物配置方案
一级植物塘	浅水区	挺水植物	香蒲 1000 株；芦苇 1000 株；茭白 800 株；水葱 200 株
	过渡区	浮水植物	睡莲 400 株；黄花水龙 1500 株；香菇草 100 株
	深水区	沉水植物	苦草 1000 株；狐尾藻 1000 株；眼子菜 1000 株
生态河道	浅水区	挺水植物	香蒲 700 株；鸢尾 700 株；再力花 100 株；水葱 200 株
	过渡区	浮水植物	睡莲 400 株；黄花水龙 1700 株；香菇草 100 株
	深水区	沉水植物	苦草 1000 株；狐尾藻 1000 株；黑藻 1000 株
二级植物塘	浅水区	挺水植物	千屈菜 1800 株；黄菖蒲 1800 株；芦苇 1400 株；茭白 1000 株；再力花 100 株
	过渡区	浮水植物	睡莲 300 株；荇菜 500 株；水芹菜 500 株；黄花水龙 900 株；香菇草 100 株
	深水区	沉水植物	狐尾藻 3000 株；眼子菜 3000 株；苦草 2000 株；黑藻 2000 株

表 7　人工湿地植物配置方案

区域	设计种植植物	实际种植植物
Ⅰ-1	黄菖蒲 16500 株；芦苇 16000 株	黄菖蒲 16500 株；美人蕉 8200 株；芦苇 3370 株；香蒲 4430 株
Ⅰ-2	芦苇 34500 株	美人蕉 8300 株；芦苇 9090 株；香蒲 12370 株；黄菖蒲 4780 株
Ⅰ-3	香蒲 7860 株；黄菖蒲 15150 株；芦苇 8250 株	黄菖蒲 15150 株；芦苇 4240 株；香蒲 11870 株
Ⅰ-4	香蒲 6100 株；黄菖蒲 6500 株；芦苇 12250 株	黄菖蒲 16610 株；香蒲 13020 株
Ⅱ-1	黄菖蒲 15600 株；香蒲 14850 株	黄菖蒲 15600 株；香蒲 10160 株；美人蕉 4690 株
Ⅱ-2	黄菖蒲 6550 株；香蒲 6550 株；旱伞草 12550 株	黄菖蒲 6550 株；香蒲 6550 株；旱伞草 12550 株
Ⅱ-3	黄菖蒲 12000 株；香蒲 12000 株	黄菖蒲 12000 株；香蒲 12000 株
Ⅱ-4	旱伞草 6350 株；灯芯草 19950 株	旱伞草 6350 株；灯芯草 19950 株
Ⅲ-1	芦苇 11500 株；香蒲 11500 株	黄菖蒲 16200 株；芦苇 6800 株
Ⅲ-2	旱伞草 11400 株；千屈菜 11400 株	黄菖蒲 14230 株；千屈菜 8300 株
Ⅲ-3	芦苇 10550 株；南荻 10550 株	芦苇 6900 株；香蒲 14200 株
Ⅲ-4	美人蕉 11400 株；千屈菜 11400 株	美人蕉 9310 株；黄菖蒲 11170 株；旱伞草 2320 株

工程运行情况

长沙市坪塘污水处理厂于2012年8月建成投入试运行，2015年4月实现满负荷运行。近5年来，长沙市坪塘污水处理厂工艺稳定，设备正常，出水连续稳定达到《城镇污水处理厂污染物排放标准》(GB 18918—2002) 一级A排放标准。

经济效益分析

一、投资费用

总投资约2.33亿元，其中建安工程约1.11亿元，设备投资约2220万元。

二、运行费用

(1) 年处理污水1519万吨。

(2) 年运行费用1305.87万元，其中水电费196.37万元，人工费230.42万元，设备维修费20.25万元，化验、药剂等各项运营费用94.44万元，管理费124.15万元，折旧费640.24万元。

(3) 单位直接运营成本（不含折旧）：665.63/1519＝0.44(元/t水)。

(4) 单位经营成本（含折旧）：1305.87/1519＝0.86(元/t水)。

三、效益分析

(1) 污水处理费收入约3098万元/年，再生水售水收入260万元/年。

(2) 通过人工湿地建设运营管理积累的经验，已具备基于植物群落体系构建进行水生态修复的经验，可开展水环境治理工程施工及技术咨询服务。目前，人工湿地植物售卖收入约10万元/年，水生态修复收入约50万元/年。

环境效益分析

长沙市坪塘污水处理厂自4万吨/天满负荷运营以来，年削减化学需氧量COD约1708.84t，氨氮约172.84t。

出水达到一级A排放标准和景观环境用水水质标准，全部作为洋湖湿地公园景观生态补水和洋湖生态新城城市绿化、道路冲洗、洗车、冲厕等城市杂用水，实现了污水零排放，有效保护了湘江饮用水源地水质。

工程环保验收

一、组织验收单位

长沙市环境保护局

二、验收时间

2012年8月

三、验收意见

通过验收。

联系方式

联系单位：湖南先导洋湖再生水有限公司

联系人：王文明
地址：湖南省长沙市岳麓区洋湖路689号
邮政编码：410208
电话：0731-85996258
传真：0731-85996208
E-mail：w. m. wang@126. com

2017-S-8

工程名称

20000t/d纳米陶瓷膜污水处理技术（NCMT）改造工程

工程所属单位

贺州市旺高碧清源水资源有限责任公司

申报单位

贺州市旺高碧清源水资源有限责任公司

推荐部门

广西壮族自治区环境保护产业协会

工程分析

一、工艺路线

本项目的工艺路线见下图：

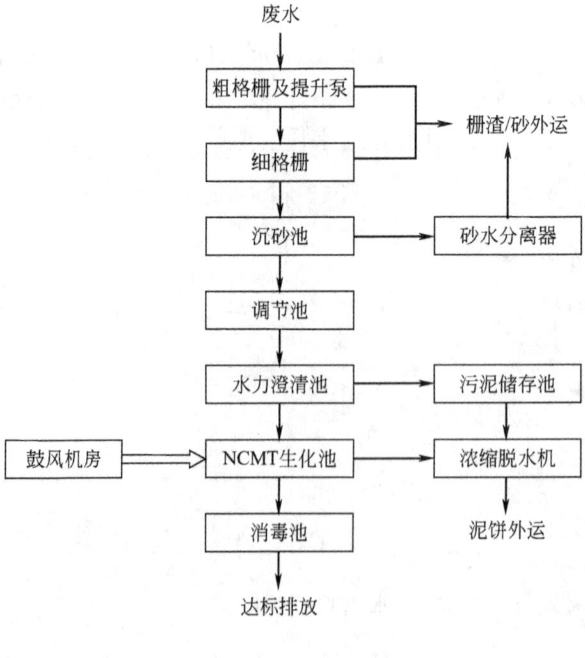

二、关键技术

纳米陶瓷膜污水处理工艺（nano ceramicmembrane wastewater treatment technique，NCMT）是由纳米陶瓷膜分离技术和MBR生物技术有机结合的新型水处理工艺，采用第五代纳米陶瓷技术生产的纳米平板陶瓷膜。本技术在开发中结合纳米陶瓷膜的特点，通过控制系统内溶解氧浓度（DO）、氧化还原电位（ORP）、污泥浓度（MLSS），能够实现同步硝化反硝化脱氮（SND）以及生物除磷，从而降低能耗，实现节能减排的目的。本技术主要适用于生活污水、工业废水、中水再生回用、屠宰养殖废水、农村污水处理等。

工程规模

20000m^3/d。

主要技术指标

进水水质

污染物	pH值	COD_{Cr} /(mg/L)	BOD_5 /(mg/L)	SS /(mg/L)	NH_3-N /(mg/L)	TP /(mg/L)
指标	6～9	≤500	≤150	≤150	≤35	≤7

出水水质

污染物	pH值	COD_{Cr} /(mg/L)	BOD_5 /(mg/L)	SS /(mg/L)	NH_3-N /(mg/L)	TP /(mg/L)
指标	6～9	≤50	≤10	≤10	≤5	≤0.5

主要设备及运行管理

污水处理主要生产设备一览表

序号	设备	单位	数量	备注
1	潜水提升泵	台	3	2用1备
2	潜水搅拌机	台	3	
3	回转式粗格栅除污机	台	2	
4	轴流风机	台	2	
5	回转式格栅除污机	台	2	
6	沉砂池搅拌装置	台	2	
7	螺旋砂水分离器	台	1	
8	三叶罗茨风机	台	2	
9	NCMT成套设备	套	2	
10	罗茨风机	台	3	2用1备

续表

序号	设备	单位	数量	备注
11	冲洗水泵	台	2	1用1备
12	PAM加药装置	台	1	
13	PAM加药计量泵	台	2	1用1备
14	硅藻精土加药装置	台	1	
15	加药计量泵	台	2	1用1备

工程运行情况

2015年12月通过环保验收，至今运行良好，日处理污水量为20000t，污染物去除均能达到《城镇污水处理厂污染物排放标准》中的一级A标准。

经济效益分析

一、投资费用

工程总投资3227.26万元，用地指标为1.2$m^2/(m^3 \cdot d)$。

二、运行费用

年总成本1016.53万元/年，年经营成本582.31万元/年，污水处理单位总成本1.505元/t，单位经营成本0.862元/t。

三、效益分析

城市污水处理工程的经济效益可分为直接经济效益和间接经济效益两部分。

(1) 直接经济效益　本项目作为城市公用设施，为国民经济所做的贡献主要表现为社会产生的间接经济效益。按照排污收费标准，假定排污收费按1.35元/m^3计算，则本项目运行的财务收入为212.045万元/年。

(2) 间接经济效益　本项目间接经济效益主要表现在改善水环境后减少因水污染而造成的经济损失等，主要表现在以下几个方面：

① 减少污水分散处理运行开支。

② 可提高污水利用率，节约水资源，节省部分工业用水处理费用。

③ 土地增值作用。污水处理厂的建设解决了地块开发的污水出路问题，区域水环境也将得到改善，城市的土地价值会随之而提高，从而改善投资环境，吸引外商投资。

环境效益分析

本项目污水处理厂建设是一项水环境改善工程，其主要的环境效益体现在对水污染物的削减上。

污水处理厂的建设目标是提高污水治理率，是典型的环保项目，有别于一般以实现经济效益为开发目标的建设项目，其所产生的社会效益和环境效益远大于其所产生的经济效益。工程建设所造成的环境影响与其实现的环境效益相比甚微，工程建设所造成的环境影响大多为局部暂时性的影响，随着工程施工的结束，这些影响也将随之消失。

本项目污水厂主要环境效益如下：

（1）有助于改善环境污染问题，维护水资源的可持续利用；

（2）有助于增加污水厂运行效率，降低投资和能耗；

（3）有利于改善贺州市的人与环境和谐发展，促进经济发展。

工程环保验收

一、环保验收单位

贺州市环境保护局

二、环保验收时间

环保验收时间：2015年12月。

三、验收意见

验收结论及意见：项目能落实环评及批复提出的各项环保措施和要求，符合环境保护验收条件。主要污染物达标排放，符合环境保护验收条件。贺州市环境保护局批准《贺州市旺高工业区污水处理厂升级改造工程项目（一期日处理污水1000m^3）竣工环境保护验收申请》，准予项目正式投入使用。项目正式投入使用后应做好以下环保工作：进一步加强污染防治设施的运行管理，确保项目各污染物稳定达标排放；加强环境管理及污水处理设施日常管理，进一步完善环境管理制度，完善运行管理的各种台账记录并存档；脱水后的污泥、粗细格栅截留的栅渣要妥善收集及时清运，防止雨水冲刷造成二次污染，减少恶臭无组织排放污染，做好厂内污泥、栅渣堆放工作，并完善污泥管理台账记录；进一步加强和完善环境风险事故应急防范措施、环境污染事故应急预案，制订切实可行的演练计划并定期演练，提高应对突发性环境事故的处理能力。

获奖情况

（1）2016年1月15日，本项目获2015年中国环保企业行业贡献评选技术创新（升级）贡献奖；

（2）2016年10月27日，本技术入选《水污染防治先进技术推荐目录》。

联系方式

联系单位：贺州市旺高碧清源水资源有限责任公司

联系人：高明河

地址：贺州市旺高工业园区管委会办公大院2#住宅楼

邮政编码：542829

电话：0774-2026499

传真：0774-2026499

E-mail：792588526@163.com

工程名称

$20000m^3/d$ 曝气生物滤池脱氮工程

工程所属单位

安新县嘉诚污水处理有限公司

申报单位

嘉诚环保工程有限公司

推荐部门

河北省环境保护产业协会

工程分析

一、工艺路线

本项目的工艺路线见下图：

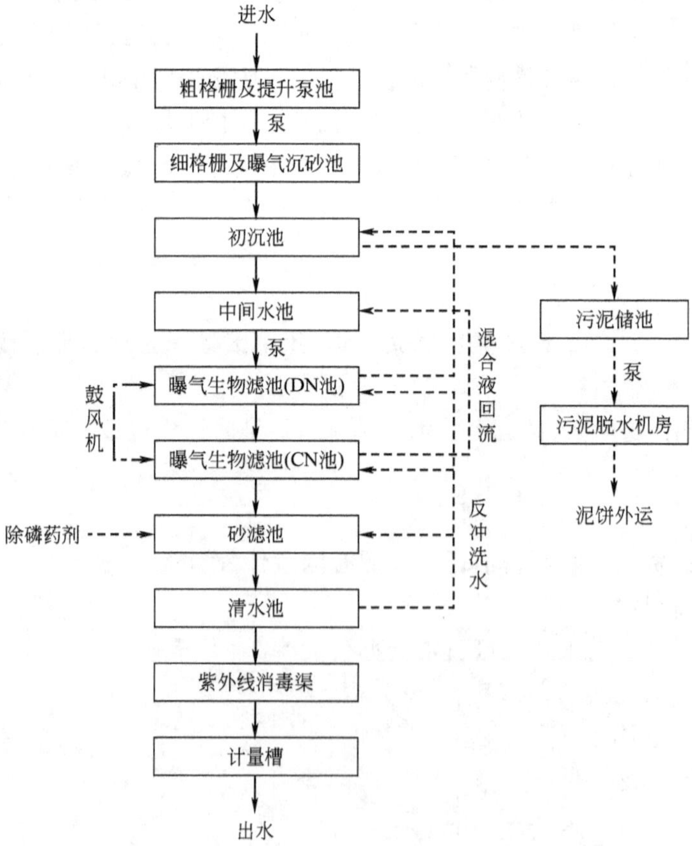

二、关键技术

污水依次流经粗格栅、细格栅、曝气沉砂池，去除水中的悬浮物和大部分砂粒，然后进入初沉池完成固液分离，上清液直接进入中间水池，经泵提升至两段曝气生物滤池，在该组合工艺中，第一级为DN反硝化生物滤池。污水中的氨氮经第二级CN曝气生物滤池硝化处理后转化为硝酸盐，并通过回流泵回流至DN反硝化生物滤池，DN滤池中的反硝化菌将回流水中硝酸盐还原，并利用原污水中的有机物作为碳源，最终将硝酸盐转化为氮气而达到脱氮的目的。

出水经砂滤池进一步过滤剩余悬浮物，池内投加除磷药剂，去除水中的总磷。砂滤池出水进入清水池，用于曝气生物滤池和砂滤池的反冲洗。反冲洗排水回流至初沉池，出水经紫外线消毒后达标排放。

工程规模

$20000m^3/d$，即$833.3m^3/h$。

主要技术指标

水质指标	COD_{Cr} /(mg/L)	BOD_5 /(mg/L)	SS /(mg/L)	TN /(mg/L)	TP /(mg/L)	NH_3-N /(mg/L)	pH值
进水	≤400	≤200	≤150	≤50	≤5	≤25	6～9
出水	≤50	≤10	≤10	≤15	≤0.5	5(8)	6～9
处理程度/%	≥87.5	≥95	≥93.3	≥70	≥90	≥80	—

主要设备及运行管理

本工程中的机械设备主要有回转式格栅清污机、无轴螺旋输送压榨机、潜水排污泵、桥式吸砂机、三叶罗茨风机、全桥式周边传动刮泥机、污泥泵、反洗排水泵、排污泵、清水泵、反洗水泵、曝气风机、单孔膜曝气器、紫外线消毒系统、潜污泵、搅拌机、叠螺脱水机、一体化加药装置、隔膜计量泵、螺旋输送机等。本工程具有工艺流程简单、运行方式灵活、无二次沉淀池和污泥回流泵房等优点。

主要核心单元为曝气生物滤池，由两部分组成，即DN池和CN池。在DN池内，兼氧微生物分解利用水中的有机物作为电子供体，以硝酸盐氮与亚硝酸盐氮作为电子受体，从而使硝态盐转化为氮气，溢出水体，使水中氨氮含量得以降低。DN池出水进入CN池，微生物首先完成有机物的碳化，去除大部分的有机污染物，然后硝化细菌对废水中的氨氮进行硝化反应生成亚硝酸盐及硝酸盐，硝化后废水回流至中间水池，进入DN池进行反硝化脱氮。

厂区采用连续进水系统，可根据出水水质实现供氧量和反冲洗的自动调节和控制，自动化程度高；设备和管道布置紧密，厂区面积小，采用穿孔管曝气，不堵塞，巡视简单；操作和管理人员人数较少。

工程运行情况

2016年污水处理总量500万吨，设备完好率达90%以上，出水合格率为99%，各岗位人员齐全，水厂制度完善，总体运行情况稳定。

经济效益分析

1. 投资费用

总投资7975万元（环保投资7975万元，占总投资的100%），其中一期投资4728万元，二期预计投资3697万元。

2. 运行费用

污水厂运行成本主要包括：人员工资及福利、燃料及动力费用、水处理药剂费、日常维护维修费、大修理费、污泥运费、化验费等。

生产成本中各项费用估算说明如下：

（1）工资及福利　污水处理厂定员23人，年均工资及福利费2.74万元/人。

（2）燃料及动力费用

电价：运行电价按0.6321元/(kW·h）计算。

基本电费：根据招标文件，基本电价均按23.3元/(kV·A×月)计算。

（3）水处理药剂费　按照吨水成本0.071元计算。

（4）日常维护维修费　按照项目总投资的0.5%计算。

（5）大修理费　按照吨水成本0.048元计算。

（6）污泥运费　根据经验，每日产生含水率80%的污泥约11t，每2天运送5次，垃圾填埋区域至污水厂的距离不大于15km，运费约200元/车，平均每天500元。

（7）化验费　按每月2000元计算。以吨水费用计，2016年生产成本178.8万元，吨水费用0.39元，其中电费0.18元，人工0.1元，设备维修及检测费用0.05，管理费用0.06元。

3. 经济效益分析

2016年完成收入581.3万元，生产成本178.8万元，实现利润402.5万元。

4. 环境效益分析

三台园污水处理厂接纳安新经济技术开发区（三台园）和三台镇居民的生产和生活污水，确保处理后的污水达标排放，避免了对周围水体的污染，实现了可持续发展。

BOD_5年削减量为1387t；COD_{Cr}年削减量为2555t；NH_3-N年削减量为146t。由此可看出，污水处理厂建成运转后，将大量减少污染物的排放量，对保护周围地区的环境将起到良好的作用。

工程排污许可或环保验收

1. 环保验收单位或排污许可证核发单位

安新县环保局

2. 环保验收时间或排污许可证有效期

验收时间：2015 年 12 月 23 日。排污有效期 3 年。

3. 验收意见或排污许可

COD_{Cr} ≤ 50mg/L，BOD_5 ≤ 10mg/L，SS ≤ 10mg/L，TN ≤ 15mg/L，TP ≤1.0mg/L，NH_3-N≤5(8)mg/L，pH 6～9。

联系方式

联系单位：嘉诚环保工程有限公司

联系人：王晓磊

地址：石家庄市裕华区槐安东路 162 号泰宏大厦 3 楼

邮政编码：050031

电话：0311-85032566

传真：0311-89917883

E-mail：jchbyf@126.com

2017-S-10

工程名称

湖北黄州火车站经济开发区 10000m^3/d 废水处理工程

工程所属单位

湖北黄州火车站经济开发区管理委员会

申报单位

武汉森泰环保股份有限公司

推荐部门

中国环境保护产业协会水污染治理委员会

工程分析

一、工艺路线

本项目工程的工艺路线为：进水—格栅及进水泵房—调节池—多元催化氧化池—絮凝沉淀池—PUAR 反应器—改良氧化沟—二沉池—紫外线消毒池—出水。

二、关键技术

本项目工程的关键技术为竖流式多级梯度催化氧化技术（专利 ZL201510098591.5 和专利 ZL20152 0074585.1）以及脉冲升流水解技术（专利 ZL201520594707.X)。

工程规模

10000m^3/d。

主要技术指标

(1) 多元氧化池：竖流式多级梯度臭氧催化氧化一体池水力停留时间 2.3h；氧气源臭氧发生器的臭氧产量 10kg/h，臭氧产气浓度 148mg/L，污水中臭氧实际投加量为 24mg/L，过氧化氢（30%）投加量为 0.3‰～0.8‰。

(2) PUAR 反应器：水力停留时间 19.5h，上升流速 0.8～1.0mm/s；脉冲虹吸布水器脉冲周期 2～3min，充放比（8∶1）～(12∶1)，布水管孔眼流速 2～2.5m/s。

(3) 处理效率：污水处理工程 COD_{Cr} 总去除率达 93.8%。其中，“多元催化氧化＋絮凝沉淀” COD_{Cr} 去除率达 30%以上，B/C 提高约 0.10；PUAR 反应器 COD_{Cr} 去除率达 35%以上。

主要设备及运行管理

工程主要设备为氧气源臭氧发生器和脉冲虹吸布水器，其余设备包括水泵、风机及其他辅助设备，设备管理完善，均运行正常。

工程运行情况

工程自 2013 年 10 月建成投产以来，一直保持正常运行，处理出水各项指标稳定达标，未发生任何污染事故。

经济效益分析

一、投资费用

总投资 5398 万元，其中土建投资 1761.51 万元，设备投资 1985.42 万元。

二、运行费用

总运行费用合计 755.55 万元/年，折合单位运行成本 2.17 元/m^3污水。

三、效益分析

该工程的建设运行，一方面有效地解决了服务区域的水污染问题，改善了劳动环境，保护了人民身体健康；另一方面改善了区域投资环境，使工业企业不会再因污水排放和污染物总量控制而制约发展，对促进工业园园区经济发展起到了积极的推进作用，促进园区内各企业产品年产量持续增长、销售额和利润不断提高，具有良好的环境效益、经济效益和社会效益。

环境效益分析

该项工程对 BOD、COD 的去除率分别达到了 90%、88%，减少了对周边水体的污染，避免了因污染事故与周边居民发生纠纷。

工程环保验收

一、环保验收单位

黄冈市环境保护局

二、环保验收时间

2015 年 9 月

三、验收意见

根据验收组现场检查情况，该污水处理厂一期工程符合环保设施阶段性竣工环境保护验收条件，同意验收。

联系方式

联系单位：武汉森泰环保股份有限公司

联系人：冯梅

地址：湖北省武汉市洪山区青菱工业园银湖企业城 55 号

邮政编码：430065

电话：027-88131188

传真：027-88137788

E-mail：sentai@vip.163.com、zysh523@163.com

2017-S-11

工程名称

1000t/d 电镀废水近零排放工程

工程所属单位

东莞美景实业有限公司

申报单位

广东益诺欧环保股份有限公司

推荐部门

广东省环境保护产业协会

工程分析

一、工艺路线

电镀废水零排放技术工艺路线见图 1。

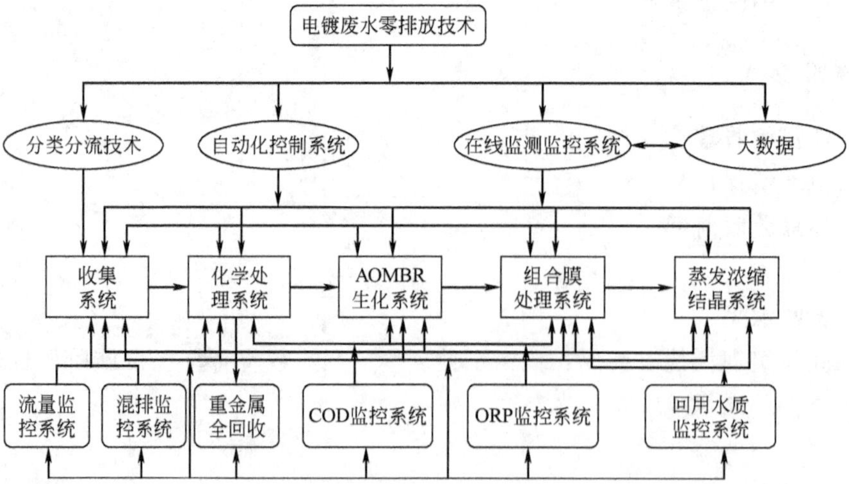

图1　电镀废水零排放技术工艺路线

“零排放”工艺主要由废水收集系统、物化系统、生化系统、膜浓缩及蒸发系统组成。

(1) 分类电镀废水经过化学沉淀处理后去除各类废水中的重金属离子；

(2) 废水经过生化处理降解水中的有机物及去除氮、磷，通过MBR膜池进行泥水分离；

(3) MBR膜产水经特种膜系统浓缩，废水经充分浓缩后浓水去MVR蒸发系统，回用水的水质电导率在100μS/m以下；

(4) 经过特种膜系统浓缩后的废水，进入蒸发系统形成固体，实现有价值资源回收利用，实现电镀废水零排放。

二、关键技术

本项目主要是利用自主研发的电镀废水“零排放”专利技术，通过“废水分流、分类处理、废水回用、资源回收”的技术路线，可将电镀重金属废水经处理后全部回用于生产，废水回用率提高到99.67%，同时可大幅降低处理成本，彻底实现废水的零排放。其中，核心工艺分为：重金属高精度去除技术、OSMMBR高含盐量废水生化技术、特种膜浓缩盐分倍增技术（SPNR技术）、MVR机械负压蒸发结晶技术。

工程规模

设计处理水量1000t/d，2014年11月投运。

主要技术指标

序号	项目	单位	水质指标
1	色度	度	<5
2	浊度	NTU	≤0.3

续表

序号	项目	单位	水质指标
3	pH 值		6～7.5
4	电导率	μS/cm	≤100
5	SiO_2	mg/L	≤1
6	总硬度(以 $CaCO_3$ 计)	mg/L	≤3
7	总碱度(以 $CaCO_3$ 计)	mg/L	≤20
8	铜	mg/L	<0.1
9	锰	mg/L	<0.1
10	锌	mg/L	<0.1
11	总铁	mg/L	<0.02
12	Al^{3+}	mg/L	<0.1
13	氯化物	mg/L	≤10
14	NH_3-N	mg/L	≤0.5
15	COD_{Mn}	mg/L	≤3
16	含油	mg/L	未检出
17	磷酸盐	mg/L	<2
18	硝酸盐	mg/L	<0.1
19	硫酸盐	mg/L	≤20
20	氟化物	mg/L	<1
21	硫	mg/L	≤0.5
22	铬(六价)	mg/L	≤0.05
23	阴离子表面活性剂	mg/L	≤0.1

废水经处理后全部回用于生产，回用水标准高于《城市污水再生利用工业用水水质》(GB/T 19923—2005)。

主要设备及运行管理

反渗透设备、纳滤设备、MBR 膜等。

工程运行情况

2014 年 11 月，东莞美景实业有限公司电镀废水零排放处理中心正式投入运营，2016 年 1 月 25 日通过广东省环保厅环保竣工验收。日平均处理水量为 567.18t，金属污泥日均产生量 1.25t，蒸干盐日均产生量约 1280kg。

两年多以来，美景废水零排放处理中心运行稳定，电镀重金属废水经处理后全部回用于生产，真正实现废水零排放。

经济效益分析

一、投资费用

废水处理系统总投资3562万元；浓缩水蒸发处理系统投资761.2万元。

二、运行费用

序号	项目		单位	数据
1	员工薪资		元/t	1.64
2	药剂消耗		元/t	7.64
3	电费		元/t	8.91
4	维修费		元/t	0.81
5	管理费用	办公费、劳保费	元/t	0.20
6		员工伙食、住宿	元/t	0.63
7	污泥/蒸干盐处理成本		元/t	6.88
总计费用(一天)			元/t	26.71

三、效益分析

项目创造的净效益达1500万元/年，项目投资回收年限为3年。本项目为电镀废水零排放项目，电镀重金属废水经处理后全部回用于生产，真正实现废水零排放，社会效益和环境效益大。

环境效益分析

(1) 项目投产后，具体年减排量如下：水量170154t/a；COD 267.51t/a；总铜5.65t/a；总镍4.48t/a；总铬0.81t/a；氰化物0.29t/a；氨氮8.31t/a。

(2) 二次污染及其控制：①金属污泥：交由有资质的危险废物处置公司处理；②蒸干盐：交由有资质的危险废物处置公司处理；③废过滤棉芯：交由有资质的危险废物处置公司处理；④蒸干系统尾气：尾气吸收冷却塔处理，尾气处理完全；⑤蒸干系统、鼓风机、气动泵噪声污染：隔音板、消声器降低噪声，消音效果良好。

(3) 其他环境效益：实现废水零排放，项目对周边环境无污染，环境效益大；废水经处理后全部回用于生产，节约水资源，生态综合效益高。

工程环保验收

一、环保验收单位

广东省环境保护厅

二、环保验收时间

2016年1月25日

三、验收意见

验收意见如下：

（1）项目基本落实了环境影响评价文件及批复要求，符合竣工环境保护验收条件，同意该建设项目通过竣工环境保护验收。

（2）加强环境保护管理，完善设备运行及药剂耗材台账，进一步提升污染防治水平，完善噪声治理措施，确保污染物长期稳定达标排放。

（3）严格落实环境风险防范和应急措施，加强应急演练，强化地方应急预案和机构衔接，确保环境安全。

（4）进一步加强危险废物规范化管理，确保危险废物交由有资质的单位处理处置。

获奖情况

（1）2017年5月15日，电镀废水零排放技术被《环保技术国际智汇平台百强技术竞赛入选技术名录》收录。

（2）2016年1月，电镀废水“零排放”处理系统产品被认定为2015年广东省高新技术产品（批准文号：粤高企协〔2016〕1号）。

（3）2016年6月，东莞美景实业有限公司荣获2015年度中银香港企业环保领先大奖。

（4）2016年10月，东莞美景实业有限公司1000t/d电镀废水零排放工程被评为2015年度广东省环境保护优秀示范工程。

（5）2017年6月，“电镀废水零排放技术”被评为2017年度环保技术国际智汇平台百强技术。

联系方式

联系单位：广东益诺欧环保股份有限公司
联系人：夏树菁
地址：广州市天河区粤垦路68号广垦商务大厦2座18楼
邮政编码：510507
电话：020-89209083
传真：020-89209205
E-mail：xiashujing@yeanovo.com

2017-S-12

工程名称

8000t/a锂电池三元正极材料前驱体生产废水处理及氨氮废水资源化工程

工程所属单位

衢州华友钴新材料有限公司

申报单位

北京赛科康仑环保科技有限公司
中国科学院过程工程研究所
衢州华友钴新材料有限公司

推荐部门

中国环境保护产业协会水污染治理委员会

工程分析

一、工艺路线

氨氮废水资源化处理工艺路线见图1。

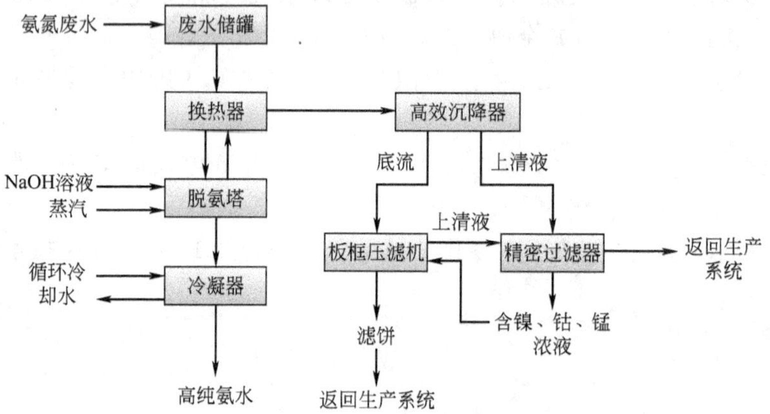

图1 氨氮废水资源化处理工艺路线

二、关键技术

该工程技术采用汽提精馏原理深度去除废水中的氨氮污染物，废水在精馏脱氨塔内一定温度和pH条件下经过多次气液平衡后，废水中氨分子不断逸出并在塔顶冷凝得到高纯氨水，可回用于生产或直接销售；废水中氨氮被不断脱除，处理后塔底出水氨氮浓度达到国家排放标准要求。处理过程中的关键技术主要有：

(1) 药剂强化热解络合-分子精馏技术　采用专用解络合药剂，通过调节控制溶液pH值和脱氨塔内温度分布，促进废水中重金属-氨络合物的解络合，同时利用氨与水分子相对挥发度的差异，利用高效分子精馏技术进行废水脱氨处理，分离后氨在塔顶冷凝后得到高纯氨水进行回收，解络合重金属形成氢氧化物进入后续分离系统，实现了氨氮、重金属与水的深度分离。

(2) 高性能专用塔内件设计技术　针对氨氮废水精馏处理过程需要的理论塔板数多、废水处理量波动大、易结垢的特点，采用三维可视化设计技术、流体流型可视化技术和力学性能可视化技术等先进设计技术，设计了专门用于汽提精馏高效脱氨的槽式液体分布器。该分布器的主要结构为全连通式一级槽及导流板，并加设特殊支撑分布槽结构，分布槽结构使液体可以在大流量范围内均匀地分布到各个分布二级槽中，而导流板的加设使液体分布更为均匀，显著增强塔内传热效率。

(3) 高温高碱的钙盐阻垢分散技术　阻垢分散技术通过多方面的技术改进和工艺优化，有效减少了废水处理过程中钙、镁等重金属及其他悬浮物质在塔内件表面的结垢，提高设备处理效率。在工艺优化上，主要通过降低难溶盐的过饱和度和控制进塔废水中难溶盐颗粒的数量，减少垢在内塔内件上沉积的速度；在内件设计上设计了能使液体分布更加均匀的槽式液体分布器结构，减少设备结垢堵塞的可能性；在塔内设备表面改性处理方面，开发了用于精馏塔内件阻垢的改性碳纳米涂层和复合金属涂层，提高了塔内件表面的疏水性、降低表面粗糙度。另外，还开发了能在高温高碱条件下作用的阻垢分散剂，显著减少设备由于结垢造成频繁清理和维护的问题，将清塔周期由 15 天延长到 180 天。

工程规模

三元前驱体材料生产氨氮废水资源化处理一期工程处理量 $650m^3/d$，二期工程处理量 $1500m^3/d$。

主要技术指标

生产废水含氨氮 1000～5000mg/L，处理后出水氨氮浓度稳定＜15mg/L，回收氨水浓度 16%～22%；废水中的二价镍、钴离子含量分别处理至低于 0.5mg/L 和低于 0.2mg/L，去除的重金属转化为金属氢氧化物进行回收和利用，资源利用率＞99%。脱氨塔维护周期为 180 天。

主要设备及运行管理

该项目工程的核心为汽提精馏脱氨装置（图 2），装置设备包括进水泵、预热器、脱氨塔、塔顶冷凝器、氨水回流泵、氨水储罐。其中，脱氨塔主要由下部的汽提段与上部的精馏段组成，分别实现废水的净化和含氨气体的提浓功能。

实际运行过程中，当待处理的氨氮废水 pH＞11 时，可不加碱；pH＜11 或需要加碱时，可设计以下方式：①通过碱泵打入氨氮废水的进料管道，经过管道混合器混合后，进入脱氨塔；②直接加碱到脱氨塔（塔板或填料）中；③直接加碱到氨氮废水储槽中，再经过进水泵进入预热器。待处理的氨氮废水由进水泵进入预热器中进行预热后，根据需要选择加入碱，从脱氨塔中部的废水入口进入脱氨塔，废水与来自脱氨塔底部的蒸汽逆流接触，废水中的氨在蒸汽汽提的作用下经传质进入气相，在脱氨塔的精馏段经过多次气液相平衡后，气相中的氨浓度大幅度提高，由塔顶进入塔顶冷凝器，含氨蒸气被完全液化为稀氨水，稀氨水再经过塔顶的氨水回流泵从塔顶回流到脱氨塔中，当冷凝氨水浓度达到所需浓度后，氨水作为产品被输送到回收氨水储罐。

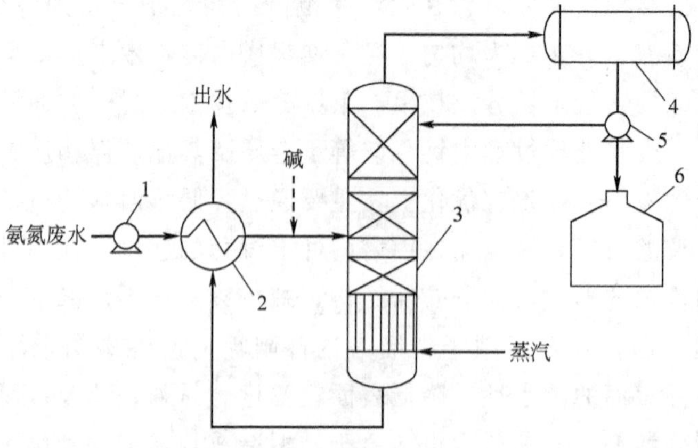

图 2　汽提精馏脱氨装置

1—进水泵；2—预热器；3—脱氨塔；4—塔顶冷凝器；5—氨水回流泵；6—氨水储罐

经济效益分析

一、投资费用

项目总投资 1900 万元。

二、运行费用

年处理废水量约 70 万吨，运行费用 1700 万元/年，吨水运行成本 24 元。

三、效益分析

工程建成后每年可减排氨氮 3200t，减排重金属 80 余吨，回收浓氨水超过 24000t，回收金属氢氧化物 130 余吨，节约排污费和生产成本约 2400 万元/年。

环境效益分析

该工程每年可达标处理含重金属高浓氨氮废水 70 余万吨，显著减少工业生产过程氨氮和重金属污染物的排放，对废水中氨氮、重金属和无机盐等污染物均实现了资源的高效回收，得到高纯氨水、重金属氢氧化物和硫酸钠盐等高值产品，过程无二次污染。项目工程设备运行稳定，综合处理效果好，资源利用率高，经济效益显著，对项目技术在电池材料、有色冶炼、稀土、钢铁等相关行业和领域的推广应用具有典型示范作用，有助于在更大范围内实现氨氮废水的高效资源化处理，保护生态环境。

工程环保验收

一、环保验收单位

环保验收单位：衢州市环境保护局。

二、环保验收时间

环保验收时间为 2016 年 5 月 3 日。

三、验收意见

经监测，厂区污水集水池氨氮、总镍、总钴的最大日均值分别为 0.845mg/L、0.041mg/L、0.0097mg/L，均符合《铜、镍、钴工业污染物排放标准》(GB 25467—2010) 相关污染物间接排放限值的要求。衢州市清泰环境工程有限公司污水处理厂出口氨氮日均值浓度为 11.1mg/L，符合《污水综合排放标准》(GB 8978—1996) 一级标准的要求。

获奖情况

工程技术获得 2012 年环保部环境保护科学技术奖一等奖，2014 年国家重点环境保护实用技术，2014 年国家鼓励发展的重大环保技术装备，2015 年北京市新技术新产品（服务），2015 年科技部国家节水、治污、水生态修复先进技术，2015 年环保部国家先进污染防治示范技术，2016 年环保部环境保护科学技术奖一等奖，2017 年环保技术国际智汇平台百强环保技术等多个奖项。

联系方式

联系单位：北京赛科康仑环保科技有限公司
联系人：陶莉
地址：北京市海淀区中关村东路 18 号 1 号楼 17 层 C-2008
邮政编码：100083
电话：010-82676638
传真：010-82676638-8002
E-mail：ltao@skkl.cn

2017-S-13

工程名称

200m³/h 焦化生化出水深度处理及回用项目

工程所属单位

北京金州环保发展有限公司

申报单位

北京金州环保发展有限公司
北京金泽环境能源技术研究股份有限公司
北京建工金源环保发展股份有限公司

推荐部门

北京市环境保护产业协会

工程分析

一、工艺路线

焦化废水生化处理出水进入调节池进行水质、水量调节；调节池出水加入复合氧化剂，经过微波提升泵后进入工业微波炉去除 COD；工业微波炉出水先后进入反应池、絮凝池、沉淀池进行处理；沉淀池出水进入中间水池，再经多介质过滤器进水泵送入多介质过滤器和超滤池，去除水中较大的颗粒、悬浮物及胶体等物质；出水进入超滤产水池，再由一级 RO 给水泵将超滤产水池内的水送入一级 RO 系统中进行脱盐；处理完的水进入一级 RO 产水池内，一级 RO 产水一部分回用为循环冷却水补给水，一部分进入二级 RO 再次脱盐；产品水进入二级 RO 产水池内，再由泵送至混床系统进行精脱盐；精脱盐的产品水进入除盐水池，回用为锅炉补给水。一级 RO 浓水排至浓水池，由浓水输送泵送至选煤厂进行利用，二级 RO 浓水则回流至超滤产水池再处理。工艺流程见图 1。

该工程的污泥主要为沉淀池产生的污泥，污泥首先重力排进污泥收集井，然后由污泥收集井潜污泵送入污泥浓缩池。污泥浓缩后通过螺杆泵送入污泥脱水机进行脱水处理，脱水后的污泥送焦化厂焚烧处置。

设计一级 RO 产水水质达到循环冷却水补水水质标准；混床产水水质达到锅炉补给水水质标准。

二、关键技术

1. 微波诱导催化氧化技术

采用具有自主知识产权的"一种微波诱导催化氧化处理焦化生化出水的方法"（专利号：ZL201510837353.1）的专利技术，将焦化废水生化处理出水中的绝大部分难降解有机物降解，满足后续反渗透对 COD 的进水水质要求。

2. 多介质过滤器＋超滤技术

多介质过滤器＋超滤技术，去除水中较大的颗粒、悬浮物及胶体等物质，满足后续卷式反渗透膜对 SDI＜5 的进水水质要求。

3. 反渗透技术

原水中的氯离子≤500mg/L、电导率≤4500μS/cm、氨氮≤20mg/L，必须采用 RO 工艺才能达到该工程要求的循环冷却水补水的要求；一级 RO 的出水难以达到该工程要求的锅炉补给水补水的要求，需要进一步除盐，所以一级 RO 出水又进行了二级 RO 处理。

4. 混床技术

该工程的锅炉补给水要求很高，二级 RO 出水需要进一步进入混床处理后，方能达到回用要求。

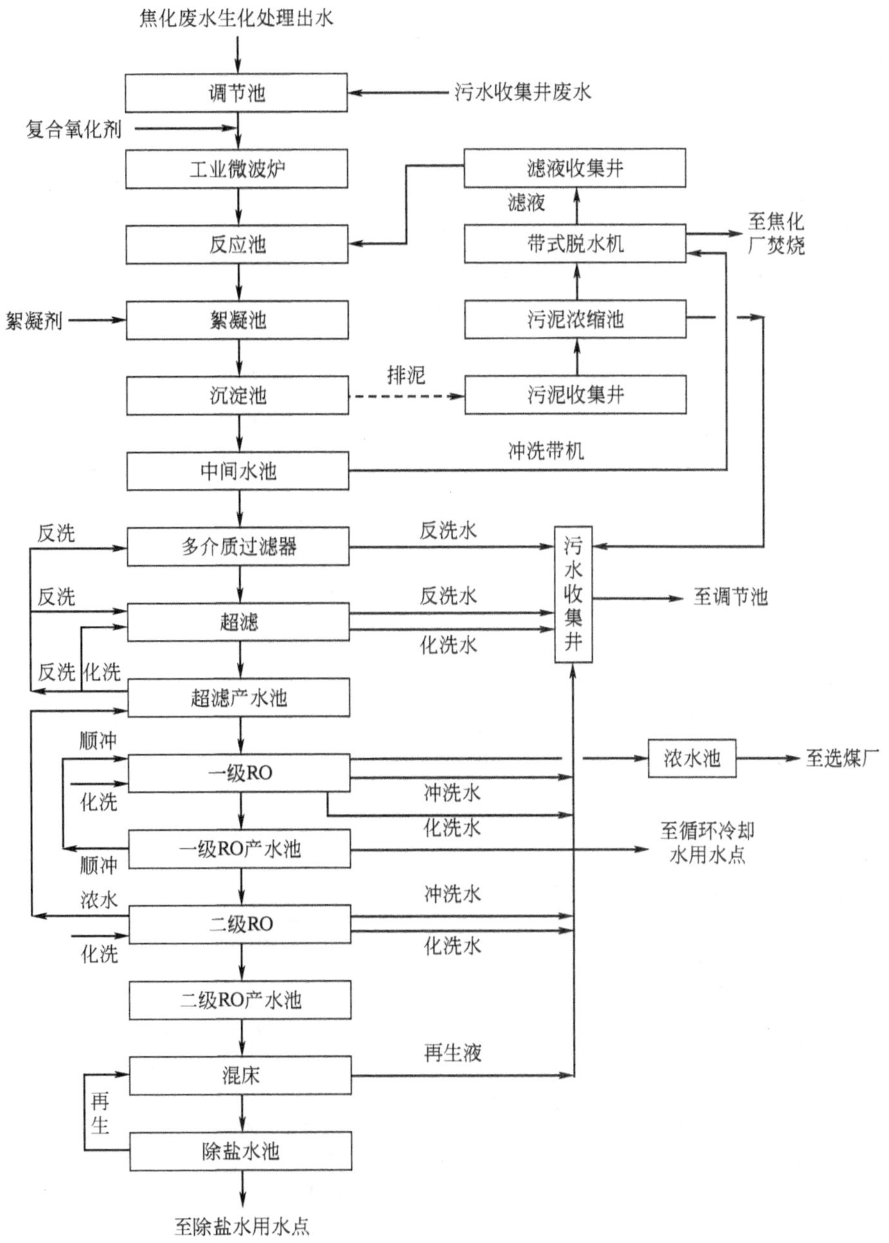

图1 工艺流程

工程规模

工程规模为 200m³/h，系统水回收率 75%，其中 70m³/h 产品水回用作为循环冷却水补水，80m³/h 产品水回用作为锅炉补给水。

主要技术指标

设计进水水质见下表：

项目	数值	项目	数值
pH 值(无量纲)	6.5～9.0	COD/(mg/L)	≤150
SS/(mg/L)	≤50	BOD_5/(mg/L)	≤30
油/(mg/L)	≤5	氨氮/(mg/L)	≤20
总磷(以 P 计)/(mg/L)	≤2	电导率/(μS/cm)	≤4500
总硬度/(mg/L)	≤350	Cl^-/(mg/L)	≤500
总碱度/(mg/L)	≤200	Ba^{2+}/(mg/L)	≤0.1
Ca^{2+}/(mg/L)	≤60	Mg^{2+}/(mg/L)	≤50
铁/(mg/L)	≤6	锰/(mg/L)	≤0.1
挥发酚/(mg/L)	≤0.5	氰化物/(mg/L)	≤0.5

该工程的一部分出水达到循环冷却水补水标准，设计的循环冷却水补水水质指标见下表：

项目	数值	项目	数值
pH 值(无量纲)	6.0～9.0	氨氮/(mg/L)	≤10
SS/(mg/L)	—	油/(mg/L)	≤1
浊度/NTU	≤1	总磷(以 P 计)/(mg/L)	≤1
BOD_5/(mg/L)	≤10	总硬度/(mg/L)	≤50
COD/(mg/L)	≤30	电导率/(μS/cm)	≤500
铁/(mg/L)	≤0.05	总碱度/(mg/L)	≤50
锰/(mg/L)	≤0.05	游离余氯/(mg/L)	末端≤0.1～0.2
Cl^-/(mg/L)	≤50	粪大肠菌群/(个/L)	≤1000

该工程的一部分出水达到锅炉补给水标准，设计的锅炉补给水水质指标见下表：

项目	数值	项目	数值
硬度/(mmol/L)	约 0	电导率/(μS/cm)	≤5.0
溶解氧/(μg/L)	—	二氧化硅/(μg/L)	≤20
全铁/(μg/L)	≤10	全铜/(μg/L)	≤10

该工程各单元的设计参数为：反应池 HRT 为 36min；絮凝池 HRT 为 18min；沉淀池表面负荷 $2m^3/(m^2 \cdot h)$；多介质过滤器滤速 9.56m/h；超滤平均膜通量 $47.7L/(m^2 \cdot h)$；一级 RO 回收率 76%；二级 RO 回收率 90%；混床滤速 40m/h。项目总投资 6420 万元，运行成本为 15.74 元/m^3。该工程投产后，年节水 131.4 万吨。

主要设备及运行管理

一、主要设备

本工程主要包括预处理系统（调节池＋微波诱导催化氧化＋反应池＋pH 调节

池＋絮凝池＋沉淀池＋中间水池)、多介质过滤器、超滤系统、一级 RO 系统、二级 RO 系统、混床系统、污泥脱水系统、自控系统等。

本工程中关键设备见下表：

序号	设备名称	参数	单位	数量	备注
1	工业微波炉	微波频率 915MHz；磁控管：单管，$N=20\text{kW}$	台	2	
2	多介质过滤器	ϕ3500mm×4900mm	台	4	互为备用
3	超滤膜单元	50m^2，通量 47.7L/(m^2·h)	套	2	
4	一级 RO 高压泵	$Q=110\text{m}^3/\text{h}$，$H=148\text{m}$，$N=75\text{kW}$，变频控制	台	3	冷备 1 台
5	一级 RO 段间增压泵	$Q=50\text{m}^3/\text{h}$，$H=30\text{m}$，进水侧承压 1.6MPa，$N=7.5\text{kW}$	台	3	冷备 1 台
6	一级 RO 膜单元	8 寸 PROC10 反渗透膜，平均通量为 17.5L/(m^2·h)，脱盐率为 95%	套	2	
7	二级 RO 高压泵	$Q=95\text{m}^3/\text{h}$，$H=150\text{m}$，$N=75\text{kW}$，变频控制	台	2	冷备 1 台
8	二级 RO 膜单元	8 寸 PROC10 反渗透膜	套	1	
9	混床	ϕ1500mm，$Q=80\text{m}^3/\text{h}$	台	2	1 用 1 备
10	带式污泥脱水机	GE-1000 型	台	2	1 用 1 备

1. 1 寸＝3.33cm。

二、运行管理

设计设备年工作 350 天，四班两运转制生产，每班工作 12h。

工程运行情况：本工程自 2015 年 10 月运行以来，设备运行稳定，出水水质稳定，整体运行状况良好。

一级 RO 产水水质检测结果见下表：

项目	数值	项目	数值
pH 值(无量纲)	6.0～9.0	总硬度/(mg/L)	2.0～12.0
氨氮/(mg/L)	0.02～3.0	总碱度/(mg/L)	2.65～23.8
电导率/(μS/cm)	32.5～250.0		

混床产水水质检测结果见下表：

项目	数值
电导率/(μS/cm)	0.33～3.89

经济效益分析

一、投资费用

总投资 6420 万元，其中设备投资 3689 万元。

二、运行费用

(1) 电费 2.1241 元/m^3；

(2) 人工费 0.9033 元/m^3；

(3) 药剂费 5.2741 元/m^3；

(4) 耗材费 1.7304 元/m^3；

(5) 管理费 0.9270 元/m^3；

(6) 维护修理费 0.1995 元/m^3；

(7) 保险费 0.1308 元/m^3；

(8) 恢复性大修费 1.9754 元/m^3；

(9) 折旧费 1.3300 元/m^3；

(10) 财务费 0.3294 元/m^3；

(11) 所得税费 0.8136 元/m^3。

以上合计为 15.7376 元/m^3。

环境效益分析

COD 年削减总量 201.6t，BOD_5 年削减总量 33.6t，氨氮年削减总量 16.8t，SS 年削减总量 84t。

工程环保验收

一、环保验收单位

环保验收单位：淮北市环境保护局。

二、环保验收时间

环保验收时间：2016 年 1 月。

三、验收意见

环境保护验收合格。

联系方式

(1) 联系单位：北京金州环保发展有限公司

联系人：刘立春

地址：北京市朝阳区大屯路风林绿洲 18 号楼 A 座 18A

邮政编码：100101

电话：010-53293666-8935

传真：010-64838686

E-mail：kevin.liu@gsegc.com

(2) 联系单位：北京金泽环境能源技术研究股份有限公司

联系人：张国宇

地址：北京市朝阳区大屯路西奥中心 A 座 9 层 D

邮政编码：100101
电话：010-53293700-8203
传真：010-64839595
E-mail：zhangguoyu@jzenviron. com
(3) 联系单位：北京建工金源环保发展股份有限公司
联系人：杨冬燕
地址：北京朝阳区安慧北里安园甲 8 号 5 层
邮政编码：100101
电话：010-53293505
传真：010-64968899
E-mail：yangdongyan@goldensources. com

2017-S-14

工程名称

武汉中原瑞德生物制品有限公司乙醇废水处理工程

工程所属单位

武汉中原瑞德生物制品有限公司

申报单位

武汉泰昌源环保科技有限公司

推荐部门

湖北省环境保护产业协会

工程分析

一、工艺路线

本项目工艺流程见图 1。

二、关键技术

TIC 厌氧反应器为武汉泰昌源环保科技有限公司环境工程团队自主研发的高效第三代厌氧反应器，技术处国内领先水平，已申请国家专利。TIC 厌氧反应器主要针对成分复杂的高浓度废水，在医药领域内有很多成功应用的案例。

工程规模

主要技术指标：各污染物削减率，COD_{Cr} 93.6%，BOD_5 94.0%。

主要设备及运行管理：水泵、风机及其他辅助设备，设备完好，管理完善。

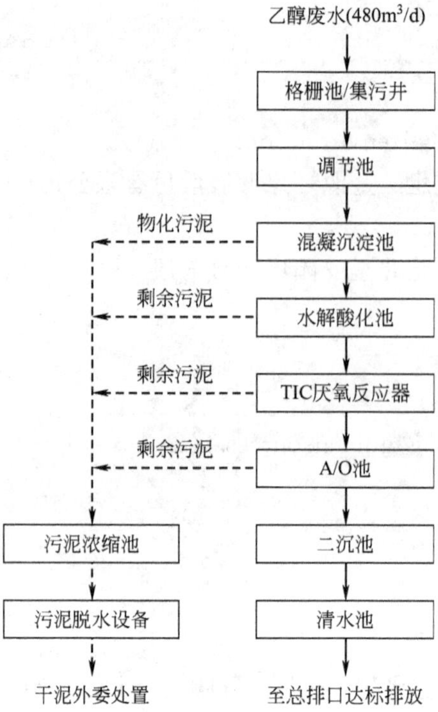

图1　工艺流程

工程运行情况：正常运行。

经济效益分析

一、投资费用

本项目总投资500万元。

二、运行费用

本项目运行费用为66.24万元/年。

环境效益分析

480t/d污水处理工程投入运行后，主要污染物年削减排放总量分别为：化学需氧量741.3t/a、生化需氧量372.2t/a。化学需氧量最终排放量1.25t/a，满足总量控制指标要求。

工程环保验收

一、环保验收单位

湖北省环境保护厅

二、环保验收时间

2016年3月

三、验收意见

本项目工程验收合格。

联系方式

联系单位：武汉泰昌源环保科技有限公司
联系人：施昌平
地址：武汉市武昌区中北路227号愿景广场1栋1单元19层1号
邮政编码：430077
电话：027-87305878
传真：027-87305878
E-mail：394618291@qq.com

2017-S-15

工程名称

颍上县城市生活垃圾处理项目垃圾渗滤液处理站工程EPC总承包

工程所属单位

颍上县益民环卫有限公司

申报单位

南京万德斯环保科技股份有限公司

推荐部门

江苏省环境保护产业协会

工程分析

一、工艺路线

根据该垃圾填埋场渗滤液的水质水量特点和处理要求，该项目采用预处理＋生物处理（外置MBR)＋深度处理（NF＋RO）的处理工艺，处理后出水各项指标均能达到排放标准。

渗滤液处理系统由四部分组成，包括：①预处理系统；②膜生化反应器MBR系统；③纳滤（NF)、反渗透（RO）系统；④生化剩余污泥、浓缩液处理系统。具体工艺流程见下页图。

二、关键技术

1. 预处理

预处理的主要目的是改善渗滤液的可生化性。

垃圾渗滤液在调节池内经过初步的调节，渗滤液发生了部分厌氧反应的水解段，水的pH值偏酸性，同时一些无机杂质会不利于后续的生化反应。

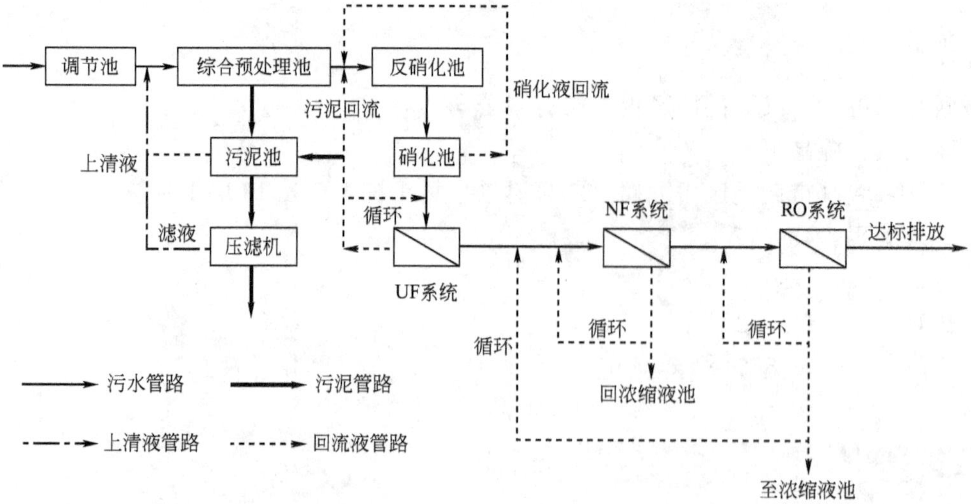

垃圾渗滤液的水质变化幅度较大，特别是后期，BOD迅速下降，氨氮持续偏高，C/N严重失衡，不满足微生物的生长繁殖规律，甚至导致反硝化和硝化系统的瘫痪，整个垃圾渗滤液系统不能正常运行，因此，考虑到这一点，必须投加碳源，调节C/N。

针对来水水质的不同，备用了一套药剂投加系统，可以投加混凝剂，或者如果水质偏碱性的时候，可以投加酸进行调节。

2. 膜生化反应器MBR

MBR是一种分体式膜生化反应器，包括生化反应器和超滤UF两个单元。

生化反应器可分为前置式反硝化和硝化两部分。在硝化池中，通过高活性的好氧微生物作用，降解大部分有机物，氨氮一部分通过生物合成去除，大部分在硝化菌的作用下转变成硝酸盐和亚硝酸盐，回流到反硝化池，在缺氧环境中还原成氮气排出，达到生物脱氮的目的。为提高氧的利用率，采用特殊设计的曝气机构。

超滤UF采用孔径0.02μm的有机管式超滤膜，膜生化反应器通过超滤膜分离净化水和菌体，污泥回流可使生化反应器中的污泥浓度达到10～30g/L，是传统A/O工艺的5～10倍。经过不断驯化形成的微生物菌群，对渗滤液中难生物降解的有机物也能逐步降解。

3. 纳滤（NF）、反渗透（RO）

MBR系统出水进入纳滤、反渗透系统，通过纳滤、反渗透系统去除不可生化的有机物，使出水的COD、BOD_5、NH_3-N、SS、重金属、大肠菌群和色度等指标同时达到处理要求，送到清水箱，作为净水储存、回用或排放。如果出水水质不达标，须回流重新处理，直至达标才能排放。

4. 生化剩余污泥、浓缩液处理

反渗透的浓缩液部分回流至纳滤进水，生化产生的剩余污泥排入污泥池，污泥浓缩脱水后，干泥含水率≤80%，回填填埋场，上清液回到调节池进一步处理。污泥脱水采用PAM药剂，每吨干泥投加3～6kgPAM。污泥池存放MBR系统剩余污泥及预处理初沉污泥，经过浓缩后，污泥含水率92%～95%，上清液排入综合处理池中。纳滤系统产生的浓缩液排入浓液池进行统一收集，浓缩液在浓缩池内停留12h，每天吸污车吸污两次，由罐车抽吸回喷至填埋库区。

工程规模

颍上县生活垃圾卫生填埋场设计处理能力为250t/d，与之相配套的总体占地面积为120亩。垃圾场产生的渗滤液输送至渗滤液调节池，并最终送渗滤液处理站处理。工程建成后的渗滤液处理量为$100m^3/d$，系统产水率不低于75%，尾水排放可保证稳定在$75m^3/d$以上。

主要技术指标

1. 设计水量

处理规模：渗滤液日处理进水规模为$100m^3$，出水排放可保证稳定在$75m^3/d$以上。

2. 进水水质指标

序号	污染物名称	单位	限定值
1	COD_{Cr}	mg/L	≤15000
2	BOD_5	mg/L	≤6000
3	NH_3-N	mg/L	≤1600
4	SS	mg/L	≤1000
5	pH值	—	6～9
6	TP	mg/L	≤20
7	TN	mg/L	≤2000

3. 出水水质指标

根据本工程实际情况，出水水质按照《生活垃圾填埋场污染控制标准》（GB 16889—2008）表2规定限值执行：

序号	控制污染物	单位	排放浓度限值
1	色度	稀释倍数	40
2	COD_{Cr}	mg/L	100
3	BOD_5	mg/L	30
4	悬浮物	mg/L	30
5	总氮	mg/L	40
6	氨氮	mg/L	25
7	总磷	mg/L	3
8	粪大肠杆菌	个/L	10000
9	总汞	mg/L	0.001
10	总镉	mg/L	0.01
11	总铬	mg/L	0.1
12	六价铬	mg/L	0.05
13	总砷	mg/L	0.1
14	总铅	mg/L	0.1

4. 各（子系统）工艺段对污染物去除率

<table>
<tr><th rowspan="2">项目</th><th colspan="2">COD_{Cr}</th><th colspan="2">BOD_5</th><th colspan="2">TP</th><th rowspan="2">pH 值</th></tr>
<tr><th>mg/L</th><th>累计去除率</th><th>mg/L</th><th>累计去除率</th><th>mg/L</th><th>累计去除率</th></tr>
<tr><td>调节池</td><td colspan="2">10500</td><td colspan="2">6000</td><td colspan="2">20</td><td>6～9</td></tr>
<tr><td>预处理</td><td>9500</td><td>10%</td><td>5700</td><td>5.00%</td><td rowspan="5">1.1</td><td rowspan="5">92.7%</td><td>6～9</td></tr>
<tr><td>A/O</td><td>541.5</td><td>94.56%</td><td>228</td><td>96.20%</td><td>6～9</td></tr>
<tr><td>UF</td><td>135.4</td><td>98.65%</td><td>57</td><td>99.05%</td><td>6～9</td></tr>
<tr><td>NF</td><td>88.0</td><td>99.12%</td><td>37.05</td><td>99.38%</td><td>6～9</td></tr>
<tr><td>RO</td><td>52.8</td><td>99.47%</td><td>20.38</td><td>99.66%</td><td>6～9</td></tr>
<tr><th rowspan="2">项目</th><th colspan="2">TN</th><th colspan="2">NH_3-N</th><th colspan="3">SS</th></tr>
<tr><th>mg/L</th><th>累计去除率</th><th>mg/L</th><th>累计去除率</th><th>mg/L</th><th colspan="2">累计去除率</th></tr>
<tr><td>调节池</td><td colspan="2">2000</td><td colspan="2">1600</td><td colspan="3">1000</td></tr>
<tr><td>预处理</td><td>1700</td><td>15.00%</td><td>1500</td><td>6.25%</td><td>950</td><td colspan="2">5.00%</td></tr>
<tr><td>A/O</td><td rowspan="2">85</td><td rowspan="2">95.75%</td><td rowspan="2">60</td><td rowspan="2">96.25%</td><td rowspan="2">30</td><td colspan="2" rowspan="2">97.00%</td></tr>
<tr><td>UF</td></tr>
<tr><td>NF</td><td>68</td><td>96.60%</td><td>36</td><td>97.75%</td><td>6</td><td colspan="2">99.40%</td></tr>
<tr><td>RO</td><td>30.6</td><td>98.47%</td><td>16.2</td><td>98.99%</td><td>1.2</td><td colspan="2">99.88%</td></tr>
</table>

主要设备及运行管理

整个渗滤液处理分为预处理系统、生化系统、超滤系统、纳滤系统、反渗透系统和污泥脱水系统，涉及的设备和装置包括预处理池、硝化罐、反硝化罐、膜处理车间、污泥脱水间、浓液池、污泥池、风机房等设施。

预处理池配备了两台离心泵，根据水质变化情况合理投加药剂，调整来水的 pH 值、营养比，为后续的生化反应提供良好的条件。

生化系统采用 A/O 处理工艺，主要由硝化罐、反硝化罐、潜水搅拌机、射流曝气机等组成。在好氧段（即 O 段）大部分有机物被降解为 CO_2 和 H_2O 等简单的无机物，同时水中的氨氮在硝化菌的作用下形成硝态氮，混合液回流至缺氧段（即 A 段），硝态氮在反硝化菌的作用下形成氮气从而达到脱氮的目的。同时，水中的有机物在缺氧环境下被缺氧型微生物分解为小分子有机物和无机物，既降解了有机物，又为后续的好氧段减轻了负担。

膜处理车间主要包括超滤系统、纳滤系统、反渗透系统。超滤主装置由超滤膜组件、支架、相应的阀门、管道及配套的仪表组成。其中，超滤膜组件是其核心部分。超滤 UF 采用孔径 0.02μm 的有机管式超滤膜，膜生化反应器通过超滤膜分离净化水和菌体，污泥回流可使生化反应器中的污泥浓度达到 10～30g/L，是传统 A/O 工艺的 5～10 倍。经过不断驯化形成的微生物菌群，对渗滤液中难生物降解的有机物也能逐步降解。系统出水无菌，无悬浮物。MBR 系统出水进入纳滤、反渗透系统。纳滤主装置由纳滤膜组件、支架、相应的阀门、管道及配套的仪表组成。反渗透主装置由反渗透膜组件、支架、相应的阀门、管道及配套的仪表组成。通过纳滤、反渗透系统去除不可生化的有机物，使出水的COD、BOD_5、NH_3-N、SS、重金属、大肠菌群和色度等指标同时达到处理要求，送到清水箱，作为净水储存、回用或排放。

污泥脱水间主要包括污泥螺杆泵、板框压滤机、絮凝剂投加装置等设备。生化产生的剩余污泥排入污泥池，污泥浓缩脱水后，干泥含水率≤80%，回填填埋场，上清液回到调节池进一步处理。污泥脱水采用PAM药剂，每吨干泥投加3～6kgPAM。污泥池存放MBR系统剩余污泥及预处理初沉污泥，经过浓缩后，污泥含水率92%～95%，上清液排入综合处理池中。

工程运行情况

本项目自投入运行以来，系统设备操作、管理正常，工程已经成为电站及化工装置的重要部分，发挥着重要作用，满足系统设计出水水质要求。同时，实现自动控制、无人值守。

运行至今，水质、水量等技术指标均达到设计生产要求。

经济效益分析

一、投资费用

本项目总投资863.62万元。其中，设备投资516.01万元，土建45.81万元，安装费用47.81万元，管理费用33.85万元，其他费用220.14万元。

二、运行费用

本项目直接运行单价37.95元/m^3。本项目运行成本主要有设备折旧费、设备检修费、药剂费、动力费及管理费（人工费），系统每1m^3出水处理所需成本如下：

设备折旧费：2.41元；

设备检修费：0.145元（维护周期6个月）；

药剂费：0.12元（包括45%稀硫酸、阻垢剂、消泡剂、酸清洗剂、NaOH清洗剂、PAM等）；

动力费：32.66元［电价按1.4元/(kW·h）算］；

人工费：2.61元（定员3人，每人2000元/月）。

三、效益分析

（1）经济效益：本项目投产后，经济净效益为103.89万元/年，投资回收年限为4年。

（2）社会效益：该项目投产后，不仅取得了经济效益，而且改善了工程周边水环境，同时增加了工程周边区域人员就业，使得生产和环境能够和谐发展，成为其他填埋场的典范。

环境效益分析

通过项目实施，大大削减废水污染负荷排放量，通过科学、有效、以关键技术为核心的集成工艺产业化应用，可有效减少废水及污染物排放量，甚至可实现零排放，有效改善区域水质、生态环境，提高居民生活质量和健康水平，为经济和社会的协调发展提供有力的技术保障。

工程环保验收

一、环保验收单位

参加验收的有以下单位：

① 建设单位：颍上县益民环卫有限公司；

② 监理单位：青岛建通工程管理有限公司；

③ 施工单位：南京万德斯环保科技股份有限公司；

④ 设计单位：南京东大能源工程设计有限公司。

二、环保验收时间

2013 年 11 月 30 日正式竣工验收。

三、验收意见

本工程于 2013 年 11 月 30 日进行正式竣工验收，经建设、监理、设计、施工单位及监督管理相关人员共同验收，认为该工程建设基本符合设计及规范要求，准许通过竣工验收。

联系方式

联系单位：南京万德斯环保科技股份有限公司

联系人：袁建海

地址：南京市江宁区科学园开源路 280 号

邮政编码：211100

电话：025-84913518

传真：025-84913508

E-mail：yuanjianhai@126.com

2017-S-16

工程名称

桓台县邢家人工湿地工程

工程所属单位

桓台县环境保护局

申报单位

山东省环科院环境工程有限公司

推荐部门

山东省环境保护产业协会

工程分析

一、工艺路线

采用人工湿地技术对桓台县环科污水处理厂外排水进行深度处理。工艺流程见图1。

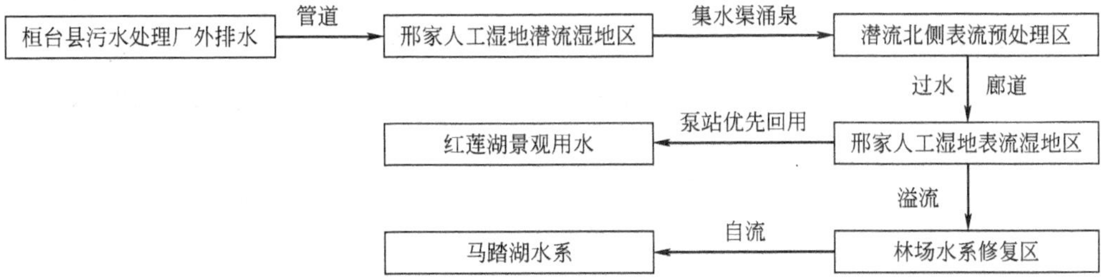

图1　工艺流程

工程建设特点如下：

(1) 有效净化桓台县环科污水处理厂外排水，经过湿地工程处理后水质达到《地表水环境质量标准》(GB 3838—2002) Ⅲ类标准，减轻下游马踏湖和小清河的污染负荷；

(2) 综合考虑环境、经济和景观等要素，遵循生态学原理和因地制宜的原则，建设具有水质净化与生态多样性功能的湿地生态系统，更好地发挥湿地调节气候、美化环境、保护生物多样性以及涵养水源、净化水质等有益于自然生态平衡的各种效益；

(3) 在满足湿地出水水质要求的条件下，种植经济水生植物，提高湿地经济效益，并将湿地出水回用于生态补水、农业用水等，提高水资源利用率，力求达到环境效益、经济效益和社会效益的统一，实现湿地系统的可持续发展。

二、关键技术

主要技术及措施有：

(1) 潜流湿地防堵塞技术　主要体现在布水方式、填料级配、导流排空设计、可调的出水水位控制等方面，通过优化设计，保证潜流湿地的稳定运行，同时通过不同植物优化布置，提高潜流湿地净化效果。

(2) 因地制宜的布水技术　在土地可利用面积受限制区域采用管道布水方式，节省布水系统占地；在地形开阔区域采用布水明渠方式布水，在保证布水均匀性的同时，在潜流湿地前端进行跌水充氧，增强潜流湿地处理效果。

(3) 潜流湿地脱氮除磷强化处理技术　针对氮磷含量较高的湿地进水，潜流湿地特设火山岩填料层，增强潜流湿地的处理效果。

(4) 强化脱色处理措施　针对色度较高的湿地进水，潜流湿地特设火山岩填料层，增强潜流湿地的脱色效果，同时于潜流湿地后续建设表面流湿地，通过水生植物作用进一步降低水体色度、提高水体感官。

(5) 适合北方气候的潜流湿地技术　潜流湿地冬季低水位运行，可以在湿地水位与种植土之间形成一层空气隔离层，防止水流冻冰，湿地表层将收割后的植物覆盖地表，起到保温作用。

(6) 湿地植物水质净化技术　通过湿地植物水质净化能力和典型污染物耐受能力评价研究，筛选确定了适用于湿地水质净化技术的植物种群库；通过水深和布水方式对水质净化技术的影响效果研究，优化确定了水深、布水方式等湿地植物水质净化技术的关键工艺参数。

(7) 湿地水力流态优化技术　通过优化分级布水、水力导流、流速控制等措施，优化水力布局，减少死区和短流，提高湿地系统处理效果。

(8) 潜流湿地池体稳固技术　潜流湿地工程中围堰、隔墙采用C25钢混结构，增强潜流湿地的稳固性，虽相比于砖混结构投资较高，但可确保潜流湿地长期稳定运行，确保水质目标的实现。

工程规模

本工程总处理规模50000m^3/d，采用潜流湿地+表面流湿地+生态修复湿地组合工艺，其中潜流湿地分两期建设，处理规模各25000m^3/d。

主要技术指标

1. 占地面积

本工程总占地面积453亩。

2. 水力负荷

设计流量：$Q_{ave}=5\times10^4m^3/d=2083.3m^3/h=0.579m^3/s$。

水力负荷：$q=0.166m^3/(m^2\cdot d)$。

水力停留时间：HRT=5d。

3. 设计进出水水质

指标	COD_{Cr}/(mg/L)	氨氮/(mg/L)
进水水质	45	3.5
出水水质	20	1
去除率	55.6%	71.4%

4. 污染负荷

指标	COD_{Cr}/(kg/d)	氨氮/(kg/d)
进水	2250	175
去除	1250	125

5. 去除负荷

COD_{Cr}去除负荷：4.14g/($m^2\cdot d$)；

NH_3-N 去除负荷：0.41g/(m^2 · d)。

6. 出水指标

本工程处理出水主要指标达到《地表水环境质量标准》(GB 3838—2002) V类标准，具体指标如下：COD_{Cr}≤20mg/L、NH_3-N≤1mg/L。

主要设备及运行管理

1. 湿地主要设备

序号	名称	单位	规格/型号	数量	备注
1	进水、旁通蝶阀	个	*DN*700	1	位于潜流湿地进水端，检修时关闭
2	排空阀	个	*DN*200	36	位于潜流湿地排泥管端，湿地放空时开启
3	总排水阀(蝶阀)	个	*DN*700	1	位于潜流湿地 2# 出水渠末端，检修时关闭
4	总排空阀(蝶阀)	个	*DN*700	2	位于潜流湿地出水渠末端，湿地放空时开启
5	布水管道	m	*DN*200	—	基质填料上层
6	收水管道	m	*DN*110	—	埋于基质填料底部
7	排空管	m	*DN*200	—	埋于基质填料底部
8	带闸阀涵管	个	*DN*500	3	东一区与西一区表流湿地之间
9	涵管	个	*DN*500	14	各表流湿地区之间(控制水流方向)
10	出水阀	个	闸阀	1	东三区表流湿地北侧
11	在线监测房	座	—	1	在线监测设备及喷泉曝气设备控制
12	风能曝气机	个	—	3	不需动力
13	喷泉曝气机	个	2.2kW	8	位于表流湿地区

2. 运行管理

(1) 水位控制　密切关注湿地内水位的变化，当水位发生较大变化时，要立即对人工湿地处理系统进行详细的检查，查看是否出现渗漏、管道堵塞或护堤损坏等情况。

① 在启动阶段，初期可将水位控制在地面下 25mm 处，按设计流量运行 3 个月后，将水位降低至距床体 0.2m 处，以促进植物根系向深部发展，待根系深入床体后，再将湿地水位调节至正常水位运行。

② 湿地植物成活后的生长季节，每个月将湿地排干一次，然后马上升高水位，将氧气带入湿地。这有助于氧化沉淀在湿地里的有机碳化物、硫化铁和其他缺氧化合物。

③ 冬季湿地运行时要保证湿地正常水位，以免湿地植物根系受冻死亡。

(2) 进出水装置维护　对进出水装置（主要为湿地内各蝶阀）要进行周期性的检查，并对流量进行校正。同时，要定期去除容易堵塞进出水管道的残渣。

① 对进出水阀门定期检修。

② 采用高压水枪或机械方法对进出水管道进行定期冲洗。

③ 当湿地系统的漫流情况严重时，需要将系统前端 1/3 部分的植物挖走，并挖出填料，更换上新的填料并重新种植植物。

(3) 涵管阀门装置维护　对各表流湿地区的涵管、阀门进行周期性的检查，定期去除容易堵塞进出水管道的残渣。

① 对表流湿地区的涵管、阀门定期检修。

② 采用高压水枪或机械方法对表流湿地区的涵管、阀门进行定期冲洗。

(4) 曝气装置维护　湿地内曝气装置为风能曝气机（3台）及喷泉曝气机装置（8台），对曝气设备要进行周期性的检查、检修，保证每台设备都能正常运行。

① 对曝气装置定期检修。

② 保证每台设备的运行时间，如遇设备停运、自动间歇运行等非正常运行时及时解决。

③ 防止人为破坏、偷取曝气设备。

(5) 护堤维护　定期清除护堤和堤面上的杂草，以免杂草蔓延到人工湿地处理系统中与湿地植物形成强有力的竞争。

工程运行情况

桓台县邢家人工湿地工程是马踏湖流域环境综合治理的重要组成部分，一期工程于2015年7月建成并投入运行，二期工程于2016年7月建成并投入运行。项目采用“潜流湿地＋表面流湿地＋生态修复”组合工艺，对桓台县污水处理厂外排水进行深度处理，处理规模为$5.0\times10^4 m^3/d$，出水水质主要指标达到《地表水环境质量标准》(GB 3838—2002) Ⅴ类标准后，优先回用于红莲湖生态补水，其余排入北侧林场水系进行生态修复和农业回用，并通过沟渠最终汇入马踏湖。目前，项目由山东省环科院环境工程有限公司进行运营管理，配备了专业的管理团队，项目运行稳定，植被长势良好，出水水质能够达到设计要求。

经济效益分析

一、投资费用

本工程总投资包括：第一部分费用、第二部分费用、基本预备费、铺底流动资金等。桓台县邢家人工湿地工程总投资为8986.61万元。

第一部分工程费用：7746.33万元。

第二部分其他费用：568.16万元。

基本预备费：665.16万元。

铺底流动资金：6.96万元。

二、运行费用

项目运行费用主要集中在邢家人工湿地占地173亩，波扎店人工湿地表面流湿地区145亩，共计318亩。其中潜流湿地区（邢家人工湿地）运行费用10元/($m^2\cdot a$)，计0.67万元/亩；表流湿地区（波扎店人工湿）运行费用6元/($m^2\cdot a$)，计0.40万元/亩。运行费用共计173.91万元。

三、效益分析

本湿地工程中，大面积种植的芦苇、香蒲、莲藕和菱角具有较高的经济价值。根据当地种植芦苇改良试验知，芦苇湿地二年生干芦苇的产量可以达到0.7t/亩，三年生达1.0t/亩，按2014年芦苇价格计算，亩产产值为700元，新增的100亩湿地芦苇年产值为7.00万元；其他水生植物按均价500元/亩计，其他160亩湿地植物年产值为 8 万元。合计植物年收入为 15 万元。

环境效益分析

通过桓台县邢家人工湿地工程的建设，每年削减 COD 410t、氨氮 41t。工程根据污水处理厂出水水质及周边环境情况，筛选并种植了香蒲、菰、水葱、黄菖蒲、千屈菜、再力花、美人蕉等水生植物。通过植物种植丰富了区域物种多样性，生态系统更加稳定。

工程环保验收

一、环保验收单位

桓台县环境保护局

二、环保验收时间

2017 年 3 月

三、验收意见

湿地工程边界噪声符合《工业企业厂界环境噪声排放标准》（GB 12348—2008）标准 2 类标准要求。本项目废气主要为动植物腐烂的恶臭和微生物反应过程产生的臭气，产生量较小。故通过验收。

联系方式

联系单位：山东省环科院环境工程有限公司
联系人：张金勇
地址：济南市历下区历山路 5 号
邮政编码：250013
电话：0531-66573340
传真：0531-66573310
E-mail：407640242@qq. com

2017-S-17

工程名称

神定河下游主河道水质净化工程

工程所属单位

郧县城市投资开发有限公司

申报单位

深圳市深港产学研环保工程技术股份有限公司

推荐部门

深圳市环境保护产业协会

工程分析

一、工艺路线

神定河水通过拦河坝被截到人工快渗污水处理系统中，首先经过格栅和高密度沉淀进行预处理，去除大部分固体悬浮物和总磷；然后进入主处理单元——人工快渗池，依靠过滤截留、吸附和生物降解作用实现各类污染物的去除；最后进入消毒池进行消毒，出水直接排入神定河下游进行生态补水。其中，人工快渗池是人工快渗污水处理系统的核心部分，填料表面比表面积巨大的生物膜和两级自然复氧带入的充足溶解氧是人工快渗池优秀去污能力的重要保证。运行阶段后期利用微生物的内源呼吸作用可有效防止填料生物膜过量增长和脱落造成堵塞。

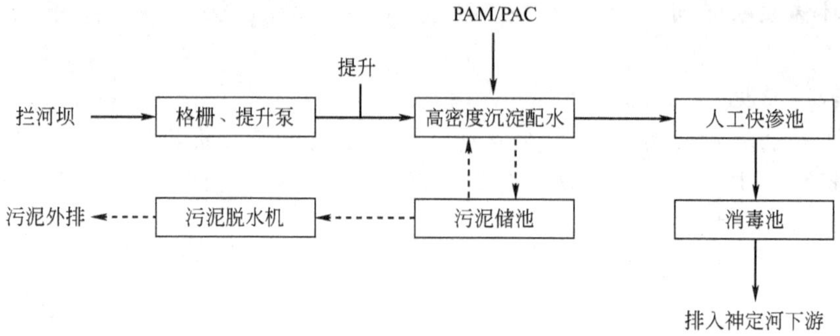

二、关键技术

人工快速渗滤技术（constructed rapid infiltration technique，CRI技术），与传统的快速渗滤污水土地处理工艺不同，CRI技术对土地快渗技术做了全面的强化和提高，采用渗透性良好的CRI介质，以湿干交替的运行方式，使污水在自上而下流经填料过程中发生综合的物理、化学、生物反应，使污染物得以去除。该技术具有工艺流程简单、系统水力负荷高、投资运行成本低、建设周期短、出水效果好、操作维护简便、不产生活性污泥等优点，已成功解决在北方地区应用时的保温防冻问题，主要适用于城市污水集中处理（含建制镇）、江河湖库水环境修复（含流域治理）、农村集中居住区分散式污水处理、工业园区污水深度处理、污水处理厂提标扩容、饮用水安全保障等领域，对于我国中小城镇和农村地区的污水处理具有较高的应用价值。

CRI系统一般由预处理单元、人工快渗处理单元和后处理单元三部分组成，其中人工快渗处理单元是该技术的核心。在填料组成方面，人工快渗处理单元采用人工配比的天然矿物填料，对COD_{Cr}、BOD_5和氨氮等均有较高的去除率，且出水稳定、耐负荷冲击能力强；在水力负荷方面，人工快渗处理单元的水力负荷值比传统土地快速渗滤RI的水力负荷上限高出3～5倍，对于一般生活污水采用1.0～1.5$m^3/(m^2 \cdot d)$，对于河道水采用1.5～2.5$m^3/(m^2 \cdot d)$，对深度处理水采用2.0～3.0$m^3/(m^2 \cdot d)$；在运行方式方面，人工快渗处理单元采用短运转周期的方式布水，即在各快渗池里淹水和落干相互交替运行，典型的方式是每天投配四次，每隔6小时投配一次的方式；在污染物去除机理方面，人工快渗处理单元主要依靠过滤截留、吸附和生物降解作用实现污染物的去除，填料表面比表面积巨大的生物膜和两级自然复氧带入的充足溶解氧是人工快渗池优秀去污能力的重要保证，运行阶段后期利用微生物的内源呼吸作用可有效防止生物膜过量增长和脱落造成堵塞。

CRI系统对污染物的去除效果为：COD_{Cr}达90%以上，BOD_5达90%以上，SS的去除率达到95%以上，氨氮去除率为90%左右，总磷的去除率在80%以上。快渗出水富含溶解氧，水质清澈透明，具有良好的感官效果。城市生活污水经该工艺处理后一般达到《城镇污水处理厂污染物排放标准》（GB 18918—2002）中的一级A标准或达到人体非直接接触的景观回用水及绿化回用水的水质要求；河道受污染水体经过该工艺处理后，可达到《地表水环境质量标准》（GB 3838—2002）中的Ⅴ类标准甚至Ⅲ类标准。

工程规模

总设计规模200000t/d，一期规模50000t/d。

主要技术指标

出水水质指标：COD_{Cr}≤20mg/L，氨氮≤1.0mg/L，TP≤0.2mg/L。

出水水质稳定达到《地表水环境质量标准》（GB 3838—2002）Ⅲ类水标准。

工程运行情况

神定河下游主河道水质净化工程于2014年12月1日开工建设，在2015年12月29日工程竣工，2016年1月8日竣工验收。该工程总设计规模20万吨/日，一期规模5万吨/日，以人工快渗污水处理系统作为主体工艺，将神定河河水截流进入水质净化厂，经过处理后排入神定河，作为神定河入库水质达标的最后一道保障。一期工程于2015年9月通过环保验收，出水水质稳定达到GB 3838—2002 Ⅲ类水标准。

该水质净化工程工艺简单，设备少，只需一级提升泵，故建设费用低（工程总投资5800万元）；由于不需二次提升，无鼓风曝气、污泥回流等设备，有效节省能源消耗，故运行费用较低（吨水运行费用只有0.29元）。

经济效益分析

一、投资费用

本项目总投资5800万元。

二、运行费用

本项目运行费用为0.29元/t。

三、效益分析

直接经济效益为529.25万元/年，投资回收年限为11年。

环境效益分析

年削减总量：5148.32t。

COD_{Cr}年去除量：2117t。

氨氮年去除量：419.75t。

总磷年去除量：20.07t。

SS 年去除量：2591.5t。

工程验收

一、环保验收单位

十堰市环境保护局

二、验收时间

2015 年 9 月

三、验收意见

本项目通过验收。

联系方式

联系单位：深圳市深港产学研环保工程技术股份有限公司

联系人：骆灵喜

地址：深圳市南山区西丽镇麻磡村南路 31 号环保产业园二栋

邮政编码：518071

电话：0755-33637178

传真：0755-26737155

E-mail：luolingxi@qq.com

2017-S-18

工程名称

杏坛镇逢简水乡水环境修复系统工程

工程所属单位

佛山市顺德区杏坛镇国土城建和水利局

申报单位

佛山市新泰隆环保设备制造有限公司

推荐部门

广东省环境保护产业协会

工程分析

一、工艺路线

1. 外源截污工程

逢简村河涌水质恶化主要污染来源于区域内生活污水和工业废水的排放，本工程治理方案首要考虑完善区域内截污工程，基于逢简村街巷管渠原状及区域村居分布，分 4

个片区分别建设闭合截污管网。其中，居民区划分为3个片区，分别建设地埋式污水处理系统，管网利用部分原有排水管渠，减少截污工程量；工业区独立截污，建设1座工业污水处理站，工艺选择更具针对性和可靠性。具体分片收集情况如下图所示：

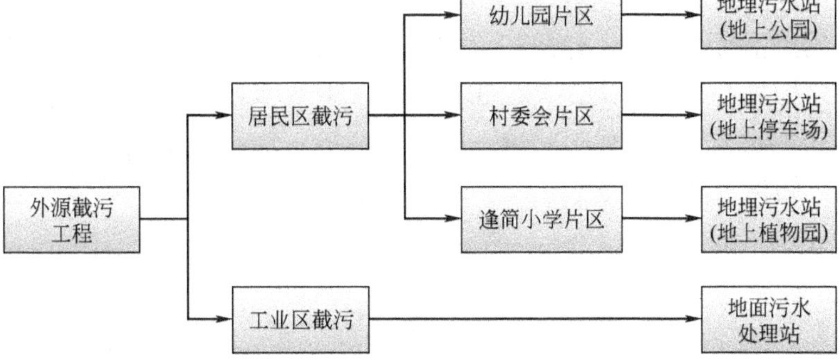

本项目根据村居地形分布，分片分区沿河道和村民居住区铺设各片区网格式的污水收集管网，污水管网采用截留式合流制的收集方式，重力流部分管道材质采用HDPE双壁波纹管或者混凝土管，提升泵站后的压力管道采用镀锌钢管，总长度约为4.8km，污水总收集率达到90%以上。

2. 外源污水治理工程

逢简水乡为著名AAA级旅游景区，生活区污水治理设施建设需与村居水乡环境融合，生活区3座污水处理站采用申报单位拥有自主知识产权专利的地埋式污水处理设备，该设备基于改良A^2/O生化工艺，具体工艺流程图如下：

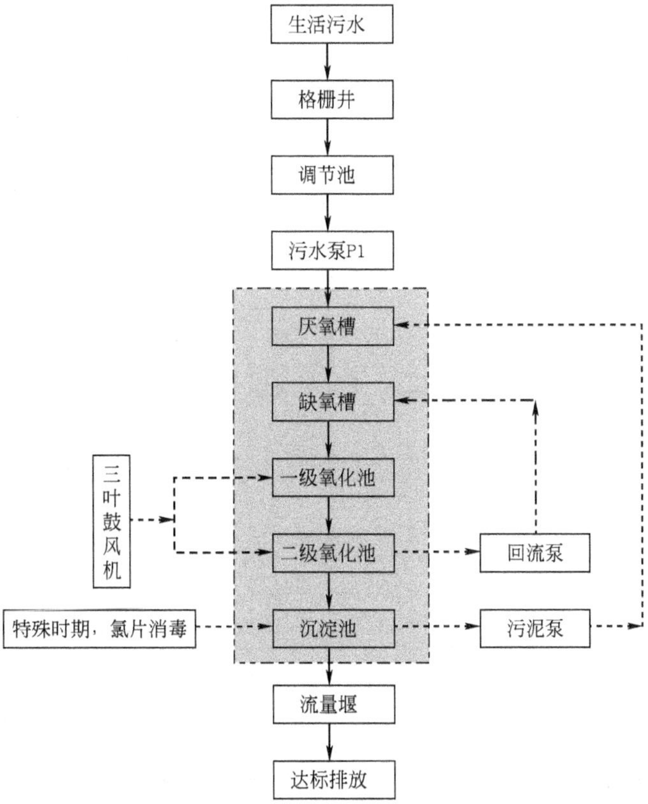

村居片区充分考虑3座地埋式污水处理站选址周围的村居环境及使用功能定位，设计和谐的景观建设方案，污水站建设同时也是逢简美丽乡村建设成果。3座污水处理站分别建设成为休闲公园、小学植物园和村委停车场，既能与周围村居环境和谐融合，又具备一定的社会使用功能。

工业区包括塑料、塑胶、黏胶厂，钢管、铜管厂，印刷化工厂，卫浴、小家电厂等，厂区向外排放大量的废水。考虑相关行业工业废水水质特点，工业区污水处理站采用基于改良 A^2/O 生化＋化学除磷＋机械过滤的三级处理工艺，有效应对工业废水的水质变化，确保更高效的处理效果，稳定达到排放标准要求。具体工艺流程如下：

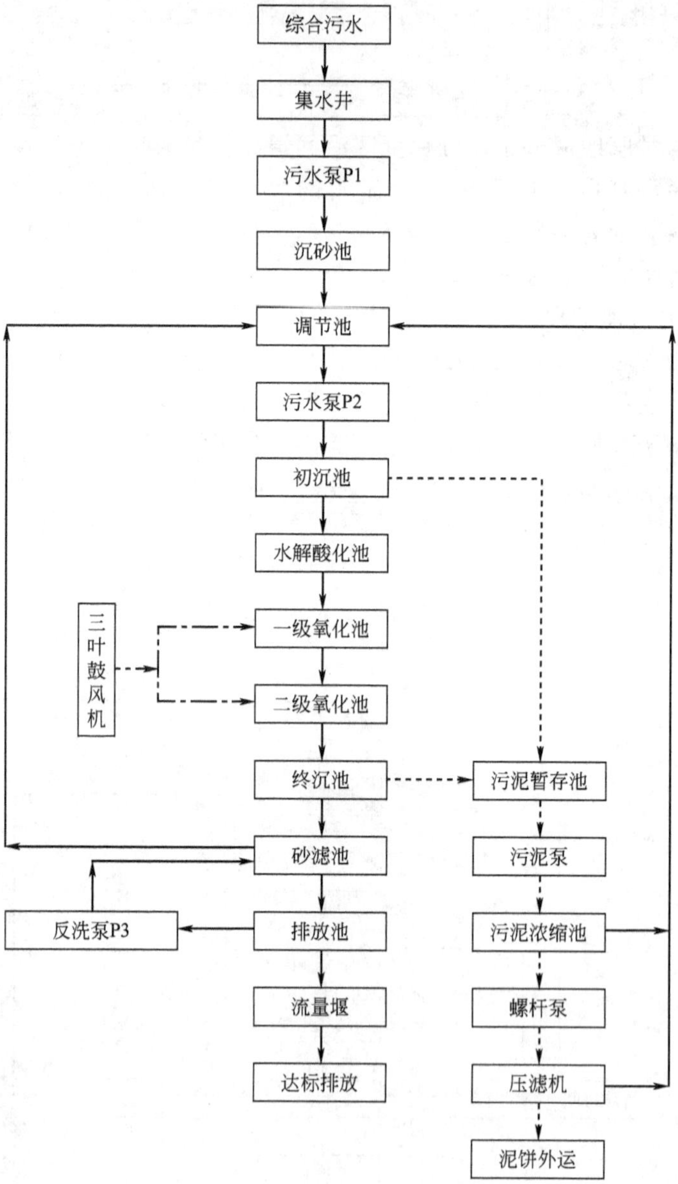

3. 内源清淤

在逢简村实施截污工程以前，多年污水直排，导致河涌水体沉积大量的污染物，河床上升，底泥污染物在一定的条件下不断向水体释放，成为河涌的内源污染，因此，必须实施底泥清淤工程。根据逢简河涌底泥污染特性和沉积的厚度，结合底泥污染物释放特性和疏浚工程，科学合理地确定清淤深度和清淤量，使逢简水乡的内源污染得到有效治理。

4. 水力水量调控

逢简水乡水体整治需要充分发挥调水补水的水利工程作用，通过水利工程联合调度，加大水体流动性，对河涌污染组分进行稀释扩散，依靠物理作用降低水体的污染负荷。

杏坛镇已经建立了逢简水闸、东岸节制闸等水利枢纽系统调水和补水工程，通过与其他内河涌节制水闸群进行联合控制，合理安排水闸的开放时间，最大限度地利用调水、补水对逢简河涌的水量进行调控，强化水体物理自净能力，增大水体环境容量，发挥水利工程改善水质的作用。

5. 生态修复

结合逢简水乡水景观建设，改善河涌水生态环境，选择合适河段种植水生植物及布置生物浮床，根据当地气候及水环境特点，水生植物选择美人蕉、黄菖蒲、再力花、千屈菜、睡莲等。种植水生植物构建生态河岸，通过水生植物的光合作用强化向水体复氧，同时，水生植物根系可释放溶解氧并改善底泥特性，有利于底泥微生物生长，形成植物吸收-微生物代谢的协同降解污染物作用。水生植物群落的构建也有利于水生动物的觅食和生长，丰富水体生物多样性，促进水生植物-微生物-水生动物的群落生境重构，恢复河涌水体生态自净能力。

二、关键技术

1. 分片区完善截污管网，切断外源污染

村居片区排水口分布分散，根据沿河分片布置的合流制截污原则，必须充分勘探排污口分布，尽可能将所有排污口接入截污管网。村居街巷弯曲交错，要充分了解原来管渠分布，尽可能利用原有管渠，减少新建管网工程量。因此，管网布置合理完善是本项目切断外源污染的关键。

2. 分散地埋式污水处理站建设模式

村居片区污水处理站位于水乡景区和居民区，必须考虑减少对村居环境的影响，同时要与景区的人文景观融合。本项目采用全地埋式的污水处理站建设模式，分个站点地面分别建成公园、植物园和停车场。

3. 工艺可靠、占地少、施工便利的污水处理设备

居民区采用申报单位拥有自主知识产权专利的地埋式污水处理设备，该设备基于改良 A^2/O 生化工艺，通过设置优选的生物填料层及优化内外回流控制，具备高效可靠的硝化反硝化及生物除磷性能，设备结构布置紧凑集约，占地面积小，整体吊装施工便利。工业区采用基于改良 A^2/O 生化＋化学除磷＋机械过滤的三级处理工艺，有效应对工业废水的水质变化，出水稳定可靠。

4. 水体自净能力恢复措施

建立水闸群联合调控机制，通过灵活的调水活水措施，利用稀释扩散作用，强化水体物理自净能力；通过种植水生植物及生物浮床，促进水生植物-微生物-水生动物

的群落生境重构，恢复水体生态自净能力。

5. 社会化运营管理体系的构建

项目采用 EPC+O 的建设运营采购模式。业主单位根据项目的实施和管理要求，构建系统的招标、管理及考核体系；运营单位建立专门运营机构，促进项目稳定运营，保障水体水质恢复，实现政府购买环境质量服务目的。

6. 水质管控机制的构建

通过多部门联动，共同建立有利于水环境治理、水质维持和景区管理的长效机制，建立水质跟踪监测及考核制度，制定水质季节性管控方案，有关部门联合运营单位及时应对水质变化。

工程规模

本项目主要工程为截污控源治理工程，分 4 个片区进行污水收集并处理，污水处理总量为 $2300m^3/d$，收集管网约 4.8km，提升泵站 3 个，配套河涌底泥清淤工程。污水站的建设情况如下表所列：

<table>
<tr><th colspan="2">污水站站址</th><th>设计规模/(m^3/d)</th><th>管网长度/m</th><th>建设形式</th></tr>
<tr><td rowspan="3">生活区</td><td>幼儿园站</td><td>350</td><td>880</td><td>地埋式</td></tr>
<tr><td>小学站</td><td>350</td><td>2230</td><td>地埋式</td></tr>
<tr><td>村委站</td><td>600</td><td>1260</td><td>地埋式</td></tr>
<tr><td colspan="2">工业区</td><td>1000</td><td>430</td><td>地上式</td></tr>
<tr><td colspan="2">合计</td><td>2300</td><td>4800</td><td></td></tr>
</table>

主要技术指标

（1）居民区污水处理站执行广东省地方标准《水污染物排放限值》（DB 4426—2001）第二时段一级标准及《城镇污水处理厂污染物排放标准》（GB 18918—2002）一级 B 标准的较严值。

（2）逢简水乡水环境治理后，河涌黑臭特征消除，河水水质明显改善。

<table>
<tr><th colspan="2">污水站站址</th><th>进水指标</th><th>出水指标</th></tr>
<tr><td rowspan="3">逢简居民区</td><td>幼儿园站</td><td rowspan="3">pH 值：6～9
COD_{Cr}：150～300mg/L
BOD_5：60～150mg/L
氨氮：≤20mg/L
总磷：2.0～4.0mg/L
SS：≤150mg/L</td><td rowspan="3">pH 值：6～9
COD_{Cr}：≤40mg/L
BOD_5：≤20mg/L
氨氮：≤8mg/L
总磷：≤0.5mg/L
SS：≤20mg/L</td></tr>
<tr><td>小学站</td></tr>
<tr><td>村委站</td></tr>
<tr><td colspan="2">逢简工业区站</td><td>pH 值：6～9
COD_{Cr}：≤600mg/L
BOD_5：≤150mg/L
氨氮：≤25mg/L
总磷：2.0～4.0mg/L
SS：≤200mg/L</td><td>pH 值：6～9
COD_{Cr}：≤40mg/L
BOD_5：≤20mg/L
氨氮：≤8mg/L
总磷：≤0.5mg/L
SS：≤20mg/L</td></tr>
</table>

主要设备及运行管理

一、主要设备

地埋式生活污水处理设备采用改良型 A^2/O 的污水处理工艺，是集厌氧、缺氧、好氧反应，斜管沉淀，混合液回流和污泥回流于一体的水处理设备，具有结构紧凑、性能稳定、处理水量大、产泥量少等特点，广泛应用于农村生活污水处理，城市的酒店宾馆等、郊区的高速公路服务站等以及类似于生活污水的工业废水的处理。

二、运行管理

本工程 3 个村居污水处理站采用地埋污水处理设备，该设备结构合理，配备 PLC 控制系统，确保了维护工作十分简单，无须专业人员执行烦琐的测试和维护。该设备运行管理要求主要包括以下几点：

(1) 每天巡视电控箱（柜）各电器单元运行状态；

(2) 每周 15～20min 的常规设备检查；

(3) 每月 1～2h 的常规设备保养检查；

(4) 每季度约 1～2h 的清理工作；

(5) 每年一次约 6～8h 的设备校正、检查和保养工作。

逢简工业区污水处理站采用地上土建结构建设，同时也配备了 PLC 运行控制系统，管理及操作维护简单。

目前，逢简村 4 个片区污水站工程共设置站长 1 名，巡检运行人员 3 名，机修员 1 名，绿化员 1 名，电工 1 名。

工程运行情况

本项目自 2012 年底，由顺德区杏坛镇国土城建和水利局组织验收后，一直运行良好，根据第三方季检监测报告，4 个污水处理站均稳定达广东省地方标准《水污染物排放限值》(DB 4426—2001) 第二时段一级标准及《城镇污水处理厂污染物排放标准》(GB 18918—2002) 一级 B 标准的较严值；逢简水乡水环境治理后，河涌黑臭特征基本消除，河水水质明显改善，其中 COD_{Cr}、NH_3-N 等主要指标达《地表水环境质量标准》(GB 3838—2002) Ⅳ类水标准。

经济效益分析

一、投资费用

本项目主要工程为截污控源治理工程，分成 4 个片区进行污水收集并处理，污水总量为 $2300m^3/d$，收集管网约 4.8km，提升泵站 3 个，总投资为 1200 万元。

二、运行费用

该处理系统主要支出是污水处理成本和少量河道水体管理费用。其中，地埋生活污水站直接运行费：0.40～0.80 元/m^3；工业区污水站直接运行费：0.65～1.10 元/m^3。[电价取 0.8 元/(kW·h)，根据实际水质情况灵活调控]

三、效益分析

本项目通过“截污控源、污染治理、水力调控、生态修复、系统管理”治理思路，以截污控源治理工程为主，水力调控及生态修复措施为辅，项目实施的主要投入为截污管网及污水处理站建设。其中，建设地埋生活污水处理站占地：0.45～0.75m^2/m^3生活污水；工业区污水站占地：0.65～0.95m^2/m^3工业污水。

环境效益分析

本工程通过完善逢简村的截污管网，分片区建设 4 座污水处理站，区域内污水经有效处理后排放，大幅削减逢简河涌的污染负荷，逢简河涌水质明显改善。通过本工程实施，逢简水乡河涌黑臭特征消除，水体水质明显改善。

同时，本工程基于系统工程的理念，通过技术集成，建设和运营管理体系创新，实施综合治理系统工程，污水治理工程建设生态环保公园，把治理污染与美化环境紧密地结合在一起，改善人居生态环境，提高人们生活质量，并通过局部的环境改变收到大面积美化人居场所的效果，对于增强全民环保意识起到重要作用。

工程验收

一、组织验收单位

佛山市顺德区环境运输和城市管理局

二、验收时间

2012 年 9 月

三、验收意见

合格，通过验收。

获奖情况

本项目工程被评为 2015 年广东省环境保护优秀示范工程。

联系方式

联系单位：佛山市新泰隆环保设备制造有限公司

联系人：郭静

联系电话：0757-22330086

地址：佛山市顺德区大良镇凤翔工业区永隆路 8 号

邮政编码：528300

电话：0757-22333998

传真：0757-22680203

电子邮箱：xintailongyf@163.com

2017-S-19

工程名称

北滘镇村心涌、医灵涌、下涌水生态修复工程

工程所属单位

佛山市顺德区北滘镇土地储备发展中心

申报单位

佛山市玉凰生态环境科技有限公司

推荐部门

广东省环境保护产业协会

工程分析

一、工艺路线

本项目的工艺路线见下图。

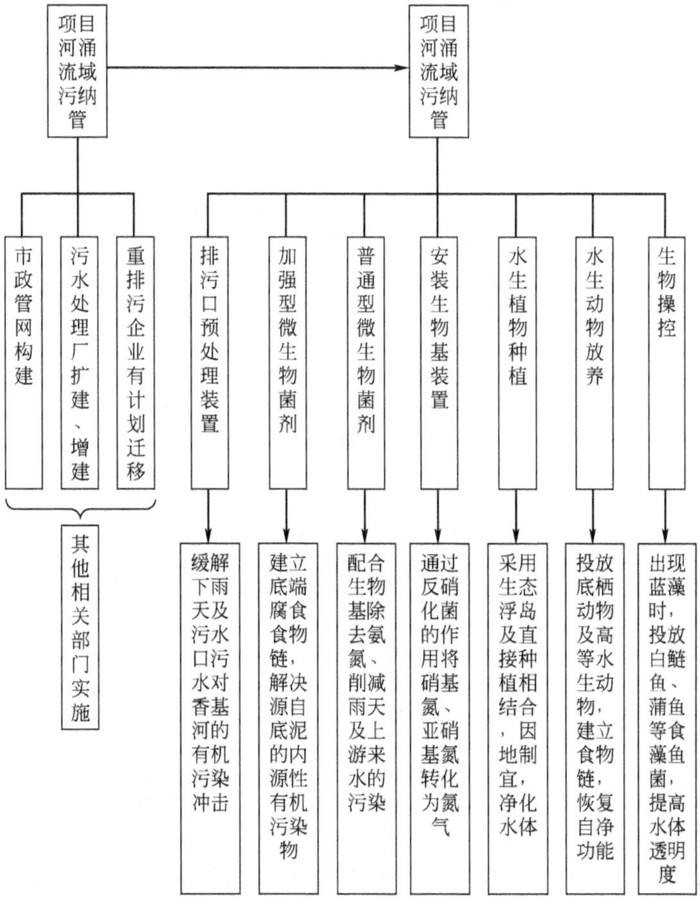

二、关键技术

1. 微生物修复技术

该技术主要运用了河道土著微生物与微生物复合菌群配伍，组成适合污染河涌的生态消淤菌剂和生态净水菌剂。

2. 高效生物基技术

使用的生物基为高效的有专利保护的高科技生物填料，它具有巨大的生物接触表面积、精细的三维表面结构和合适的表面吸附电荷，能发展出生物量巨大、物种丰富、活性极高的微生物群落，并通过微生物的代谢作用高效降解水中的污染物。

3. 高效脱氮技术

高效生物基上生长的藻类对水中多种无机氮都能利用，在光合过程以及随后的同化过程中，逐步形成各种含氮有机物，藻类又会被底栖动物及鱼类食用，从而达到高效的去除总氮的目的。

4. 高效脱磷技术

微生物菌剂在好氧条件下不仅能大量吸收磷酸盐，合成自身的核酸及 ATP，而且能逆浓度梯度过量吸收磷储能于体内，再辅助以生物基的阻隔作用、水生植物和水生动物的吸收作用，达到去磷的目的。生态消淤同时快速修复污染水体技术的技术优势是不仅能快速恢复水体自净能力、无二次污染、净化时间长、菌剂持续时间长。

工程规模

21000m^2。

主要技术指标

污染物	治理目标浓度/(mg/L)	排放浓度/(mg/L)
化学需氧量(COD_{Cr})	≤40	100.21
五日生化需氧量(BOD_5)	≤10	42.15
氨氮(NH_3-N)	≤2.0	10.32
总磷(TP)	≤0.4	2.56

注：出水符合《地表水环境质量标准》(GB 3838—2002) 地表Ⅴ类水标准。

工程运行情况

本工程设置了巡查小组和水质监测小组，每个星期定期对河道及水质情况进行巡查记录，发现问题时及时上报解决。同时，每个月对水体的各个指标进行采样监测，确保水质保持良好。

经济效益分析

一、投资费用

北滘镇村心涌、医灵涌、下涌水生态修复工程项目总投资为 4028522.8 元。

二、运行费用

北滘镇村心涌、医灵涌、下涌水生态修复工程项目运行费用为 402852.2836 元。

环境效益分析

北滘镇村心涌、医灵涌、下涌水生态修复后，水质的提升带动周边生态的修复，生态修复使得环境变美变好，河涌附近的生物多样性增加，生物链也变多，导致周边环境的抗冲击能力变强。

工程环保验收

一、环保验收单位

佛山市顺德区北滘镇土地储备发展中心

二、环保验收时间

2015年10月13日

三、验收意见

工程试运行期间，河道水体较以往清澈，总磷、氨氮、化学需氧量等水质指标得到明显改善，引排水顺畅，运行情况良好，社会效益和生态效益开始得到充分发挥。

获奖情况

① 2012年佛山市南海区环保产业创新发展项目二等奖；
② 2014年广东省环境保护科学技术奖三等奖；
③ 2015年度广东省环境保护优秀示范工程奖。

联系方式

联系单位：佛山市玉凰生态环境科技有限公司
联系人：肖志英
地址：佛山市南海区桂城街道深海路17号瀚天科技城A区8号楼1101单元
邮政编码：528200
电话：0757-66826919
传真：0757-66826919
E-mail：1735796468@qq.com

2017-S-20

工程名称

毕家支河水生态综合治理项目

工程所属单位

浙江舟山群岛新区新城管委会甬东管理处

申报单位

杭州银江环保科技有限公司

推荐部门

浙江省环境保护产业协会

工程分析

一、工艺路线

本项目工艺流程见下图：

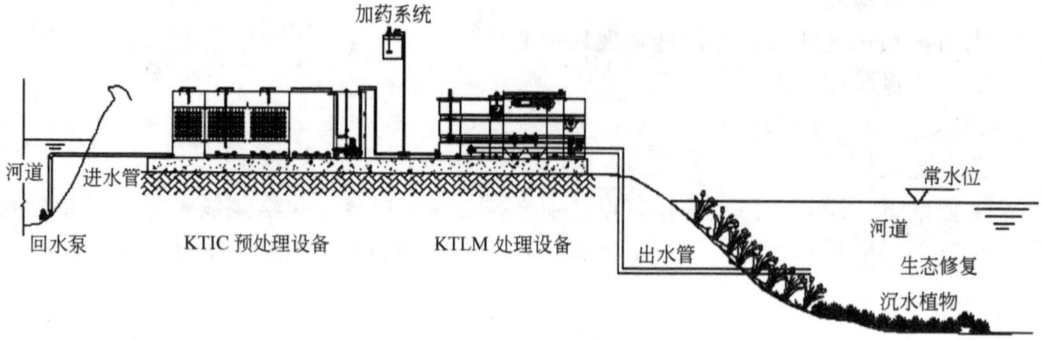

二、关键技术

该工程使用了 KTIC 预处理系统和 KTLM 高效活性炭滤膜机，出水指标达到地表Ⅳ类及以上水质。

KTLM 高效活性炭滤膜机为一体化大水量自动化净水装置，设备内部包括精密的核心过滤柱、配水系统、冲洗系统等。核心过滤柱介质是由粉末活性炭、次氧酸钙、沸石、RP 除磷剂及 RN 除氮剂等组成的复合组分，根据微污染水体水质及净化要求，采用不同的组分、不同比例配制过滤介质置于滤膜机内，对水体进行大水量循环净化，能有效去除水体中的 COD、氨氮、总磷等污染物质和营养物质，迅速恢复水体清洁状态，保证水体达到地表Ⅳ类及以上水质。

KTLM 高效粉末活性炭滤膜机使用比表面积更大的粉末活性炭，创新的负压滤膜技术使活性炭使用量更少（万分之一）、效率更高（充分接触），滤膜形成了精密过滤层。

创新地研发了活性炭高温再生炉技术（分段焚烧最佳温度研究、隔氧炭化技术），通过粉末活性炭循环重复利用工艺，降低污水处理运行成本（活性炭市场价 8000 元/t，再生成本 1200 元/t）。

粉末活性炭在经过数十次再生后，吸附性能依然与新炭相当（碘值、孔隙率等），每次再生的损失率低于 5%。

工程规模

日处理污水量 2500t。

主要技术指标

河道内水质稳定达到《地表水环境质量标准》（GB 3838—2002）中的Ⅳ类水标准，其中：总磷≤0.3mg/L，氨氮≤1mg/L，COD≤30mg/L，透明度≥0.8m。

主要设备

本项目工程的主要设备为KTIC预处理系统+KTLM高效粉末活性炭滤膜机。

工程运行情况

该工程自竣工后已稳定运行半年多，河道内水质保持在《地表水环境质量标准》（GB 3838—2002）中的Ⅳ类水标准，达到设计要求。

经济效益分析

一、投资费用

本项目共投资515万元。

二、运行费用

本项目运行费用为35万元/年。

三、效益分析

本项目工程实施后，每年削减支出210万元。

环境效益分析

年削减总量：COD 17.28t；SS 17.28t；NH_3-N 1.78t；TP 0.31t。

工程环保验收

一、环保验收单位

浙江舟山群岛新区新城管委会甬东管理处

二、环保验收时间

2016年11月30日

三、验收意见

该工程于2016年年底消灭黑臭，并达到Ⅳ类标准，后四年保持Ⅳ类标准。

获奖情况

项目实施单位入选2016～2017年度新城甬东黑臭河道水质提升及维护优秀企业。

联系方式

联系单位：杭州银江环保科技有限公司
联系人：甄凯旋
地址：杭州市益乐路223号银江科技产业园A座7楼
邮政编码：310012
电话：0571-88220506
传真：0571-88071719
E-mail：14675010@qq.com

工程名称

皖能铜陵发电有限公司5号1000MW机组配套湿式电除尘器超低排放改造工程

工程所属单位

皖能铜陵发电有限公司

申报单位

福建龙净环保股份有限公司

推荐部门

福建省环境保护产业协会

工程分析

一、工艺路线

含尘湿烟气从脱硫吸收塔出来，流经进口烟道和进口喇叭（内设气流均布板）后进入除尘器的上气室，然后均匀进入电场区。湿烟气中的粉尘、雾滴等污染物在电场区被收集，并落入下部的集水槽中；被净化的烟气进入下气室，然后从出口烟道排出，进入烟囱，最终排入大气中；集水槽中的废水通过排水管道排入脱硫吸收塔作为补水用或排入废水池集中处理。本项目工程的工艺路线见下图：

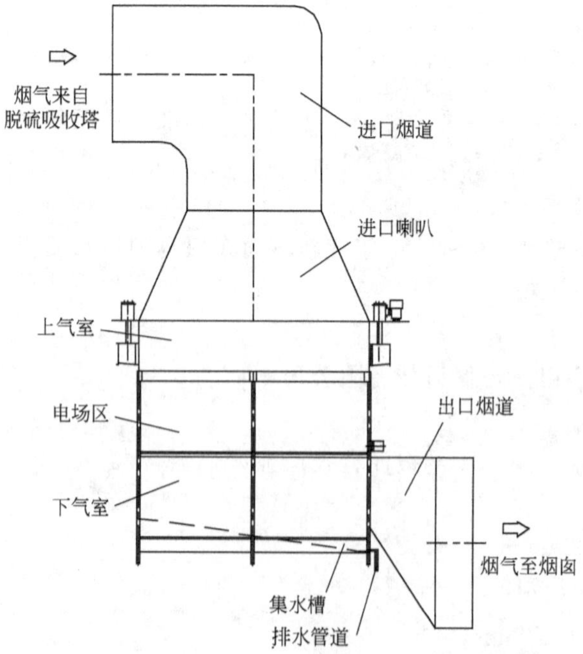

二、关键技术

1. 高风速湿式电除尘技术

为了适应燃煤电站烟气量巨大的工况，流经湿式电除尘器的风速较高，在高风速条件下，阴极系统需设置防摆装置，使阴极线稳定不晃动，保证电场稳定运行，不影响除尘器的整体性能。

2. 导电玻璃钢阳极管技术

燃煤电站烟气工况相对恶劣，烟温高、湿度大、腐蚀性强，需通过对导电玻璃钢阳极管的材料及加工工艺的研究，找到耐腐蚀性强、性价比最优的配方及自动化程度高、产品质量稳定的加工工艺，以适应燃煤烟气特点。

3. 喷淋技术

湿式电除尘器的喷淋系统用于阳极管清灰，影响整机的运行及性能。喷淋系统的设计主要包括喷嘴的选型及布置，需要通过喷淋范围、流量、打击力、均匀性等进行综合评价，选取合适的喷嘴及合理的布置方式。

4. 气流均布技术

湿式电除尘器流场的均匀性对其性能及效率具有重要意义。为了实现气流均布，本项目采用 CFD 气流模拟技术。通过 CFD 模拟，优化湿式电除尘器电场各个分区的流量偏差和通过每个阳极管流量的相对均方根差，有效指导项目单位对除尘器的烟道系统进行优化设计，实现气流在除尘器内的合理分布，提高湿式电除尘器的性能及效率。

工程规模

1×1000MW 机组。

主要技术指标

除尘器出口粉尘排放浓度：≤5mg/m^3；

除雾效率：>70%；

设备阻力：≤300Pa；

耗水量：<24m^3/d。

主要设备及运行管理

一、主要设备

湿式电除尘器主要设备包括进口喇叭、本体（由上气室、电场区和下气室组成）、集水槽、水冲洗系统、排水管道、热风吹扫系统、保护装置、高压静电除尘用整流设备、低压控制系统等。

二、运行管理

设备自安装完毕以来，不论是设备、系统调试，还是日常运行管理，都严把质量关，发现缺陷及时安排进行处理，为除尘器的安全稳定运行奠定了基础。

日常运行管理遵照如下要求严格执行：

(1) 定时记录一次电压、一次电流、二次电压、二次电流、进出口压差、入口烟气温度、水冲洗压力、水冲洗用水量和水冲洗频率等运行参数。

(2) 严格监视电场运行参数（电压、电流），高压设备的运行电压、电流值应在正常范围内，当工况变化时应及时调整；在正常工况下运行时，根据电压、电流的变化情况及时调整水冲洗压力、水冲洗用水量和水冲洗频率等，保持电场干净不积灰，维持电压稳定。

(3) 严格监视热风的风压和温度以及保温箱的温度，定时检查热风吹扫系统、保温箱电加热装置的运行情况，出现问题及时检修，确保电场稳定运行。

(4) 严格监视除尘器的入口烟气温度和进出口压差，当出现异常工况，烟气温度超过设定值时，应采取相应的保护措施，使除尘器在规定的参数下运行。

(5) 检查排水情况，发现排水有堵塞时，必须及时疏通，确保设备安全。

(6) 定时检查水冲洗系统，检查各种阀门和运行部件的工作情况，出现问题及时检修。定时清洗过滤器，确保喷嘴不堵塞。

(7) 检查除尘器本体、管道、人孔门等处的密封情况。

(8) 定时检查整流变压器油色、油位、油温正常，无渗漏油现象，阻尼电阻完整无损，无放电现象。

(9) 定时检查控制柜上各控制装置工作正常。

(10) 正常运行期间除尘器及辅助设备发生故障或误动作，运行人员接到报警通知应立即前往确认故障点，分析原因，联系处理。

工程运行情况

2016 年 6 月 15 日，皖能铜陵发电有限公司 5 号机组（1000MW）配套的湿式电除尘器顺利通过“168”小时试运行，运行期间除尘器出口排放$<5mg/m^3$，进出口压差$<300Pa$，其他各项指标均达到优良水平。2016 年 10 月，经苏州热工研究院检测，除尘器出口烟尘排放浓度为 $2.27mg/m^3$，除尘效率为 86.82%。各项指标均优于设计值，获得用户的高度评价。该工程成功投运大大减少烟气粉尘的排放，节能显著，对降低燃煤电站烟尘治理成本、节约土地、节约电能、改善空气质量等具有重要意义，对加快我国环境友好型和资源节约型社会的建设步伐，构造和谐社会具有重要作用。

经济效益分析

一、投资费用

本项目工程总投资（含安装费）为 3266 万元。其中，设备购置费 2940 万元，安装费 326 万元。

二、运行费用

5 号机组（1000MW）湿式除尘器运行费用如下表所列：

价目			单位	数据
运行费用	电费	单价	元/(kW·h)	0.5
		年消耗电量	kW·h	2.43×10^7
		年消耗电量费用	万元	1217.5
	其他费用	设备维修等费用	万元	50
费用总计			万元	1267.5

经济效益分析

采用湿式电除尘器可以提高除尘器效率，大大减少除尘器出口的粉尘排放，从而减少对出口烟道及烟囱的磨损，延长引风机寿命。同时，通过烟尘减排而少缴纳的排污费，也会给电厂带来实在的经济效益。

环境效益分析

项目投运后，湿式电除尘器大大减少烟气中烟尘等污染物的排放，从而改善空气质量，保护当地的环境。根据进出口浓度，考虑烟尘减排的量，湿式电除尘器对烟尘的年削减总量见下表。

名称	单位	结果
入口烟尘浓度	mg/m^3	17.23
出口烟尘浓度	mg/m^3	2.27
削减率	%	86.82
年削减总量	t	335.9

注：按年运行6000h计。

工程环保验收

一、环保验收单位

铜陵市环境保护局

二、环保验收时间

2016年6月22日

三、验收意见

该项目环境保护手续基本齐全，项目实施过程中基本落实了环评文件及批复要求，配套建设的环境保护设施及措施已基本实施到位。验收材料较为齐全，档案台账较为规范，经验收合格。

联系方式

联系单位：福建龙净环保股份有限公司

联系人：余晓锋

地址：龙岩市新罗区工业中路 19 号
邮政编码：364000
电话：0597-2210686
传真：0597-2210686
E-mail：13860260143@139.com

2017-S-22

工程名称

广东粤电大埔电厂 660MW 机组配套 EPM 电风拦截除尘除雾一体化工程

工程所属单位

广东粤电大埔发电有限公司

申报单位

福建龙净环保股份有限公司

推荐部门

福建省环境保护产业协会

工程分析

一、工艺路线

EPM 电风拦截除尘除雾一体化装置在工艺上与常规的湿式电除尘器相类似，二者之间的主要差异在于 EPM 电风拦截除尘除雾一体化装置采用特殊的极配形式，适应脱硫后高风速、低阻力特点，同时采用间歇喷淋模式，并且所有喷淋水可直接回收至脱硫系统，实现零水耗运行。EPM 电风拦截除尘除雾一体化装置是一种独具特色的超低排放、低成本，并可高效捕集 $PM_{2.5}$、SO_3，以及综合协同治理石膏雨、烟气雾滴等污染物的烟气排放终端把控装备。通过高低压配电设备，配合适应高风速的极配方式完成对烟气中细微粉尘和雾滴的捕集，并通过间歇喷淋装置实现极板的清洁工作，与国内外同类产品相比，具有性能稳定、低风阻，并可大幅降低设备投资和运行费用的特点。

广东粤电大埔电厂 2# 机组在湿法脱硫出口装设 EPM 电风拦截除尘除雾一体化装置，作为烟气排放的终端把控技术，保障超低排放的环保要求。具体工艺路线如图 1 所示。

二、关键技术

（1）克服传统惯性力原理的除雾器性能不稳定问题　通过高电压作用，保证设备在各种负荷下均能保持稳定高效运行，避免了依靠重力惯性原理的管式除雾器等技术

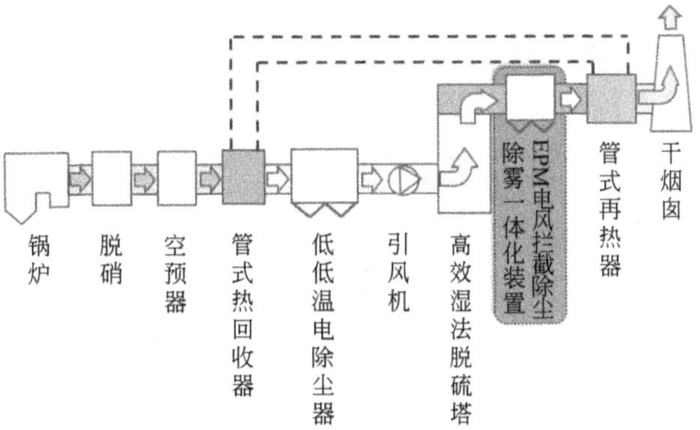

图 1　广东粤电大埔电厂 2# 机组 EPM 电风拦截技术工艺路线

中存在的在中、低负荷下性能下降的严重缺陷问题。

（2）低阻力设计　本体内部的阴阳极电场全部按通流式设计，正常运行条件下，烟气阻力可低至 100Pa，最大不超过 150Pa，相比于机械除雾器可节省近 50%的阻力损失。

（3）预荷电与导流技术　创新地应用了预荷电导流格栅技术，兼具气流均布和预荷电功效，满足设备高效率的设计要求。

（4）适应高风速的极配设计　针对脱硫后高风速的特点，制定了最佳的阴阳极电场极配形式，电力密度分布合理，保证无电场死区，可确保设备高效运行。

（5）防腐设计　EPM 电风拦截除尘除雾一体化装置电场内部采用防腐合金材料加上专业防腐工艺双重措施，确保高防腐性能和自我清洁、免清洗的工艺要求，可满足长期使用要求。

工程规模

燃煤火电厂 660MW 机组。

主要技术指标

（1）EPM 出口颗粒物浓度：≤10mg/m^3（标干，计算值）；

（2）烟气压力损失：≤150Pa；

（3）漏风率：≤0.5%。

主要设备及运行管理

一、主要设备

广东粤电大埔发电有限公司 660MW 机组配套 EPM 电风拦截除尘除雾一体化装置主要由 EPM 本体、喷淋及补水装置及相应的楼梯平台等组成（图 2），EPM 电风拦截式系统本体包括了气流分布装置、预荷电格栅、阴阳极、壳体、高压电源及控制系统等。具体如下图所示：

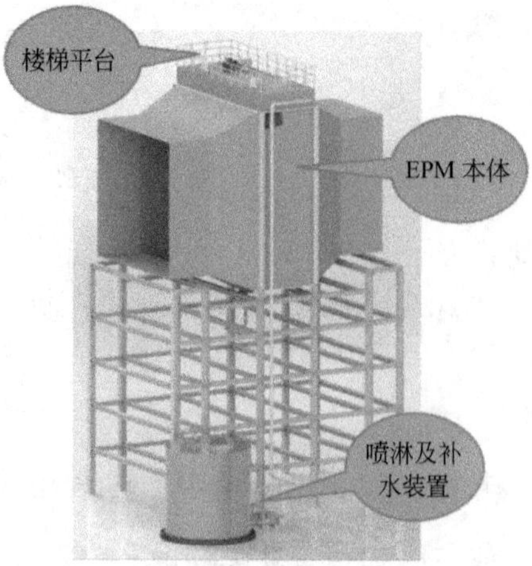

图 2　EPM 电风拦截除尘除雾一体化装置主要设备

二、运行管理

EPM 电风拦截除尘除雾一体化装置及供电设备的操作必须严格按供电设备说明书进行，操作人员必须熟悉 EPM 电风拦截除尘除雾一体化装置原理、结构性能及操作规章，EPM 电风拦截除尘除雾一体化装置运行时应关闭人孔门并挂上写有“高压危险”字样的警告。

1. 日常运行维护

(1) 严格监视供电装置的一次电压、一次电流、二次电压和二次电流。一般每 2h 应记录一次。

(2) 监视高压硅整流变的温升，油温不得超过 80℃，无异常声音，高压输出网络无异常放电现象。

(3) 监视各保温箱加热器的工作状态。

(4) 监视热风吹扫系统的运行情况。

(5) 每小时应了解给水系统工作情况，监视水泵电机的运行参数和水路中水压、流量的变化情况。

(6) 经常检查火花率是否在规定的范围内，若发现不符合要求，应及时调整，使 EPM 电风拦截除尘除雾一体化装置处于最佳运行状态。

(7) 正常运行期间 EPM 电风拦截除尘除雾一体化装置及辅助设备发生故障或误动作，运行人员接到报警通知应立即前往确认故障点，分析原因，联系处理。

(8) 每班应对 EPM 电风拦截除尘除雾一体化装置的设备进行全面检查，以及做好本岗管辖范围内的清洁工作，详细记录本班运行中所发生的异常情况及设备缺陷，做好交接班工作。

2. 定期维护及保养

凡遇 EPM 电风拦截除尘除雾一体化装置临时停用时，各加热装置应继续保持工作。临时停机期间，给水系统和喷淋系统应继续工作 5min 以上后停止。

下列设备应由电气人员进行定期维护：

(1) 定期检查来水系统和喷淋冲洗系统的阀门动作是否灵活、仪表的显示是否准确。

(2) 定期检查喷淋水泵电机的振动、发热情况是否在标准范围内。

(3) 每年进行一次变压器油的耐压试验，击穿电压平均值应大于 35kV/2.5mm。

(4) 每年应测量接地电阻一次，其值应小于 2Ω。

(5) 每年应做一次故障跳闸回路动作试验。

EPM 电风拦截除尘除雾一体化装置正常投运后 1 个月内，U 型排水管每天定时手动开启底部放水阀，排污 3min，1 个月后每周定时排污 3min，实际运行可视实际工况酌情增减排污频率。

工程运行情况

目前广东粤电大埔电厂 660MW 机组配套的 EPM 电风拦截除尘除雾一体化装置运行情况良好，有效实现脱硫后超洁净排放的要求。据第三方性能测试，本工程 2# 机组 EPM 电风拦截除尘除雾一体化装置的烟尘排放浓度为 2.3mg/m^3，粉尘的排放值达到“超低排放”限值要求。

经济效益分析

一、投资费用

一次性投资 493 万元。其中，设备投资 428.52 万元，安装费用 64.48 万元。

二、运行费用

运行费用为 37.6 万元/年，明细如下：

① 耗电费用：实际运行能耗低于 80kW，电费单价×耗电量=0.4 元/(kW·h)×4.4×10^{5}kW·h=17.6 万元；

② 耗水费用：本项目喷淋水全部回收至脱硫系统，不产生额外水耗；

③ 维修费用：660MW 机组的维修费用为 20 万元/年。

三、效益分析

粉尘环保标杆上网电价补贴：363 万元。

以每年平均 50% 负载运行 5500h 计算，粉尘环保标杆上网电价补贴 0.002 元/(kW·h)，补贴电价×发电量=0.002 元/(kW·h)×0.5×5500h×660×10^{3}kW=363 万元。

环境效益分析

在湿法脱硫后加装 EPM 电风拦截除尘除雾一体化装置，不仅能高效去除 $PM_{2.5}$ 细颗粒物，实现低于 10mg/m^{3}的排放浓度，还能去除 SO_3气溶胶和石膏雾滴等多种污染物，消除石膏雨和酸雾。对改善大气质量、改善人民的生活质量和保证经济的可持续发展起到显著性的作用，具有明显的环境效益。

工程排污许可

一、排污许可证核发单位

梅州市环境保护局

二、排污许可证有效期

2017 年 7 月 1 日至 2020 年 6 月 30 日

三、排污许可（主要污染物类型、浓度、总量要求）

排污种类、浓度：烟尘 30mg/m^3、SO_2 100mg/m^3、NO_x 100mg/m^3、汞及其化合物 0.03mg/m^3。

总量限值：SO_2 1447t/a、NO_x 1502t/a。

联系方式

联系单位：福建龙净环保股份有限公司

联系人：余晓锋

地址：福建省龙岩市工业中路 19 号

邮政编码：364000

电话：0597-2210686

传真：0597-2210686

E-mail：techcent@longking.com.cn

2017-S-23

工程名称

400m^2 烧结机烟气脱硫除尘工程

工程所属单位

莱芜钢铁集团银山型钢有限公司

申报单位

山东国舜建设集团有限公司

推荐部门

山东省环境保护产业协会

工程分析

一、工艺路线

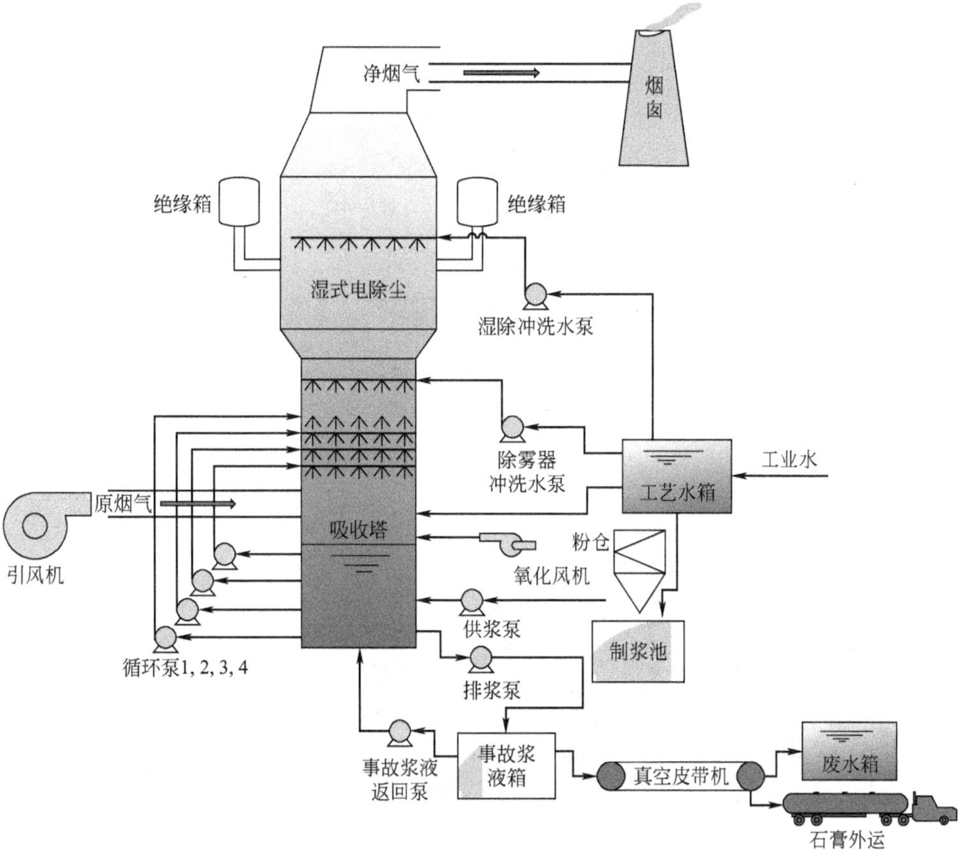

二、关键技术

烧结脱硫湿烟气深度净化技术能有效去除烟气中的酸性雾滴、氮氧化物、微细颗粒物、重金属、硫酸盐等多种有害物质，脱除率可达 90%以上，烟尘排放浓度可达 5mg/m^3 甚至更低水平，达到山东省 2020 年排放标准，有效地降低酸雾冷凝对烟囱造成的腐蚀速度，消除了烧结烟气湿法脱硫后的“烟囱雨”“石膏雨”现象。

① 开发了烟气脱硫系统与脱硫后湿烟气静电除尘深度净化系统一体化结构，深度净化系统位于脱硫系统上部，原烟气先经过脱硫系统进行脱硫处理，脱硫后的湿烟气再经过静电除尘深度净化技术进行净化。

一体化结构设计紧凑，流程短，不占用额外的地面空间，成本低，系统阻力小，能耗低，如图 1 所示。

② 湿式静电除尘器电晕阴极为单线单锤结构。

沉淀阳极为模块化集束蜂窝型，每组模块由多支正六边形导电阻燃玻璃钢管组成，如图 2 所示。

正六边形沉淀管蜂窝状布置，结构紧凑，尺寸精确，安装简单，可充分利用气体通过的横截面和沉淀极表面，除尘效率高。玻璃钢材质具有防腐性能好、强度高、刚

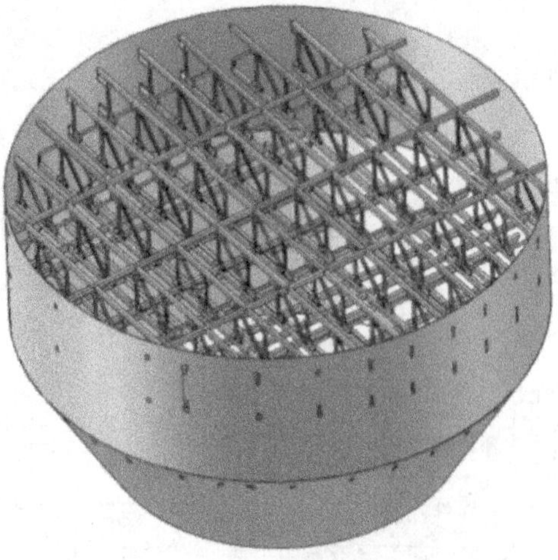

图 1　一体化结构优化

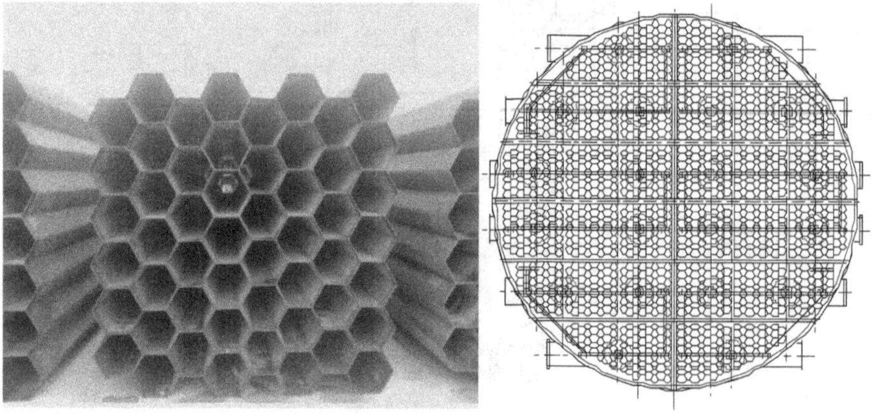

图 2　沉淀阳极结构

性好、导电性能好、阻燃等优点。

③ 冲洗系统设计为角度可调的单管单冲结构，实现沉淀阳极的全覆盖冲洗。

每个阳极管设置一个冲洗喷嘴，角度可调，冲洗彻底均匀。冲洗结构如图 3 所示。

采用自主研发的可视监控系统自动控制，包括现场控制站、操作员站、工程师站、系统网络四个组成部分，可将系统参数集中化、信息化、可视化，能够更加直观、简便、有效地对整套系统进行控制，及时有效地对系统各设备进行预警预报，避免事故的发生，降低运行维修成本。

工程规模

$400m^2$ 烧结机脱硫湿烟气静电除雾深度净化项目。

主要技术指标

经过该系统处理后的烟气执行《山东省区域性大气污染物综合排放标准》，通过

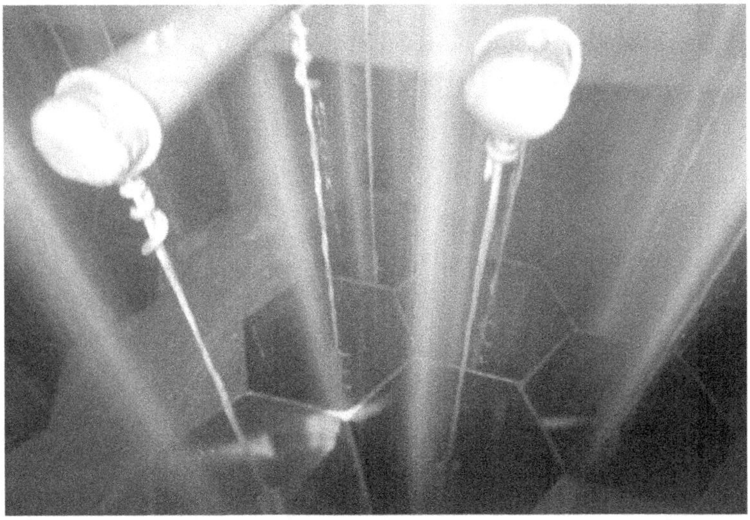

图 3　冲洗结构

检测发现，检测指标能够达到该标准所规定的指标值，结果如下：设计条件下，脱硫湿烟气深度净化装置入口烟尘浓度 $50mg/m^3$，出口烟气排放含尘浓度检测结果为 $4.4mg/m^3$，提前达到了 2020 年开始执行的《山东省区域性大气污染物综合排放标准》（DB 37/2376—2013）第四时段核心控制区域大气污染物排放浓度限制的要求，即颗粒物排放浓度限值 $\leqslant 5mg/m^3$，符合国家超低排放要求。

主要设备及运行管理

一、主要设备

① 密封风系统包括密封风机、换热器、储气罐等；

② 本体部分包括壳体、导流板、烟气均流板、阳极管、阴极线等；

③ 水系统包括冲洗水泵、烟气均布装置冲洗、电场区冲洗、阳极管冲洗等；

④ 电控设备包括高压控制柜、低压控制柜、变压器、DCS 控制系统、上位机等；

⑤ 其他包括绝缘箱、绝缘子、起吊装置等。

二、运行管理

借鉴了国际上先进的“7S”管理方式，建立了系统的脱硫除尘成套设备的运行操作、维护、保养管理体系，极大地减少和避免了故障的发生，保证主机和脱硫除尘系统长期稳定运行，取得了较好的社会效益。

① 建立系统大修、抢修机制。按照管理标准，每个项目配备工艺、电气、热控等专业人才，10 多个运营项目部采取联动机制，在组织大修、抢修期间，各项目人员统一调配，资源优化整合。在应对系统后期应急运行维护时，可以迅速组建专业抢修队伍，保证足够数量的专业人员参与其中，从而实现保质保量、又快又好地完成抢修、大修任务。

② 建立统一物资管理平台。建立统一的备品备件储备库，保证备品备件的充足、全面，同时要避免备品备件的长期积压。根据各个运营项目的需要，第一时间调用备

件，保证维修的及时性。

③ 建立完善的运营管理制度。国舜集团一直秉承“以人为本，预防为主，警钟长鸣”的原则，不安全不生产。严格遵守国家环保法规、环保标准，加强人员安全培训，加强层层监管，推行“两票三制”管理制度，坚持“四不伤害”原则。

④ 建立严格的培训制度。国舜集团本着“会干、会说、会写”的人才培养理念，运营管理部建立了运营人才培训基地，能同时容纳 30 人培训。由专业技术人员组成教师队伍。采用 3D 技术课件培训，生动形象，学员容易接受，达到理论与实际操作相结合的教学方式。运营管理部制订年度培训计划，培训分为班组级、项目级、部门级三级培训。为了培养品学兼优的专业人才，采用“点对点”老师带徒弟的办法。对员工进行系统性的技能培训后，进行业绩考核，培养专业化环保人才，选拔人才，实现人才储备。通过培训，为运营持续性发展、服务标准提升、业务的拓展提供了强有力的支撑。

工程运行情况

该工程自 2014 年投入运行以来，实现了长期稳定运行，达标排放，与烧结机同步运行率达 98%以上，解决了烧结机废气排放的污染问题，保障了莱钢的正常经营和发展，同时有效改善了钢厂厂区环境，缓解了周围区域的空气质量，得到业主方和环保部门的充分认可。

经济效益分析

一、投资费用

总投资 4355.57 万元，其中设备投资 3019.4 万元。

二、运行费用

本项目的运行费用为 9.86 元/t 矿。

三、效益分析

WESP 深度净化装置取消了 ESP 传统的振打清灰方式，采取喷淋系统进行清灰，避免了二次扬尘的出现，同时电场中有水汽，可大幅降低粉尘比电阻，提高运行电压，因而能够实现接近零排放的目的。另外，清灰工业废水直接进入石灰石-石膏湿法脱硫制浆系统，对周围环境未造成二次污染。

在相同的污染物减排效果下，实现污染物控制能耗及综合成本比现行水平降低 20%以上，显著地减少了烧结烟气中的细微颗粒物和酸性雾滴对于自然资源和生态环境的影响，有效改善钢厂周边空气质量状况。

工程环保验收

一、环保验收单位

山东省环境监测中心站

二、环保验收时间

2015 年 8 月

三、验收意见

① 环保管理机构健全，环保规章制度较完善。对烧结机机头安装了静电除尘器、石灰-石膏脱硫塔和湿式电除尘器，其他废气污染源全部建设了除尘器。生产废水和生活污水全部回用无外排。固废全部得到合理处置。噪声源采取了有效的隔声降噪措施。

② 烧结机机头外排废气中烟尘最大排放浓度 16.1mg/m^3，满足《山东省钢铁工业污染排放物标准》（DB 37/990—2013）表 1 中新建企业标准限制要求。

获奖情况

2016 年山东省环境保护科学技术奖一等奖

联系方式

联系单位：山东国舜建设集团有限公司
联系人：赵民
地址：济南市长清区龙泉街中段路北
邮政编码：济南市长清区龙泉街中段路北
电话：0531-87215932
传真：0531-87228816
E-mail：guoshunjszx@163.com

2017-S-24

工程名称

300MW 发电机组电-袋复合除尘器用三维非对称微孔结构氟醚复合滤料应用示范工程

工程所属单位

大唐国际发电股份有限公司张家口发电厂

申报单位

厦门三维丝环保股份有限公司
大唐国际发电股份有限公司张家口发电厂

推荐部门

福建省环境保护产业协会

工程分析

一、工艺路线

锅炉燃烧产生的烟气进入尾部烟道，经采用低氮燃烧器＋SCR 脱硝、电-袋复合除尘器除尘、石灰石-石膏湿法脱硫后通过烟囱排入大气。

二、关键技术

三维非对称微孔结构氟醚复合滤料是针对高温、高氧、高硫条件而开发的高性能复合滤料。该复合滤料是以聚四氟乙烯（PTFE）和聚苯硫醚（PPS）纤维为主要原料，通过合理的结构设计与配方优化，在滤料的表层引入超细纤维进行复合，利用先进的无纺工艺制作成具有三维非对称结构的复合滤料，再经高温热定型、化学后处理及烧毛压光等多种技术制作成产品。该复合滤料具有过滤精度高、耐高温、耐腐蚀性、耐磨损、高性价比等特点，可广泛用于火电行业尾气治理及其他高温烟气治理相关领域，具有显著的经济效益、社会效益和环保效益，可替代当前广泛应用的常规PPS滤料，市场前景十分广阔。

工程规模

300MW 发电机组电-袋复合除尘器。

主要技术指标

处理风量：$110\times10^4 m^3/h$。

出口粉尘排放浓度：$\leqslant 20mg/m^3$。

电除尘区风速：$\leqslant 1.15m/s$。

布袋除尘区过滤风速：$\leqslant 1.1m/min$。

除尘器本体阻力：$<1200Pa$。

使用寿命：$\geqslant 35000h$。

主要设备及运行管理

一、主要设备

本项目工程的主要设备及材料为电-袋复合除尘器、三维非对称微孔结构氟醚复合滤料。

二、运行管理

大唐国际张家口发电厂企业标准针对电袋复合除尘器的管理内容、管理目标、主管、协管部门及岗位和管理流程制定了企业标准《电袋复合式除尘器管理标准》（Q/CDT-IZJKTP 210024—2015）。本工程严格按照该企业标准进行除尘器日常运行管理和维护。

工程运行情况

项目于 2014 年 8 月完成改造并运行。项目已连续运行 32 个月，系统整体运行稳定，出口粉尘排放浓度$\leqslant 20mg/m^3$。

据 2014 年 9 月环保监督监测报告：出口烟尘排放浓度为 $12mg/m^3$，符合《火电厂大气污染物排放标准》（GB 13223—2011）要求。

经济效益分析

一、投资费用

总投资1792万元，其中设备投资1522.6万元。运行费用120万元/年。

二、效益分析

运行平均压力损失为750Pa，较设计压力损失1200Pa，综合节能近40%；按年平均运行时间6000h，年节约用电82.5万千瓦·时，电价0.45元/(kW·h)计算，节约费用37万元；排放浓度≤10mg/m^3，减排烟尘132t/a，按以烟尘排污费275元/t计算，年节省成本3.6万元；除尘环保加价0.2分/(kW·h)，除尘环保加价超低排放补贴360万元/年。综上，直接效益达400万元/年。

环境效益分析

污染物名称	烟尘
应用前含量	60000mg/m^3
应用后含量	17mg/m^3
削减率	99.9%
年削减总量	39.6万t
减排量	132t

工程排污许可

一、排污许可证核发单位

河北省环境保护厅

二、排污许可证有效期

2016年4月25日至2018年4月24日

三、排污许可

SO_2：2302.103t/a；NO_x：2908.004t/a。

获奖情况

2013年国家重点环境保护实用技术

2013年国家重点新产品

2014年环保部科技进步奖二等奖

联系方式

联系单位：厦门三维丝环保股份有限公司

联系人：郑锦森

地址：福建省厦门火炬高新区（翔安）产业区春光路1178-1188号

邮政编码：361101

电话：0592-7769777
传真：0592-7769763
E-mail：savings@savings. com. cn

2017-S-25

工程名称

燃煤电厂多种烟气净化装置协同脱汞工程

工程所属单位

浙江天地环保工程有限公司

申报单位

浙江浙能台州第二发电有限责任公司

推荐部门

台州市环境保护局

工程分析

一、工艺路线

利用燃煤电厂现有的脱硝、低低温电除尘、脱硫和湿式电除尘等设施，脱硝催化剂更换成高氧化性催化剂，进行各种烟气净化装置协同脱汞。

二、关键技术

1. 高氧化性催化剂对汞的氧化

高氧化性催化剂通过添加氧化性的活性物质，在进行选择性催化还原脱硝的同时，由于氧化性活性物质的存在，将 Hg^0 氧化为 Hg^{2+} 的氧化效率提高 40%～80%（见图 1）。

因此，对于高氧化性催化剂的选型需要既不影响原有选择性催化还原反应，在加强 Hg^0 氧化的同时，又不能使 SO_2/SO_3 的转化率有大幅度提升，需要从理论上对氧化性物质进行计算、优选（见图 2～图 4）。

不同浓度活性组分再负载后催化剂的汞氧化性能见图 5，0 代表未负载汞氧化配方的催化剂性能。从图 5 中可以看出，负载了不同浓度的活性组分的催化剂，其汞氧化性能得到了大幅度的提升。

催化剂再负载前后的活性数据：再负载前催化剂活性为 47. 3m/h，再负载后活性为 46. 6m/h。从图 6 中可看出，再负载后的催化剂活性与改性前基本相当。

根据以上研究认为，通过对催化剂加入合适的改性氧化组分，可以使催化剂在具备催化脱硝性能的同时，对 Hg^0 也具备一定的氧化作用，使得总汞的排放浓度满足相关规范要求。

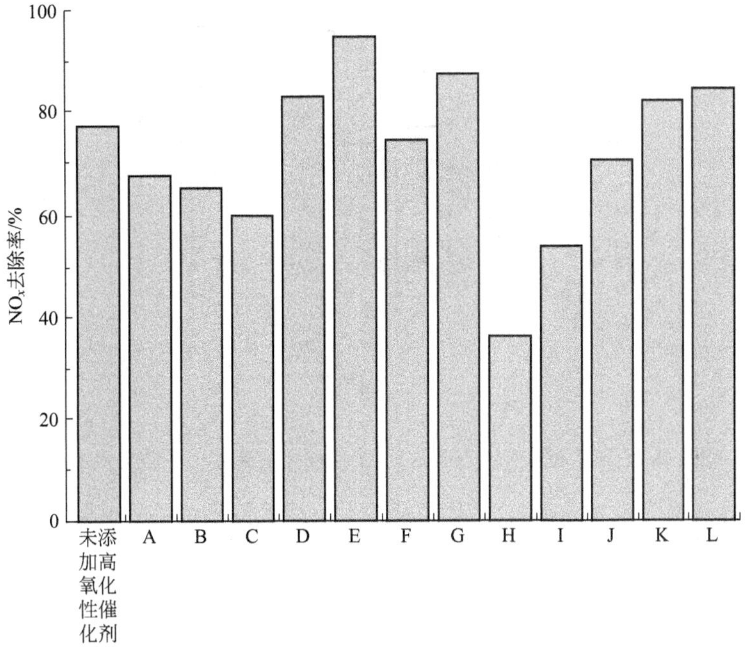

图 1　不同金属氧化物改性后的 SCR 催化剂脱硝性能实验研究结果

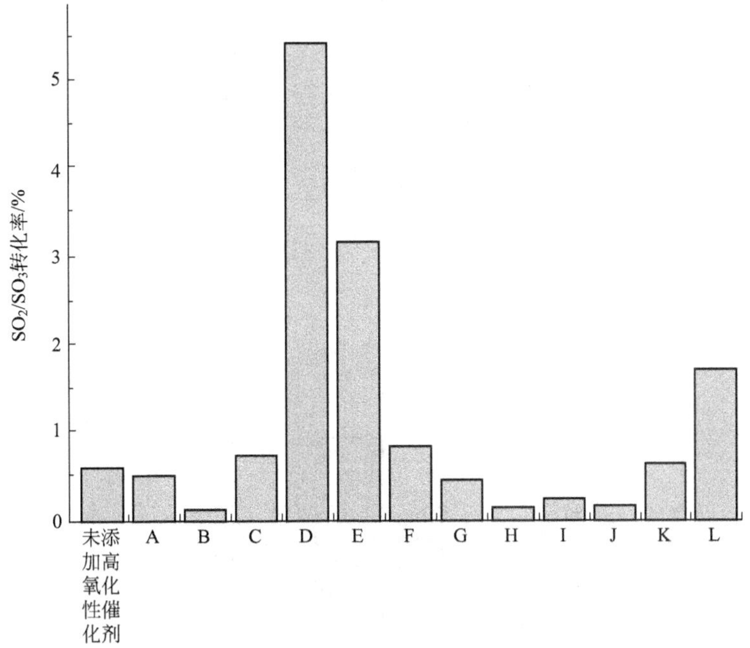

图 2　不同金属氧化物改性后的 SCR 催化剂 SO_2/SO_3 转化率性能实验研究结果

2. 低低温电除尘器协同脱汞能力提升

在干式电除尘器上使用低低温电除尘技术，将进入干电的烟气温度降低至 90℃左右，从而使飞灰的平均比电阻值进入最佳捕集区间 $10^4 \sim 10^{11}\Omega \cdot cm$，从而提高干电对

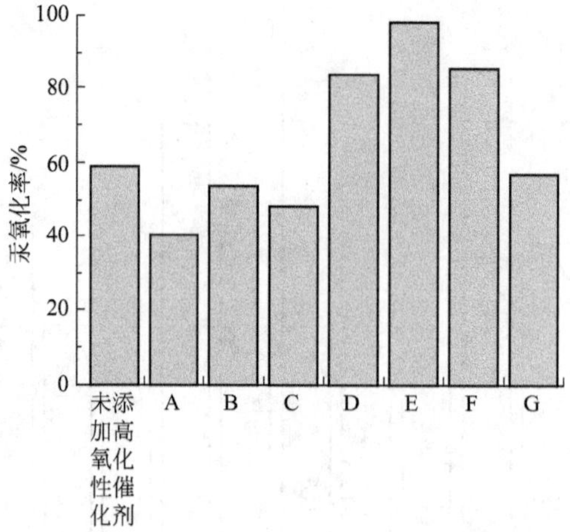

图 3　不同金属氧化物改性后的 SCR 催化剂汞氧化性能实验结果

图 4　催化剂对比［再负载催化剂（左），新鲜催化剂（右）］

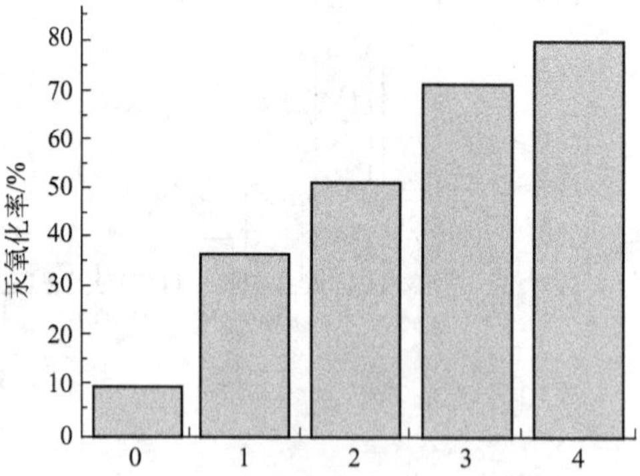

图 5　不同浓度活性组分再负载后催化剂的汞氧化性能

飞灰的脱除能力。另外，烟气在进入除尘器前温度降低，烟气体积缩小，使得其流速也相应减小，在电除尘器内的停留时间就会增加，可增加对飞灰的脱除效率，也使得电除尘装置可以更有效地对在中间电场脱附的烟尘进行捕获，从而达到更高的颗粒汞

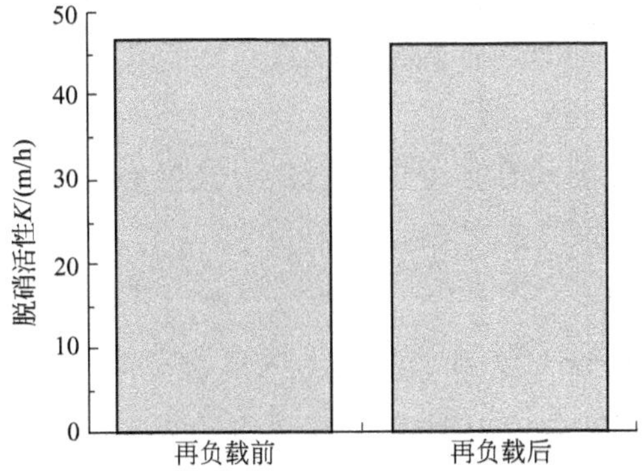

图 6　催化剂再负载前后的脱硝活性

脱除效率。通过低低温电除尘器，可将电除尘器的脱汞能力从 30%左右提升至 50%以上。

低低温电除尘器通过在电除尘器前设置烟气-热媒水换热器来达到降低入口烟温的效果，并在易漏风处（如人孔门等）采用不锈钢贴衬防止腐蚀现象，对灰斗采用蒸汽加热使灰斗处温度在 100℃以上，以保证灰的流动性。

3. 脱硫装置协同脱汞能力提升

脱硫装置（FGD）对汞的脱除能力较强，尤其是对 Hg^{2+} 的脱除效率可以达到 70%以上，影响脱硫装置脱汞效率的主要因素有液气比、烟气分布均匀性、pH 值等因素。

（1）提高液气比　液气比对脱汞效率的高低有着重要影响。在吸收塔设计中，在其他参数恒定的情况下，提高液气比相当于增大了吸收塔内的浆液喷淋密度，从而增大了气液传质表面积，强化了气液两相间的传质，提高液气比是提高脱汞效率的有效措施。

（2）采用均流增效板提高脱汞效率

均流增效板上可保持一层浆液，沿小孔均匀流下，形成一定高度的液膜，使浆液均匀分布。液膜使烟气在吸收塔内与浆液的接触时间增加，当烟气通过均流增效板时，气液充分接触，均流增效板上方湍流激烈，强化了烟气中汞与浆液的反应，形成的浆液泡沫层扩大了气液接触面，提高吸收剂利用率，可有效降低液气比，降低循环浆液喷淋量。

（3）控制 pH 值　在脱硫吸收塔内，反应后存在于循环石灰石浆液中的 Hg^{2+} 仍可能被还原成 Hg^0 再释放，其理论反应如下所示（其中 Me 代表 Ca、Mg 和 Fe 等）：

$$2Me^{2+} + Hg^{2+} \longrightarrow Hg^0 + 2Me^{3+}$$

$$SO_3^{2-} + H_2O + Hg^{2+} \longrightarrow Hg^0 + SO_4^{2-} + 2H^+$$

由于循环石灰石浆液会在脱硫塔内进行循环喷淋，再释放的汞将回到烟气中，降低脱硫系统对烟气中汞的脱除效率。于是，根据研究结果，pH 值在 5～6 范围内时，降低脱硫浆液的 pH 值会使 H^+ 浓度上升，继而抑制了前述方程式中 Hg^{2+} 的还原。

由上可知，使用均流增效板，提高液气比，同时控制 pH 值可提高脱硫系统的脱汞效率，因此脱硫装置协同脱汞能力的提升采用单层均流增效板+标准型喷淋五层方案，并在保证脱硫效率的同时尽量降低 pH 值，使脱硫装置对二价汞的脱除效率达到 90%以上。

在脱硫装置中，脱除的汞存在于循环石灰石浆液和废水中。经检测，循环石灰石浆液中的汞主要以 Hg^{2+} 的形式存在，Hg^{2+} 主要以 $HgSO_4$ 的形式存在，还有少量以 $HgCl_2$ 的形式存在。$HgSO_4$ 形态稳定，不容易分解，其热解释放温度高达 400℃以上，汞不会还原释放，且其可进一步与水反应生成更稳定的 $Hg_3O_2SO_4$。另外，$HgCl_2$ 的热解释放温度也高达 200℃以上，且会与浆液中的 SO_3^{2-} 等离子生成更为稳定的络合物。因此，石灰石浆液中的汞会被固化在浆液中，不会重新还原释放，引发二次污染。在实际的脱硫石膏生产使用过程中，也未发现汞对其品质的影响。脱硫废水中的总汞含量不超过 25μg/L，《污水综合排放标准》(GB 8978—1996) 对废水中汞含量要求为不高于 50μg/L，显然脱硫废水中的汞含量未超标。因此，脱硫系统中脱除的汞并不存在着二次污染的可能性。

4. 湿式电除尘器对汞的深度净化

对于湿式电除尘器，放电强度和电流密度对其脱汞能力有着较大影响。高频电源具有以下优势：

(1) 三相平衡供电　高频电源为三相输入，三相供电平衡，电源效率大于 90%，功率因数大于 0.95，无缺相损耗，无电网污染。

(2) 更高的收尘效率　高频电源的电压波形脉动更小，因此电压水平可以更高，收尘效率也更高。

(3) 更好的节能效果　高频电源具有高达 93%以上的电能转换效率，在电场所需相同的功率下，可比常规电源具有更小的输入功率（约 20%），具有节能效果，有更好的荷电强度，在保证了粉尘充分荷电的基础上，可以大幅度减少电场供电功率，从而减少无效的电场电功率。

(4) 检测更精确　高频电源软硬件双重检测，信号检测周期小于 15μs。

(5) 关断更迅速　高频电源火花关断时间约 25μs，高频电源控制关断更迅速，使除尘器及电源受到的冲击更小，火花期间的能源浪费也显著降低。

(6) 恢复更快　高频电源火花后恢复时间约 10ms，提高了电场的平均电压，从而提高了除尘效率。

(7) 更方便的安装方式　高频电源采用集成一体化结构，体积更小、重量更轻。

因此，采用高频电源，并提升电流密度可增加湿式电除尘器的脱汞效率。

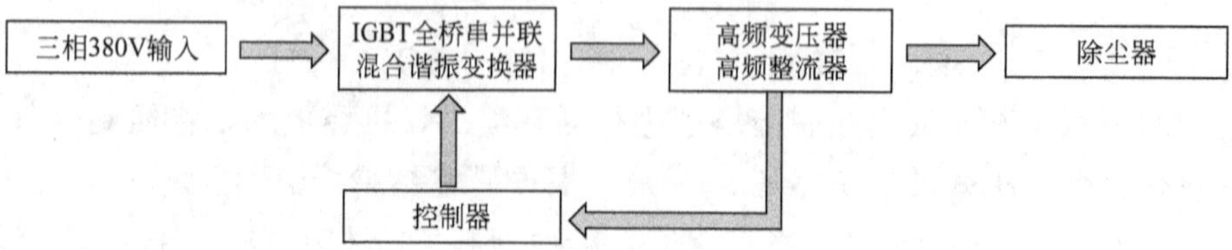

高频电源原理

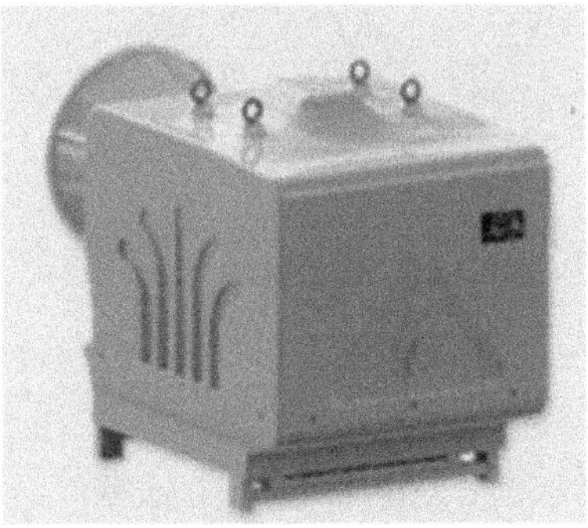

高频电源外形

综上所述，采用配备高频电源的湿式电除尘器对汞起到了深度净化作用，对总汞的脱除能力可达70%以上。

工程规模

2×1000MW级超超临界国产燃煤发电机组。

主要技术指标

通过脱硝、低低温电除尘、脱硫、湿式电除尘等多种烟气净化装置协同控制作用，机组外排烟气中的汞及其化合物浓度可降低至3$\mu g/m^3$以下。

主要设备及运行管理

主要设备有脱硝设备、低低温电除尘设备、脱硫设备、湿式电除尘设备等。

经济效益分析

一、投资费用

本项目共投资450万元。

二、运行费用

新增材料投资450万元，利用周期为三年，不需额外运维费用。

三、效益分析

若采用其他技术中投资最小的煤中添加卤素技术，其年运行成本约为500万元，折合每年支出费用0.005元/(kW·h)。相对比来看，多种烟气净化装置协同脱汞技术每年节约0.0035元/(kW·h)，即350万元，具有较大的经济效益。

工程排污许可

一、排污许可证核发单位

浙江省环境保护厅

二、排污许可证有效期

2017年7月1日～2020年6月30日

三、排污许可量

总量要求：颗粒物 700t/a；二氧化硫 1348t/a；氮氧化物 1925t/a。

获奖情况

2016 年度电力建设科学技术进步一等奖

联系方式

联系单位：浙江浙能台州第二发电有限责任公司
联系人：金士政
地址：浙江省台州市浦坝港镇能源路 1 号
邮政编码：317109
电话：13906589443
传真：0576-89339900
E-mail：49845996@qq.com

2017-S-26

工程名称

首创悦都新苑燃气锅炉低氮改造项目

工程所属单位

北京华远意通热力科技股份有限公司

申报单位

北京泷涛环境科技有限公司

推荐部门

北京市环境保护产业协会

工程分析

一、工艺路线

采用 FGR（烟气再循环）型燃烧器＋FGR，为多技术耦合型低氮燃烧器，火焰锋面温度分配均匀，可以承受 20%以上的再循环率，降低 NO_x 排放量。代表产品为泷涛 ULN 低氮燃烧器。

二、关键技术

目前商用技术路线对比如下表所列。

项目/技术	贫燃预混	LNB+FGR	FGR 型燃烧器+FGR	FIR
NO_x 排放/(mg/m³)	<30	<80	<30	<80
燃烧效率	需要高过量空气系数	无显著影响	无显著影响	无显著影响
锅炉效率	(−)1%～2%	(−)2‰	(−2)‰	无显著影响
投资	中	低	低	中
运行费用	高(金属纤维、滤网更换、人工维护)	无	无	无
安全隐患	回火、爆燃	无	无	无
其他	燃气、空气较脏,易堵	降低最大出力	2t/h 以上适用	燃气压力需求较高

关键技术:

(1) 机械位置的匹配　根据锅炉实际孔径进行燃烧器优化设计，固定位置、燃烧头长度、燃烧头直径等指标精确匹配现有锅炉，避免后续产生锅炉设备过热、燃烧不稳定、锅炉振动等情况。

(2) 燃烧效果及排放的匹配　根据锅炉炉膛直径和长度进行燃烧器优化设计，采用 CFD 模式，进行模拟匹配，火焰直径和长度充分匹配现有锅炉，燃烧稳定充分，避免了局部火焰温度过高造成燃烧不稳定和排放不达标的情况。

通过 CFD 模式，实现了设备还未出厂，便能预测 NO_x 实际排放范围区间，确保了项目的技术可行性。

(3) 控制系统的匹配　控制系统与原有锅炉控制系统进行匹配，采用主从控制关系，直接控制锅炉控制系统，便可实现对燃烧器控制，原有锅炉控制的气候补偿节能控制系统、分区分时段供暖系统、热网平衡系统等功能完全保留不受影响。

工程规模

悦都新苑项目共 3 台燃气锅炉，3 台出力 4.2MW，用于居民小区供热，每年耗气量约 180 万立方米。项目实施前，NO_x 排放浓度在 130～150mg/m³之间，排放烟气总量约 2550 万立方米，NO_x 排放量约 3.8t。

主要技术指标

燃料为天然气，35MJ/m³；电子比例调节，变频调节比 1∶6（不变频调节比 1∶3）；污染物排放，氧含量<3.5%，NO_x<30mg/m³（@3.5%O_2），CO<60mg/m³（@3.5%O_2）；噪声小于 80dB(A)；间接旁路点火。

主要设备及运行管理

低氮燃烧器配有全自动控制系统，可根据温度需求自动调节负荷，不需专职人员全程操作控制。本套设备自投入运行开始，运行情况良好，NO_x 排放稳定，故障率低。

工程运行情况

系统运行稳定，有效降低 NO_x 排放浓度至 $30mg/m^3$ 以下，常年维持在 $28mg/m^3$ 以下。

经济效益分析

一、投资费用

总投资：67 万元。

主体设备寿命：15 年。

二、运行费用

除正常燃烧器维护以外，无额外运行费用。

三、效益分析

按现行燃气收费标准，每立方米天然气 2.28 元，改造实施后，燃气费节省：$1800000\times4\%\times2.28$ 元$=16.4$ 万元

按现行环保规定，将避免超标罚款费。

环境效益分析

本项目主要降低锅炉 NO_x 排放浓度，实现达标排放。以每年运行 120 天，燃气消耗量约 180 万立方米，烟气排放量为 2550 万立方米、浓度为 $150mg/m^3$ 计算，项目实施前，每年排放量为：$25500000m^3\times150mg/m^3\div10^9=3.825t$。项目实施后，燃气量减少 4%，氧含量降低至 4.5%（均值），烟气排放量降低至 2287 万立方米，NO_x 浓度以 $30mg/m^3$ 计算，每年排放量为：$22870000m^3\times30mg/m^3\div10^9=0.686t$。减少排放：$3.825t-0.686t=3.139t$；消减率为：$3.139t\div3.825t\times100\%=82\%$。

环保验收

一、环保验收单位

北京市房山区环保局

二、环保验收时间

2016 年 12 月 21 日

三、验收意见

合格。

联系方式

联系单位：北京泷涛环境科技有限公司

联系人：雷刚

地址：北京市丰台区园博园南路渡业大厦 5 层

邮政编码：100072

电话：010-83878192
传真：010-83878192
E-mail：leigang@longtech-env.com

2017-S-27

工程名称

常州东方特钢有限公司烧结烟气脱硫硫酸镁回收项目

工程所属单位

常州东方特钢有限公司

申报单位

常州联慧资源环境科技有限公司

推荐部门

中国环境保护产业协会脱硫脱硝委员会

工程分析

一、工艺路线

硫酸镁回收系统由烟道浓缩喷淋系统、中和除杂系统、结晶冷却系统、离心甩滤系统及包装系统组成。

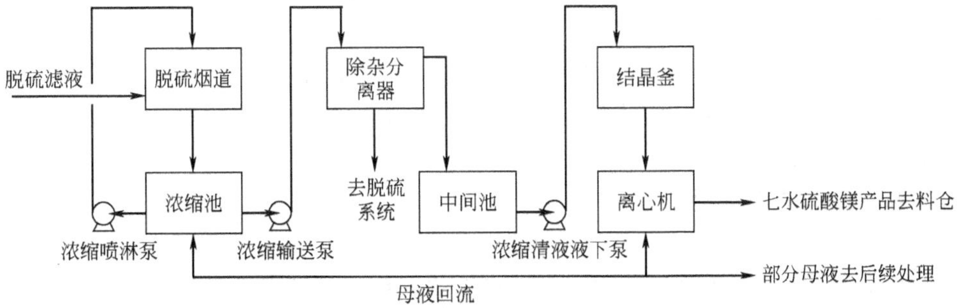

1. 烟道浓缩喷淋系统

烟气脱硫系统中的压滤机滤液（硫酸镁溶液），由滤液泵输送到烟道浓缩系统中；低浓度（约12%）硫酸镁溶液经过浓缩喷淋循环泵从烟道顶部喷淋至烟道内，与烧结脱硫系统烟道内的高温烟气充分接触，蒸发溶液中的水分，以达到提高硫酸镁溶液浓度及溶液温度（约60℃）的目的。

2. 中和除杂系统

当提浓后的硫酸镁达到一定的浓度后，经浓缩输送泵将高浓度的硫酸镁溶液（溶液温度约为60℃）送至除杂分离器中。观察固液分离器中液体pH值，如pH值低于5.5，则加入氧化镁浆料进行中和，将pH值调至6.5～7。

经过充分沉降，将溶液中的大部分颗粒去除，从除杂分离器底部间歇排至脱硫系统；上清液溢流至中间池中。经过除杂系统，硫酸镁溶液温度有一定降低，从60℃降至50℃左右，需保证在中间池中硫酸镁溶液无晶体析出。

3. 结晶冷却系统

在中间池中的硫酸镁清液，经过浓缩清液液下泵送至结晶釜中进行冷却结晶。送入结晶釜中的硫酸镁溶液，通过自然冷却加夹套冷却水冷却的方式，将硫酸镁溶液冷却至30℃左右，此时约有20%的硫酸镁结晶从溶液中析出。

4. 离心甩滤系统

硫酸镁溶液在结晶釜中冷却至30℃后，形成硫酸镁结晶固液混合液，从结晶釜底部送入离心机中进行甩滤。在离心甩滤的作用下，分离出硫酸镁结晶及母液。分离出的母液部分送至后续水处理系统，剩余母液回流至浓缩喷淋系统进行再次浓缩；分离甩干的硫酸镁结晶颗粒送入料仓或进行后续处理。

5. 包装系统

经过离心甩干后的七水硫酸镁结晶颗粒输送至料仓，将料仓中的硫酸镁进行分批装袋包装，形成七水硫酸镁产品。

二、关键技术

1. 镁法脱硫废水的提浓技术

该项技术主要针对镁法烟气脱硫副产物硫酸镁溶液进行提浓的过程，通过脱硫系统进口高温烟气与低浓度硫酸镁溶液充分接触，蒸发溶液中的水分，以达到提高硫酸镁浓度及溶液温度的目的。

该技术环节关键控制点：一是在换热过程中防止浓缩液在循环过程中形成过饱和溶液，从而在烟道中生成结晶体；二是需要控制烟气均布、烟气流速，防止液滴夹带，影响提浓效率。

该项技术在不采用外部热能的情况下，仅使用脱硫系统进口烟气热量将硫酸镁溶液达到提浓及升温的效果，大大降低了能源的消耗，降低回收成本，在同行业内尚未有先例。

2. 硫酸镁溶液中杂质的去除

由于本技术主要针对镁法烟气脱硫副产物进行回收处理，其中回收溶液中含有大量其他杂质（铁、氯及其他重金属），需要将溶液中杂质去除。

该项技术采用轻烧氧化镁作为调整浓缩液pH值的碱性药剂，将溶液中金属离子通过调整pH值的手段去除，在调整溶液pH值的同时不另外增加其他离子。该除杂池既是一个反应器，同时也是一个换热器，需控制氧化镁在除杂池内的停留时间，防止在除杂池内温度下降过快而结晶。

在后续的离心甩滤过程中，通过控制离心过程，降低产品表面水含量，减少杂质的附着。该项技术有效降低产品中的杂质，提高产品纯度，取得了良好的效果。

3. 硫酸镁产品质量控制

在硫酸镁溶液冷却结晶的过程中，需要通过控制各项参数来保证结晶产品的形态和质量。该项技术通过冷却结晶的物理特性，有效控制在冷却过程中的各项技术参数，通过改变结晶釜搅拌桨样式、结晶釜搅拌桨的转速、降温冷却速率、终点温度等参数，提高七水硫酸镁产品的形态和质量，提高收率。

经正交分析及实验数据分析，在采用锚式搅拌桨，搅拌桨的转速控制在 45～50r/min，降温速率控制在 4～6℃/h 的条件下，硫酸镁结晶体的形态最佳，产品中85%以上的硫酸镁晶体粒径大于 30 目。

工程规模

常州东方特钢有限公司烧结烟气脱硫硫酸镁回收项目，是针对东方特钢有限公司 $180m^2$ 烧结机烟气脱硫项目脱硫废水，回收工业级七水硫酸镁，减少废水处理，增加产物价值，整体降低脱硫成本。

该项目总投资为 500 万元，2015 年 8 月正式开工建设，2016 年 3 月建成，投入运行。系统占地约 $280m^2$，年回收工业级七水硫酸镁 8000t，年综合处理脱硫废水 3.25 万吨。本工程实施后，可整体削减脱硫系统废水排放 80%。脱硫产物处理装置投资约 500 万元，实现年收益 130 万元，投资回报期不到 4 年，具有良好的投资回报效益。

主要技术指标

(1) 七水硫酸镁技术指标：

硫酸镁（以 $MgSO_4 \cdot 7H_2O$）：≥99%；

氯化物（以 Cl 计）：≤0.2%；

铁（以 Fe 计）：≤0.003%；

不溶物：≤0.05%。

(2) 其他技术指标：

硫酸镁综合回收率：≥80%；

废水排放 COD 削减率：≥90%。

主要设备及运行管理

一、主要设备

名称	规格(型号、参数)	基本材质	数量
浓缩烟道	规格：长度 23.3m，最高处 7.1m	碳钢内衬玻璃鳞片	1
浓缩喷淋泵	型号：100FDU-50-100/20-C3； 流量：$100m^3/h$；扬程：20m；功率：25kW	塑料泵	3
浓缩池	规格：6000m(长)×2000m(宽)×3000m(深)	混凝土内衬玻璃鳞片	1
浓缩输送泵	型号：40FUH-50-15/50-U1/U1-T2； 流量：$15m^3/h$；扬程：50m；功率：11kW	塑料泵	2
除杂分离器	规格：7000mm(长)×3500mm(宽)×3500mm(高)	316L	1

续表

名称	规格（型号、参数）	基本材质	数量
浓缩清液液下泵	型号：65FYUC-50-45/30-1500+1200； 流量：45m^3/h；扬程：30m；功率：15kW	塑料泵	2
结晶釜	12m^3，罐体外壁夹套冷却	釜体316L	6
结晶釜搅拌	40r/min，功率11kW，框式搅拌		6
离心机	PAUT1250；最大装料量：610kg；转速：970r/min；功率：30kW		1
PAM配料罐	200L塑料桶	塑料	1
硫酸镁料仓	80m^3	碳钢	1
母液储罐	体积：2m^3； 规格：ϕ1200×1800	碳钢	1
母液外排泵	型号：CDL12/5； 流量：10m^3/h；扬程：30m；功率：3kW	碳钢	1
滤液输送泵	型号：TL65/20； 流量：40m^3/h；扬程：15m；功率：3kW	碳钢	1

二、运行管理

（1）为保证硫酸镁生产系统各设备正常运行，需配备相应的操作、维护、检修人员。本系统技术含量高，全装置为PLC控制。

（2）部分高层次的人才担任管理人员。组建一支既具有理论基础知识又懂实际操作的高素质队伍。操作人员上岗前，应完成基础理论知识培训、设备操作和维修的培训，经考试合格。

（3）本设计按系统正常操作、维护的人员、设备检修由厂检修工段统一考虑，系统人员配置如下表所列。

岗位与工种	一班	二班	三班	替换班	小计
操作工	3	3	3	3	12

工程运行情况

该工程建设完成后，由常州联慧资源环境科技有限公司负责运行生产维护，生产管理人员全部统一协调指挥。

该工程已运行一年多，整体运行良好，从脱硫废水处理量、回收工业级七水硫酸镁产量及品质等方面综合来看，整体运行情况达到预期目标，工程各项指标均达到设计要求。

经济效益分析

一、投资费用

总投资：500万元。其中，设备投资350万元。

主体设备寿命：20年。

二、运行费用

序号	项目	数量	单位	单价/元	费用/万元
一	年产量	8000	t/a	420	336.00
二	生产成本				
1	电耗	240000	kW·h/a	0.56	13.32
2	蒸汽	362.01	t/a	135.15	4.89
3	包装	160000	只/a	1.20	19.20
4	维修	1	项	400000	40.00
5	管理费	1	项	500000	50.00
6	销售费用	8000	t/a	20.00	16.00
7	人工	12	人	50000	60.00
	成本合计				203.41
三	年收益				132.59

三、效益分析

本脱硫副产物处理装置投资500万元，设计七水硫酸镁生产能力10000t/a，实际生产工业级七水硫酸镁8000t，年净收益132.59万元。投资回报期不足4年。

环境效益分析

本工程实施以来，创造了良好的环境效益，减少了脱硫废水的排放，提供了一个高效、综合解决镁法烟气脱硫副产物的解决方案。SO_2排放总量减少，改善了区域的空气质量，减少了酸雨的形成，为维持区域生态平衡创造了条件。同时，本脱硫副产物处理技术降低了烟气脱硫的能耗，较传统脱硫产物处理技术降低能耗50%，减少废水排放量50%，实施了脱硫过程的节能减排。脱硫产物硫酸镁含量高，为实施综合利用创造了条件。硫酸镁综合回收率≥80%，废水处理量削减90%，减少了脱硫废水的处理，实现了脱硫产物的资源化，整体降低脱硫成本，有着明显的经济、社会价值。

工程环保验收

一、环保验收单位

常州市武进区环境保护局

二、环保验收时间

2016年3月

三、验收意见

SO_2、氮氧化物、烟尘等项目，符合国家技术规范中的要求，并均达到国家排放标准。

获奖情况

2015 年获得安徽省科技进步一等奖。

联系方式

联系单位：常州联慧资源环境科技有限公司
联系人：唐燕
地址：江苏省常州市新北区通江路 367 号太阳城商务中心 1201 室
邮政编码：213022
电话：15189704150
传真：0519-85607883
E-mail：63365863@qq.com

2017-S-28

工程名称

热氮气活性炭再生集中脱附处理装置

工程所属单位

东莞台升家具有限公司

申报单位

广州市怡森环保设备有限公司

推荐部门

广东省环境保护产业协会

工程分析

一、工艺路线

本项目工艺路线见图 1。

本项目工艺流程见图 2。

二、关键技术

（1）脱附冷凝　活性炭吸附饱和后，关闭吸附管路阀门，打开脱附管路阀门，氮气将脱附管路中的空气全部赶出，当氮气在管路中的纯度达到 99.9%后开启加热。饱和活性炭脱附，经过换热器节约能耗，再依次经过表冷和深冷两道降温处理，有机溶剂被冷凝回收下来。表冷工序是有机废气与冷却塔中常温冷水进行热交换，深冷工序是有机废气与冷冻水进行热交换。有机废气冷却变成液态溶剂回收

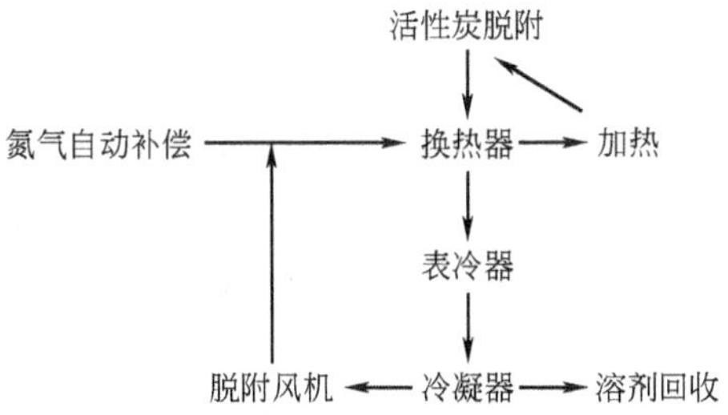

图 1　项目工艺路线

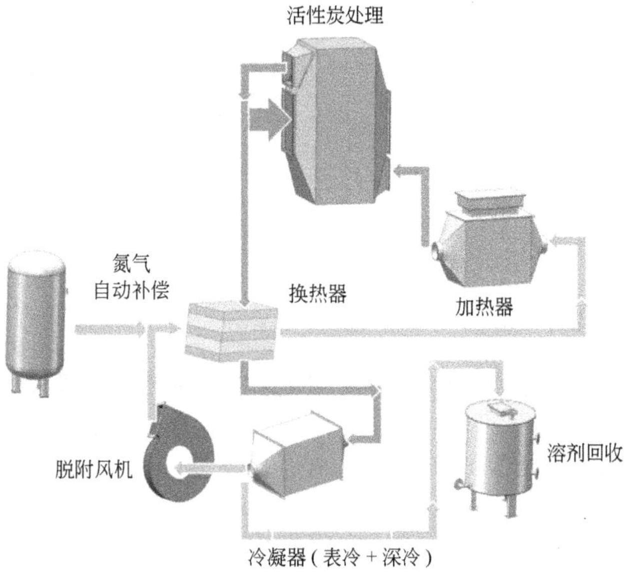

图 2　项目工艺流程

后，脱附管道内原有机废气空间被氮气补偿进来，维持管内压力恒定。剩余的有机废气进入换热器加热，重新进入系统内循环，准备二次冷凝。

（2）热氮气脱附　脱附循环管道为无氧或低氧密闭系统，设备开车前，关闭相对应的活性炭吸附床进气大阀门，打开吸附床出气大阀门，打开脱附管道进气、出气阀门，预先对对应床的脱附管路和活性炭吸附床进行除氧处理，将氮气充入活性炭吸附床，根据设置的含氧量仪表监控充氮，达到设计值后关闭吸附床出气大阀门，进入脱附过程。然后开启循环风机，加热器同时送电升温。在循环风速稳定的条件下，调节加热器功率至活性炭吸附器入口风温达到设定温度。当脱附气体温度上升至预定温度后，溶剂浓度经连续积累后达到一定的溶剂蒸气压，脱附气体进入冷凝系统，凝结并得到回收溶剂。

工程规模

工程占地面积约为 500m^2，产生有机废气处理量约为 1200000m^3/h，脱附风量 5000m^3/h，脱附前有机废气浓度 19.3ppm（77.2mg/m^3），共有 23 个吸附箱，每个吸附箱15天脱附一次，每次4～5h，共用一套热氮气活性炭吸附再生集中脱附处理回收装置。

主要技术指标

有机废气初始浓度：100mg/m^3（脱附前浓度77.2mg/m^3，脱附后浓度8～12mg/m^3）；

回收率：约90%；

初始有机废气风量：约1200000m^3/h；

脱附风量：5000m^3/h；

系统压力：≤10kPa；

氧气含量：<3%；

氮气脱附时间：4～5h；

设备承重：≥1000kg/m^2；

循环冷却水温度：32℃；

压缩空气压力：0.4～0.6MPa。

主要设备及运行管理

（1）主要设备：吸附罐、制氮机组、冷凝器、换热器、风机。

（2）运行管理：2016年起开始运行，实行专业化、自动化管理，确保设备高质量、稳定可靠的运行，维修管理简单方便。

工程运行情况

运行记录完整，无安全事故发生，连续正常稳定运行一年。

主要运行参数：

运行参数	设定范围
吸附周期	（以下各段所有时间总和）
预处理时间设定	180s
充氮时间设定	350s
脱附时间设定	120min
净化降温时间设定	90min
允许开车温度	50℃
加热器温度限设定	165℃
加热限制氧含量设定	3%
停车氧含量设定	5.0%
液位上限设定	700mm
液位下限设定	200mm
温度高限设定	190℃
温度极限设定	200℃
氮气气压报警值设定	100kPa
报警延时	45s

经济效益分析

一、投资费用

一次性投资费用：180 万元人民币。

二、运行费用

设备用电费：38 万元/年。

三、效益分析

（1）直接经济净效益：更换一次活性炭的费用约为 20 万元/年，共有 23 个吸附箱，采用本工程再生活性炭每年可节省 20×23＝460(万元)，其中已包含危险废物处理费。活性炭的更换周期可以延长至 2 年。

（2）投资回收年限：半年。

环境效益分析

该工程投入运行后，改善了员工的工作环境，提高了周围区域的大气环境质量，避免了环境纠纷。

工程环保验收

一、环保验收单位

东莞市环境保护局

二、环保验收时间

2016 年 3 月

三、验收意见

主要污染物类型：苯、甲苯、二甲苯、总 VOCs。

浓度：苯＜0.1mg/m^3；甲苯＜1mg/m^3；二甲苯＜1mg/m^3；总 VOCs 为 2～5mg/m^3。全部达标排放。

总量要求：达标排放，符合广东省《大气污染物排放限值》（DB 44/27—2001）第二时段二级排放限值以及广东省《家具制造行业挥发性有机化合物排放标准》（DB 44/814—2010）第Ⅱ时段排放限值。

联系方式

联系单位：广州市怡森环保设备有限公司

联系人：高淑敏

地址：广州市番禺区东环街番禺大道北 555 号天安总部中心 16 号楼 1104 房

邮政编码：511402

电话：020-34699300

传真：020-34699308

E-mail：esencn@163.com

2017-S-29

工程名称

红塔烟草（集团）有限责任公司大理卷烟厂环保综合治理工程

工程所属单位

红塔烟草（集团）有限责任公司大理卷烟厂

申报单位

红塔烟草（集团）有限责任公司大理卷烟厂
北京绿创声学工程设计研究院有限公司

推荐部门

大理市环境保护局

工程分析

一、工艺路线

1. 废气治理的工艺路线

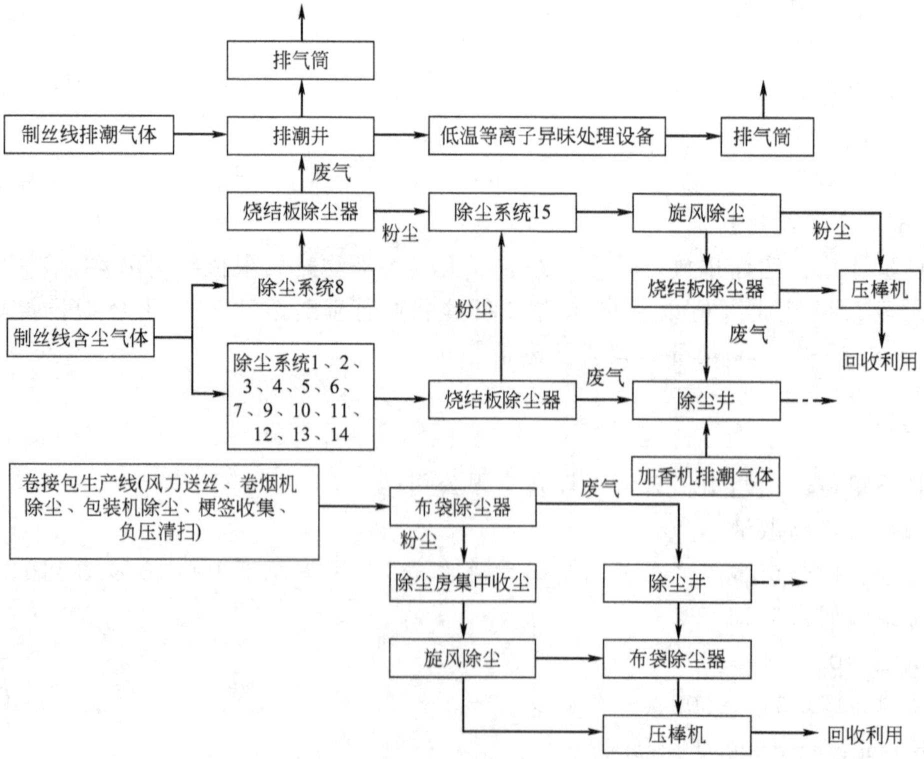

2. 废水治理的工艺流程

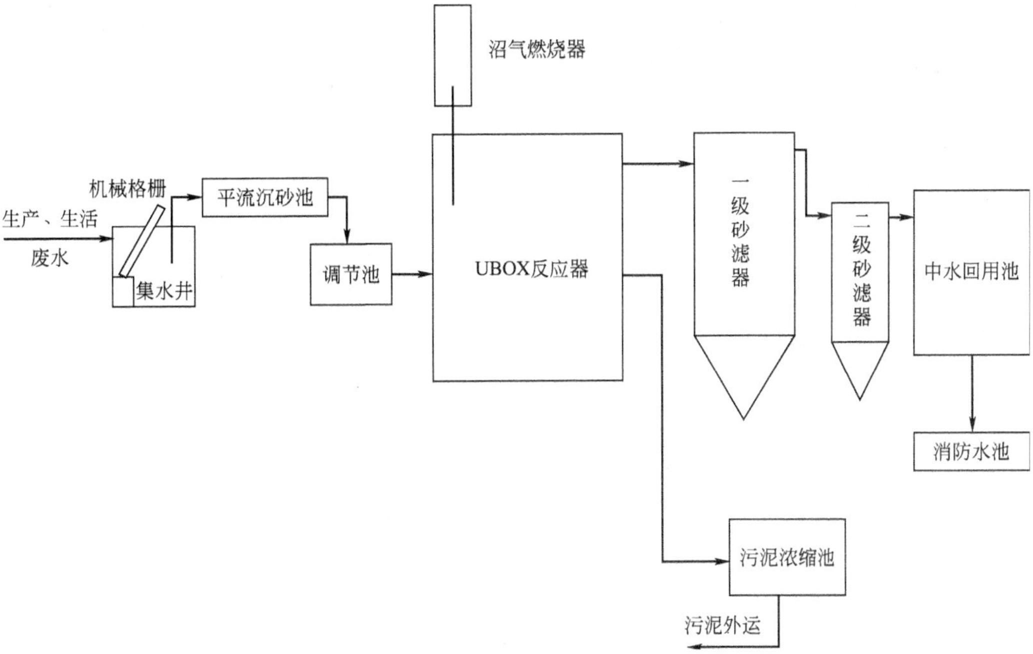

3. 固废治理

名称	产生量/(t/a)	成分	处置方式
污水处理站			
污泥	420	—	交大理市环卫站处置
工艺厂房			
集中除尘器粉尘 废烟梗	936.9	烟草粉尘和梗纤压成烟棒、用片烟无梗	按烟草专卖法律法规和有关规定,依法依规处置
废包装纸、纸板、纸箱、纸芯	1467	纸	通过招标签订合同请相关方合规处置
办公生产物业			
生活垃圾、绿化垃圾、生产办公垃圾	1097	果蔬废弃物、修剪枝叶草、全厂各类垃圾	交大理市环卫站处置
办公生产区			
危险废物	8.387	荧光灯管、废化学试剂、电子废弃物、废矿物油	签订合同请相关有资质单位合规处置
合计	固废产生量:约 3929.287t/a,全部妥善处理		

4. 噪声治理

序号	噪声源名称		数量	控制措施
1	制丝车间	5000kg/h叶丝生产线	1套	低噪声设备、隔声
		3000kg/h叶丝生产线	1套	低噪声设备、隔声
		2000kg/h梗丝生产线	1套	低噪声设备、隔声
2	卷接包车间	PASSIM7000	3台	低噪声设备、隔声
		ZJ17	10台	低噪声设备、隔声
		ZB116	2台	低噪声设备、隔声
		PROTOSM5	2台	低噪声设备、隔声
		FOCKE(400包/分)	8台	低噪声设备、隔声
		B1(400包/分)	7台	低噪声设备、隔声
		ZB48(800包/分)	2台	低噪声设备、隔声
		FXsoft cup(700包/分)	2台	低噪声设备、隔声
		车间混响	—	吸声
3	装封箱间	S-2000	4台	低噪声设备、隔声
		FOCKE465	2台	低噪声设备、隔声
4	嘴棒成型间	ZL26	6台	低噪声设备、隔声
		100	50台	柔性连接、消声器
		YJ35D	6台	低噪声设备、隔声
		YB17B	6台	低噪声设备、隔声
		YF161	6台	低噪声设备、隔声
5	生产辅房	除尘风机	19台	减振、隔声
		车间混响	—	吸声
6	动力中心	真空泵	5台	减振、隔声
		空气压缩机	4台(2用2备)	消音器、隔声
		锅炉鼓风机	3台(1用2备)	减振、隔声
		车间混响	—	吸声
7	厂界及敏感点	厂区内噪声		在厂界和生产车间种植植物,增加噪声衰减距离及吸收噪声,为厂界和敏感点提供更好的声环境

二、关键技术

1. 废气治理

(1) 针对制丝车间生产线高温高湿废气，采用了处理先进高效、运行维护方便的烧结板除尘器15套，进行集中收集，经烧结板除尘器处理后，废气经管道收集，处理达标后，进入烟气沉降室，通过一根18m的排气筒排放。通过旋风除尘器和集中烧结板除尘器收集的固体粉尘，经螺旋输送机输送到压棒机进行打块、压棒成型处理，外运，二次回收利用。

（2）对于卷包生产线含尘量较高废气，安装了17套布袋式除尘器对除尘点的废气进行集中收集，经布袋式除尘器处理后，废气经管道收集到除尘井，由距地面23m的高烟囱排放。通过旋风除尘器和集中布袋式除尘器收集的固体粉尘，经螺旋输送机输送到压棒机进行打块、压棒成型处理，外运，二次回收利用。

（3）在制丝生产线由于加工主要采用的是增温增湿及加香加料的方式，故生产过程会产生一定的粉尘和烟草异味，对于制丝线香料房散发的气体和布袋式除尘器处理后的废气，通过管道、排潮井和除尘井收集后，经低温等离子异味处理设备处理烟草异味，处理达标后，由距地面18m的高烟囱排放，有效地控制了各类异味对周围环境的影响。

（4）对除尘器定期除灰，及时清洗保养、换袋，保证除尘设备有效运行。

2. 废水治理

对整个建设区域内的排水系统采取了“雨污分流”的方式。雨水采用了雨水收集系统；生产废水和生活污水则统一收集至中水处理系统进行处理。全部集中处理后汇集至中水回用池，回用池设有液位控制装置，到达高位时自动送到厂前区的水池，并已规范设置排放口和安装废水在线监测系统。

3. 固废治理

对项目运行过程中产生固体废弃物的管理严格遵循国家对固废处理、处置的要求，尽量做到减量化、资源化、无毒化、无害化处理处置，在固废产生第一现场就对废弃物进行分类投放，分类回收，做到可再利用的全部回收利用。残次烟经废烟处理线处理后将烟丝与嘴棒、卷烟纸分离后分别处理，烟丝降级回掺到制丝生产线上。

4. 噪声治理

在设备方面，通过在设备选型时选择低噪声、隔声设备，采用柔性连接、安装消声器、减振等措施，优化工艺流程，合理布局生产设备，有效降低噪声。各生产车间把一些高噪声设备（除尘设备、空压机等）集中安装于室内，在机房内安装吸声板，在机房周边种植高大乔木，增加绿化面积，有效降低噪声。

联合工房采用网架结构，卷包车间内采用吸声吊顶，采用吸声材料和结构并优化配置，来控制混响时间，降低、消除反射声，降低和控制噪声。实现卷接包车间以中低频降噪为主、兼顾宽带吸声的环境噪声治理目标，综合实现卷接包车间内部环境噪声处理。

主要技术指标

1. 废气治理技术指标

（1）烧结板除尘器　烧结板过滤元件的捕集效率是目前除尘设备中效率最高的，它是一种表面过滤技术，由其本身特有的结构和涂层来实现，它不同于布袋除尘器的捕集效率是建立在黏附尘的二次过滤上。经烧结板过滤除尘后，除尘器的平均排放浓度$\leqslant 10mg/m^3$，除尘效率高达99.99%以上。

通过阻力测试表明，新型低阻、高强度塑烧滤板的阻力比以往的滤板降低约

20%，使选择风机的全压更为便利，可使风机电机的使用功率降低约5%。这对当前国家提倡的节能减排工作具有特别的意义。

（2）布袋式除尘器　除尘效率大于99.9%，除尘器出口排放浓度≤$10mg/m^3$。

（3）低温等离子异味处理器　臭气浓度（无量纲）低于500（无量纲），效率达92%以上。

2. 废水治理技术指标

$1000m^3/d$中水处理站（UBOX中水处理工艺系统，采用厌氧好氧一体化反应器+气提式连续砂滤工艺）对污染物的去除效率分别为：色度84.00%、浊度98.63%、悬浮物97.60%、总氮36.25%、氨氮96.28%、化学需氧量93.38%、生化需氧量98.43%、阴离子表面活性剂89.65%、磷酸盐98.88%、动植物油99.29%、石油类99.22%。

3. 固废治理技术指标

（1）中水处理站　中水处理站的固废主要为沉淀池污泥。污泥年产生量约为420t/a，交大理市环卫站处置，不外排。

（2）生产厂房　卷烟生产工艺产生的固废主要为除尘器收集下来的粉尘、废烟梗、卷烟废品和废包装纸，以上卷烟厂房产生的废品全部通过公开招标确定的处置方按烟草专卖法律法规和有关规定，依法依规处置处理。废品的处理方法如下：制丝、卷包除尘器收集的粉尘（烟草粉尘和梗纤压成烟棒、用片烟无梗）和废烟梗产生量约936.9t/a，按烟草专卖法律法规和有关规定，依法依规处置；废包装纸、纸板、纸箱、纸芯约1467t/a，通过招标签订合同请相关方合规处置。

（3）生活垃圾、绿化垃圾、生产办公垃圾，产生量1097t/a，交大理市环卫站处置，不外排。

（4）危险废物（荧光灯管、废化学试剂、电子废弃物、废矿物油等），产生量8.387t/a，按危废管理要求签订合同请相关有资质单位合规处置。

4. 噪声治理技术指标

序号	噪声源名称		数量	控制措施	降噪量/dB
1	制丝车间	5000kg/h叶丝生产线	1套	配套隔声罩	15
		3000kg/h叶丝生产线	1套	配套隔声罩	15
		2000kg/h梗丝生产线	1套	配套隔声罩	15
2	卷接包车间	PASSIM7000	3台	配套隔声罩	15
		ZJ17	10台	配套隔声罩	15
		ZB116	2台	配套隔声罩	15
		PROTOSM5	2台	配套隔声罩	15
		FOCKE(400包/min)	8台	配套隔声罩	15
		B1(400包/min)	7台	配套隔声罩	15
		ZB48(800包/min)	2台	配套隔声罩	15
		FXsoft cup(700包/min)	2台	配套隔声罩	15
		车间混响	—	吸声墙面、吸声吊顶	9

续表

序号	噪声源名称		数量	控制措施	降噪量/dB
3	装封箱间	S-2000	4台	配套隔声罩	15
		FOCKE465	2台	配套隔声罩	18
4	嘴棒成型间	ZL26	6台	配套隔声罩	18
		100	50台	安装减振系统、设置消声器	18
		YJ35D	6台	配套隔声罩	18
		YB17B	6台	配套隔声罩	18
		YF161	6台	配套隔声罩	18
5	生产辅房	除尘风机	19台	减振系统、配套隔声罩	20
		车间混响	—	吸声吊顶	8
6	动力中心	真空泵	5台	减振系统、隔声罩壳	25
		空气压缩机	4台 (2用2备)	安装消音器、隔声罩壳	25
		锅炉鼓风机	3台 (1用2备)	减振系统、配套隔声罩	25
		车间混响	—	吸声吊顶	8
7	厂界及敏感点	厂区内噪声		在机房周边种植高大乔木，增加绿化面积，对建筑、道路占地以外的所有地块进行绿化，绿化面积达到约42000m²，绿地率为22.7%。种植乔木类、灌木类和藤类，另外，区域的水景面积为3008m²，有效降低噪声，增加噪声衰减距离及吸收噪声，为厂界和敏感点提供更好的声环境	6

主要设备及运行管理

1. 废气治理

(1) 采用烧结板除尘器、布袋式除尘器、低温等离子异味处理设备。

(2) 对除尘器等设备定期除灰，及时清洗保养、换袋，保证除尘设备有效运行。

2. 废水治理

中水处理站采用厌氧好氧一体化反应器+气提式连续砂滤工艺，主要由预处理段、主体工艺段（厌氧、好氧一体化UBOX池）、末端工艺段组成。中水预处理段包含进水总阀、补水阀、格栅、集水井（一级提升泵、浮球液位计）、平流沉砂池、调节池（二级提升泵、搅拌器、超声液位计）、换气窗和异味抽吸泵。主体工艺段主要由厌氧、好氧一体化设施（简称UBOX池）、沼气收集器和排泥系统组成，UBOX池含厌氧单元、好氧单元、泥水分离单元和沼气处理单元。末端工艺段由一级砂滤和二级砂滤以及加药系统组成。

3. 固废治理

制丝车间通过旋风除尘器和集中烧结板除尘器收集的固体粉尘，经螺旋输送机输送到压棒机进行打块、压棒成型处理，外运，二次回收利用。

4. 噪声治理

在设备选型方面，选择低噪声、隔声设备，采用柔性连接、安装消声器、减振等措施，优化工艺流程，合理布局生产设备，有效降低噪声。各生产车间把一些高噪声设备（除尘设备、空压机等）集中安装于室内，在机房内安装吸声板，在机房周边种植高大乔木，增加绿化面积，有效降低噪声。卷包车间内采用吸声吊顶，采用吸声材料和结构并优化配置，来控制混响时间，降低、消除反射声，降低和控制噪声。

工程运行情况

改建工程完成后，整体运行正常。

经济效益分析

本工程规模为：年产卷烟 50 万箱/年；制丝综合生产线能力为：8000kg/h。本工程的总投资（一次性投资）为 13.23 亿元，其中环保投资（一次性投资）为 9369.76 万元，占地面积为 $185000m^2$。

炉渣、废纸及废弃包装物回收利用率达到 100%。

技改后测试当天全厂总用水量约 $16047.0m^3/d$，其中，新鲜水量约为 $488.9m^3/d$，循环水量为 $15558.1m^3/d$，重复利用率为 97.0%。全厂生产废水和生活污水经中水处理站处理后，供绿化、消防使用。

环境效益分析

红塔烟草（集团）有限责任公司大理卷烟厂就地技术改造项目实施后，化学需氧量排放总量为 2.94t/a，二氧化硫排放总量为 0.28t/a，均满足云南省环境保护局云环审〔2009〕208 号《云南省环境保护厅关于红塔烟草（集团）有限责任公司大理卷烟厂就地技改项目环境影响报告书的批复》（2009 年 7 月 30 日），该项目主要污染物排放总量指标初步核定为二氧化硫 66.51t/a、化学需氧量 22.39t/a 的指标要求，实现了总量减排。

大理卷烟厂较为重视厂区及周边绿化工作，在项目主体工程完工后，对建筑、路道占地外的所有地块进行了绿化，绿化面积比项目实施前有所增加，同时对项目未占用的原有绿化区域进行了改造和提升。绿化工程完成后，整个区域的绿化面积约为 $42000m^2$，绿地率为 22.7%。在厂界和生产车间种植植物，建成降尘、吸噪为一体的绿化带，既美化环境、净化空气，又起到了吸声降噪的辅助作用。

工程环境保护验收

一、组织验收单位

云南省环境监测中心站

二、验收时间

2016 年 11 月 28 日

三、验收意见

环保达标，通过验收。

联系方式

联系单位：红塔烟草（集团）有限责任公司大理卷烟厂
联系人：赵文刚
地址：云南省大理白族自治州大理市建设东路 191 号
邮政编码：671000
电话：0872-2360066
传真：0872-2360061
E-mail：18623248@qq.com

2017-S-30

工程名称

派河口藻水分离站恶臭废气治理工程

工程所属单位

合肥市包河区重点工程建设管理局

申报单位

中科新天地（合肥）环保科技有限公司

推荐部门

安徽省环境保护产业协会

工程分析

一、工艺路线

派河口藻水分离港是继塘西河藻水分离港之后的合肥市第二座藻水分离港，位于派河大桥南侧，由藻浆调峰池、藻水分离车间、生产用房及综合管理楼等组成。恶臭废气来源于藻水储存及处理设施单元，包括藻水分离车间内的絮凝沉降池、藻泥池、藻渣池等及藻浆调峰池。

本项目考虑现场管道及设备布局，采用两套恶臭废气处理系统，藻水分离车间内所有藻水处理设施单元采用一套，藻浆调峰池采用一套，合计两套。恶臭废气处理工艺为“收集、处理和排放”三段式工艺，具体工艺流程如下：

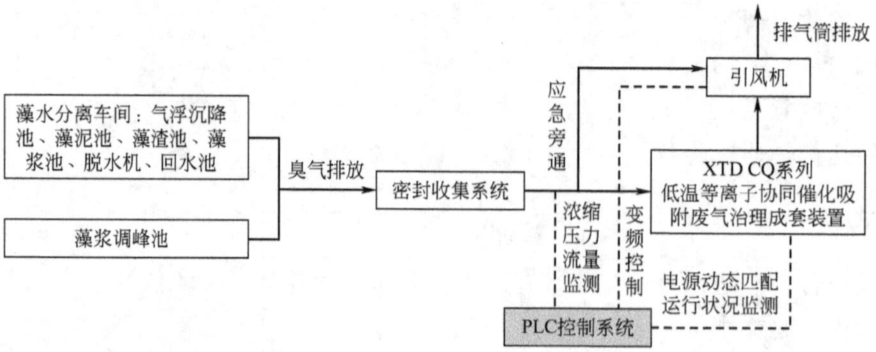

工艺说明：

1. 藻水分离车间恶臭废气治理

藻水分离车间恶臭废气主要是针对车间内沉淀池、气浮池、藻泥藻浆池、藻泥脱水等过程中所产生的废气做收集处理，成分主要包括烯烃、芳烃、硫醚、硫醇等硫化物等。针对该部分污染源均采用封闭式收集的方法，汇总后通过低温等离子体协同催化吸附废气治理成套装置净化，其中低温等离子体采用双介质阻挡放电形式，并配置高频高压交流电源，催化技术以蜂窝状活性炭为载体，配合高效催化剂，能够增强等离子体的处理能力，再通过吸附模块去除中间产物并进一步净化。处理后的气体经引风机送入排气筒排放。

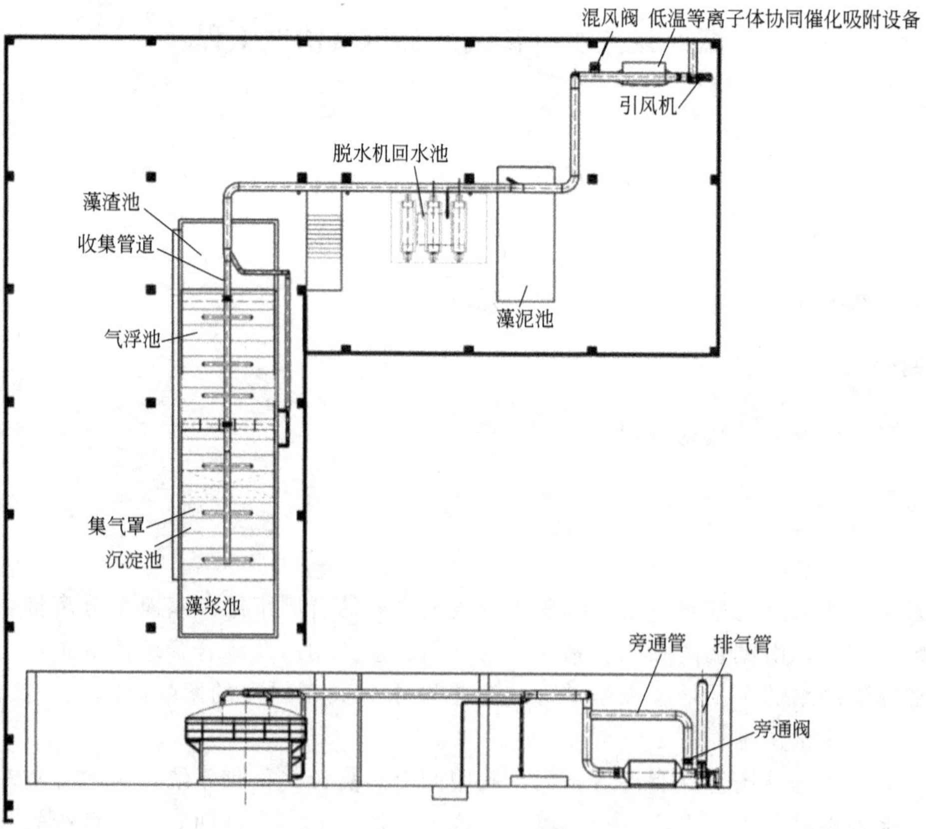

藻水分离车间管道及设备布局图

2. 藻浆调峰池恶臭废气治理

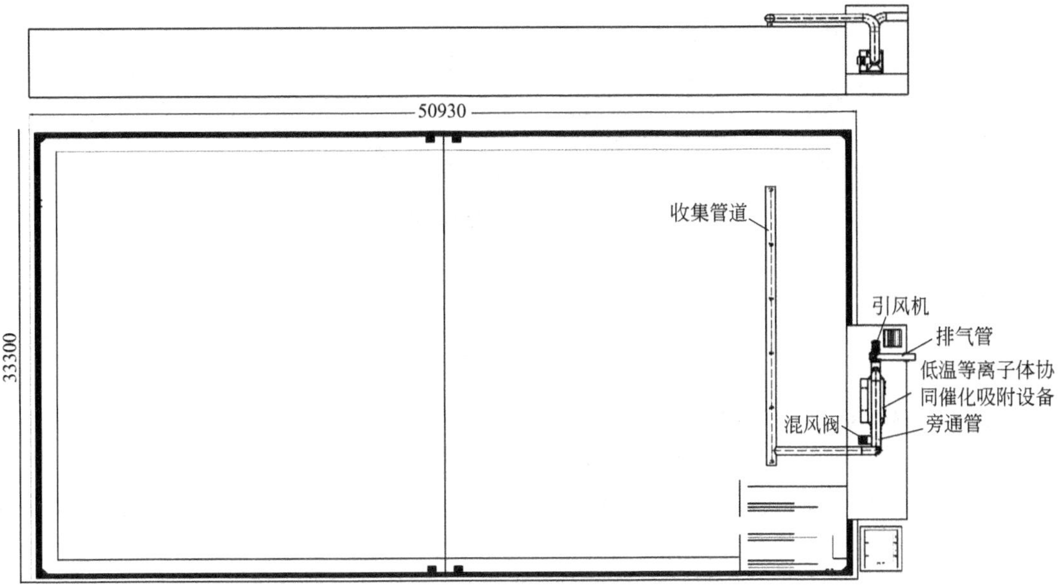

藻浆调峰池管道及设备布局图

藻浆调峰池作为暂储设施，池内的蓝藻长时间积聚会发酵产生恶臭废气，当池内恶臭废气浓度达到一定范围时，便会开启池内鼓风机排出。针对此部分的恶臭废气，将预留排气管道串联汇总，采用一套低温等离子体协同催化吸附废气成套治理装置对整个调峰池中所产生的恶臭废气进行集中处理。处理后的气体经引风机吸引和藻水分离车间由一个排风管达标排放。

二、关键技术

本项目的关键技术为低温等离子体协同催化吸附废气治理技术。

基于高效等离子体发生装置及等离子体电源装置，结合目前较为成熟的催化吸附技术，通过结合两种技术各自特点，降低废气治理能耗，提高能源利用率，抑制副产物产生。

主要技术指标

本项目恶臭污染物中硫化氢处理效率达90%以上，氨气处理效率为80%，满足《大气污染物综合排放标准》及《恶臭污染物排放标准》中二级排放标准限值。

主要设备及运行情况

一、主要设备

1. 等离子体发生装置

等离子体发生装置采用双介质阻挡栅状放电结构，选取合适的电极间隙和电极尺寸，可以在自匹配电源激励下获得大面积的空气等离子体，其形式如下图所示。

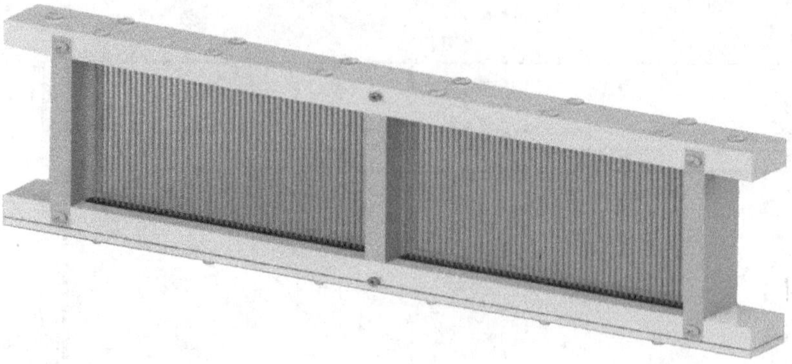

高效等离子体发生装置

2. 高频高压等离子体专用电源

该装置除可以产生高频高压外，通过实时智能控制，达到电源与等离子体负载动态高效动态匹配，使电源输出效率始终保持在一个较高的水平，从而在低能耗的条件下，实现大流量高效等离子体的产生。

等离子体激发电源装置

3. 低温等离子体协同催化吸附废气治理成套装置（XTD CQ 系列）

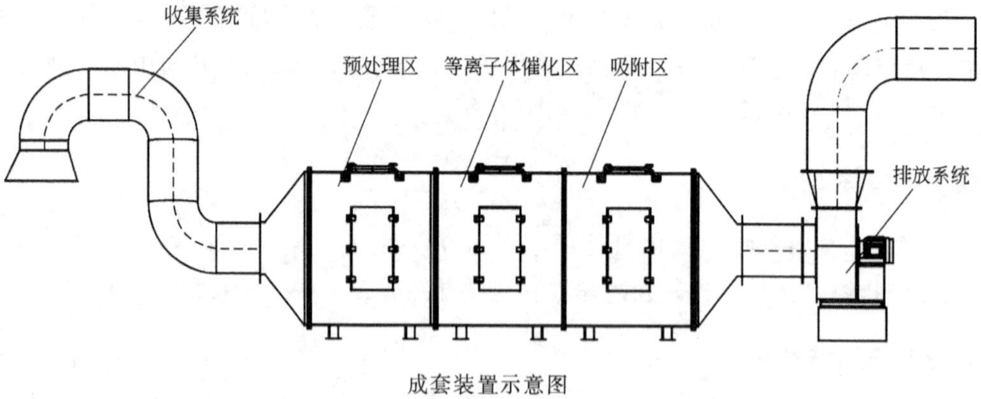

成套装置示意图

二、工程运行情况

(1) 环保达标　通过本技术的应用，工程运行稳定，处理效率达标，有效地降低藻水分离车间中藻浆池、藻渣池、气浮池、沉淀池等区域和调峰池中的恶臭废气浓度。

(2) 节能降耗　该藻水分离站占地面积大，恶臭废气治理工程管道长，工程满负荷运行时较采取活性炭吸附等技术压损小，两套系统总装机功率仅为 50kW，运行节能。

(3) 控制简单　该工程采用 PLC 控制系统，可以在派河口藻水分离站中控室通过中控机集中远程控制，运行控制简单。

经济效益分析

一、投资费用

总投资 218.51 万元，其中设备投资 130 万元。

二、运行费用

本项目的运行费用为 1.95 万元/年。

三、效益分析

本项目主设备装机功率为 12kW，仅电耗，无其他辅材或材料消耗，由于藻水分离站工作时间的特殊性，年运行时间约 150d，每天 24h，电费按 1 元/(kW·h) 计，年运行费用 4.32 万元。

工程环保验收

一、环保验收单位

合肥市包河区环保局

二、环保验收时间

2015 年 11 月

三、验收意见

运行正常，验收合格。

获奖情况

2015 年中国创新创业大赛安徽省赛区三等奖

2015 年合港创业交流大赛三等奖

2015 年合肥市创新型企业

2015～2016 年环巢湖水环境综合治理项目环保鼓励奖

2015 年安徽省环保产业优秀企业家

2015 年安徽重点环境保护实用技术示范工程

联系方式

联系单位：中科新天地（合肥）环保科技有限公司

联系人：陆晓飞

地址：安徽省合肥市长江西路 2221 号循环经济技术工程院 B 座一楼

邮政编码：230088

电话：15395124010

传真：0551-65392400
E-mail：luxf@zkxtdept.com

2017-S-31

工程名称

50t/d生活垃圾水洗分选资源化利用工程

工程所属单位

广西鸿生源环保股份有限公司

申报单位

广西鸿生源环保股份有限公司

推荐部门

广西壮族自治区环境保护产业协会

工程分析

一、工艺路线

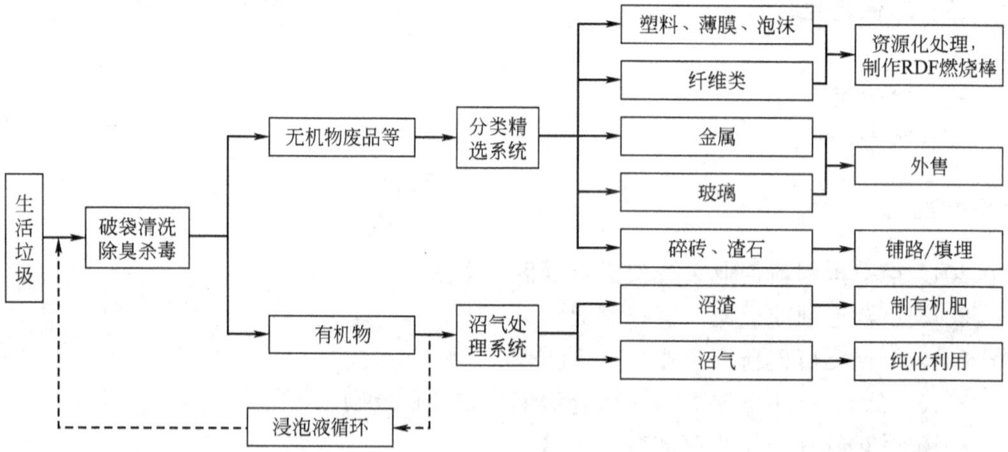

二、关键技术

1. 微生物除臭灭菌技术

针对垃圾堆放、处理过程产生恶臭问题，通过破袋清洗以及微生物浸泡池的浸泡进行除臭和杀灭致病菌，同时使部分有机质降解为小分子溶解。

2. 分选资源化利用技术

针对生活垃圾组分复杂、种类繁多、分选难的问题，生活垃圾经破袋除臭后，以机械自动化为工作原理，结合重力、磁力、水力、图像识别等分拣技术，将生活垃圾分拣成多类物品，使垃圾中的有用物质能够有效回收，实现资源化利用。

工程规模

日处理生活垃圾60～70t。

主要技术指标

垃圾无害化处理率达100%，垃圾分离率>99%，塑料、玻璃、渣石、有机质纯度>95%，资源回收利用率>90%。

处理吨垃圾耗电20.4kW·h，处理吨垃圾耗水4t（全部为厌氧-好氧出水循环使用）。

主要设备及运行管理

一、主要设备

主要设备有抓斗起重机、链板给料机、水洗破袋分选机、筛分机、胶带输送机、粉碎机、捞料机、磨料机、废气净化装置。

二、运行管理

工程运行管理规范，运行管理规章制度完善。

工程运行情况

工程已经顺利建成，并通过工程验收和环保验收。目前工程运行稳定，生产记录完整。

经济效益分析

一、投资费用

项目总投资1380万元，其中设备投资384万元。

二、运行费用

项目运行费用为237.8万元/年。

三、效益分析

处理每吨垃圾经济净效益36元，项目年净效益72.54万元，主要来自回收产品（白色塑料、杂色塑料、硬质塑料、铁质物料、玻璃瓶、木质纤维、建筑材料、纸质物料、碎布及布条、有机质颗粒等）的销售。

环境效益分析

年处理生活垃圾20150t，垃圾无害化处理率100%，资源化利用率90%以上。同时，处理过程中不造成二次污染，真正实现零排放，达到了生活垃圾减量化、无害化、资源化的效果。

工程环保验收

一、环保验收单位

南宁市西乡塘区环境保护局

二、环保验收时间

2016 年 10 月

三、验收意见

该项目符合环境保护验收条件。

联系方式

联系单位：广西鸿生源环保股份有限公司
联系人：凌子琨
地址：广西壮族自治区南宁市青秀区青山路 8-2 号东方园 8 栋 2 层 207 号
邮政编码：530001
电话：18677099273
传真：0771-5785006
E-mail：hsyepg@163. com

2017-S-32

工程名称

上海市固体废物处置有限公司二期填埋库工程

工程所属单位

上海市固体废物处置有限公司

申报单位

上海市固体废物处置有限公司

推荐部门

上海市环境保护产业协会

工程分析

一、工艺路线

本工程为危险废物填埋场，采用填埋工艺，具体工艺如下：

(1) 当在地坪标高以下区域填埋作业时，起始阶段将预处理后的危废装袋后，采用叉车运输至填埋库区，先利用库区边配置的吊装机械将固化物卸至填埋库区，并形成一条作业道路，作业道路纵坡坡度控制在 8%以内。入库作业道路一旦形成后，经预处理的飞灰可以由车辆直接驶入库区内倾倒，由推土机配合完成填埋作业。

(2) 针对高位填埋区域，采用围堰式填埋作业工艺。另外，根据不同的填埋高程，在堆体坡面修建永久性作业道路，在库区内修建临时作业道路连接库区周边场内道路，运营车辆通过库区道路、坡面永久性道路和临时作业道路到不同填埋作业区域，将固化物输送至填埋库区进行倾倒卸料。

二、关键技术

二期填埋库区采用半刚性搅拌桩挡墙与库内放坡开挖相结合的形式，库区内衬双层复合防渗系统，库区周边设置封闭的垂直防渗帷幕。

1. 挡墙设计

采用防渗性能较好的三轴水泥土搅拌桩作挡墙结构。挡墙采用 ϕ850 三轴水泥搅拌桩，挡墙宽度一般为 3.85m，其中外侧向内第二排水泥土搅拌桩长 20m，伸入第 8 层粉质黏土夹黏土层，兼作止水帷幕。

考虑到挡墙结构为库区边坡的永久性结构的一部分，为防止挡墙变形，外侧一排水泥土搅拌桩内插 H700×300 型钢进行加强，间距为 0.9m，并于挡墙结构顶部设 200mm 厚钢筋混凝土 L 型挡墙，挡墙底部兼作冠板，以增加挡墙结构的整体性。

挡墙（水泥土搅拌桩）库区侧表面在覆土开挖清理后采用挂钢丝网喷射混凝土护面，为水平防渗系统的施工和安全创造条件。

2. 水平防渗设计

采用“HDPE 膜＋GCL＋排水网＋HDPE 膜＋GCL＋压实黏土”的防渗系统。

库区基底和边坡的防渗系统设计如下：

（1）库底防渗设计（从上往下）

① 190g/m^2轻质有纺土工布；

② 300mm 厚碎石渗滤液导排层；

③ 800g/m^2短纤针刺土工布；

④ 2mm 光面 HDPE 土工膜；

⑤ GCL 土工聚合黏土衬垫；

⑥ 5.0mm 土工复合排水网；

⑦ 1.5mm 光面 HDPE 土工膜；

⑧ GCL 土工聚合黏土衬垫；

⑨ 750mm 厚压实黏土层；

⑩ 190g/m^2轻质有纺土工布；

⑪ 300mm 厚碎石地下水收集层；

⑫ 190g/m^2轻质有纺土工布；

⑬ 基土。

（2）边坡防渗设计（从上往下）

① 5.0mm 土工复合排水网；

② 2mm 双毛面 HDPE 土工膜；

③ GCL 土工聚合黏土衬垫；

④ 1.5mm 双毛面 HDPE 土工膜；

⑤ 600g/m^2长丝无纺土工布；

⑥ 基土。

(3) 直立挡墙侧防渗设计（从外至内）

① 600g/m^2长丝无纺土工布；

② 2mm 双毛面 HDPE 土工膜；

③ 600g/m^2短纤针刺土工布；

④ 1.5mm 双毛面 HDPE 土工膜；

⑤ 600g/m^2长丝无纺土工布；

⑥ 基土或处理后基面。

3. 垂直防渗帷幕设计

二期填埋库垂直防渗帷幕采用 ϕ850 三轴水泥搅拌桩作重力式挡墙的一部分。设计将二期填埋库周边水泥搅拌桩挡墙的外侧向内第二排水泥土搅拌桩加长，伸入第 8 层粉质黏土层。

工程规模

本工程为二期扩建，填埋对象包括焚烧飞灰和危险废物。焚烧飞灰主要来源于上海市江桥、御桥两座焚烧厂；危险废物包括工业危险废物、生活危险废物以及其他危险废物。

本工程焚烧飞灰及危险废物设计总处理量为 3 万吨/年（约 82.2t/d），其中暂定焚烧飞灰处理量为 2 万吨/年，危险废物处理量为 1 万吨/年。

二期填埋库设计库容为 $32.0\times10^4m^3$，可供使用的总库容约 $30.8\times10^4m^3$，其中地下部分约 $18.5\times10^4m^3$，地上部分约 $12.3\times10^4m^3$。

年处理量为 3 万吨/年，约可使用 10.25 年。

主要技术指标

本项目主要技术经济指标详见下表。

序号	名称	单位	数量	备注
1	总用地面积	m^2	30450	东至应急仓库及库区东侧作业边界，其余侧均至用地红线
2	库区使用面积	m^2	26200	填埋库区作业道路与围堤外边界
		m^2	20210	填埋库区内边界
3	总建筑面积	m^2	1850	应急仓库
			1495	暂存仓库
4	平均处理规模	$10^4t/a$	3.0	
5	服务年限	a	10.25	
6	填埋库设计库容	10^4m^3	32.0	
7	填埋库可使用库容	10^4m^3	30.8	
8	总投资	万元	10188.85	
9	工程建设费用	万元	6589.13	

主要设备及运行管理

项目主要生产设备如下表。

项目主要生产设备一览表

序号	设备名称	规格	数量
1	主要填埋作业设备		
1.1	挖机	斗容 $2m^3$，臂长>5m	1台
1.2	推土机	120马力(1马力≈745.7W)	1台
1.3	洒水车	$8m^3$	1台
2	渗滤液及地下水抽排设备		
2.1	渗滤液提升泵	压力感应式渗滤液斜管泵，流量为 $15m^3/h$，扬程为18m，功率为3.0kW	2台
2.2	次渗滤液提升泵	压力感应式渗滤液斜管泵，流量为 $3m^3/h$，扬程为18m，功率为0.37kW	2台
2.3	地下水提升泵	流量为 $3m^3/h$，扬程为18m，功率为0.37kW	2台
3	电气仪表设备		
3.1	动力配电箱	IP55	1台
3.2	地下水收集泵控制箱	1控1(液位PLC控制)	2台
3.3	渗滤液收集泵控制箱	1控1(液位PLC控制)	2台
3.4	次渗滤液收集泵控制箱	1控1(液位PLC控制)	2台
3.5	电力电缆	YJV22-0.6/1,4×16 YJV22-0.6/1,5×4 YJV22-0.6/1,5×16	2000m 200m 420m
3.6	接线井	480mm×480mm	2座

工程运行情况

一、危废进场

飞灰及其他危废采用密闭式运输车运至固体废物处置中心，均应经过入口地磅称重计量与测试，以确定危废性质、质量和来源。危险废物运输车均依托一期工程现有车辆，二期项目不增加危废运输车。

二、危险废物预处理及填埋前检测

危险废物进厂前，实验室对待处理废物样品进行包括浸出毒性在内的检测，确定需进行预处理的危险废物种类和数量，并制定相应的预处理方案。利用现有工程的危险废物预处理系统对焚烧飞灰和其他工业危险废物进行预处理，预处理后废物仍需经过实验室填埋前检测，符合危险废物填埋场入场标准后方能进入填埋场。预处理产生的废气、废水均依托现有环保工程进行处理。不需预处理的废物可直接进入填埋库填埋。

三、建立三维网格图形并填写填埋记录

安全填埋场库区填埋废物性质各异，为了跟踪填埋废物，根据目前的做法，建立了三维网格图形，并对其编号。按作业分层，垂直方向以 0.3m 作平面网格，填埋库区每平面（单元）网格尺寸大致为 10m×10m（网格的尺寸可根据废物数量进行调整），每个网格均用数学符号进行区别。进入库区的危险废物需填写填埋记录，标记在图上，并记录在电子档案内，注明其在填埋场的方位、距离、深度及填埋单元。此外，每一个填埋单元填埋废物的方式均须列入记录。

四、场内运输

当在地坪标高以下区域填埋作业时，将预处理后的危废装袋后，采用叉车运输至填埋库区，先利用库区边配置的吊装机械将固化物卸至填埋库区，或采用运输车辆将散装危废倾倒入填埋库内。作业机械会在库区内形成一条临时作业道路，作业道路纵坡坡度控制在 7%以内。高位填埋区域，采用围堰式填埋作业工艺，在库区周边构筑约 5m 高的围堰，然后在围堰内进行危险废物的填埋作业。另外，根据不同的填埋高程，在堆体表面修建临时作业道路连接库区周边场内道路，运营车辆由临时作业道路到不同填埋作业区域，将固化物输送至填埋库区进行倾倒卸料。

作业机械倾倒危废时将产生少量的扬尘（G_1）。

五、摊铺压实

“推铺压实”是填埋作业过程中的一道重要工序。它可以提高填埋物的压实密度，增加填埋量，延长作业单元和整个填埋场的使用年限。

推铺及压实作业可以由推土机单独完成。摊铺采用平面堆积法，由推土机在作业面（或卸料平台）上将卸下的废物推向外侧的斜坡，并向纵深方向推开、推进，来回碾压 3 次，每次碾压履带轨迹要盖过上次履带轨迹的 3/4，直至形成新的作业面。作业面高度为 2m。每日倾卸废物的操作面的大小应使当日填埋的最后高度接近每日操作的终点。

作业车辆在摊铺作业时，可能产生少量扬尘（G_2）。由于填埋的危废均经过处理，不仅重量增加，而且粒径大，飞扬起来的量较小。

六、日覆盖和中间覆盖

根据《危险废物填埋污染控制标准》(GB 18598—2001)，危险废物安全填埋场的运行不能露天运行。为了减少废物填埋渗滤液的产生量，避免雨水直接进入废物堆体，在废物堆体上采用 1.0mm 的高密度聚乙烯膜（HDPE）搭接覆盖，对填埋区表面进行全面日覆盖，作业时再揭开部分覆盖膜进行填埋作业，每日填埋完成后立即将膜盖好。HDPE 膜之间采用搭接扣连接，顺坡铺设，并用袋装黏土或袋装碎石压实，以免被风刮走。

中间覆盖边坡坡度不超过最大坡度 1（垂直）：3（水平），并在一定高度处设立临时的土质中间平台，目的是用于稳定边坡。较长时间不进行下一步填埋作业的区域采用 1.5mm 厚 HDPE 膜进行中间覆盖。

七、填埋封场

填埋场封场覆盖系统的目的是将危险废物和临空面包覆起来，防止雨水、空气和

动物进入其中。同时，对表面进行生态恢复，为将来填埋场地的再利用打好基础。

为达到这个目的，填埋场顶部防渗系统将由数层材料组成。从上到下具体叙述如下：

① 250mm 厚营养土层；

② 450mm 厚支持土层；

③ 300mm 厚卵石生物阻挡层；

④ 300mm 黏土保护层；

⑤ 5mm 土工复合排水网格；

⑥ 1.0mm 双糙面 LDPE 土工膜；

⑦ $200g/m^2$ 长丝无纺土工布；

⑧ 300mm 黏土保护层；

⑨ 危险废物。

在土层上种植草皮及灌木，使其与周边环境相协调。

应急及暂存仓库主要用于应急情况下存放除飞灰外的其他危废。由于危废进厂时均有包装，故不需打包，可将其直接堆放于仓库内，等待预处理后填埋。

经济效益分析

一、投资费用

本项目二期填埋库工程建设总投资为 10188.85 万元，危险废物填埋处置规模为 3.0 万吨/年，其中飞灰 2.0 万吨/年，其他危险废物 1.0 万吨/年。本项目建设期 1 年，使用期限为 10.05 年。

二、运行费用

考虑原辅材料采购及燃料动力消耗的费用、年工资支出、固定资产折旧和无形及递延资产摊销、设备维修费等费用，本项目处理平均成本费用为 2448.02 万元/年左右，平均处理运营成本为 979.11 万元/年左右。按飞灰收费 900 元/t，危废收费 2340 元/t 计算，年销售收入为 2970.30 万元，税金总额为 163.37 万元。

三、效益分析

以生产能力利用率表示该项目的盈亏平衡点，通过计算可知该项目达到设计生产能力的 68.91%（1.72 万吨/年）时，企业可以保本，全部投资能达到 7.44%的税后内部收益率，高于 6%的基准收益率。

上海市固体废物处置有限公司是上海市唯一具有危险废物填埋能力的单位。由一期填埋库工程的生产运行统计资料可知，从 2005 年至今每年填埋的危险废物均超过 2 万吨，大大超过了本期项目的盈亏平衡点。

综上所述，从工程经济角度来讲，本项目是一个有经济效益的项目。

环境效益分析

本工程为上海市的危险废物中长期处置提供了解决途径，是一项保护环境、建设文明卫生城市、为子孙后代造福的公益性环保工程，社会效益和环境效益显著。

1. 社会效益

本项目实施后的社会效益主要体现在以下方面：

(1) 有利于完善上海市固体废物无害化处理体系，提高环境卫生水平，改善城市市容市貌。

(2) 有利于为居民创造优美、舒适、清洁的城市环境，保护市民身体健康。

(3) 有利于改善城区投资环境，吸引更多的外商投资，促进城市经济发展。

(4) 作为垃圾焚烧厂飞灰处置的配套项目，是确保上海市实施垃圾焚烧工艺的重要保证。

2. 环境效益

危险废物处理处置工程本身即为一项重要的环境保护工程，危险废物的安全填埋处置是危险废物无害化的一项重要手段，可在很大程度上控制危险废物对环境的影响，因此本项目具有显著的环境效益。

根据《国家危险废物名录》，焚烧厂飞灰属危险废物，必须进行安全填埋。危废填埋场作为垃圾焚烧厂的配套项目，能安全处理飞灰，可避免对周边环境造成二次污染。

危废填埋场的渗滤液为填埋库区雨水下渗产生，难免含有重金属等污染物。通过布置完善的雨污分流措施，大大减少渗滤液的产量，同时将渗滤液同其他生产废水一起有效地收集，部分回流至预处理车间进行利用，部分经处理后达标排放，既节省了水资源，又进一步消除了环境污染的隐患。项目采用清洁的轻质柴油作为燃料，燃烧尾气中排放的污染物较少，填埋作业产生的粉尘也较少，对周边大气环境影响有限。项目噪声源强较小，持续时间也较短，对周边环境的影响有限。废水处理时产生的固体废物均进入填埋库进行填埋处置，也不会对环境造成污染。

填埋场制定了完备的填埋发展规划，对达到封场标高的库区进行及时封场覆盖，实施渐进的生态修复，不仅可最大限度地恢复场址绿地，而且能够实现土地资源的及时补偿，达到“以地换地”的效果，进一步减少对环境的影响。

由此可见，项目本身环境效益显著，项目对周边环境质量不会造成明显的不利影响，也基本不会影响所在区域的生态环境。

工程排污许可或环保验收

一、环保验收单位

上海市环境保护局

二、环保验收时间

2016 年 7 月

三、验收意见

(1) 验收合格。

(2) 做好项目运营、封场后期维护和管理等工作，并委托第三方有资质单位开展建设项目环境监理工作。

(3) 严格执行废水、废气、土壤、地下水、噪声等环境监测计划，并做好环保设施运行效果记录和环境监测数据档案。

(4) 运行期应当构建防护植物群落，积极开展生物污染防治。封场后及后期应加强生产恢复中的植被重建，开展生态恢复跟踪监测。

联系方式

联系单位：上海市固体废物处置有限公司
联系人：明月、王敏俐
地址：上海市嘉定区嘉朱公路 2491 号
邮政编码：201815
电话：021-59963806
传真：021-59965693
E-mail：wangminli@sh-swdc.com

2017-S-33

工程名称

500t/d 生活垃圾焚烧发电烟气净化工程

工程所属单位

创冠环保（惠安）有限公司

申报单位

厦门佰瑞福环保科技有限公司
创冠环保（惠安）有限公司

推荐部门

福建省环境保护产业协会

工程分析

一、工艺路线

垃圾焚烧炉废气污染物主要包括：①烟尘，主要包括燃烧烟气中夹带的不可燃物质及燃烧产物，主要含有铅、铬、汞等金属成分；②酸性气体，主要包括氯化氢、二氧化硫、三氧化硫与氮氧化物，且这些物质又与水在焚烧时结合形成酸性物（如硫酸和硝酸雾）；③未完全燃烧产物，主要为一氧化碳；④微量有机化合物，包括多环芳烃（PAHs）、多氯联苯（PCBs）、二噁英类（PCDDs）、多氯代二苯呋喃（PCDFs）等；⑤恶臭气体。

本项目垃圾焚烧炉烟气净化工艺采用“SNCR 脱硝系统＋半干式脱酸反应塔＋活性炭喷射装置＋高效袋式除尘器”，工艺流程见图 1。

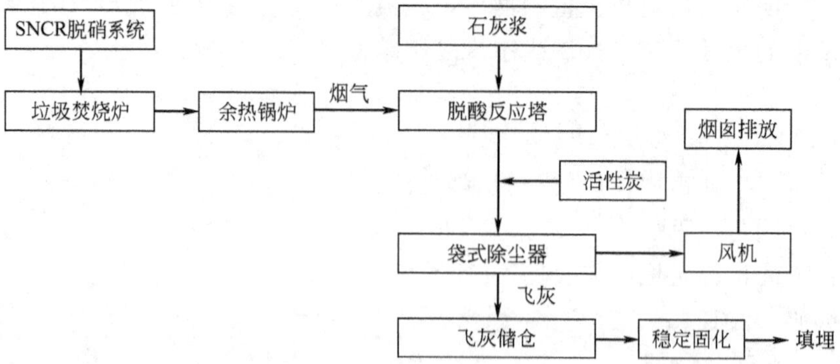

图 1　烟气净化工艺流程

SNCR 脱硝装置把尿素颗粒溶于水中，制成 40% 的尿素水溶液，通过溶液输送泵将尿素溶液定量送至混合器，进一步稀释到 5%，然后被压缩空气雾化，喷入焚烧炉膛内，与烟气中 NO_x 进行选择性反应。

从垃圾焚烧设备尾部排出的含酸性物质的烟气进入冷却塔的顶部，在冷却塔入口处，设有特殊的烟气分配装置，该装置的作用一方面保证进入冷却塔的气流不产生偏斜，以免造成黏壁，另一方面使进入冷却塔的烟气均匀地与喷入的碱温水混合，冷却并增湿烟气。

经冷却塔降温后的烟气温度在 200℃ 左右，降温后的烟气进入脱酸反应塔与熟石灰进行充分混合，在脱酸反应塔里进行脱酸反应，由于脱酸反应塔具有高速的传质传热效果，是极佳的脱酸反应器。此外，为增加烟气湿度以及工况需要，在脱酸反应塔上部设置喷水降温系统，可在反应塔内对烟气进行二次降温。

烟气中的微量有机化合物、重金属、恶臭气体等被活性炭吸附，由气相转为固相，而后携带上述颗粒的烟气从脱酸反应塔顶部出来进入除尘器的原烟气室，未完全反应的辅料和烟气中的颗粒被拦截在袋式除尘器的滤袋表面，积聚到一定量时通过脉冲清灰将其从滤袋表面剥离跌落到除尘器的尘斗中。净化后的烟气经引风机从 80m 高的烟囱排放。

二、关键技术

1. 酸性气体（HCl、SO_2、HF）控制

本项目采用半干法净化工艺，焚烧炉燃烧废气经余热锅炉回收热量后，进入反应塔，在脱酸反应塔内与喷入的石灰浆反应以去除其中的 HCl、SO_2、HF 等酸性气体。

半干法净化工艺原理为：从垃圾焚烧设备尾部排出的含酸性物质的烟气被引入反应器底部，与水、石灰浆和具有反应性的循环干燥副产品相混合。石灰浆被高速的烟气吹散，附着在床内流动的物料表面上，显著增大了反应表面积，使石灰和烟气中的酸性组分充分接触反应，反应器在干燥过程中，它们就被吸收和中和。同时，由于高浓度的干燥循环物料的强烈紊流和适当的温度，反应器内表面保持干净，没有物料沉积。

在反应器内，消除酸性成分的化学反应如下：

$$SO_2 + Ca(OH)_2 + H_2O \longrightarrow CaSO_3 + 2H_2O$$
$$2HCl + Ca(OH)_2 \longrightarrow CaCl_2 + 2H_2O$$
$$2HF + Ca(OH)_2 \longrightarrow CaF_2 + 2H_2O$$

因此，半干法净化工艺可以有效地进行酸性气体（HCl、SO_2、HF）控制，单独使用石灰浆时对酸性气体的去除率在90%左右，但利用反应药剂在布袋除尘器滤布表面进行二次反应，可使整个系统对酸性气体的去除率达98%左右。

2. NO_x控制措施

NO_x的生成机理，一是垃圾中所含含氮成分在燃烧时生成NO_x，二是空气中所含氮气在高温下氧化生成NO_2。最合理的抑制NO_x生成的方法是通过限制一次助燃空气量以控制燃烧中的NO_x产生量，实践证明这是行之有效的方法。根据这一原则，本项目通过炉型设计及燃烧控制，保证烟气中NO_x含量（折合NO_2）低于400mg/m^3。

本项目采用SNCR脱硝系统，进一步降低NO_x含量，即在尿素溶液配制槽内注入定量的水，用槽内加热器将水加热至设定的温度后，通过电动葫芦将尿素颗粒装入尿素溶液配制槽内。经槽内搅拌器搅拌均匀后配制成浓度为40%的尿素溶液。通过溶液输送泵将尿素溶液定量送至混合器，在混合器内尿素溶液进一步被水稀释成5%的稀溶液。稀释后的溶液被压缩空气雾化，并经喷嘴喷入焚烧炉膛内，与烟气中NO_x进行选择性反应，实现脱硝。

该工艺是以尿素［$CO(NH_2)_2$］作为还原剂，将其喷入焚烧炉内，在有O_2存在的情况下，温度850～1050℃范围内，与NO_x进行选择性反应，使NO_x还原为N_2和H_2O，达到脱NO_x的目的。用此系统，NO_x的排放浓度可达200mg/m^3以下。

3. 烟尘控制措施

垃圾焚烧炉控制尾气重金属污染物的机理为：重金属降温达到饱和，凝结成粒状物后被除尘设备收集除去，饱和温度较低的重金属元素无法充分凝结，但飞灰表面的催化作用会形成饱和温度较高且较易凝结的氧化物或氯化物，仍以气态存在的重金属物质主要吸附在飞灰或喷入的活性炭粉末上，并通过袋式除尘器进行捕集。

垃圾焚烧炉控制二噁英类的措施，主要为通过控制燃烧程度，并采用半干式中和塔冷却废气，控制布袋除尘器入口温度为150℃，同时在进入滤袋式除尘器的烟道上设置活性炭喷射装置，活性炭（规格为100μm以下）通过压缩空气送入反应塔，进一步吸附二噁英，使有害有机污染物凝结于飞灰上，最终通过袋式除尘器捕集去除。

因此，垃圾焚烧的烟气中包含了重金属、二噁英类等多种有毒有害物质，其必须通过袋式除尘器的最终净化后才能排放。袋式除尘器成为控制烟尘、重金属和二噁英类有机物排放的重要保障。除尘滤料的选择是保障垃圾焚烧连续、安全和稳定运行的关键。本项目采用国产覆膜滤料，可有效捕集烟尘及吸附在飞灰和活性炭粉末上的重金属和二噁英类有机物，保证出口颗粒物排放指标≤20mg/m^3，优于国家标准要求。

工程规模

500t/d。

主要技术指标

序号	项目	单位	技术指标	GB 18485—2014 要求
1	颗粒物	mg/m^3	≤20	30
2	二氧化硫(SO_2)	mg/m^3	≤100	100
3	氯化氢(HCl)	mg/m^3	≤50	60
4	HF	mg/m^3	≤2	—
5	氮氧化物(NO_x)	mg/m^3	≤200	300
6	汞(Hg)及其化合物	mg/m^3	≤0.05	0.05
7	镉、铊及其化合物(Cd+Tl)	mg/m^3	≤0.1	0.1
8	锑、砷、铅、铬、钴、铜、锰、镍及其化合物	mg/m^3	≤1.0	1.0

主要设备及运行管理

项目于2015年6月开始运行，于2017年1月通过泉州市环境保护局“建设项目竣工环境保护验收”（泉环验〔2017〕8号）。项目已连续运行近4年，整体运行稳定。

据2016年6月泉州市环境监测站编制的《惠安县生活垃圾焚烧发电厂二期项目竣工环境保护验收监测报告》（泉环站验〔2016〕25号），项目工程（二期工程3#焚烧炉外排）烟气中的颗粒物（12.1mg/m^3）、SO_2（13mg/m^3）、NO_x（173mg/m^3）、CO（37mg/m^3）、HCl（1.6mg/m^3）、汞（1.16×10^{-3} mg/m^3）等的排放浓度均能达到《生活垃圾焚烧污染控制标准》（GB 18485—2001）表3排放浓度限值要求，并且能够满足验收参照标准《生活垃圾焚烧污染控制标准》（GB 18485—2014）表4排放浓度限值要求。SNCR脱硝设施的平均脱硝率为53.8%，半干式中和塔设施的脱硫平均去除率为62.3%，布袋除尘设施的平均除尘率为99.8%。

据2017年3月环保监督监测报告：颗粒物8.0mg/m^3，二氧化硫≤3mg/m^3，氮氧化物191mg/m^3，汞3.01×10^{-4} mg/m^3，镉+铊0.000409mg/m^3，锑、砷、铅、铬、钴、铜、锰、镍0.108mg/m^3，均符合《生活垃圾焚烧污染控制标准》（GB 18485—2014）表4排放浓度限值要求。

经济效益分析

一、投资费用

设备投资2194.53万元。

二、运行费用

年运行费用核算如下：

① 折旧费：219.45万元/年；

② 原料：消石灰80万元/年、活性炭20万元/年、尿素30万元/年；

③ 燃料费：燃油10万元/年；

④ 维修费：20万元/年；

⑤ 人工费：80万元/年，管理费20万元/年。

年运行费用合计479.45万元。

年实际处理垃圾量 164250t，运行成本 29.2 元/t。

环境效益分析

本项目为垃圾焚烧发电厂烟气净化项目，达到国家相关环保标准要求，避免造成环境二次污染，保障了垃圾焚烧发电厂的安全、稳定运行。城市生活垃圾焚烧对增进人群健康和生活质量、改善城市环境状况具有积极意义，同时，通过垃圾焚烧利用余热发电，每年发电量约折合标煤 12.0 万吨，在减少天然资源开采的同时，降低了因燃煤发电厂所造成的空气污染和采煤对环境的破坏，有利于节能减排任务的完成，实现城市生活垃圾的减量化、无害化、资源化处置和利用。

工程环保验收

一、环保验收单位

泉州市环境保护局

二、环保验收时间

2017 年 1 月

三、验收意见

二期工程 3# 焚烧炉外排烟气中的烟尘、SO_2、NO_x、CO、汞等排放浓度均达到《生活垃圾焚烧污染控制标准》（GB 18485—2001）表 3 排放浓度限值要求，并且满足验收参照标准《生活垃圾焚烧污染控制标准》（GB 18485—2014）表 4 排放浓度限值要求。项目锅炉废气中的二噁英排放浓度值符合验收标准要求。根据项目验收监测报告，该公司 SO_2 排放量为 30.4t/a、NO_x 排放量为 248.9t/a，均符合总量控制指标。

联系方式

联系单位：厦门佰瑞福环保科技有限公司

联系人：潘志欣

地址：福建省厦门火炬高新区（翔安）产业区翔明路 5 号

邮政编码：361101

电话：0592-7170118

传真：0592-5743007

E-mail：panzhixin@brave-china.com

2017-S-34

工程名称

昆明空港经济区 1000t/d 垃圾焚烧发电厂

工程所属单位

重庆三峰环境产业集团有限公司

申报单位

重庆三峰环境产业集团有限公司

推荐部门

云南省环境保护产业协会

工程分析

一、工艺路线

运载垃圾的运输车称重后通过垃圾倾卸门将垃圾倾倒于垃圾储坑中。垃圾在垃圾储坑中存放3～5天脱除一定的渗滤液水分后，热值得以提高。垃圾起重机将脱水后的垃圾送至焚烧炉的给料平台，经过给料斗及给料槽后，给料器把垃圾推到逆推式机械炉排上进行干燥、燃烧、燃尽及冷却，垃圾在炉排上的停留时间约为1.5～2.5h。通过对焚烧炉炉膛结构尺寸进行特殊设计，敷设耐火材料，配置合理的一、二次风助燃空气系统等措施，垃圾在焚烧炉内着火稳定并能完全燃烧，所产生的烟气能够在燃烧室内维持850℃以上温度且停留时间大于2s，垃圾燃烧后的炉渣热灼减率不大于3%。同时在第一烟道设有SNCR系统接口，通过喷入尿素控制NO_x的生成。烟气进入余热锅炉以后，通过产生中温中压的过热蒸汽，进入汽轮发电机组做功产生电能，汽轮发电机组所发电力，除了电厂自用电之外，剩余电力全部经110kV线路接入电网系统。垃圾燃尽后剩下的灰渣经除渣机收集，经磁选分离出黑色金属，然后运到炉渣综合利用车间。烟气处理采用半干法烟气处理技术——喷雾塔＋活性炭吸附＋布袋除尘器系统，通过向喷雾塔喷入石灰浆控制烟气中的酸性气体，在布袋除尘器入口前喷入活性炭控制重金属、二噁英，布袋除尘器有效滤除烟气中的粉尘等污染物，然后经引风机抽出，通过烟囱排入大气。喷雾塔、布袋除尘器收集下来的飞灰及烟气处理系统的残余物，在厂内经过固化处理后，运至指定地点填埋。垃圾渗滤液采用厌氧（UASB）＋膜生化反应器（MBR）＋反渗透处理系统（STRO）工艺，将废水中的NH_3-N及COD_{Cr}等污染物去除，使出水达到标准后进入系统回用。

二、关键技术

1. 垃圾计量与卸料系统

垃圾车通道出入口处安装了两套量程各为60t的垃圾称重计量装置，配自动称重、计量、统计软件系统；垃圾卸料大厅采用全封闭式车间，设置冲水清洗功能；为保证垃圾车辆卸料安全，加大了照明力度；垃圾池采用焚烧炉一次风机将臭气抽至焚烧炉内燃烧，设置机械排风加活性炭除臭系统，控制臭气外逸。

2. 垃圾焚烧系统

两条焚烧线均采用德国马丁SITY2000逆推倾斜炉，配有燃烧自动控制系统，能实现垃圾自动推料、炉排运动自动控制功能；炉膛温度测量点及助燃系统设计合理，能保证运行中的任何时段炉膛温度的有效控制；在高温（850℃以上）烟气2s的流动高度区域内，采用耐火材料浇注成重型炉墙，以减少该区域内热量损失，从而保证炉膛温度的稳定；炉内设置前、后墙，上、下两层二次风供风系统，用以对烟气形成扰动，保证炉内温度均匀，同时也在一定程度上起到延长高温烟气在炉内的停留时间的作用。

3. 余热利用系统

余热锅炉采用江西江联能源环保股份有限公司 SLC400-39.4-4.0/400/130 型余热锅炉，余热锅炉形式为单锅筒自然循环、四烟道、平衡通风、顶支吊结构、卧式布置，每台锅炉额定蒸发量（MCR）39.4t/d。汽轮机选用杭州汽轮发电机厂设计制造的汽轮机，机型为 N18-3.80 型，形式为单缸、中温、中压、冲动、凝汽式汽轮机。发电机选用杭发发电设备有限公司的空气冷却密封循环通风三相两极交流同步发电机，型号为 QF-W20-2，额定功率为 20MW。

4. 烟气净化系统

项目采用半干法喷雾塔＋活性炭吸附＋布袋除尘器烟气净化处理工艺，两条垃圾焚烧线分别配置 1 套独立的烟气净化处理线，经净化处理后的烟气通过引风机、80m 烟囱排入大气。两台引风机至烟囱之间水平烟道分别设置 1 套独立的烟气在线监测仪，以连续监测每条焚烧线的烟气排放指标。采用德国马丁技术在现场进行制作，核心设备为进口产品，此系统运行稳定可靠。其中二噁英指标经中国科学院上海高等研究院分析测试中心取样，由其现代分析中心二噁英分析实验室分析结果显示为 0.07ng/m^3，优于欧盟排放标准（0.1ng/m^3）。

5. 污水处理系统

污水处理采用厌氧（UASB)＋膜生化反应器（MBR)＋反渗透处理系统（STRO）工艺，将废水中的 NH_3-N 及 COD_{Cr} 等污染物去除，使出水达到标准后进入系统回用。

工程规模

该项目设计日处理城市生活垃圾 1000t，配置 2 台 500t/d 的垃圾焚烧炉及烟气净化系统，发电机装机容量为 1 台 18MW 机组。

主要技术指标

一、地磅

① 数量：2 台；

② 量程：60t；

③ 精度：20kg。

二、垃圾坑

① 设计容积：13000m^3；

② 垃圾发酵时间：5～7d。

三、焚烧炉

① 炉型：STY2000 型逆推炉排；

② 垃圾处理量：1000t/d；

③ 处理线数量：2条；

④ 每条线处理能力：500t/d；

⑤ 垃圾低位发热值：4500～10000kJ/kg；

⑥ 垃圾密度：0.25～0.8t/m^3；

⑦ 灰渣密度：1.0～1.5t/m^3；

⑧ 灰渣含水率：12%～17%；

⑨ 垃圾焚烧停留时间：1.5～2.5h；

⑩ 垃圾焚烧温度：1050℃；

⑪ 烟气体积：每条线85000m^3/h；

⑫ 蒸汽产量：39.4t/h（每条线）；

⑬ 焚烧炉炉温：1050℃；

⑭ 烟气停留时间（烟气温度≥850℃时）：≥2s；

⑮ 炉排最大热负荷：0.417MW/m^2；

⑯ 入炉空气温度：220℃；

⑰ 启动燃料：柴油；

⑱ 设备来源：国产（引进德国马丁公司技术）。

四、余热锅炉

① 类型：SLC400-39.4-4.0/400/130自然循环式；

② 数量：2台（每台焚烧炉配一台余热锅炉）；

③ 额定蒸汽压力：4MPa；

④ 额定蒸汽温度：400℃；

⑤ 负荷能力：70%～110%；

⑥ 设备来源：国产。

五、喷雾塔

① 形式：半干式；

② 容积：300m^3；

③ 数量：2台；

④ 容积：1581m^3；

⑤ 烟气停留时间：27s；

⑥ 设备来源：国产（关键部件由Groupe CNIM lab提供）。

六、布袋除尘器

① 形式：脉冲反吹风；

② 数量：3台；

③ 烟气流量：每台110000m^3/h；

④ 允许烟气温度：≤250℃，≥150℃；

⑤ 入口允许粒状物浓度：5～10g/m^3（10%O_2干基）；

⑥ 设备来源：国产。

七、汽轮机

① 型号：N18-3.8/390；

② 形式：中温、中压、单缸、凝汽式汽轮机；

③ 额定功率：18000kW；

④ 转速：3000r/min；

⑤ 进汽压力：(3.8±0.3)MPa；

⑥ 进气温度：390℃左右；

⑦ 进汽量：66～90t。

八、发电机

① 型号：QF2W-18-2；

② 额定功率：18000kW；

③ 转速：3000r/min；

④ 电压：10500V。

九、用于烟气处理的化学药品

1. 石灰规格

① 化学分子式：$Ca(OH)_2$（氢氧化钙）；

② 外观：粉末；

③ 颜色：白；

④ 纯度［$Ca(OH)_2$］：≥92%；

⑤ 密度（20℃）：3.35g/cm^3；

⑥ pH 值：12.6。

2. 活性炭规格

① 含水率：<10%；

② 粒尺寸：<0.075mm；

③ 堆积密度：约 0.35g/cm^3；

④ 碘吸附值：>800。

主要设备及运行管理

垃圾焚烧炉：选用德国马丁公司 SITY2000 炉，4 列 24°倾角逆推式液压驱动炉排炉，日处理垃圾 500t。

余热锅炉：江西江联能源环保股份有限公司 SLC400-39.4-4.0/400/130 型余热锅炉，余热锅炉形式为单锅筒自然循环、四烟道、平衡通风、顶支吊结构、卧式布置，每台锅炉额定蒸发量（MCR）39.4t/d。

汽轮机：选用杭州汽轮发电机厂设计制造的产品，机型为 N18-3.80 型，形式为单缸、中温、中压、冲动、凝汽式汽轮机。

发电机：选用杭发发电设备有限公司的空气冷却密封循环通风三相两极交流同步发电机，型号为 QF-W20-2，额定功率为 20MW。励磁设备由杭州长河发电设备有限公司提供，型号为 WLQ130-3000，额定功率为 130kW。选用北京科电亿恒电力技术有限公司提供的GEX-2000型静态励磁系统产品。

主变压器：主变压器选用汉中特变电工有限责任公司的SF10-20000/115产品。

110kV高压配电装置：选用山东泰开高压开关有限公司的ZF10-126全封闭组合电器。110kV线路配置选用南京因泰莱电器股份有限公司生产的PA300-L保护装置，同时配置PA300-R测控装置。

烟气处理系统：采用半干式喷雾塔＋活性炭＋布袋除尘器工艺，该烟气处理技术所能达到的烟气排放指标不仅能满足中国国家环保标准要求，而且能达到欧盟2000指标。

污水处理系统：污水处理采用厌氧（UASB）＋膜生化反应器（MBR）＋反渗透处理系统（STRO）工艺，将废水中的NH_3-N及COD_{Cr}等污染物去除，使出水达到标准后进入系统回用。

工程运行情况

自投产以来，截止到2017年5月31日，安全环保方面未发生一起人身伤亡事故、人为责任性事故、环境污染事故、居民投诉事件；生产指标方面累计发电量4.67亿千瓦·时，累计上网4.07亿千瓦·时，累计处理市政生活垃圾150余万吨，平均厂用电率为13%，吨入厂垃圾发电量315kW·h、吨入厂垃圾上网电量274kW·h，各项经济技术指标均能达到国内同行业领先水平，成为全国同类型发电厂经济效益和社会效益共赢的标杆企业。

该焚烧厂坚持“以环保立项、靠环保生存、凭环保发展”的环保战略，强化节能降耗和污染物减排，严格控制排放总量（HCl、SO_2、氮氧化物、粉尘等），保证了“五废”的达标排放。同时，加大灰渣综合利用力度，实现了循环经济与环境协调可持续发展。

该焚烧厂高度重视安全基础的稳固及安全资金的投入，深入持久地开展安全生产活动；以“所有安全事故都是可以避免”的安全理念为宗旨，广泛开展事故排查和整治，以实现“零隐患、零缺陷”为终极目标，构建了安全、高效、稳定、和谐的安全人文环境。

目前，机组运行良好，平均入厂垃圾约1000t/d，平均发电量36万千瓦·时/日，厂用电率12%，废水、烟气的各项排放指标均达到欧盟2000排放标准；环保监测系统已与昆明市环保局联网，实现了环保监测数据实时在线传输，接受环保部门和社会公众的监督；垃圾焚烧产生的热量在余热锅炉进行热交换，产生的蒸汽通过容量为18MW的汽轮发电机组发电；余热发电除供工厂自用外，可供约4万户居民用电；炉渣按照政府要求实现综合利用，渗滤液处理达标后回用，飞灰稳定化后送填埋场处理，真正实现了垃圾处理的无害化、减量化、资源化。

经济效益分析

一、投资费用

云南昆明空港经济区垃圾焚烧厂项目初步设计总投资35414.66万元，其中：静态固定资产投资 34298.14 万元，建设期利息 956.81 万元，铺底流动资金 159.71 万元。

二、运行费用

该项目年运行费用约 4627 万元，包括生产成本 2798 万元、管理费用 250 万元、财务费用 465 万元等。

三、效益分析

该项目能够实现自我经营，良性循环，收入能补偿成本费用和还本付息。收入主要来源于垃圾处理费、上网电费以及增值税即征即退等，年营业收入约为 7388.60 万元，扣除各项成本费用，年净利润约 1897.96 万元，年上缴税费约 718.92 万元，具有较好的经济效益。

环境效益分析

该项目不仅解决了城市生活垃圾的处置问题，节省了大量的土地资源，消除了垃圾填埋对于环境的二次污染，同时通过垃圾焚烧余热发电还能产生可观的电力资源，节省了一次能源的消耗，减少二氧化碳的排放，形成日处理生活垃圾 1000t、年发电 14400 万千瓦·时的能力，相当于节约 5.76 万吨标准煤，同时减少向大气排放二氧化碳约 14.4 万吨，节能减排效果明显。

工程环境保护验收

一、组织验收单位

云南省环境保护厅

二、验收时间

2013 年 8 月

三、验收意见

通过验收。

联系方式

联系单位：重庆三峰环境产业集团有限公司

联系人：黄明

地址：重庆市建桥工业园区（A 区）建桥大道 3 号

邮政编码：400080

电话：023-88055639

传真：023-88055511

E-mail：huangm@cseg.cn

工程名称

2500t/d全尾砂膏体充填系统工程

工程所属单位

云南金沙矿业股份有限公司因民公司

申报单位

飞翼股份有限公司

推荐部门

中国工业环保促进会

工程分析

一、工艺路线

选厂低浓度全尾砂（质量浓度30%）通过渣浆泵输送至充填站内的深锥浓密机中，在向深锥膏体浓密机供尾矿浆的同时，通过絮凝剂制备添加系统加入絮凝剂，以提高尾矿浆的沉降速度，降低溢流水含固量。尾矿浆浓密沉降后排出的溢流水回选厂循环使用。浓密后的膏体料浆（质量浓度70%±2%）通过底流循环输送系统泵送至搅拌桶中。

调浓水通过水泵供给，计量后输送至搅拌桶中。

水泥通过散装水泥罐车输送至水泥筒仓内存储，筒仓设置料位计，底部通过稳流装置、螺旋输送机、称重螺旋给料机进行输送计量后卸料至搅拌桶中。

浓密后的膏体料浆、水泥和水在搅拌桶中充分搅拌制备成膏体充填料浆，通过充填工业泵加压经管道输送至待充采空区。

二、关键技术

1. 深锥膏体浓密机技术

因民公司的深锥浓密机充分吸收了国外先进的技术和设计理念，并结合国内的矿山实际工况加以优化，其核心浓缩技术因民公司已经掌握并在矿山进行了应用，尤其是切向入料高效给料筒技术、料浆自稀释技术、防压耙技术、液压系统三级保护技术、底流剪切循环技术、絮凝剂精确添加技术等，保证了底流的高浓度和稳定输出，溢流水澄清度高。

因民公司研究开发的深锥浓密机具有如下特点：

(1) 高效给料技术：尾砂料浆切向进入，抵消涡流作用，使料浆混合更均匀，提高单位面积处理量。

(2) 自动稀释装置：利用给料筒竖壁两侧的自然水压差稀释料浆，同时设置稀释水止回口，上清液自动流入给料筒，提高稀释效率。

(3) 底流循环技术：底流循环使浓密机具备储料功能，特殊设计的耙架结构可避免储料后带来的压耙或卡死现象。

(4) 溢流水澄清技术：尾砂料浆通过稀释后添加絮凝剂进行浓缩脱水，溢流水澄清度高，含固率$<300ppm$，符合国家环保排放标准，并可作为循环工业用水回选厂利用，避免了直接排放引起的水体污染等问题。

2. 充填工业泵技术

因民公司研发的充填工业泵适用于长时间连续作业工况，满足各种工况需求的输送量，出口压力在国内外同类产品中为一流水平，可保证充填料浆的超远距离输送，最大限度地提高系统的有效作业覆盖半径。该设备具有如下特点：

(1) 全液压控制：采用全液压控制开式系统，油温低，可靠性高，换向冲击小，液压系统自清洁能力强。

(2) 恒功率控制：采用双泵合流液压系统，恒功率控制，系统更简单、可靠。

(3) 高效耐磨技术：眼镜板、切割环、S管阀、双层镀硬铬输送缸等技术，耐磨度高，使用寿命长。

(4) 变量节能技术：液压系统采用多项变量技术，比例控制，按需输出，高效节能。

(5) 自动润滑技术：采用液压同步控制的自动润滑技术，保证混凝土活塞、搅拌与S管阀等运动元器件润滑性能良好。

(6) S管阀技术：独特的大嘴S阀设计，阀体内部通径增大，吸入面积增加，吸入效率提高，料浆更易泵送。

(7) 料斗防死角技术：全新设计的料斗，双层弧焊结构，彻底去除死角位置，不积料。

(8) 缓冲技术：采用接近开关感应活塞杆位置，反馈位置信号，通过电比例控制技术调节油泵排量，实现缓冲作用。

3. 充填专用控制阀组技术

充填专用控制阀组是为了保证充填料浆在井下采空区充填时的作业安全，通过井下控制阀组，一方面可以实现充填输送时充填料浆进入采空区充填区域，当进行洗管作业时将管路切换至排水管路，把洗管水排至井下排水沟，避免人工移动充填管路带来的管路震颤和人工换管的一系列问题；另一方面可以实现充填末端压力的控制，特别是在充填发生假性堵塞时，充填管路中料浆压力大，一旦料浆喷射，将严重危及管路末端操作人员的人身安全，通过因民公司专利技术的井下控制阀组，具有承压大、安全性高的特点，完全可以避免井下末端压力大带来的安全隐患。

充填专用控制阀组涉及的设备主要是节流阀、截止阀和换向阀，为飞翼股份专利产品。节流阀可调节管路流量，保证立管满管输送。截止阀可控制充填料的流动和截止。换向阀可改变充填料的流向。通过截止阀和换向阀组合，可实现不同充填区域的顺序充填作业，提高充填可靠性。

4. 自动化控制技术

自动化控制系统对成套系统的工艺流程进行系统自检和自动运行，各类控制之间既有串行衔接，又有并行重合的时序控制，并在一定的联锁约束条件下进行逻辑程序控制，具有如下优点：

（1）系统集中控制，便于管理；

（2）系统集中检测，自动控制；

（3）系统故障报警提示，便于维护修理；

（4）搅拌投料、放料、泵送实现互锁；

（5）全电子称重计量、配比精度控制准确。

工程规模

充填能力110m^3/h，日处理尾砂量2500t/d。

主要技术指标

（1）充填能力110m^3/h，日处理尾砂量2500t/d。

（2）设计充填料浆质量浓度70%～72%。

（3）溢流水固含量<300mg/L，全部返回选厂循环利用。

（4）最远输送距离3334m。

（5）充填配比：高强度充填1∶8；低强度充填1∶20。

主要设备及运行管理

序号	设备名称		设备型号	主要参数	数量	备注
1	渣浆泵		150ZJ-Ⅰ-A60	排量≥300m^3/h； 扬程50m	2台	1用1备
2	膏体浓密机		NGT-16	池体内尺寸16000mm	1台	—
3	循环泵		3DAHF	功率55kW	1台	起缓存作用时， 对底流浆体进行循环
4	充填泵		HGBS150	功率2×250kW	2台	1用1备
5	搅拌桶		ϕ2500×2500	生产能力120m^3/h	2台	1用1备
6	水泥筒仓		—	容积为200t	1座	—
7	螺旋输送机		LSY200	输送量>15.4t/h	1台	—
8	螺旋称重给料机		GXC300	最大输送量18.3m^3/h	1台	—
9	水泵(离心泵)		ISW100-250	流量70m^3/h、100m^3/h、130m^3/h； 扬程87m、80m、68m	2台	充填时，单台开启用于输送调浓用水；洗管时，两台开启
10	水泵		D280-43X	流量280m^3/h； 单级扬程43m	4台	2用2备，分别用于浓密机、中段水池溢流水回水
11	阀门	换向阀	通径150	电动液压	2套	—
		节流阀	通径150	手动液压	1套	—
		截止阀	通径150	手动液压	1套	—

工程运行情况

本项目设计规模为日处理尾矿干量2500t，项目建成运营后：一是减少了尾矿干量和尾矿废水的排放，减少向金沙江及长江流域排放污染物；二是解决了尾矿堆存问题，减少大量土地占用；三是消除了井下空区长期暴露存在的安全隐患；四是大量尾矿充填空区后，延长了位于黑箐沟的大型尾矿库的服务年限。项目的投入运行对整个因民矿产生了良好的经济效益和环境效益。

经济效益分析

一、投资费用

全尾砂膏体充填系统总投资 2522 万元，其中：

（1）建筑工程：259.7 万元；

（2）设备购置：1926 万元；

（3）安装工程：96 万元；

（4）调试工程：136 万元；

（5）其他费用：122.3 万元。

二、运行费用

序号	项目	高强度	低强度	无强度	说明
	水泥用量	140kg	60kg	0	
1	材料费(水泥)/(元/m^3)	46.2	19.8	0	水泥价格 330 元/t
2	电费/(元/m^3)	4.43			设备运行总功率 904kW,设备负荷系数 0.7,电费 0.7 元/(kW·h)
3	人工费/(元/m^3)	0.68			人均工资 3000 元/月,月平均工作天数 30 天,每天 18 人工作
4	絮凝剂费用/(元/m^3)	0.15			按浓密 1t 尾砂 0.15 元考虑
5	1m^3充填成本/(元/m^3)	51.46	25.06	5.26	
6	折合吨矿成本/(元/t)	18.64	9.08	1.91	矿石密度 2.76t/m^3

三、效益分析

本项目建成后，选厂全尾砂全部充填到井下采空区，每年消耗尾砂 65.34 万立方米。由于因民公司现有尾矿库已满，如不采取充填方式处理尾砂，则需要新征地存放。按单位面积堆存尾砂 20m^3/m^2计，须征用土地 32670m^2；按地价 400 元/m^2计算，则每年直接减少费用 1306.8 万元。此外，因民矿原设计采用浅孔留矿法，资源回收率低（约 60%），采用充填采矿法后，资源回收率可提高到 80%以上。按矿山保有储量 600 万吨计算，可多采出铜矿石 120 万吨，因民矿原矿品位 0.88%、精矿品位 23%，累计可多回收铜精矿 4.8 万吨，按铜精矿目前市场价格 39000 元/t 计算，累计新增产值 18.72 亿元。

环境效益分析

项目投入运行后，实现了尾砂和废水的零排放。

削减主要污染物名称	尾砂	废水
应用前/(10^4t/a)	82.5	136.8
应用后/(10^4t/a)	0	0
削减率/%	100	100

工程排污许可或环保验收

一、环保验收单位或排污许可证核发单位

(1) 环保验收单位：昆明市东川区环境保护局。

(2) 排污许可证核发单位：云南省环境保护厅东川区环境保护局。

二、环保验收时间或排污许可证有效期

(1) 环保验收时间：2017 年 6 月 28 日。

(2) 排污许可证有效期：2014 年 12 月 1 日至 2018 年 11 月 30 日。

三、验收意见或排污许可

验收意见：通过验收。

排污许可：

① 排放量：COD 21.9t/a，NH_3-N 0.12t/a，总砷 0.1809t/a，总铅 0.082t/a，总镉 0.08t/a。

② 排放浓度：COD 21.9mg/L，NH_3-N 0.12mg/L，总砷 0.181mg/L，总铅 0.082mg/L，总镉 0.08mg/L。

联系方式

联系单位：云南金沙矿业股份有限公司因民公司

联系人：张华

地址：云南省昆明市东川区因民镇

邮政编码：654100

电话：138 8843 7035

传真：0871-62524184

E-mail：scb-hua@139.com

2017-S-36

工程名称

20 万吨含铜污泥危险固废综合利用工程

工程所属单位

杭州富阳申能固废环保再生有限公司

申报单位

杭州富阳申能固废环保再生有限公司

推荐部门

杭州市富阳区环保局

工程分析

一、工艺路线

该示范工程是通过高温熔炼将各类含铜污泥危险固废中有价成分进行分离和富集，从而实现无害化和资源化的目的。工艺流程主要分为回转烘干、逆流焙烧、富氧侧吹和静电除尘四个环节，生产过程中产生黑铜（次铜合金），同时产生副产物水渣（水淬渣）。具体生产工艺路线见图1。

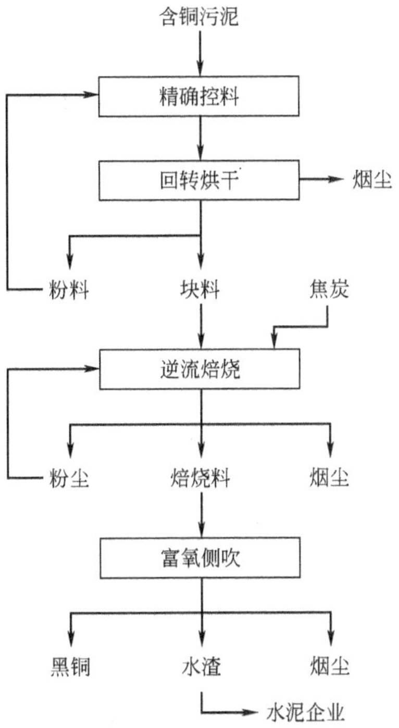

图1 20万吨含铜污泥危险固废综合利用示范工程工艺路线

二、关键技术

杭州富阳申能固废环保再生有限公司针对各类含铜污泥废料开发了“回转烘干—逆流焙烧—富氧侧吹—静电除尘”无害化处理回收技术，从含铜污泥中回收生产黑铜和副产品水渣。

① 自主设计的逆流法焙烧多金属危险固废技术和装备，使处理效率由原来的10t/h提高到40t/h，脱除了入炉物料原有的35%结晶水，实现了60%的节能；

② 自主设计的富氧侧吹冶炼工艺流程，由原有的高铁渣型转变为高硅高钙低铁渣型，其铜含量由原来的1.2%～1.5%降低到0.7%以下，提高了多金属总回收率；

③ 自主设计的静电除尘技术取代了传统的旋风除尘、布袋除尘和碱液脱硫，实现了高压电场下微米级颗粒电荷加载，吸附除去10μm以下固体颗粒，明显降低了雾霾的污染源排放。

工程规模

企业前期投入8000万元用于项目开发升级，设有6台熔炼炉窑，4台4.0m^2铜泥强化熔炼炉生产能力为110t/(d·台)，2台3.0m^2铜泥强化熔炼炉生产能力为80t/(d·台)，合计总的生产能力为600t/d，约合20万吨/年。

企业目前含铜污泥回收处置规模为20万吨/年，主要产品为黑铜（次铜合金），主要副产物为熔炼炉渣经水冷后产生的水渣（水淬渣）。此外，熔炼过程中产生的尘灰经布袋收集后回用于项目前道制砖工序，继续提取其他除粗铜外的有价金属。

主要产品表

产品名称	产品产量 /(10^4t/a)	备注
黑铜	3.51(含铜量84%)	产量因含铜污泥来源和成分有所浮动
水渣	9.20	

主要技术指标

一、水耗指标

本工程通过设置水循环系统，并通过水的串级和循环使用，节约新水耗用量，产生的工业污水全部经过污水处理站蒸发浓缩结晶，不外排污水。企业生活污水经厂区污水处理站处理后达《城市污水再生利用 工业用水水质》（GB/T 19923—2005）标准后厂内回用，不外排。该项目节水措施完备，节约水资源效果显著。

二、能耗指标

项目年处理含铜污泥综合能耗为0.16t标煤/t铜泥。

三、污染物排放指标

由于本项目采用了清洁生产工艺设备，加上较完备的污染防治措施，使处理单位含铜污泥的污染物排放量有较大幅度的降低。本项目各项污染物排放指标均优于类似企业，各项污染物排放指标均已达到国内同类企业的先进水平。

处理单位含铜污泥主要特征污染物排放量对比表

污染物	单位	允许指标	本项目实际指标
废水排放量	m^3/t	1.5	0
排空烟尘固体物含量	mg/m^3	150	80
废渣排放量	t/t	0.7	0

四、废物回收利用指标

本项目生产过程中产生的逆流焙烧渣、熔炼渣、吹炼渣等均在本厂内回收综合利用，水渣、脱硫渣等均可进行综合利用，静电收尘系统烟尘还原炉收尘灰、电炉收尘灰、侧吹炉收尘灰等均在本厂内回收综合利用，在减少固体废物排放的同时，综合利用了资源，取得了可观的经济效益。

主要设备及运行管理

一、主要设备

序号	设备名称	规格、型号	数量	放置位置	备注
1	铜泥强化熔炼炉	$4.0m^2$	4台	熔炼车间	产能110t/d
2	铜泥强化熔炼炉	$3.0m^2$	2台	熔炼车间	产能80t/d
3	粉碎设备	PE600×900	1套	备料车间	
4	粉碎设备	PE200×400	1套	备料车间	
5	搅拌机	JS750	4台	备料车间	
6	铜泥制砖机	ZT8-15	4台	备料车间	
7	冷却塔	NDBL3600m^3/h	1套	冷却系统	
8	罗茨鼓风机	ART-300/90kW	4台	熔炼车间	
9	罗茨鼓风机	ART-295/75kW	2台	熔炼车间	
10	引风机	Y9-38/110kW	8台		1用1备
11	引风机	Y5-47/75kW	4台		1用1备
12	引风机	Y5-47/55kW	3台	熔炼车间	2炉配1台
13	水泵		14台		

二、工程运行管理

每年生产正常运行330天，三班倒工作制，操作工人204人。各设备运行状况良好，综合设备完好率≥95%，设备运转率≥90%，各单体设备长期处于正常运行状态，每个岗位有专人看守，润滑油的添加和设备清理工作定期进行，具有健全的设备巡检记录和设备维修记录。以班组为单位，每班进行一次设备点检工作，维修人员每5天检查维修一次，技术人员每15天检查一次。

工程运行情况

2016年度生产系统设备及其环保设施运行状态良好。

2016年产出：黑铜22092.01t、水渣76943.43t。

经济效益分析

一、投资费用

本项目总投入19300万元，资金全部自筹。截止到2014年9月，已完成全部投资额，其中投入的项目土地购置、建设安装及设备购置等费用9700万元，技改配套费用 9600 万元，实现年处理 20 万吨含铜污泥的能力。

二、运行费用（达产后第一年运行成本核算）

序号	名称	单位	年消耗量	单价/元	年总成本/万元
1	直接材料费				43762.85
1.1	原料		188780.96	不含税	37188.76
1.2	辅料			含税价	6574.09
1.2.1	石灰石	t/a	4110.07	90.58	37.22
1.2.2	石英石	t/a	10464.55	84.41	88.33
1.2.3	石灰	t/a	17889.88	408.76	731.26
1.2.4	煤	t/a	17884.83	741.2	1325.6
1.2.5	炭精	t/a	23841.27	1523.62	3632.56
1.2.6	其他辅材	t			759.12
2	直接燃料动力费				1024.85
2.1	水	t	36575		14.28
2.2	电	kW·h	1474.6		1010.57
3	直接工资福利费	人			2608.58
4	制造费用				1406.69
4.1	折旧费				748.69
4.2	修理费				136.13
4.3	其他制造费用				521.87
小计	制造成本				48802.97

三、效益分析（达产后近一年营业收入核算）

序号	产品	数量/t	含税单价/元	年销售收入/万元
1	黑铜	22092.01	47394.59	104704.18
2	水渣	75943.43	240	1822.64

项目建成投产后，年均销售收入（含税）147630 万元；年均总成本费用 41493 万元；年均销售税金及附加为 18367.1 万元；年均利润总额 23979.72 万元；年均所得税为 7737.70 万元；年均净利润为 16242.02 万元。

投资利润率为 19.7%，投资利税率为 48.0%，资本金利润率为 28.1%。税后：财务内部收益率 19.36%，财务净现值（$I_c=9\%$）为 7860 万元，投资回收期 2.45 年。

环境效益分析

在项目设计过程中，对各种污染源均采取有效的控制和治理措施。

1. 废气治理措施

本项目采用逆流焙烧窑焙烧烘干料，烟气经过水冷却、布袋除尘后，烟气含尘小于 50mg/m³，再经过气动乳化脱硫塔脱除 SO_2，二级乳化脱硫塔脱硫效率 98%，脱硫塔出口烟气含 SO_2 小于 204.5mg/m³。侧吹炉采用炭精作为原料，高温烟气先经过余热锅炉、布袋除尘器除尘后，再经过二级乳化脱硫塔洗涤，脱硫效率大于 98%。烟囱排放的烟气含尘小于 50mg/m³（烟尘的主要成分为脱硫剂），SO_2 的含量小于 200mg/m³，符合《大气污染物综合排放标准》（GB 16297—1996）的要求。

2. 废水治理措施

工艺过程中产生的工业污染水全部经过企业污水处理站蒸发浓缩结晶，不外排污水。企业生活污水经厂区污水处理站处理后达《城市污水再生利用 工业用水水质》（GB/T 19923—2005）标准后厂内回用，不外排。

3. 废渣治理

侧吹炉在吹炼过程中产生的炉渣含重金属、有色金属和有害元素很少，而且都是化合物固化状态，不造成污染，送水泥厂作为生产原料。本项目产出的渣在企业不占用场地，不污染环境。

4. 噪声控制

本设计针对一些高强度的噪声源采用适当降噪、减噪措施，以尽量降低噪声对环境的影响，具体做法：

（1）选用高品质、低噪声的鼓风机及空压机；

（2）对噪声较高的风机在设备订货时，要求设备制造厂家采用低噪声设备，噪声低于 85dB(A)；

（3）在空压机、风机等噪声源的输气管道或在进气口或排气口上安装合适的消音元件；

（4）对噪声源装置隔振元件，减少固体传声；球磨机厂房内部全部采用隔音设施，降低噪声；

（5）尽可能对噪声源辅以隔声措施，设置隔声罩，同时考虑合理地通风散热。

采用上述治理措施后，厂界噪声可以达到《工业企业厂界环境噪声排放标准》（GB 12348—2008）规定的二类限值（昼间低于 60dB，夜间低于 50dB）标准。

5. 绿化

绿化在防止污染、保护和改善环境方面起着特殊的作用。由于植物具有较好的调温、调湿、吸灰、吸尘、改善小气候、净化空气、减弱噪声的功能，因此绿化设计对保护环境、改善劳动条件、保证职工健康、提高工作效率等方面有重要意义。根据本工程特点，绿化设计从选择树种、栽植平面布置及绿化结构等方面进行考虑，绿化率约为 30%。

环境/安全管理目标和指标

项目	目标	指标
环境保护	“三废”达标排放	工业废气综合排放达标
		工业废水处理达标
		工业废水循环利用率≥97%
		工业固体废物综合利用率≥90%
	环保设施运行正常	环保设施与生产同步运行
	无重大环境污染责任事故	重大环境污染责任事故发生率为0
安全生产管理	无重大火灾责任事故	重大火灾责任事故发生率为0
	无死亡事故	死亡事故为0
	控制重伤事故	重伤事故控制在1‰
	减少工伤事故	千元以上损失工伤率控制在3%以下
	无气体中毒和爆炸事故	中毒和爆炸事故控制为0
	加强员工安全培训	新员工三级安全教育培训时间不低于16h/人，培训最终合格率达100%
		特殊岗位三级安全教育培训时间≥24h/人，再教育时间≥12h/(人·a)，培训最终合格率达100%
	确保员工职业健康	职业病病例为0

工程排污许可及环保验收

一、环保验收单位或排污许可证核发单位

富阳区环境保护局

二、环保验收时间或排污许可证有效期

验收时间为2014年9月；排污许可证有效期至2017年10月。

三、验收意见或排污许可

杭州富阳申能固废环保再生有限公司年处理20万吨含铜污泥环境污染整治项目基本达到了《富阳区铜小冶炼行业环境污染整治实施方案》的要求，同意项目通过环保验收。最终排放量二氧化硫＜246.2t、氮氧化物＜90.9t；烟气中二氧化硫浓度＜400mg/m^3、氮氧化物＜240mg/m^3、粉尘＜80mg/m^3。

获奖情况

2016年6月获得由浙江省人民政府颁发的杭州市科技进步二等奖，2016年12月获得由全国工商联颁发的科技进步二等奖。

联系方式

联系单位：杭州富阳申能固废环保再生有限公司

联系人：于龙宇

地址：浙江省杭州市富阳区环山乡铜工业功能区

电话：0571-61761103
传真：0571-61761109
E-mail：hzslet _ 157@163.com

2017-S-37

技术名称

北京京能高安屯燃气热电有限责任公司2×350MW燃气联合循环供热机组噪声控制工程

工程所属单位

北京京能高安屯燃气热电有限责任公司

申报单位

北京绿创声学工程股份有限公司
北京京能高安屯燃气热电有限责任公司

推荐部门

北京市环境保护产业协会

工程分析

一、工艺路线

(1) 将主要声源按区域划分，对各区域噪声水平进行评估、预测。
(2) 利用声学专业软件结合工程经验对电厂投运后噪声污染情况进行预测。
(3) 根据预测结果确定各噪声控制区域的降噪量。
(4) 针对各区域噪声源特点及降噪量需求设计相应的噪控措施。
(5) 利用声学专业软件对拟采用的噪控措施的效果进行评估、预测。

二、关键技术

(1) 噪声污染预评价与主要声源识别技术；
(2) 轻质复合隔吸声屏障与隔声大门景观化统一降噪技术；
(3) 固定可抽插片式可调节消声技术。

工程规模

建设规模为2×350MW级燃气蒸汽联合循环供热机组，机组配置2台燃气轮机、2台燃气轮发电机、2台余热锅炉、1台供热蒸汽轮机和1台蒸汽轮发电机。冬季可供热596MW，折合供热面积约1200万平方米，机组发电最大出力845MW。

主要技术指标

本项目厂界噪声排放昼间≤65dB(A)、夜间≤55dB(A)。

主要设备及运行管理

主要噪声控制设备为厂房轻质多层复合隔吸声墙体，厂房进、排风消声器，隔声门窗，复合隔声吸声屏障板，冷却塔进、排风消声器，排风导流筒，减振系统，淋水消声装置等。

工程运行情况

投运至今所有噪控设备各项指标正常，厂界噪声排放达标。

经济效益分析

一、投资费用

噪声控制的总投资（一次性投资）为16113万元。

二、运行费用

噪控设备在使用年限期间基本无任何运行费用。

三、效益分析

降噪及景观一体化技术节省景观费用不少于100万元，技术成果可降低噪声污染控制投入，具有明显的经济效益。

环境效益分析

厂界噪声排放达标，为类似电厂的噪声控制积累了宝贵经验。

工程环境保护验收

一、环保验收单位

北京市环境保护监测中心

二、环保验收时间

2015年11月

三、验收意见

环保达标，通过验收。

联系方式

联系单位：北京绿创声学工程股份有限公司
联系人：孙瑞峰
地址：北京市昌平区振兴路28号北京绿创环保集团
邮政编码：102200
电话：010-60748995

传真：010-80109227
E-mail：13671213622@163.com

2017-S-38

工程名称

北京西北热电中心京能燃气热电项目噪声控制工程

工程所属单位

北京京西燃气热电有限公司

申报单位

北京绿创声学工程股份有限公司

推荐部门

北京市环境保护产业协会

工程分析

一、工艺路线

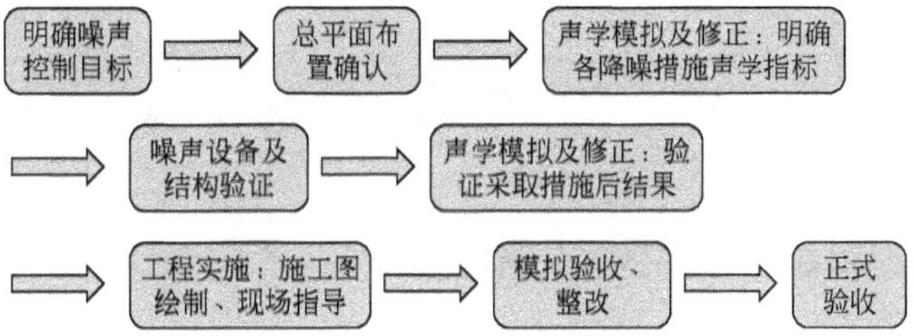

1. 明确噪声控制目标

按照环评批复（京环审〔2012〕491号）要求：“……厂界噪声执行《工业企业厂界环境噪声排放标准》（GB 12348—2008）中2类标准。为了减缓噪声对周边住宅及敏感建筑的影响，单位须确保住宅及敏感建筑噪声不增加。”

（1）厂界达标目标

工业企业厂界环境噪声排放限值　　单位：dB(A)

时段 厂界外声环境功能区类别	昼间	夜间
0	50	40
1	55	45
2	60	50
3	65	55
4	70	55

注：1. 夜间频发噪声的最大声级超过限值的幅度不得高于10dB(A)。

2. 夜间偶发噪声的最大声级超过限值的幅度不得高于15dB(A)。

（2）敏感点达标目标　“敏感点噪声值不增加”即声源（热电厂）在验收点噪声排放贡献值需小于现状值10dB（A）以上。根据环评报告及现场复核测试，敏感点声环境现状值大部分为44.8～48.7dB(A)。因此，本示范工程在敏感点噪声排放值应为34.8～38.7dB(A)，远低于《声环境质量标准》（GB 3096—2008）0类标准，其达标难度为目前国内最难，其成功实施将填补国内空白。本工程周边敏感点情况见下图。

2. 声学模拟（采取噪声控制措施前）

（1）物理建模　建筑物特性来源于业主及设计院提供的设计资料。声学分析软件建模时按照真实情况1∶1尺寸进行建模。

（2）声源值确定及频谱分析

设备名称	噪声水平/dB(A)	备注
燃气轮机	约95	罩壳外1m
燃气轮机进风口	76～82	距离1.5m
蒸汽轮机	约92	距机组1m
厂房屋顶风机	80～85	风机轴线45°方向1m
锅炉本体	75～80	距机组1m
锅炉给水泵	85～90	距机组1m
余热锅炉烟囱	约70	加消声器后

续表

设备名称	噪声水平/dB(A)	备注
变压器	68～75	距机组 1m
天然气调压站(压缩机)	约 105	距管线 1m
各类泵	85～90	距设备 1m
其他区域	60～65	厂房外 1m

结合绿创公司技术人员对类似电厂设备和厂区噪声的实际测试经验，对燃气电厂各功能区域的噪声源特点和特性做进一步分析，为了更准确地分析，将厂区分为几个功能区域：燃机及汽机主厂房区域、余热锅炉区域、机力通风冷却塔区域、天然气调压站区域。以下为各个区域的噪声情况分析：

① 燃机及汽机主厂房区域噪声源分析。燃机厂房、汽机厂房、热网站共用一个主厂房等，该区域噪声主要包括：燃机本体噪声；燃机进风口及进风口管道噪声；燃机辅助设备噪声；燃机罩壳通风机噪声；燃机至余热锅炉过渡段噪声；汽机本体噪声；汽机辅助设备噪声；汽机蒸汽管线噪声；热网站蒸汽管线噪声；屋顶风机噪声等。

燃机和汽机本体噪声频谱均呈现高声压级和宽频带特性。

燃机进风口低频特性很明显，在中高频区域也有较明显的峰值，属于难治理的声源。

主厂房区域声源均属于高声压级噪声，会通过不同途径向外传播，如室内声源通过墙体透声或通过门、窗、通风进排口向外传播，室外声源（如燃机进风口、燃机罩壳通风机）还直接向外界传播，这都会对周边厂界和敏感点产生影响。

② 余热锅炉区域声源分析。余热锅炉区域包括锅炉给水泵区、锅炉本体、烟囱等，余热锅炉区域除锅炉本体产生噪声外，还有多个区域多种附属设备会产生不同程度的噪声，主要有：余热锅炉本体噪声；余热锅炉给水泵区噪声；天然气前置模块区域噪声；余热锅炉顶部（蒸汽包、除氧器等）噪声；余热锅炉排汽（气）口噪声；余热锅炉维护结构屋面顶排风风机噪声；余热锅炉烟囱噪声（本项目余热锅炉烟囱已带消声器）等。

锅炉区域噪声呈现高声压级、宽频带特性，超标量大。

③ 机力通风冷却塔区域声源分析。机力通风冷却塔噪声由以下几部分组成：

a. 顶部轴流风机产生的空气动力性噪声。这部分噪声主要由旋转噪声和涡流噪声组成，其频率表达式分别为：

$$f=\frac{nz}{60}(\mathrm{Hz})$$

式中，f 为旋转噪声的基频，Hz；n 为叶轮转数；z 为叶片数。

$$f_i=K\frac{V}{D}(\mathrm{Hz})$$

式中，f_i 为涡流噪声的基频，Hz；K 为斯脱路哈数；V 为气体与叶片的相对速度，m/s；D 为气体入射方向的物体厚度，m。

此部分噪声分为进风噪声和排风噪声两部分，其中排风噪声通过顶部风口直接向外传播，进风噪声则透过填料层向下传播，并最终通过进风口向外传播。

b. 淋水噪声：此部分噪声由水的势能撞击冷却塔中的填料和集水池产生。

c. 电机、传动部件及减速箱等产生的机械噪声。

d. 由风机、电机及减速机引起冷却塔塔壁及顶部平台振动，产生固体传声噪声。

机力塔风机的电机噪声和风机进、排风口噪声中低频突出，其中排风口噪声低频声压级更高，而淋水噪声主要是中高频成分。但由“机力冷却塔淋水（风机开）噪声频谱图”可以看出风机开启时，风机噪声部分透过冷却塔填料层后也通过进风口反向传播，因此进风口噪声中低频部分同样突出。

机力冷却塔振动和噪声的峰值均出现在同一频谱附近，具有很好的吻合性，机力冷却塔固体传声噪声由机力塔风机电机及减速机振动引起，该振动引起的二次噪声治理困难。因此，提前对机力塔风机电机和减速箱进行系统减振设计十分必要，关系到机力冷却塔对应的厂界及敏感点噪声能否达标。

同时，由于本项目机力通风冷却塔距离厂界较近，衰减距离短，因此其噪声对厂界影响很大。

④ 天然气调压站声源分析。本项目天然气调压站的主要功能是把输送至厂内的天然气进行增压，经天然气前置模块加热和过滤后输送到燃机燃烧做功。天然气调压站噪声主要包括：增压机噪声；管道辐射噪声；阀门辐射噪声。

增压机噪声（罩壳外）声压级高，噪声呈宽频带特性，在低频部分有峰值出现。同时天然气调压站紧邻厂界，对厂界影响较大。

⑤ 变压器区域声源分析。变压器区域包括主变、厂用变和启动/备用变，这些电力变压器离东北侧厂界较近。

电力变压器噪声主要有两部分：铁芯磁致伸缩振动引起的电磁噪声；冷却风扇产生的机械噪声与气流噪声。

电力变压器的电磁噪声是一个由基频和一系列谐频组成的单调噪声，低频成分突出，且有明显的峰值（100Hz 附近）。由于低频噪声的绕射和穿透能力强，且空气吸收非常小，因此衰减很慢，属于较难治理声源。

⑥ 其他区域声源分析。其他区域包括厂区内的循环水泵房、综合水泵房、空压机房、化学水车间、启动锅炉房，这些区域的设备均布置于土建结构厂房内，因此设备产生的噪声主要是通过建筑物透声或通过门窗及通风系统向外传播。

⑦ 排汽（气）放空噪声分析。正常运行时，余热锅炉等设备会进行排气放空等工作，排气放空噪声为间歇式排气喷流噪声，属于偶发噪声，是由高速气流冲击和剪切周围静止空气，引起剧烈的气体扰动而产生的。

从噪声产生机理可知，其噪声是连续的宽频带噪声，从低频成分到高频成分都较丰富。

（3）声场模拟图　本项目采取噪声控制措施前声场分布见下图。

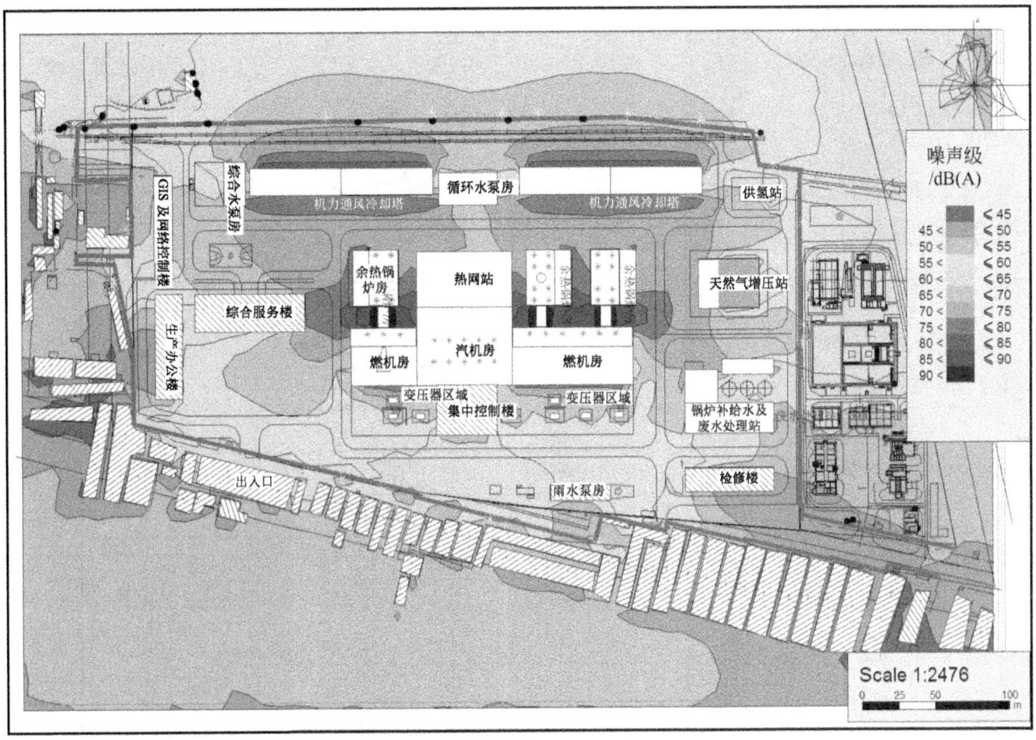

3. 噪声设备及结构声学验证

本项目对墙体隔吸声结构、进风消声器、冷却塔消声装置、变压器屏障等进行了声学验证。

4. 声学模拟（采取噪声控制措施后）

本项目采取噪声控制措施后声场分布见下图。

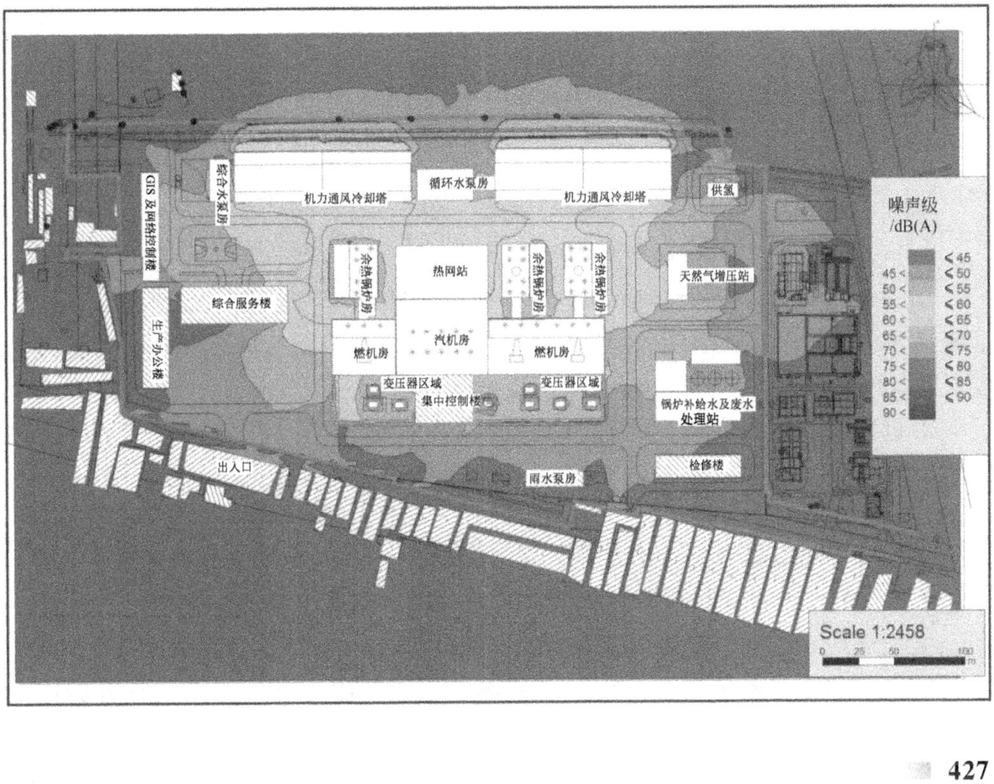

5. 噪声控制措施

(1) 噪声控制方法总述

① 隔声；

② 吸声；

③ 消声；

④ 减振。

系统设备降噪	主厂房区域	设备噪声	隔声	达标	环保验收
			消声		
		厂房混响	吸声		
	余热锅炉区域	锅炉噪声	隔声	达标	
		烟囱噪声	消声		
		排气放空噪声	消声		
	机力通风冷却塔区域	风机振动	减振	达标	
		风机噪声	消声		
		塔体噪声	减振		
		淋水噪声	消声		
	暖通制冷站区域	设备噪声	隔声、消声	达标	
		气流噪声	消声		
	变压器区域	风机噪声	消声	达标	
		电磁噪声	隔声		
	热网站区域	设备噪声	隔声、消声	达标	
	天然气调压站区域	设备噪声	隔吸声屏障	达标	
	循环水泵房及辅机车间	设备噪声	隔声	达标	
		气流噪声	消声		

(2) 噪声控制具体措施

① 燃机、汽机主厂房区域噪声控制措施

a. 13m 以下墙体，内侧设置吸声墙面。

b. 13m 以上墙体，采用轻质多层复合墙体结构，墙面荷载不大于 $55kg/m^2$，在满足荷载要求的同时保证墙体的隔声要求。考虑距离厂界及敏感点距离、有无遮挡物等因素，采用不同隔声量的墙体。

c. 燃机进风口设置隔吸声屏障（呈 45°向内折弯 2m），高度与燃机主厂房高跨相同。

d. 门、窗采用隔声门窗。

e. 主厂房进风口设置进风消声器，屋顶风机设置排风消声器。

f. 墙体、门窗及进排风消声器隔声量充分匹配，避免降噪措施的不足与过度。

g. 孔洞缝隙采取隔声封堵措施。

② 机力通风塔降噪装置措施设置，其声学性能及阻力计算。本设计方案冷却塔

降噪措施设计要点：

a. 注重降噪措施的可靠性和安全性。

b. 声学计算和阻力损失计算应结合、符合工程实际。

c. 在保证降噪性能满足项目要求的前提下（特别是中低频噪声），尽量降低降噪措施带来的阻力损失。

d. 考虑不同厂家机力塔参数的差异性。

冷却塔降噪措施设计如下：

a. 进风口设置导流段及消声片可推拉、拆卸的进风消声装置，根据进风口距厂界距离设置不同消声长度的消声片。

b. 排风口设置导流段及消声片可拆卸排风消声装置，根据排风口距厂界距离设置不同消声长度的消声片。

c. 风机基础加装钢弹簧减振装置。

d. 落水池设置落水消声装置。

冷却塔的专项减振措施，有效降低了塔体的固体传声，满足新标准中对固体传声的要求。

③ 余热锅炉区域噪声控制措施

a. 距离厂界、敏感点距离不同的墙体采用不同隔声量的轻质多层复合墙体结构，墙面荷载不大于 $55kg/m^2$，在满足荷载要求的同时保证墙体的隔声要求。

b. 天然气前置模块屋面敞开。

c. 通风系统的进风口设置进风消声器，屋顶风机设置排风消声器。

d. 门、窗采用隔声门窗。

e. 墙体、屋面、门窗及进排风消声器隔声量充分匹配，避免降噪措施的不足与过度。

f. 烟囱消声器已由锅炉厂家自带，保证噪声值达到要求。

g. 针对锅炉排汽（气）放空设置消声器，由锅炉厂家自带，保证噪声值达到要求。

余热锅炉墙体降噪措施结构设计，外板与钢梁连接结构，采用了减振结构以避免大面积薄板结构振动辐射固体声，满足新标准中对固体传声的要求。

④ 变压器区域降噪措施。变压器区域噪声主要为低频电磁噪声，因此，该区域降噪采用有针对性的隔声＋吸声＋共振腔式隔声屏障，屏障呈 45°向内折弯 1.2m。声屏障与景观措施结合。设置隔声大门，保证设备维检修要求。

⑤ 天然气调压站区域降噪措施

a. 天然气增压机区域，其墙体为混凝土砌块墙双面抹灰，隔声量足够，墙面只需做吸声处理。屋面采用轻质多层复合板，荷载不大于 $55kg/m^2$，在满足荷载要求的同时保证屋面的隔声要求。

b. 天然气增压机区域门、窗采用隔声门窗。

c. 天然气增压机区域通风系统进风口设置进风消声器，屋顶风机设置排风消声器。

d. 天然气增压机区域门窗隔声量、进排风消声器消声量与墙体充分匹配，避免降噪措施的不足与过度。

e. 南侧管线区域，采用半露天布置，东、西、南侧设置 3m 高声屏障。

f. 孔洞缝隙进行隔声封堵。

⑥ 辅助车间区域

a. 其他区域包括循环水泵房、化水车间、集控楼等土建结构内的声源区域。

b. 该类区域降噪措施为设置隔声门、窗，通风系统设置进、排风消声器。

c. 孔洞缝隙进行隔声封堵。

⑦ 排汽放空噪声控制。针对余热锅炉等排汽放空噪声，设置专门的耐高温、耐高压、耐腐蚀的排汽放空消声器。

⑧ 试运行期间吹管等噪声控制。项目试运行期间，工艺管道吹扫等会产生很高的噪声排放，因此需在管道吹扫时制定专门的噪声控制措施，包括进行安民公示、设置耐高压的吹管消声器、设置临时降噪围护措施等。

6. 工程实施

(1) 施工图纸　本项目施工图纸包括：总方案图、主厂房施工及节点图、机力塔施工（消声及减振）及节点图、余热锅炉施工及节点图、天然气调压站施工及节点图、变压器施工图及节点图、其他区域图纸。

(2) 现场指导　本项目专门成立项目部，并派驻现场工程师进行现场指导。

7. 模拟验收及正式验收

(1) 模拟验收　电厂进行 168 试运行后，北京绿创声学组织专门技术队伍，按照国家相关标准对本项目进行了噪声达标模拟验收，结果显示本项目噪声控制达到预期效果。

(2) 正式验收　由业主申请，并经由相关执法机构进行了正式环保验收，本项目噪声控制一次性达到环评批复要求。

二、关键技术

1. 噪声污染预评价与主要声源识别技术

基于工业噪声数值模拟技术和软件（SoundPLAN、CADNA），确定噪声源频谱、建（构）筑特性、地形地势、气象（主导风向、空气湿度等）等参数，建立全厂噪声污染预测分析模型，进行计算机模拟分析得出噪声分布预测图。噪声预测分析需要有完整的声源设备频谱数据库、详尽的背景噪声现场实测数据，同时需要声学模拟工程师有丰富的工程修正经验，最终才能在理论和软件模拟的基础上，通过声学模拟工程丰富的工程经验再进行修正，最终得到噪声敏感点处声源贡献权重及整个项目不同标高层的声场分布图，准确识别燃气电厂主要暴露声源对厂界和敏感点的影响权重，并据此选择合理的降噪措施。

2. 轻质复合隔吸声屏障与隔声大门景观化统一降噪技术

该技术针对变压器区域。变压器区域正对敏感点且位于厂区参观通道位置，同时变压器区域声源呈低频特性，因此对降噪设备的降噪量及美观性均提出了很高的要求。本项目对变压器区域经过详细的声学模拟与计算，采取顶端吸声屏障板折弯

1.5m（与水平方向呈 45°）的措施。

措施实施后，经过实测及环保验收，该措施达到了预期效果，保证了厂界噪声排放满足环评批复要求——《工业企业厂界环境噪声排放标准》（GB 12348—2008）中的 2 类标准限值要求且敏感点噪声值不增加要求。

3. 固定可抽插片式可调节消声技术

该技术在阻性片式消声基础上，调整消声片通流比，通过抽插消声片改变消声片间距、改变通流比例，满足不同工况、不同时间段及不同排放要求对降噪及风量的要求，实现消声量动态变化，提高降噪经济性和冷却塔工艺性能。

工程规模

本工程电厂 3×400MW 级燃气蒸汽联合循环供热机组，建设规模为 3 套 9F 级燃气蒸汽联合循环、热电冷联供机组，联合循环机组采用一套“二拖一”和一套“一拖一”机组配置形式，即一套机组为“2 台燃气轮发电机组+2 台余热锅炉+1 台蒸汽轮发电机组”配置形式，另一套机组为“1 台燃气轮发电机组+1 台余热锅炉+1 台蒸汽轮发电机组”配置形式。

燃气轮机为上海电气/西门子的 SGT5-4000F 燃机，0m 低位布置。蒸汽轮机高位布置，低压缸向下排汽。低压缸和高压缸之间设置 3S 离合器，汽轮机可背压或抽凝或纯凝运行。余热锅炉采用双压、自然循环、卧式、全封闭、无补燃锅炉，锅炉同步建设 SCR 脱硝装置，每台炉设置一个烟囱，不设旁路烟囱。设置 100%容量高、中、低压旁路。

本期工程冬季可供热 883MW，折合供热面积约 1800 万平方米，机组发电最大出力 1307.6MW。

本工程于 2012 年 9 月开工建设，2014 年 10 月完成全部机组 168h 满负荷试运行。

主要技术指标

NRC：降噪系数，在 250Hz、500Hz、1000Hz 和 2000Hz 测出的吸声系数的算术平均值。

LIL：插入损失，为装消声器前后在某给定点测得的平均声压级之差值。

RW：计权隔声量，将隔声频率特性曲线与标准曲线按一定方法进行比较而读得的数，数据能反映出个别频段的隔声缺陷，用以评价结构的隔声比较接近主观感觉的程度。

1. 主厂房区域

（1）墙体复合吸隔声板　RW≥48dB；

（2）屋面吸隔声板　RW≥35dB；

（3）厂房进风消声器　LIL≥25dB；

（4）屋顶排风消声器　LIL≥25dB；

（5）单层隔声门　RW≥35dB；

（6）双道隔声窗　RW≥30dB（单层）；

（7）燃机进风口隔吸声屏障　RW≥35dB。

2. 余热锅炉区域

（1）复合吸隔声板　RW≥40dB；

（2）厂房进风消声器　LIL≥25dB；

（3）屋顶排风消声器　LIL≥25dB；

（4）单层隔声门　RW≥35dB；

（5）双道隔声窗　RW≥30dB（单层）。

3. 变压器区域

（1）隔吸声屏障　RW≥35dB；

（2）单层隔声门　RW≥35dB。

4. 调压站区域

（1）降噪型压缩机房　RW≥45dB；

（2）吸隔声屏障　RW≥35dB；

（3）进风、排风消声器　LIL≥28dB；

（4）隔声门、窗　RW≥35dB。

5. 化学水及工业废水处理站

（1）单道隔声门、窗　RW≥35dB；

（2）通风消声器　LIL≥25dB。

6. 其他区域

（1）隔声门　RW≥35dB；

（2）单道隔声窗　RW≥35dB；

（3）通风消声器　LIL≥25dB。

本项目治理后厂界噪声达到了《工业企业厂界环境噪声排放标准》（GB 12348—2008）中 2 类标准，即保证机组投运后厂界噪声值昼间不超过 60dB(A)、夜间不超过 50dB(A)。同时，敏感点噪声值达到“与建电厂前相比噪声值不增加”的要求，此要求难度远大于《声环境质量标准》（GB 3096—2008）中 1 类的要求。

主要设备及运行管理

采用降噪措施的区域包括主厂房、余热锅炉、机力通风机力塔、变压器、天然气调压站、热网站、循环水泵房、化水车间等辅机车间等。

噪声控制主要设备如下：厂房用轻质多层复合隔吸声墙体、厂房进风消声器、厂房排风消声器、厂房隔声门窗；复合隔声吸声屏障板；冷却塔可拆卸转动进风消声器、排风消声器、排风导流筒、减振系统、淋水斜管消声装置等。

工程运行情况

本噪声控制工程降噪效果显著，为厂界噪声排放满足《工业企业厂界环境噪声排放标准》（GB 12348—2008）中 2 类限值要求及“敏感点噪声值不增加”提供了可靠的降噪技术和降噪装置。本工程从竣工到现在所有噪声控制设备各项指标正常，厂界噪声排放完全满足《工业企业厂界环境噪声排放标准》（GB 12348—2008）中2类限值要求及“敏感点噪声值不增加”的要求。

经济效益分析

一、投资费用

本工程规模为3套400MW级燃气-蒸汽联合循环热电联产机组，本次噪声控制设备为北京西北热电中心京能燃气热电项目全厂区域噪声控制设备。本噪声控制工程的总投资（一次性投资）为5836万元。

二、运行费用

本噪声治理工程所采用的厂房用轻质多层复合隔吸声墙体、厂房进风消声器、厂房排风消声器、厂房隔声门窗，复合隔声吸声屏障板，冷却塔可拆卸转动进风消声器、排风消声器、排风导流筒、减振系统、淋水斜管消声装置等，这些产品和设备在实际项目中已应用多年，比较成熟，性能非常稳定，而且使用年限较长。所以在使用年限期间基本无任何运行费用，包括固定资产税及原料、燃料、材料费，维修费、人工费、管理费等。

三、效益分析

本项科研成果多项技术进一步提高装置的降噪性能，节约降噪设备占用空间及费用。降噪景观一体化技术则节省了电厂景观工程费用，节省景观费用不少于50万元；本技术成果可进一步降低噪声污染控制投入，降低设备运行能耗，具有明显的经济效益。

环境效益分析

厂界噪声达到了《工业企业厂界环境噪声排放标准》（GB 12348—2008）中2类标准，即保证机组投运后厂界噪声值昼间不超过55dB(A)、夜间不超过45dB(A)，同时保证了敏感点“噪声值不增加”。

同时，本科研成果解决了燃气电厂污染首要问题——噪声扰民问题，保证城市周边燃气电厂替代燃煤电厂的可行性。本项目形成的“燃气电厂噪声控制综合设计技术”为北京市后续燃气替代燃煤电厂的实施提供了帮助，为改善北京空气质量做出贡献。本技术在全国范围内的推广应用，也将为解决噪声扰民和改善城市空气质量做出贡献。

工程环境保护验收

一、组织验收单位

北京市环境保护监测中心

二、验收时间

2014年11月

三、验收意见

环保达标，通过验收。

联系方式

联系单位：北京绿创声学工程股份有限公司
联系人：邓勇
地址：北京市昌平区振兴路28号北京绿创环保集团
邮政编码：102200
电话：010-60748995
传真：010-80109227
E-mail：13718911704@163.com

2017-S-39

工程名称

66万汽机高压缸排气管高噪声综合治理工程

工程所属单位

浙江浙能乐清发电有限责任公司

申报单位

上海圣丰环保设备有限公司
浙江浙能乐清发电有限责任公司

推荐部门

上海市环境保护产业协会

工程分析

一、工艺路线

66万汽机高压缸排气管高噪声综合治理前须了解高排管THA工况，高排压力为5.13MPa，温度为361.3℃，流量为517922kg/h。由于管道温度高，严密实施隔声保温，管道表面温度应控制在50℃左右，不得超过55℃。之后在保温管壁彩钢板上涂阻尼后采用分层复合原理卷包做隔声工程，组成了新型吸隔声体，降高、低频效果特别明显。

二、关键技术

用自制调配的耐高温阻尼膏与密胺泡绵及铁粉子隔声毡等组合成新型吸隔声体。这种新型吸隔声体既轻巧，又方便卷扎，是空中管道少增负又降噪的好方法。在安全方面，新型吸隔声体阻燃，耐高温在180～200℃，提高了保温效果，节约了能源消耗，保障了在高温上降噪的安全性。新型吸隔声体的重复分层组合起到了1+1>2的作用，对主管路在 105～108dB(A) 均能降至 74～78dB(A)（按用户需求）。

对主管路、支管路线上的各种钢吊架特高噪声，管道压力加速了汽水的流速（11m/s），振动产生的低频全在钢吊架上反映出来，整治钢吊架特高噪声与低频确是难题。采用轻质复合料组合制成吸隔声体，加制密封又方便检修，可卸可装式隔音箱，使高噪声在箱体内经过多层复合后被吸隔声层多次阻隔吸收，能把 4～5m 高的顶部管道高噪声下降 40～43.5dB(A)，平均值＜80dB(A)，原有的低频声也测不出来。

自行研制高温阻尼膏，涂在保温层彩钢板上就能起到明显的降噪效果，还起到保温和安全防护的作用。与密胺泡绵及铁分子隔声毡等组合材料结合，起到压制高强声波透射强度的作用。新型吸隔声体重复加强组合起到了 1＋1＞2 的作用，将吸隔声作用发挥到极致，由于强声波产生多次界面反射被吸收，加之卷包中的多层复合有效地抑制了管道的低频振动振幅，避免在共振频率附近因“吻合效应”出现隔声“低谷”，在较宽频域范围内均能实现较高的声波传递损失。

研制开发了适应管道的轻质软包装材料降高噪与检修相结合，将管道各部位降噪结合检修是创新成果。管道接口处根据用户需要可设检修套管接口，管道弯头设有弯头隔声罩，可拆装；阀门处设检修门，还可卸装，方便巡检；钢吊架隔声厢均可拆装，方便更换。因此，解决问题安全快捷，为日常维护和管道检修降成本，极大地降低了作业人员的劳动强度，并且延长了管道隔声效果的长期性和稳定性。

本项目各项创新解决了电厂从小到大机组，0m 层的高噪声四溢扩散，震耳欲聋的环境。把新型吸隔声体成功应用于管道及钢吊架大小阀门的高强噪声的治理中，把钢吊架上的高噪声下降 42～45dB，低频 6～7dB 全被消除。多层复合结构组合，有效地控制了声波投射作用，使声波多次反射而被吸收，各部位实施了综合降噪保护措施，防止了系统的“侧向旁路”传声现象，对空中管道四面噪声起了关键降噪作用。

工程规模

2 台 660MW 机组为 200 万元，660MW 机组每台为 100 万元，按管道面积计算。

主要技术指标

浙江浙能乐清发电有限责任公司 66 万汽轮机高压缸排气管高噪声综合治理后，把各种管道噪声从 105～108dB(A) 降至 74～78dB(A)，主管上钢吊架 126dB(A) 降至 83dB(A)，钢吊架 6～7dB(C) 低频已测不到。高排管上最难治理的大阀门，做成方便检修，既可开门小修，又可拆卸安装进行大修更换部件的隔声消音箱，并把原来的保温设施又加了密封，保障了作业工人的职业健康和周围空间声质量环境。总项目效果达到《工业企业噪声控制设计规范》（GB/T 50087—2013）对作业岗位的噪声限值要求。

经济效益分析

不产生直接经济效益。

环境效益分析

浙江浙能乐清发电有限责任公司对高排气管整体各部位治理后，不但声环境质量改善，保温效果明显提高，同时也节约能源的消耗。巡检工来回在管道下巡检，操作省力等，保障了作业工人的职业健康。

工程环境保护验收

一、环保验收单位

浙江浙能乐清发电有限责任公司

二、验收时间

2016 年 11 月

三、验收意见

通过验收。

联系方式

联系单位：上海圣丰环保设备有限公司

联系人：殷振伟

地址：上海市清峪路 368 弄 60 号 601

邮政编码：200333

电话：021-52691986

传真：021-52691975

E-mail：52691986@163.com

2017-S-40

工程名称

华能太原东山燃气热电联产工程空冷岛噪声控制工程

工程所属单位

华能太原东山燃机热电有限责任公司

申报单位

上海新华净环保工程有限公司

推荐部门

中国环境保护产业协会噪声与振动控制委员会

工程分析

一、工艺路线

消声器是一种能衰减噪声且同时允许气流通过的器件，是消除空气动力性噪声的重要措施。消声器是安装在空气动力设备的气流通道上或进、排气系统中的降低噪声的装置。空冷岛消声工艺原理图如图 1 所示，消声器安装于空冷风机下方，消声器与风机之间有 4m 的过渡段，消声器四周采用消声百叶进行围护。

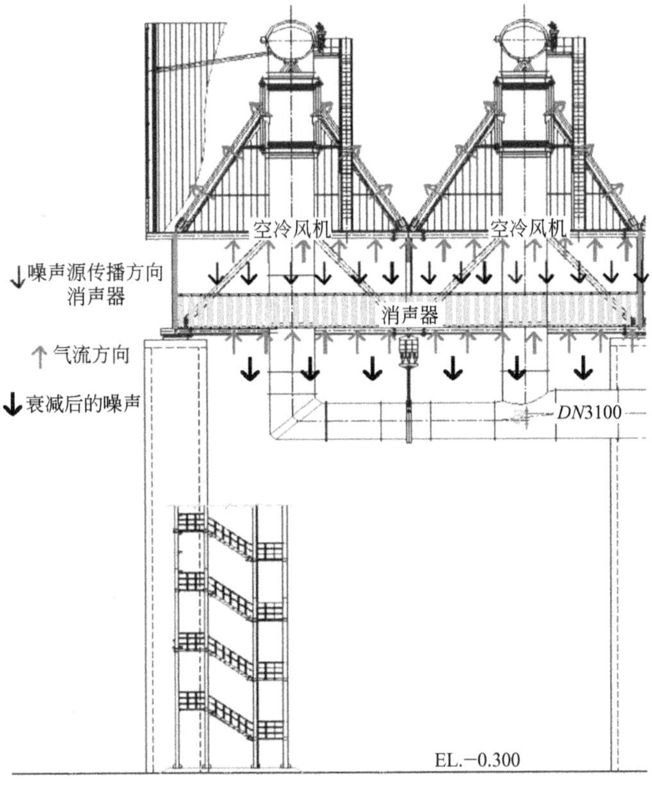

图 1　空冷岛消声工艺原理图

二、关键技术

（1）采用阵列布置的方柱形消声元件取代常规的组合式消声片单元，有效地解决了阻性消声器在有效通流面积、消声量、压力损失三个参量之间的相互矛盾问题，大大降低了消声器的阻力损失，在性能上有了很大的提升。在确保有效的降噪量外，使空冷风机运行时的压降更小、能耗更省、冷却效率更佳和气流再生噪声更低，也节省了投资。

（2）将整个 97.4m×47.8m×2m 的超大型空冷岛风机消声器分解为由上万个 230mm×230mm×2000mm 的消声元件为主材组合而成的消声装置，各消声元件采用螺栓吊挂式安装方式，减少了现场安装工程量，降低了安装难度，且便于维修。

（3）利用空冷岛平面各处噪声对环境传播的差异，将平面外圈区域消声量确定为

12dB(A)，中部区域的消声量定为 9dB(A)，降低了投资和提高了有效进风面积。

（4）上万个消声元件单元采用模具批量化制造技术，确保了各消声元件的质量和外观。

工程规模

2×9F 级燃气热电联产工程，总装机容量 860MW，工程总投资 29.9 亿元。

主要技术指标

整个空冷岛进风口的中心位置区域消声单元的消声量设计为 9dB(A)，其他周边区域消声单元消声量设计为 12dB(A)，阻力损失为 10Pa。

主要设备及运行管理

消声器属于被动式无动力设备，无运行与管理费用。消声设备可长期使用，不需定期维修。

工程运行情况

本项目工程运行良好。

经济效益分析

一、投资费用

空冷平台噪声控制设备总费用为 1919 万元（不含安装费）。

二、运行费用

本项目工程无运行费用。

三、效益分析

根据相关的数据统计资料和研究，空冷设备利用小时约为 4000h/a，则全年节省的电量为：

$$15.9\times32\times4000=2035200(\mathrm{kW\cdot h})$$

即采用阵列式消声器比传统的阻性片式消声器一年可节省电量 203.5 万千瓦·时。

环境效益分析

安装消声器后，空冷平台排放噪声整体降低 10dB(A)，使得厂界噪声排放满足《工业企业厂界环境噪声排放标准》要求，4 个敏感点噪声测值满足《声环境质量标准》（GB 3096—2008）中 2 类标准的要求。项目解决了空冷岛噪声污染问题。

工程环境保护验收

一、环保验收单位

杏花岭环保分局、迎泽环保分局

二、环保验收时间

2015年12月

三、验收意见

实施本项目后，厂界噪声测值满足《工业企业厂界环境噪声排放标准》要求，4个敏感点噪声测值满足《声环境质量标准》（GB 3096—2008）中2类标准的要求，通过验收。

获奖情况

2015年度电力建设科学技术进步三等奖

联系方式

联系单位：上海新华净环保工程有限公司
联系人：聂美园
地址：上海杨浦区殷行路1286号02栋701室
邮政编码：200438
电话：021-36356623
传真：021-33180589
E-mail：super@newhjht.com

2017-S-41

工程名称

1920000m³含重金属废渣原位稳定化固化治理工程

工程所属单位

株洲循环经济投资发展集团有限公司

申报单位

北京高能时代环境技术股份有限公司

推荐部门

北京市环境保护产业协会

工程分析

一、工艺路线

该工程采用原位稳定化固化技术对含重金属的废渣进行无害化处理，对无害化处理后的区域覆土进行生态恢复或者硬化后作为道路、停车场等。原位稳定化固化布孔方式如下图所示：

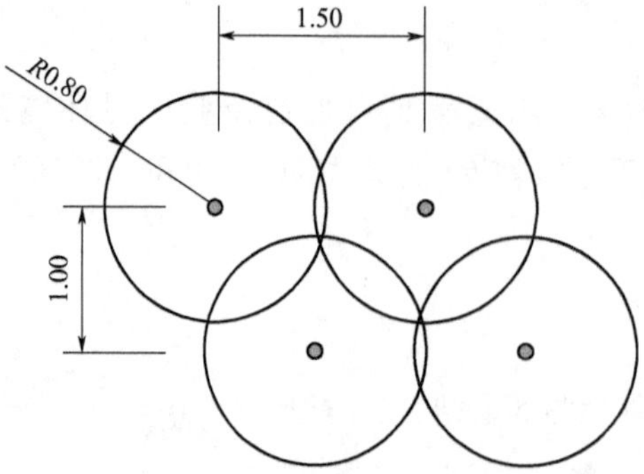

原位稳定化固化布孔方式

工艺路线如下：

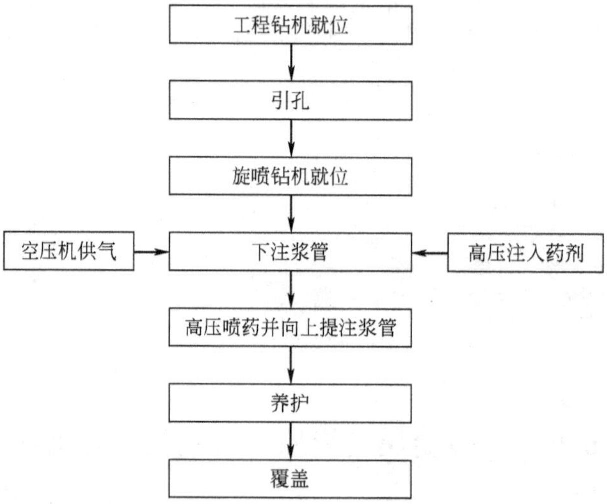

原位稳定化固化工艺路线

(1) 工程钻机引孔　由于大部分现场地表有大量杂填土，需要配置地质钻机进行引孔，引孔深度 1～3m。

(2) 旋喷钻机就位　根据原位稳定化固化施工孔的分布或已经做好的引孔，将旋喷钻机准确就位。

(3) 旋喷钻机旋喷施工　采用二重管法或三重管法进行高压旋喷施工。旋喷设备先定位下沉至修复区域最深处，再喷射稳定化固化药剂并逐渐提升，一般再重复下沉搅拌、重复提升搅拌 1～2 遍即可。

(4) 养护　搅拌结束后，采用防雨布或苫布对搅拌区域进行覆盖，养护 1 周取样验收。

(5) 覆盖　修复达标的区域，根据工程需要覆盖“清洁土”后进行绿化，部分区域根据后续土地利用方式覆盖“清洁土”后喷涂混凝土对其进行硬化覆盖。

二、关键技术

该工程采用的关键技术是原位稳定化固化技术。原位稳定化固化技术是指不对污染场地进行开挖，采用注药搅拌设备将稳定化固化药剂注入受污染介质中，并将药剂与受污染介质搅拌均匀，药剂与污染介质中的可溶重金属离子反应形成晶体，并在药剂中晶容扩增剂、胶结剂的作用下将其严密封闭在污染介质内部，实现对重金属的无害化处理。当修复区域周边有大型水系、工厂、道路和居民楼时，采用该技术可以解决对修复对象进行开挖、运输、筛分、破碎、搅拌、养护、回填的问题，也避免了大量的开挖和运输可能对周围环境及周边工厂和居民造成的不良影响。

工程规模

原位稳定化固化治理含重金属废渣约 $1.92\times10^6m^3$，修复场地面积约$1.7\times10^5m^2$。

主要技术指标

（1）稳定化固化药剂添加比例2%～2.4%。

（2）高压旋喷按照每行内间距1.5m，行距1.0m，梅花形布孔。

（3）养护时间不少于3天。

主要设备及运行管理

该工程用到的设备主要有：工程钻机、高压旋喷钻机等。

工程运行情况

采用原位稳定化固化技术处理了含重金属废渣 $1.92\times10^6m^3$，处理后废渣浸出液中镉、铅、砷、锌等的含量达到《污水综合排放标准》(GB 8978—1996)一级标准要求；在修复区域外上游、下游分别设置了地下水监测井，原位稳定化固化后，监测井中地下水质量满足《地下水环境质量标准》Ⅲ类标准要求。

采用黏土覆盖、生态恢复，水泥硬化覆盖等方式对处理达标的区域表面进行了处理，目前相关区域已经分别作为绿化用地、停车场、驾校练车场等用地。

经济效益分析

一、投资费用

工程投资34882万元。

二、运行费用

施工运行期间，处理$1m^3$废渣的费用平均约为180元。

三、效益分析

直接经济效益：3000万元/年。

间接经济效益：该工程的实施，阻断了废渣中重金属向周围环境的扩散，对改善清水塘地区环境、控制环境风险起到了良好作用；工程的实施，使得大量被荒废、被污染的区域（约 $1.7\times10^5m^2$）成为可以使用的土地被利用，提升了区域环境质量，有利于当地的投资建设，间接推动了当地的经济发展。

环境效益分析

工程实施后，年削减重金属（铅、镉、砷、锌等）排放量约 6.75t。含重金属废渣的无害化处理，显著降低了重金属扩散对湘江饮用水安全的威胁，解决了清水塘工业区堆积的含重金属废渣的环境污染问题，有效改善了清水塘工业区的生态环境，并为我国其他含重金属废渣污染治理项目起到了示范作用。

工程环保验收

一、环保验收单位

湖南省环境保护厅

二、环保验收时间

2015 年 12 月

三、验收意见

项目验收材料齐全，达到环保验收要求，同意通过验收。

获奖情况

2016 年中国建筑学会科技进步一等奖

2014 年国家重点环境保护实用技术

联系方式

联系单位：北京高能时代环境技术股份有限公司

联系人：刘道湘

地址：北京市海淀区地锦路中关村环保科技园 9 号院高能环境大厦

邮政编码：100095

电话：010-62490000

传真：010-88233169

E-mail：lishucai@bgechina.cn

2017-S-42

工程名称

680m³污染地下水多相抽提修复工程

工程所属单位

中镁科技（上海）有限公司

申报单位

上海格林曼环境技术有限公司

推荐部门

上海市环境科学研究院

工程分析

本工程于2014年8月初开始现场施工。土壤修复工程为期约1个月，并于2014年8月底委托上海市环境监测中心进行了土壤修复工程验收采样监测，验收监测结果达标。地下水修复工程于2014年9月初开始，为期约5个月，并于2015年1月中旬委托上海市环境监测中心进行了地下水修复工程验收采样监测，验收监测结果达标。

本项目中，土壤采用异位高级化学氧化工艺进行修复，地下水采用原位多相抽提（MPE）技术结合原位化学氧化技术进行修复。

一、工艺路线

污染土壤修复工艺技术路线如下：

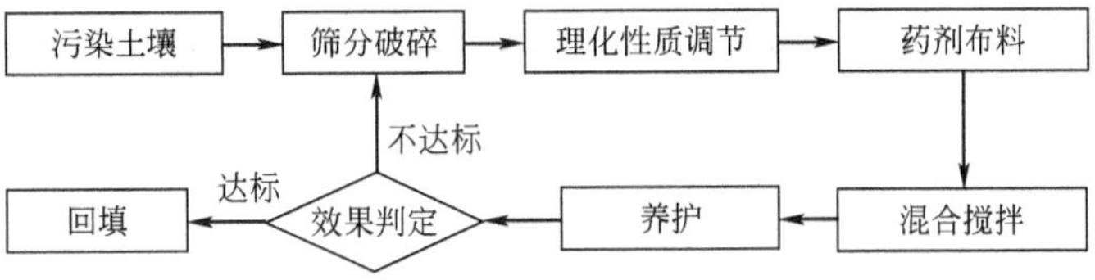

地下水修复技术路线如下：

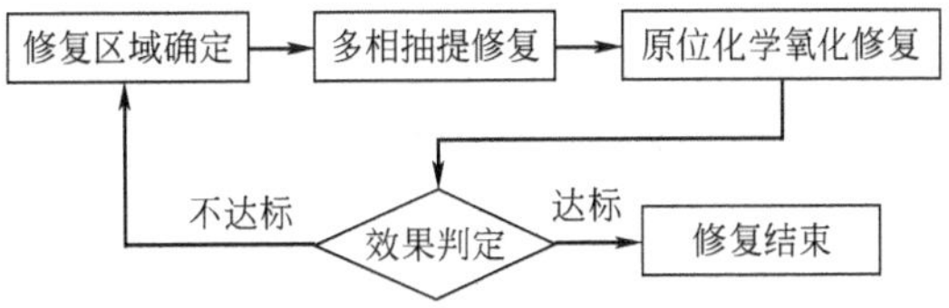

二、关键技术

污染土壤修复关键技术为：污染土壤经过挖掘，短驳至土壤暂存处，利用专业设备对其进行筛分、破碎，再对污染土壤进行湿度、pH值等理化性质调节，之后利用机械和人工结合方式布洒高级氧化剂，并利用专业设备进行混合搅拌。混合完毕的土壤养护3～5天确保污染物与药剂充分接触反应之后，可以对土壤进行采样验收。

本次土壤修复选择的药剂为专利的Klozur氧化剂，其主要成分为过硫酸钠，同时添加熟石灰作为激活剂，共同和污染土壤充分混合反应。混合过程中，喷洒自来水调节湿度，以达到最佳反应条件。

地下水修复关键技术为：首先在修复区域进行多相抽提，强化回收污染区域的轻质非水相流体及高浓度的受污染地下水，并通过真空抽提土壤气体和地下水的方式，进一步降低土壤和地下水中污染物浓度。当地下水污染物浓度降低到一定程度，浓度不再显著持续下降后，如果尚不能达到修复目标，则通过原位化学氧化的方式，进一步降低地下水中溶解态污染物浓度，直至达到修复目标。若一轮多相抽提和原位化学氧化修复后，仍然有部分区域未达到修复目标，则可在不达标区域再进行一轮多相抽提和原位化学氧化修复，直至达到修复目标。

工程规模

土方量总计 620m^3；地下水修复面积总计 2500m^2。

主要技术指标

污染土壤修复指标为：

目标污染物	修复目标值/(μg/L)
萘	3
苯并[a]芘	0.03
苯并[a]蒽	0.2
1,2,4-三甲苯	51
乙苯	43
TPH	2110
四氯乙烯	41

地下水修复指标为：

目标污染物	修复目标值/(mg/kg)
四氯乙烯	2.66
二氯甲烷	2.12
乙苯	2.77
1,2,4-三甲苯	27.17
TPH	1512
邻苯二甲酸二(2乙基己酯)	92.57
苯并[a]芘	0.36

主要设备及运行管理

土壤修复采用专业的土壤筛分和破碎设备对污染土壤进行筛分，将石块和杂物等筛出，并对土壤进行破碎，以保证后续氧化修复处理的效果。共对挖出的污染土壤重复进行了三次筛分破碎，以达到技术要求，提高修复效果。

土壤修复的运行情况为：首先使用机械结合人工布撒的方式添加熟石灰，再使用专业搅拌设备充分搅拌；下一步使用机械结合人工布撒的方式添加部分氧化剂，再次用专业搅拌设备充分搅拌，并同时喷洒自来水，调节土壤湿度。根据现场观察，第三次在可能未充分混合的区域再次添加氧化剂并搅拌，同时喷洒自来水，确保污染土壤和药剂充分反应。污染土壤经过药剂添加和混合之后，暂存在厂房内进行养护，经过验收合格后，回填至基坑内。

地下水修复的关键设备为设计一套大型固定式 MPE 系统和小型移动式 MPE 系统。埋地乳化液污染区域靠近场内两条主干道十字路口，施工人流和车辆通行频繁，作业范围受限，因此使用小型移动式 MPE 系统进行修复。废弃柴油罐区使用固定式 MPE 系统进行修复。

地下水修复运行情况为：首先安装抽提井，抽提井安装完成后进行洗井，洗井过程中抽提出的地下水先暂存于现场的废水罐中，定期检测达标后排入周边市政污水管网。

移动式 MPE 系统运行时间为 2014 年 10 月 23 号至 2015 年 1 月 12 日，共运行约 80 天。移动式 MPE 系统可同时对 3～5 个抽提井进行抽提，按照从污染区域中心往外围的顺序，依次对乳化液区域的 35 个抽提井进行抽提。根据表观污染迹象、手持式光离子监测器（PID）读数和过程检测数据，逐渐缩小抽提范围，对轻污染以及无明显污染迹象的区域不再多次频繁抽提，对重污染区域的 10 个抽提井进行重点抽提。系统运行过程中，抽提真空度在－0.02MPa 左右，单井抽提水量约 $0.3m^3/h$，单井抽提气量约 $14m^3/h$，整个区域总抽提水量约 $200m^3$，抽提气量约 $10000m^3$。抽提地下水通过隔膜泵转移至体积为 $20m^3$ 的废水罐中，并定期检测。

固定式 MPE 系统运行最多可以同时对 30 个抽提井进行抽提。从污染区域中心开始逐渐向外围扩散。根据尾气 PID 读数、抽提废水表观污染迹象以及过程检测数据，后期重点对污染迹象明显的抽提井进行抽提。

固定式 MPE 可以实现连续自动运行，通过系统自带的监控界面，可以实时查看系统的运行状态和运行参数。系统运行期间，抽提真空度在－0.04～－0.02MPa 之间，单井抽提水量约 $0.35m^3/h$，抽提气量约 $10m^3/h$，总抽提水量约为 $480m^3$，总抽提气量约为 $68000m^3$。抽提地下水排入废水罐中，定期检测达标后纳管排放；抽提气体通过活性炭处理后直接排入大气，定期测量尾气的 PID 读数，若读数偏高，则更换活性炭。

工程运行情况

土壤修复工程实施运行情况为：开挖放样和场地准备；基坑开挖和土方短驳。污染土壤处理：土壤筛分和破碎；处理药剂的添加与混合；土壤养护和回填。

地下水修复工程实施运行情况为：抽提井布设和安装；MPE 抽提系统安装；抽提井滴管和井头安装；MPE 抽提系统运行；基坑排水；原位化学氧化（Klozur 氧化剂注射、过硫酸氢钾氧化剂注射、芬顿试剂注射）。

经济效益分析

一、投资费用

本项目的投资费用为 500 万元。

二、运行费用

本项目的运行费用为 100 万元。

三、效益分析

本项目总投资约500万元，其中设备投资300万元，基建投资100万元，其他投资100万元，吨污染地下水投资费用为7353元。主体设备（包括移动式MPE系统和固定式MPE系统）寿命约3年。

根据2014年12月～2015年1月实际运行情况，总计修复地下水面积$2500m^2$，抽提污染地下水约$680m^3$，运行费用100万元，吨污染地下水运行费用为1471元。

环境效益分析

本修复工程实施严格按照通过专家评审并经闵行区环保局备案的修复方案来执行，在环境监理单位全程监督下，工程施工质量管理严格，顺利完成了修复方案中的所有工作内容。验收监测单位对土壤修复工程和地下水修复工程分别进行了验收，验收结果表明：土壤开挖基坑、修复后的土壤堆体、原位修复地下水和抽提后异位地下水中所有目标污染物浓度均低于修复目标。

修复工程实施过程中，环境和安全管理要求落实到位，未发生过二次污染或污染扩散的情况，安全防护到位。

工程环保验收

一、环保验收单位

闵行区环保局

二、环保验收时间

2015年4月

三、验收意见

2014年下半年至2015年年初，中镁科技（上海）有限公司（以下简称业主单位）委托上海格林曼环境技术有限公司进行了华漕镇闵北工业园联友路2096号污染场地环境修复工程，同时委托上海市环境科学研究院开展环境监理，由上海市环境监测中心开展了竣工验收监测，并于2015年2月12日组织召开了“中镁科技（上海）有限公司污染场地修复工程竣工验收”专家评审会，会上形成了专家评审意见。

根据专家评审意见，本修复工程达到了修复方案中确定的工作目标。

该场地相关修复工作符合本市《关于保障工业企业及市政场地再开发利用环境安全的管理办法》（沪环保防〔2014〕88号）等相关要求，准予备案。

获奖情况

2015年上海市科技型中小企业技术创新资金项目

联系方式

联系单位：上海格林曼环境技术有限公司

联系人：张峰

地址：上海市延安东路700号港泰广场1605单元
邮政编码：200001
电话：021-53210780-818
传真：021-53210790
E-mail：sailor.zhang@greenment.net

2017-S-43

工程名称

牟定县渝滇化工厂历史遗留铬渣场污染土壤修复治理工程

工程所属单位

牟定县环境保护局

申报单位

北京建工环境修复股份有限公司

推荐部门

中国环境保护产业协会重金属污染防治与土壤修复专业委员会

工程分析

一、工艺路线

主要修复工艺流程包括以下五个工序：①土方开挖及回填；②土方转运；③污染土壤修复治理；④场地平整、防渗处理；⑤修复后场地覆土及水土保持。

二、关键技术

本工程使用化学还原稳定化修复技术。修复原理主要通过向污染土壤中加入特定复配的还原/稳定化药剂，使药剂与土壤中的重金属污染物发生吸附、沉淀、络合、螯合、氧化、还原等反应，改变土壤重金属的价态及赋存形态，降低重金属的迁移能力和生物有效性，从而将污染物转化为不易溶解、迁移能力或毒性更小的形态，实现其无害化，降低对环境的风险。

工程规模

历史遗留铬渣场内，共计2.6229万立方米受六价铬及砷污染的土壤。

主要技术指标

工程质量符合楚雄州环保局备案标准，即清挖后场地基坑及侧壁土壤中六价铬含量低于30mg/kg、砷含量低于20mg/kg；经还原稳定化处理后的污染土壤，满足《一般工业固体废物贮存、处置场污染控制标准》（GB 18599—2001）中第Ⅰ类一般工业固体废物的有关要求，即修复后的土壤按照《固体废物 浸出毒性浸出方法 硫酸硝酸法》（HJ/T 299—2007）浸出，浸出液中砷、铅、总铬、六价铬、镉、汞等主要污染物浓度低于《危险废物鉴别标准 浸出毒性鉴别》（GB 5085.3—2007）；同时，按照《固体废物 浸出毒性浸出方法 翻转法》（GB 5086.1—1997）浸出，浸出液中任何一种污染物浓度均未超出《污水综合排放标准》（GB 8978—1996）最高允许排放浓度，且 pH 值在 6～9 之间；修复后土壤中的六价铬含量低于 30mg/kg。

主要设备及运行管理

1. 双轴土壤改良机

该设备具有破碎、混合以及准确计量供料功能，对于南方湿黏土壤与药剂的混合有良好的效果。此外，该套设备针对不同土质或用途有不同的混合模式，从而发挥最符合要求的混合性能。搭载的计量供料系统，保证了土壤的精确计量和修复药剂的精确投加，可实现高品质、高效率的修复要求。

2. ALLU 筛分斗

本项目所使用的还原稳定化专用设备为 ALLU 筛分斗，配备通用挖掘机联合使用。ALLU 筛分斗对土壤进行筛分预处理，该设备为芬兰原装进口设备，可安装于装载机、挖掘机和滑移装载机等机械设备上的多功能附具。设备筛料粒径小于 100mm，处理能力 1000m^3/d，筛分轴距及筛分刀片可视其筛分土质和需求调整更换。

工程运行情况

1. 原地异位还原稳定化修复

对象：六价铬污染土壤，修复面积 11680m^2，修复工程量 26229m^3；

周期：2016 年 5 月～2016 年 12 月。

2. 污水处理

对象：场地修复过程中产生的施工废水、生活污水等；

周期：修复施工全过程。

经济效益分析

一、投资费用

项目总投资 1856.78 万元。

二、运行费用

还原稳定化技术处理成本约 500 元/m^3 污染土。

环境效益分析

大量削减污染场地内污染物，六价铬平均含量由修复前的 184.2mg/kg 下降至修复后的 30mg/kg 以下；六价铬总削减量约 7725kg，削减率为 75%左右。同时，做好二次污染控制工作。

工程环保验收

一、环保验收单位

牟定县环境保护局

二、环保验收时间

2017 年 3 月

联系方式

联系单位：北京建工环境修复股份有限公司

联系人：李书鹏

地址：北京市朝阳区京顺东街 6 号院北京领科时代中心 16 号楼 301

邮政编码：100015

电话：010-68096688

传真：010-68096677

E-mail：lishupeng@bceer. com

2017-S-44

工程名称

太原市污染源在线监测系统建设及运营工程

工程所属单位

太原市环境监控中心

申报单位

中绿环保科技股份有限公司

推荐部门

山西省环保产业协会

工程分析

一、工艺路线

中绿环保公司研制生产的 TGH-YX 型光电式烟气排放连续监测系统（CEMS）是实施大气固定污染源排放污染物总量监测的连续在线监测系统，主要用于对工业锅炉、电厂锅炉、工业窑炉等污染源烟道气中颗粒物、SO_2、NO_x 等污染物进行动态连续监测，同时测量烟气流速、含氧量、烟气压力、烟气温度、烟气湿度等，自动记录污染物排放总量和排放时间，并通过 GPRS、CDMA 等通信手段将监测数据传送到管理部门，实现对污染源排放的远程实时监控。该系统采用加热式直接抽取采样方式，非分散红外分析测量 SO_2、NO_x，电化学法分析含氧量，不透明度或后散射原理测量颗粒物浓度。系统性能稳定，现场运行可靠；创新的结构设计有效避免现场工况恶劣的环境影响。

中绿环保公司研制生产的 TGH-SX 型水质在线监测系统，主要用于对化工厂、污水处理厂、焦化厂、造纸厂等污染源废水排放中 COD、氨氮、总磷、重金属等污染物进行动态连续监测，同时测量排放流量，自动记录污染物排放总量和排放时间，并通过 GPRS、CDMA 等通信手段将监测数据传送到管理部门，实现对污染源排放的远程实时监控。该系统采用光度法分析原理，进口核心控制单元，性能稳定；自主专利定量技术，测量准确；较少试剂消耗，运行成本低；创新结构设计，维护工作少。

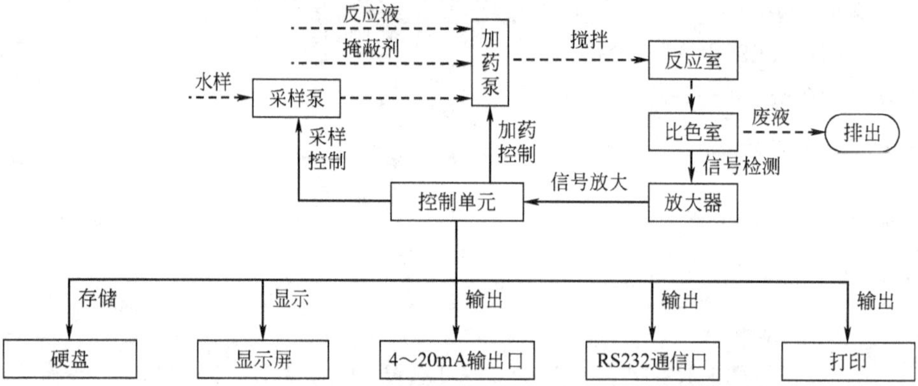

系统原理图

二、关键技术

(1) 烟尘浓度测量采用后向光散射法，测量与光程无关，灵敏度高，动态范围大，分辨率达到 0.01mg/m^3，最小测量范围接近 1mg/m^3，既可用于低浓度烟尘监测，也可用于高浓度烟尘监测场合。

(2) 后向散射烟尘浓度仪采用外置式结构，单面安装，安装方便，免除了采用不透明度法测量时烟道两侧安装时准直对中的问题，维护简单，适用于各种环境。

(3) 后向散射烟尘浓度仪采用锁相放大器对光电探测器探测到的微弱信号进行放大，并采用同一探测器来同时探测两个不同角度下散射光的强度，保证了探测的一致性。

(4) 后向散射烟尘浓度仪具有零点、量程自动校正功能，同时系统实时监测光学窗口的污染情况并实时进行修正，当污染达到一定程度时，报警提示用户清洁光学窗口，保证测量数据更加可靠。

(5) 气态污染物 SO_2、NO_x 等采用加热式连续直接采样方式，并伴热传送，保证样气不失真，有效避免了样气管路的结露和堵塞。

(6) 独特的气体采样结构、烟气净化处理结构及清洁吹扫结构，解决了高尘、高湿条件下易堵塞的问题。结构简单，维护简便，工作量小。

(7) 采用非分散红外法同时分析 SO_2、NO_x 等多个组分的浓度，测量范围宽，灵敏度高。各测量单元模块化、单元化，采用不同分析模块可测量不同组分，灵活性高，可满足不同用户的需要。

(8) 烟气分析仪采用高稳定性红外光源，寿命长，结构紧凑，光路短，响应快，精度高。接收器采用前、后吸收室的独特结构设计，并采用气体滤波相关技术，具有很强的横向抗干扰能力，消除了背景气体干扰。同时，采用双量程结构设计，可适用于高、低不同量程范围的测量。

(9) 气态污染物 CEMS 具有温度检测报警、流量检测报警等功能，保证系统在连续运行过程中始终处在自诊断状态中。同时，具有自动/手动零点和量程校准功能，保证系统长期可靠地连续工作。

(10) 流速测量采用皮托管法，测量方法简单可靠，符合国家标准，测点安装简便，适合烟气流量长期在线监测。

(11) 关键零部件采用特殊工艺处理和特殊耐腐蚀材料，延长使用寿命。

(12) 软件系统具有多级权限设置，并采用交互式工作方式，操作方便，适用于不同用户的管理需要。数据处理系统生成的各种报表和曲线均符合国家环保行业标准要求。

(13) 系统具有模拟、数字、以太网等多种输出方式，可实现与用户 DCS 系统连接，为用户管理提供了方便。系统还可通过 PSTN、GPRS 等通信方式将监测数据传送至环保管理部门，组成污染源监测网络系统，同时以 PSTN、GPRS 为通信平台，可实现系统的远程监控和远程故障诊断。

TGH-SX 型水质在线监测系统关键技术有：

① 采用可编程控制器（PLC）作为控制和数据采集处理设备，全测量过程自动完成。

② 在仪器初始运行时，或根据设定的校准时刻，自动进行零点和量程校准，保证测试准确。用户也可根据需要，即刻启动校准程序。

③ 自动清洗系统可按用户选定间隔采用酸清洗样品流经所有管路，防止试剂结晶附着太多，影响测量或堵塞软管。

④ 采用温度补偿技术，克服了温漂对测量的影响。

⑤ 完善的自我监测系统，对仪器运行状态和管路进行监测，如出现试剂量不足、采样故障、管路泄漏等情况，仪器及时通过蜂鸣器报警并显示故障内容，同时立即停止工作，避免错误的测试结果，直至仪器排除故障复位后被重新启动。

⑥ 完善的数据保护系统，保证异常报警和断电数据不丢失。异常复位和断电后来电，仪器自动排出仪器内残留反应物，自动恢复工作状态。

⑦ 采用进口工业触摸屏操作并直接显示数据（4 位整数与 1 位小数），密码保护，防止误操作，界面友好，操作简便、直观。

⑧ 仪器具有设定、校对和显示时间功能，包括年、月、日和时、分。

⑨ 具有智能化、测定快速、低故障、低耗能、抗干扰性好、高准确性的特点。

⑩ 仪器维护方便、简单，试剂消耗量少，运行经济，有极好的性价比和普及优势。

主要技术指标

一、烟气排放连续在线监测系统技术指标

项目		技术指标
颗粒物	量程	可选 0～300mg/m^3、0～1000mg/m^3、0～2000mg/m^3、0～3000mg/m^3、0～20000mg/m^3
	准确度	浓度≤50mg/m^3时，绝对误差不超过±15mg/m^3； 50mg/m^3<浓度≤100mg/m^3时，相对误差不超过±25%； 100mg/m^3<浓度≤200mg/m^3时，相对误差不超过±20%； 浓度>200mg/m^3时，相对误差不超过±15%
	零点漂移	不超过±2.0%FS
	跨度漂移	不超过±2.0%FS
	相关系数	≥0.85
气态污染物	量程	SO_2：500ppm，2500ppm； NO_x：500ppm，2500ppm
	准确度	浓度≤20μmol/mol 时，绝对误差不超过±6μmol/mol； 20μmol/mol<浓度≤250μmol/mol 时，相对误差不超过±20%； 浓度>250μmol/mol 时，相对准确度不超过 15%
	零点漂移	不超过±2.5%FS
	跨度漂移	不超过±2.5%FS
	线性误差	不超过±5%
	响应时间	≤200s
流速	量程	0～40m/s
	相对误差	不超过±10%
温度	量程	0～300℃
	绝对误差	不超过±3℃
氧量	量程	0～25%
	相对准确度	≤15%
湿度	量程	0～40%
	相对准确度	相对误差不超过±20%

二、废水在线监测系统技术指标

量程范围：COD 0～5000mg/L；NH_3-N 0～1300mg/L。

准确度：不超过±10%或不超过±0.2mg/L。

重复性：不超过±5%或不超过±0.2mg/L。

测量周期：最小测量周期为 20min。

采样周期：时间间隔（10～9999min 任意可调）和整点测量模式。

实际水样对比：≤10%。

主要设备及运行管理

环保在线监测系统的测量数据是工业生产中参与联锁控制的重要生产参数，产品的日常巡检和维护保养是十分重要的工作，可以预防仪表故障，保证正常生产，延长仪表使用寿命。

日常的巡检内容有以下几项：

（1）检查仪表测量值是否正常；

（2）检查仪表透过率是否在10%以上；

（3）检查吹扫气体压力和流量，检查正压压力是否正常；

（4）检查报警码显示。

工程运行情况

中绿环保公司在太原地区安装烟气在线监测设备172套，水质在线监测设备91套，运营（烟气、水质）在线监测设备184套，设备测量准确、运行稳定。

经济效益分析

一、投资费用

安装一套烟气连续排放监测系统，需34万元。其中，设备投资30万元，辅材、人工费用约4万元。主体设备寿命：5年。

安装一套水质在线监测设备，需10万元。其中，设备投资8万元，辅材、人工费用约2万元。主体设备寿命：5年。

二、运行费用

烟气连续排放监测系统运行费用2万元/年；水质在线监测仪运行费用2万元/年。

三、效益分析

环境污染治理设施运营作为环保物联网的重要感知手段，将完善我国污染源自动监控架构体系，有效推进环境质量的改善，同时，带动机械、电子、光学、仪器仪表等相关行业的发展。

环境效益分析

开发具有国际先进水平的环境在线监测仪器，在重点污染防治区域进行实时在线监测和动态跟踪保护，对国家加大对环境污染的治理与监控力度，建立全面的监控预警体系，实现污染物排放源头控制，消除对生态环境安全与饮用水安全的高度危害具有积极的作用。

工程环保验收

一、组织验收单位

太原市环境监控中心

二、验收时间

2013年12月

三、验收意见

设备运行正常，同意验收。

获奖情况

2006年环境保护科学技术奖二等奖
2007年环境保护科学技术奖三等奖
2007、2011年山西省科学技术奖二等奖
2012年国家重点新产品计划
2013年国家重点环境保护实用技术

联系方式

联系单位：中绿环保科技股份有限公司
联系人：闫兴钰
地址：山西省太原市高新区中心街山西环保科技园
邮政编码：030032
电话：0351-7998011
传真：0351-7998020
E-mail：zlhb@vip.163.com

2017-S-45

工程名称

东莞市环境保护局重金属在线监控试点建设项目

工程所属单位

东莞市环境保护局

申报单位

中绿环保科技股份有限公司

推荐部门

山西省环保产业协会

工程分析

重金属污染具有长期性、累积性、潜伏性和不可逆性等特点，危害大、治理成本

高。我国在长期的矿产开采、加工以及工业化进程中累积形成的重金属污染近年来逐渐显现，污染事件呈多发态势，对生态环境和群众健康构成了严重威胁。2009 年 11 月，国务院办公厅转发了环境保护部等部门《关于加强重金属污染防治工作的指导意见》，明确了重金属污染防治的目标任务、工作重点以及相关政策措施。

在重金属污染防治中，须源头控制-过程阻断-末端治理相结合，其中，源头控制是关键。2011 年出台的《重金属污染综合防治“十二五”规划》中显示，中国将对汞、铬、镉、铅等重金属进行重点防控。按照重金属污染特征和监测的实际需要，在各地原有能力和仪器装备水平的基础上，逐级配置重金属实验室监测仪器、在线监测仪器、应急监测仪器、重金属采样和前期处理设备以及监察执法设备。因此，涉重金属国控污染企业须根据实际排放情况加装重金属在线监控设备。

为贯彻执行国家和省的要求，计划按照“先试点、后推广，先重点、后全面”的原则，结合环境管理的相关要求，东莞市环境保护局以重点监控企业为主，在石马河、茅洲河流域、水乡片区、环保专业基地等重点企业中，筛选了 14 家企业作为重金属污染物在线监控系统建设试点，根据企业实际排污情况加装铜、镍和铬在线监控设备，在 2016 年 11 月底前完成企业现场端在线监控设备的安装调试工作，并与市环保监控中心联网。

中绿环保紧密结合行业标准及技术规范，采用国际先进水平的高端监测分析仪器，结合公司多年水质在线监测技术的研究开发经验，推出完善的解决方案，满足用户水质在线监测的需求。

一、工艺路线

1. 测量范围

水中重金属在线监测测量范围的确定依据是国家的环境质量标准和污水综合排放标准。考虑到水体排放的异常情况，对六价铬、总铜、总镍水质在线监测仪的测量范围设定在 0～5.0mg/L，检出限为 0.01mg/L，并且要考虑符合准确度和精密度要求。我国《地表水环境质量标准》（GB 3838—2002）没有对总铬的指标要求，以六价铬水质标准作为参考依据。

2. 测量方案

中绿环保公司研制生产的 TGH-SX 型重金属水质在线监测系统，主要用于对化

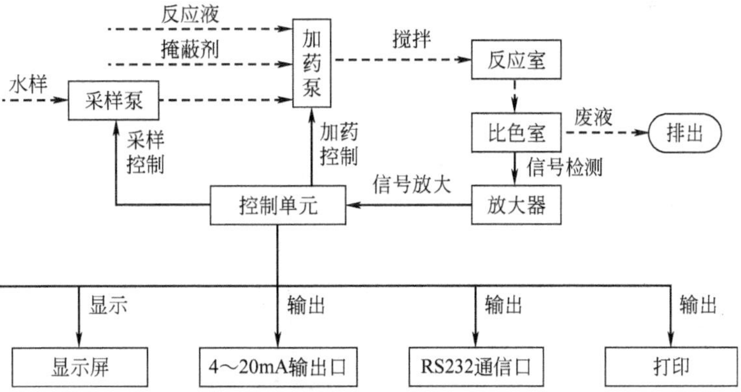

系统原理图

工厂、污水处理厂、焦化厂、造纸厂等污染源废水排放中重金属污染物进行动态连续监测，同时测量排放流量，自动记录污染物排放总量和排放时间，并通过 GPRS、CDMA 等通信手段将监测数据传送到管理部门，实现对污染源排放的远程实时监控。该系统采用光度法分析原理，进口核心控制单元，性能稳定；自主专利定量技术，测量准确；较少试剂消耗，运行成本低；创新结构设计，维护工作少。

二、关键技术

(1) 采用高温高压紫外消解技术，消解时间可调，可大大缩短测量周期，做到实时性与高准确性的统一，从而实现真正意义上的水质在线监测。

(2) 非接触式采样技术。通过非接触式注射泵技术将腐蚀性液体与采样泵完全隔离，大大延长采样泵的使用寿命。

(3) 自适应快速消解技术。通过判定消解反应过程中一定数量的连续测量值的变化来自动识别消解的终止时间。通过这个技术可将部分易消解样品的检测时间缩短，同时对部分难消解的样品测量准确度可提高到 3%。

(4) 取样量调节技术。通过光学定量装置的调节技术实现对于不同水样测定过程所需试剂量的可调节性。应用该技术可针对不同水样采用不同的试剂消耗量来进行测定，同时该技术还可应用于进样量的调节。综合利用上述方法可大大降低用户的维护成本，延长维护周期。

(5) 多通道光学定量技术。通过光学的高精度定量技术实现分析过程的高度重现，从而使得该产品的重现性误差降至最低，测量误差大大优于国内外现有产品。再结合多通道取样技术，完全排除了试剂间交叉干扰问题，从而使测量准确度大大提高。

(6) 采用试剂重复利用技术，部分种类的仪器、试剂可维持半年使用，从而大大降低用户的使用成本。

工程规模

在东莞全市范围内 14 家企业作为试点安装重金属水质在线自动监测系统 23 台套，包括 11 台总铜、9 台总镍、3 台六价铬重金属在线监测仪，并实施运营 23 套。

主要技术指标

测量范围：0～5mg/L；
准确度：≤5%；
零点漂移：±5%F. S. (24h)；
量程漂移：±10%F. S. (24h)；
直线性（示值误差）：≤5%；
检出限（定量下限）：0.01mg/L；
实际水样对比：≤15%；
最短检测周期：20min；
平均无故障运行时间：≥720h/次。

主要设备及运行管理

一、主要设备

本项目主要设备为中绿环保生产的 TGH-SX 系列重金属水质在线监测仪。

二、运行管理

(1) 监控平台　平台从项目初验到现在进行了 4 次升级，运行正常，有专人值守。

(2) 运营情况　根据环保局要求，重金属水质在线监测系统虽然没有最终验收，但是仍按照验收后正式运营标准执行，从 2016 年 11 月 24 号开始每周必须巡检，每月不少于 2 次校准，一个季度不少于 1 次校验，现在已经形成每周与环保局开会汇报，每月开会汇报，每日进行缺失统计和超标统计，并按周上报、按月统计。环保局在线室人员会随时去现场查看运营情况。

工程运行情况

全市范围内 14 家企业作为试点安装重金属水质在线自动监测系统 23 台套，包括 11 台总铜、9 台总镍、3 台六价铬重金属在线监测仪，并实施运营 23 套。设备测量准确、运行稳定。

经济效益分析

一、投资费用

本项目总投资为 343 万元，包括 23 台 TGH-SX 型重金属水质在线监测仪、运输装卸、安装、调试、数据采集器、通信卡、通信费用和试运行费（包括一年试运行期和一年质保期的售后服务费用），保险、验收、培训、售后服务和其他必要伴随设备、配套工程安装调试、服务的费用、税金及合同实施过程中的应预见和不可预见费用等全部费用。

二、运行费用

整体运行费用包括办事处建设、车辆、人员费用，设备运行费用及废液处理等费用，预估 188 万元/年。

三、效益分析

本项目属国家优先发展的环境保护产业项目，符合国家产业政策，也是山西省大力扶持的产业项目。环境污染监测治理设施运营作为环保物联网的重要感知手段，将对完善我国污染源自动监控架构体系，有效推进环境质量的改善，同时带动机械、电子、光学、仪器仪表等相关行业的发展，对于山西省优化产业结构、转变经济发展方式起到积极的作用。

环境效益分析

开发具有国际先进水平的环境在线监测仪器，在重点污染防治区域进行实时监测和动态跟踪保护，对国家加大对环境污染的治理和监控力度，建立全面的监控预警体系，实现污染物排放源头控制，消除对生态环境安全与饮用水安全的高度危害具有积极的作用。

工程环保验收

一、环保验收单位

东莞市环境保护局

二、环保验收时间

2016 年 11 月

三、验收意见

通过初步验收，进入试运行阶段

获奖情况

2006 年环境保护科学技术二等奖
2007 年环境保护科学技术三等奖
2007、2011 年山西省科学技术奖二等奖
2012 年国家重点新产品计划
2013 年国家重点环境保护实用技术等荣誉

联系方式

联系单位：中绿环保科技股份有限公司
联系人：闫兴钰
地址：山西省太原市高新区中心街山西环保科技园
邮政编码：030032
电话：0351-7998011
传真：0351-7998020
E-mail：zlhb@vip. 163. com

2017-S-46

工程名称

遵义机场高速公路 1 标段边坡生态防护工程

工程所属单位

遵义市新区开发投资有限责任公司

申报单位

中铁四局集团有限公司第七工程分公司

推荐部门

安徽省环境保护产业发展促进会

工程分析

一、工艺路线

厚层基材混合物由绿化基材、植物纤维、种植土及草籽按一定的比例掺和而成。绿化基材由有机质、土壤结构改良剂等材料制成。植物纤维可取锯末、谷壳等。种植土应选用工程土原有的地表土或附近农田土粉碎过筛，粒径≤10mm，含水量≤20%。大面积施工前应进行现场调查及试验，确定合适的配比，试验基材混合物的体积比为绿化基材：植物纤维：种植土＝1：2：2，基材使用喷播机进行喷播，厚度达到11cm，必须有相当的黏附力，以保证不会塌落。完成边坡清理、修整、排险，缺土边坡需人工培土，钻眼施工锚杆、喷射培养基，铺设固定高强度土工网，拌植被混合物，喷射绿化基材，覆盖无纺布，喷水养护，覆盖土工膜等全部工作内容。

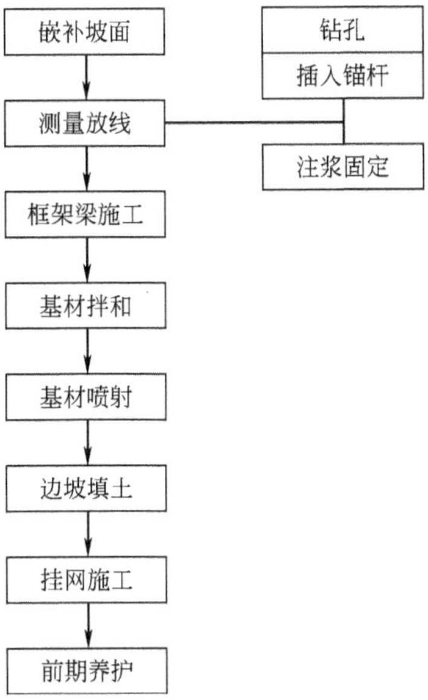

二、关键技术

本项目的关键技术包括锚杆施作、框架梁施工、基材制作、挂网施工、养护。

工程规模

框架锚梁混凝土方量4587m^3，钢筋总量3652t，绿化总面积21万平方米。绿化总投资约2140万元。坡面防护工程主要有锚杆框架梁、喷射绿化基材。

主要技术指标

锚杆间距：主锚杆间距2m，次锚杆间距1m。

挂网施工：在坡面边坡表面铺设菱形镀锌低碳钢丝网以保证土体稳定。镀锌网网丝直径不小于2mm，孔径不大于50×50mm，挂网时网面应尽量紧贴坡面，两张网重叠部分不小于100mm，局部坡面不平整处应加密锚杆。

主要设备及运行管理

本项目工程的主要设备包括空压机、混凝土喷射机、液压喷播机等。

按照技术交底，严格控制各道工序质量，确保工程达标。

工程运行情况

(1) 根据贵州省遵义地区的喀斯特地貌地质条件和土层覆盖贫瘠特点，结合遵义地区高标准的高速公路绿化情况，因地制宜，合理选择树种、草种；科学对绿化基材进行配合，优化土壤结构，最大程度促进植物生长。

(2) 喷射厚层基材绿化防护技术防护效果良好，在暴雨条件下，土壤的破坏方式不同于黄土，抗风蚀、水蚀能力大大增强。

(3) 采用喷射厚层基材绿化防护技术后，结构稳定性、保水性得到加强，降低了高边坡的塌方及滑坡概率。

(4) 喷射厚层基材绿化防护技术植被生长之后，小灌木视觉效果更容易控制，更美观。

经济效益分析

一、投资费用

本项目总投资2140万元。

二、运行费用

运行费用主要是后期养护的人工、机械及水的费用，约450万元/年。

三、效益分析

采用生态防护技术，减少了路基边坡水土流失，降低了道路运营管理费用和治理费用。

环境效益分析

通过工艺改进和完善，采用“恢复和重置费用法”进行经济损益分析，并通过查询相关资料，估计这种生态防护所能避免的生态损失价值大约在110万元/km^2。

工程环保验收

一、环保验收单位

遵义市环保局

二、环保验收时间

2014年12月

三、验收意见

植被覆盖率满足要求，成活率达到95%以上。

获奖情况

本项目获2015年贵州省“黄果树杯”优质工程荣誉称号。

联系方式

联系单位：中铁四局集团有限公司第七工程分公司
联系人：丁建军
地址：安徽省合肥市政务区东流路西段
邮政编码：230022
电话：0551-63742290
传真：0551-63742350
E-mail：107553514@qq.com

2017-S-47

工程名称

京沈铁路承德制梁（轨道板）场环保工程

工程所属单位

京沈京冀铁路客运专线有限责任公司

申报单位

中铁四局集团有限公司
中铁四局集团第一工程有限公司

推荐部门

安徽省环境保护产业协会

工程分析

一、工艺路线

洗石机—洗石—污水管—排水沟—沉淀池沉淀—水泵—出水管—洗石机—洗石—污水管—排水沟—沉淀池。

二、关键技术

本项目的关键技术为多级沉淀、自然净化。

工程规模

累计处理污水635116t。

主要技术指标

减少污水排放 635116t，节约用水 635116t。

主要设备

本项目的主要设备包括沉淀池、水泵、水管等。

工程运行情况

本项目运行良好。

经济效益分析

一、投资费用

本项目投资费用为 3 万元。

二、运行费用

本项目运行费用为 3 万元/年。

三、效益分析

总收益：390.9 万元（包括节地节材收益）。

环境效益分析

（1）生产污水零排放，整个生产期间共节水 635116t，减少污水排放量 635116t；
（2）节约耕地 29 亩，使 29 亩土地未被用于生产开发，保护了环境；
（3）梁（板）场作业环境良好，绿草成茵，整个场区清洁整齐、空气清新；
（4）无环境纠纷和二次污染。

工程验收

一、组织验收单位

京沈京冀客专监理Ⅱ标铁四院和德国 PEC＋S 集团公司联合体

二、验收时间

2016 年 4 月

三、验收意见

符合要求，同意使用。

获奖情况

2016 年安徽省重点环境保护实用技术示范工程

联系方式

联系单位：中铁四局集团有限公司

联系人：赵贤青
地址：安徽省合肥市望江东路 96 号
邮政编码：230023
电话：0551-5244357
传真：0551-5244830
E-mail：fecbzxq@163. com